Levensmiddelenhygiëne

'C'est les microbes qui auront le dernier mot!'

LOUIS PASTEUR

Levensmiddelen-hygiëne

De microbiologische aspecten

Drs. G.J.A. Ridderbos
Levensmiddelenmicrobioloog

Bohn Stafleu van Loghum, Houten

ISBN 978-90-368-1898-8

© 2018 Bohn Stafleu van Loghum, onderdeel van Springer Media BV
Omslagontwerp: DELVER GRAFISCH ONTWERP BNO, Westbroek
Opmaak: Studio Imago, Amersfoort

NUR 881
Eerste druk 1974
Tweede, herziene druk 1979
Derde, herziene druk 1984
Vierde, herziene en uitgebreide druk 1988
Vijfde, herziene en uitgebreide druk 1989
Zesde, herziene en uitgebreide druk 1993
Zevende, herziene en uitgebreide druk 1996
Zevende druk, tweede oplage 1998
Zevende druk, derde oplage 2003
Achtste, herziene en uitgebreide druk 2006
Achtste druk, tweede, licht gewijzigde oplage 2011
Negende, ongewijzigde druk, Bohn Stafleu van Loghum, Houten 2018

Bohn Stafleu van Loghum
Het Spoor 2
Postbus 246
3990 GA Houten
www.bsl.nl

Inhoud

Woord vooraf

Verantwoording bij de achtste druk

De eerste druk van *Levensmiddelenhygiëne*, die in 1974 is verschenen, telde slechts 64 pagina's. Thans, ruim dertig jaar later, is *Levensmiddelenhygiëne* uitgegroeid tot de huidige omvang. Deze ontwikkeling geeft tevens de ontwikkeling in de levensmiddelenmicrobiologie en de levensmiddelenhygiëne aan: in de afgelopen decennia is er steeds meer bekend geworden over micro-organismen die een voedselinfectie of een voedselvergiftiging kunnen veroorzaken. Om deze voedselpathogenen te kunnen opsporen zijn er tevens verschillende nieuwe detectiemethoden ontwikkeld.

De ondertitel van de eerste druk luidde: *voor diëtisten en leidinggevenden in de horecasector*, hiermede was de doelgroep aangegeven. In de loop van de jaren is de doelgroep van *Levensmiddelenhygiëne* echter verbreed. Het boek is primair nog steeds bedoeld als leerboek voor het HBO, maar behalve de oorspronkelijke opleiding voor diëtisten (Voeding & Diëtetiek) zijn er een aantal andere opleidingen, niet alleen in Nederland maar ook in België, die *Levensmiddelenhygiëne* als leerboek gebruiken.

Daarnaast wordt het boek steeds meer gebruikt door personen die betrokken zijn bij de bereiding en verstrekking van voedsel, zowel in zorginstellingen als in de catering, en door personen die werkzaam zijn in de levensmiddelenindustrie of die zich bezighouden met het microbiologisch onderzoek van levensmiddelen. Uit reacties van deze groep gebruikers is gebleken dat er behoefte bestaat aan een Nederlandstalig boek dat ruime informatie geeft over de levensmiddelenhygiëne en dat tevens gebruikt kan worden als naslawerk.

Door de verschillende eisen die door de gebruikers aan de inhoud van het boek worden gesteld, onstaat het probleem: wat moet wel en wat moet niet worden behandeld. Bovendien is de basiskennis en de interesse van de verschillende groepen gebruikers niet gelijk, daardoor zal *Levensmiddelenhygiëne* wellicht voor de een te veel en voor de ander te weinig informatie bevatten.

Bij het gebruik als *leerboek* wordt verondersteld dat er geen microbiologische basiskennis aanwezig is, daarom wordt in hoofdstuk 2 een algemene inleiding in de microbiologie gegeven. Het accent is hierbij wel telkens gelegd op onderwerpen die van belang zijn voor de *levensmiddelenmicrobiologie*, er wordt geen aandacht besteed aan de genetica en aanverwante onderwerpen zoals recombinatietechnieken.

De drie volgende hoofdstukken, en met name hoofdstuk 4 en 5, geven meer informatie dan nodig is als leerstof. Dit komt doordat er in de afgelopen jaren verscheidene nieuwe voedselpathogenen ('*emerging pathogens*'), zoals *Campylobacter jejuni, Listeria monocytogenes, Salmonella* Enteritidis en *E. coli* O157 zijn opgedoken. Hierdoor zijn de genoemde hoofdstukken in de loop der jaren steeds meer uitgebreid, deze hoofdstukken zijn daarom voornamelijk bedoeld om gegevens over een bepaald micro-organisme te kunnen *opzoeken*.

De laatste drie hoofdstukken zijn gericht op de praktijk van de hygiënebewaking en de microbiologische hygiënecontrole.

Voor deze nieuwe druk is de tekst geheel herzien en voor een groot gedeelte herschreven en aangevuld met nieuwe gegevens. In hoofdstuk 4 en 5 zijn de voedselpathogenen nu volgens een vast patroon beschreven zodat de verschillende kenmerken gemakkelijker zijn te vinden. Voor zoverre mogelijk was, zijn aan het eind van een beschrijving telkens een paar incidenten vermeld, deze incidenten dienen niet enkel ter illustratie, maar zij laten tevens vaak zien op welke wijze een voedselinfectie of een voedselvergiftiging veroorzaakt kan worden. Hoofdstuk 7 is uitgebreid met de beschrijving van het principe van een aantal immunologische en moleculair-biologische detectiemethoden, zoals ELISA en PCR. In deze druk zijn vier nieuwe illustraties en vijf nieuwe tabellen opgenomen.

Mijn dank gaat in het bijzonder uit naar Ir E. de Boer, Voedsel & Waren Autoriteit, voor de recente onderzoeksgegeven die ik van hem heb ontvangen en naar Drs H.R. Reus, scheikundige, voor zijn informatie over desinfectantia. Ir A.F. van Dijk, Productschappen Vee, Vlees en Eieren, mevrouw Dr Ir W.F. Jacobs-Reitsma, Universiteit Wageningen, Dr S.H.W. Notermans, Food Docters, en Prof. Dr J. Oosterom, Universiteit Wageningen, ben ik erkentelijk voor het commentaar en/of de informatie die ik van hen heb gekregen. Mevrouw E. van den Bogerd en de heer H. van der Meer, Raisio Diagnostics, dank ik voor de illustraties die zij welwillend ter beschikking hebben gesteld.

In deze druk zijn de nieuwe spellingsregels van 2005 toegepast. De talrijke inconsequenties die hierdoor zijn ontstaan, vallen buiten de verantwoordelijkheid van de auteur.

Groningen-Helpman, 2006

G.J.A. Ridderbos

Uit het 'Woord vooraf' bij eerdere drukken

Bij de eerste druk (1974)

Dit boekje is primair bedoeld om diëtisten en leidinggevend horeca-personeel informatie te verstrekken over de hygiëne die bij de voedselbereiding in acht moet worden genomen, maar *Levensmiddelenhygiëne* kan ook van nut zijn voor degenen die zich in de ruimste zin van het woord bezighouden met de voeding.

Gaarne wil ik Prof. Dr D.A.A. Mossel te Utrecht en Dr H. Bijkerk te Leidschendam danken voor het kritisch lezen van het manuscript en de daaruit voortvloeiende nuttige aanvullingen.

Bij de tweede druk (1979)

Vele waardevolle adviezen en opmerkingen hebben bijgedragen tot een aantal uitbreidingen in deze tweede druk, de aanvullingen hebben tot doel nieuwe informatie te geven en vooral de stof beter begrijpelijk te maken.

De raadgevers ben ik zeer erkentelijk, mijn dank gaat met name uit naar Prof. Dr D.A.A. Mossel te Utrecht. Voor verdere aanvullingen en suggesties houd ik mij gaarne aanbevolen.

Bij de derde druk (1984)

Bij het tot stand komen van de derde druk zijn verschillende adviezen en suggesties de aanleiding geweest tot uitbreiding van enkele hoofdstukken. Hoofdstuk 2 is aangevuld met enige algemene basisbegrippen met betrekking tot de cellulaire bouw en de functie van micro-organismen.

Aangezien keukens de belangrijkste plaatsen zijn waar voedsel bereid, bewaard en gedistribueerd wordt, is het van groot belang dat hier onder zeer hygiënische omstandigheden wordt gewerkt. Daarom is in hoofdstuk 6 meer aandacht gegeven aan de hygiënebewaking rond de spijslijn.

Bij de vierde druk (1988)

Om *Levensmiddelenhygiëne* beter geschikt te maken als leerboek voor de opleidingen Voeding & Diëtetiek, Toegepaste Huishoudwetenschappen en de Hogere Hotelschool, zijn enkele hoofdstukken herschreven en uitgebreid. Tevens zijn nieuwe gegevens en illustraties toegevoegd.

Na de literatuurlijst zijn enige instanties vermeld die zich bezig houden met het geven van voorlichting en advies op het gebied van voeding en hygiëne.

Voor de waardevolle adviezen dank ik Dr J. Dankert, bacterioloog in het Academisch Ziekenhuis te Groningen, en Prof. Dr D.A.A. Mossel, emeritus hoogleraar in de microbiologie van de voedingsmiddelen van dierlijke oorsprong te Utrecht.

Bij de vijfde druk (1989)

In deze vijfde druk is de tekst van hoofdstuk 3 (dit was in de vierde druk hoofdstuk 5) en van hoofdstuk 6 geheel herschreven. Op andere plaatsen is de tekst voor een deel herschreven of aangevuld met relevante informatie.

Mijn dank gaat uit naar mevrouw J.H. Fleurke te Haren, oud-docente Levensmiddelenleer, voor de nuttige opmerkingen die ik van haar heb mogen ontvangen.

Bij de zesde druk (1993)

Teneinde deze druk beter toepasbaar te maken voor de nieuwe HBO-opleiding Voedingskundige voor Industrie en Handel (Voeding & Marketing) is in hoofdstuk 2 de theorie van de levensmiddelenmicrobiologie wat diepgaander behandeld; het gedeelte dat gaat over conserveermiddelen en conserveermethoden is herschreven en uitgebreid.

In hoofdstuk 4 en 5 zijn de beschrijvingen van verwekkers van een voedselinfectie of een voedselvergiftiging voor een deel herschreven en aangevuld met recente gegevens. Ook de andere hoofdstukken zijn herzien en waar nodig aangevuld, tevens zijn negen nieuwe afbeeldingen en twee nieuwe tabellen opgenomen. De adressenlijst van instanties en leveranciers is bijgewerkt.

Aan mevrouw H.J. den Hartog-Alting, docente Voedingsleer en Levensmiddelenleer te Groningen, ben ik veel dank verschuldigd voor de informatie die ik van haar heb ontvangen. Prof. Dr J. Huisman te Rotterdam en Dr Ir F.D. Tollenaar te Bosch en Duin dank ik voor hun advies en commentaar.

Bij de zevende druk (1996)

De hoofdstukken 2, 4 en 5 zijn aangevuld met nieuwe ontwikkelingen en recente gegevens. In verband met de nieuwe Warenwetregeling 'Hygiëne van Levensmiddelen' is in hoofdstuk 3 meer aandacht besteed aan de HACCP-methode. Op verzoek van enkele hogeschooldocenten is hoofdstuk 7 uitgebreid met een zestal voedingsbodems die veel op microbiologische practica gebruikt worden. In deze druk zijn tevens zestien nieuwe afbeeldingen en acht nieuwe tabellen opgenomen.

De adressenlijst is bijgewerkt en aangevuld; van Belgische zijde is enige malen de klacht geuit dat in de adressenlijst enkel Nederlandse instanties en firma's vermeld staan. De reden hiervan is slechts dat ik niet de beschikking heb over relevante Belgische gegevens. Belgische instanties en firma's die menen in aanmerking te komen voor vermelding in de adressenlijst, kunnen hun gegevens altijd opzenden.

Mijn dank gaat uit naar Ir E. de Boer, Keuringsdienst van Waren, mevrouw Drs M.I. Esveld, Centrum voor Infectieziekten Epidemiologie van het RIVM, Drs H.R. Reus, Keuringsdienst van Waren, en mevrouw J.H. Fleurke te Haren, oud-docente Levensmiddelenleer, voor de informatie die zij mij verstrekt hebben.

Drs M.J.M. van den Broek, Keuringsdienst van Waren, Dr R.A. Samson, Centraalbureau voor Schimmelcultures, de heer H. van der Meer, Transia-Biocontrol, en in het bijzonder Ing. K.A. Sjollema, Rijksuniversiteit Groningen/Afdeling Electronenmicroscopie, ben ik zeer erkentelijk voor de illustraties die zij welwillend ter beschikking hebben gesteld.

In deze druk zijn de nieuwe spellingsregels toegepast. De veranderde schrijfwijze van een aantal bekende woorden en het aaneenschrijven van bepaalde woorden heeft niet de instemming van de auteur.

Inleiding

Het nuttigen van een maaltijd heeft soms een onverwacht effect: na enkele uren tot enige dagen kan een *gastro-enteritis* (maag-darmaandoening) ontstaan, de kenmerken hiervan zijn braken en/of diarree, vaak gepaard met een *malaise* (algeheel gevoel van onbehagen).

Uit onderzoek dat verricht is door het Rijksinstituut voor Volksgezondheid & Milieu (RIVM), is gebleken dat in Nederland jaarlijks circa een half miljoen mensen last hebben van een dergelijke gastro-enteritis die veroorzaakt is doordat voedsel geconsumeerd werd, dat met micro-organismen (vooral bacteriën en virussen) was besmet. Door de besmetting van het voedsel is dan een *voedselinfectie* of een *voedselvergiftiging* ontstaan. In de meeste gevallen gaat het om een onschuldige kwaal die vaak wordt aangeduid als '*buikgriep*'. De verschijnselen zijn meestal na één tot enkele dagen over, maar voor enkele tienduizenden mensen is medisch ingrijpen noodzakelijk. Voor kwetsbare personen, zoals zuigelingen, zieken, bejaarden en mensen met een slechte gezondheid, kan de maag-darmaandoening echter een fataal verloop hebben: voor zover bekend is, overlijden er per jaar twintig tot veertig personen aan de directe gevolgen van een voedselinfectie, maar vermoedelijk is het aantal indirecte dodelijke slachtoffers tienmaal hoger.

Voedingsmiddelen kunnen tijdens het traject '*van producent tot consument*' op verschillende plaatsen en op verschillende manieren besmet worden met micro-organismen die een voedselinfectie of een voedselvergiftiging kunnen veroorzaken; deze micro-organismen, zoals *Bacillus cereus*, *Campylobacter jejuni*, *Listeria monocytogenes* en *Salmonella*, worden in het algemeen aangeduid met de term *voedselpathogenen*.

Groenten, vruchten, rijst en specerijen kunnen besmet zijn met bacteriën die van nature veel in de natuur voorkomen of besmet worden door irrigatie of beregening met fecaal verontreinigd oppervlaktewater.

Het vlees van pluimvee (met name kippen), van varkens en in mindere mate van runderen is vaak besmet met pathogene darmbacteriën, dit komt doordat deze bacteriën bij veel landbouwhuisdieren in het darmkanaal voorkomen, zonder dat de dieren er zelf last van ondervinden. Bij het slachten van de landbouwhuisdieren komt meestal darminhoud vrij en daardoor wordt het vlees besmet met de darmbacteriën.

De besmetting van plantaardige of dierlijke voedingsmiddelen zal meestal geen gevolgen hebben wanneer de voedingsmiddelen maar goed gekoeld worden bewaard (want dan wordt het aantal bacteriën niet groter) en daarna bij de bereiding voldoende worden verhit, door een goede culinaire verhitting worden de bacteriën in afdoende mate gedood. Maar als dit niet is gebeurd, komen levende bacteriën bij het nuttigen van de maaltijd in het maag-darmkanaal van de mens en er ontstaat een gastro-enteritis.

Veel voedselinfecties en voedselvergiftigingen ontstaan doordat degene die de maaltijd bereidt, niet voldoende hygiënisch te werk gaat. Hierdoor kunnen bereide voedingsmiddelen die reeds verhit zijn geweest, besmet worden (bijvoorbeeld via de handen van de maaltijdbereider of via keukengerei) met micro-organismen van rauwe voedingsmiddelen, maar ook met micro-organismen, zoals *Staphylococcus aureus*, die op de handen of in de neus van de voedselbereider aanwezig kunnen zijn.

Alle maatregelen die genomen moeten worden om de besmetting van voedingsmiddelen (levensmiddelen), op het traject '*van producent tot consument*', met pathogene micro-organismen te voorkomen of zo veel als mogelijk is te beperken, behoren tot het terrein van de **levensmiddelenhygiëne**.

1 Relatie tussen voeding en gezondheid

1.1 INLEIDING

Er bestaat een nauwe relatie tussen voeding en gezondheid: een optimale voeding is een belangrijke voorwaarde voor een goede lichamelijke gezondheid. De voeding kan echter ook een ongunstig effect op de gezondheid hebben: dit is het geval als bepaalde essentiële voedingsstoffen ontbreken of als er schadelijke factoren in de voeding aanwezig zijn, deze schadelijke factoren kunnen van een chemische of van een microbiologische aard zijn.

1.2 OPTIMALE SAMENSTELLING VAN DE VOEDING

Reeds vanaf het begin van de vorige eeuw is veel onderzoek verricht naar de optimale samenstelling van de voeding, deze samenstelling is pas optimaal als alle voedingsstoffen (eiwitten, koolhydraten, vetten, vitamines en mineralen) in een voldoende hoeveelheid en in de juiste onderlinge verhouding aanwezig zijn. Indien (bepaalde) essentiële voedingsstoffen in onvoldoende mate worden opgenomen, heeft dit ondervoeding tot gevolg; hierdoor ontstaan deficiëntieziekten.

1.2.1 Ondervoeding

Hoewel een tekort aan voedsel vooral een probleem is in de derdewereldlanden, zijn er ook in de westerse landen mensen die aan ondervoeding lijden.

In de derdewereldlanden is een tekort aan eiwitten en aan energierijke voeding de oorzaak van ziekten, zoals kwashiorkor en marasmus. Door een gebrek aan bepaalde vitamines en mineralen ontstaan specifieke deficiëntieziekten. Voorbeelden van dergelijke ziekten zijn: nachtblindheid (tekort aan vitamine A), beri-beri (tekort aan vitamine B_1) en bloedarmoede (door een gebrek aan ijzer).

De genoemde ziekten worden in de westerse landen bijna niet meer aangetroffen, maar in deze landen wordt steeds meer de ernst onderkend van ondervoeding bij patiënten in ziekenhuizen en verpleeghuizen. De ondervoeding ontstaat hier meestal door een combinatie van de volgende factoren: een slechte eetlust en een stoornis in de resorptie waardoor een verlies aan voedingsstoffen optreedt. Daarnaast kunnen medische behandelingen, zoals radiotherapie en chemotherapie, een negatieve invloed hebben.

Door ondervoeding raakt het darmslijmvlies in een slechte conditie en hierdoor neemt de resorptie van voedingsstoffen verder af. De slechte voedingstoestand van de patiënt heeft een verminderde weerstand tegen infecties tot gevolg, daardoor kunnen complicaties bij de ziekte optreden en wordt de kans op herstel kleiner. Ondervoeding leidt zo tot een ongunstiger ziekteverloop en een verhoogde kans op sterfte.

1.2.2 Verkeerde voeding

In de meeste westerse landen houdt de overheid goed toezicht op de deugdelijkheid van voedingsmiddelen, zodat werkelijk schadelijke producten niet, of slechts gedurende een korte tijd, op de markt komen.

De consument kan echter door een eenzijdige keuze van producten die op zichzelf deugdelijk zijn, zo eten dat hij een tekort krijgt aan bepaalde voedingsstoffen. Het is duidelijk dat hieraan door de overheid en de voedingsmiddelenindustrie weinig te doen is. Door opvoeding, onderwijs en voorlichting zal de consument moeten leren een evenwichtige voedingskeuze te maken. De algemene ervaring leert echter dat het veranderen van diepgewortelde eetgewoonten geen eenvoudige zaak is, daarom zal door individuele gezondheidszorg aan dit aspect veel aandacht gegeven moeten worden.

Een verkeerde voeding kan ook voorkomen bij mensen die geen vrije voedselkeuze hebben, zoals bejaarden in een bejaardenhuis. Er kan om economische redenen een eenzijdige voeding gegeven worden, maar een verwenning door het verzorgend personeel kan eveneens een rol spelen, daarom is een goede voedingsvoorlichting ook hier op haar plaats.

1.3 Chemische factoren

Er bestaat altijd een sterke neiging om hulpstoffen aan voedingsmiddelen toe te voegen. Allerlei sociale, economische en technologische factoren spelen hierbij een rol; zo wordt de vraag van de consument naar 'gemaksvoeding' en naar producten die lang houdbaar zijn steeds groter. De voedingsmiddelenindustrie zoekt om aan deze vraag te kunnen voldoen, maar ook om voedingsmiddelen te 'verbeteren', haar toevlucht in een grote verscheidenheid aan additieven.

Door het toenemende gebruik van allerlei bestrijdingsmiddelen en het toevoegen van groeibevorderaars aan het voer van de landbouwhuisdieren komen steeds meer stoffen ongewild in het menselijk voedsel. Daarom houdt de overheid door middel van de Voedsel & Warenautoriteit (waarin de Keuringsdienst van Waren en de Rijksdienst voor Keuring van Vee & Vlees zijn opgegaan) toezicht op de aanwezigheid van chemische stoffen in voedingsmiddelen. Stoffen die schadelijk zijn voor de gezondheid van de mens mogen niet aan voedingsmiddelen worden toegevoegd en er zijn wettelijke normen voor de toelaatbare hoeveelheid residuen van bestrijdingsmiddelen en andere contaminanten.

Onderzoek naar de mogelijk schadelijke effecten van bepaalde chemische verbindingen vraagt echter veel tijd en is kostbaar, daarnaast is er het dilemma dat de 'onschadelijkheid' van een stof moeilijk te bewijzen valt. Het is daarom gewenst dat de grootste voorzichtigheid in acht wordt genomen bij het gebruiken van nieuwe toevoegingen.

1.3.1 Additieven

Additieven (*hulpstoffen*) zijn stoffen die door de producent met opzet, met een technologisch of sensorisch doel, aan voedingsmiddelen of aan de grondstoffen daarvoor worden toegevoegd. Volgens regelgeving van de Europese Unie mogen additieven alleen aan voedingsmiddelen worden toegevoegd indien zij uit technologisch oogpunt noodzakelijk en nuttig zijn en geen gevaar opleveren voor de gezondheid van de mens. Deze additieven die aangeduid worden met een E-nummer, hebben tot doel de houdbaarheid en/of de kleur en de smaak van een voedingsmiddel te verbeteren of de structurele eigenschappen van een product te veranderen.

De houdbaarheid van een voedingsmiddel kan verlengd worden door het toevoegen van *anti-oxidantia*, dit zijn stoffen die oxidatief vetbederf tegengaan. Anti-oxidantia, zoals ascorbinezuur (vitamine C), citroenzuur, lecithine en α-tocoferol (vitamine E), worden onder andere toegevoegd aan vetten, oliën en broodproducten.

Tot de additieven behoren ook de **conserveermiddelen** die het bederf van voedingsmiddelen door micro-organismen verhinderen. Conserveermiddelen, zoals benzoëzuur, sorbinezuur en sulfiet, mogen pas aan een product worden toegevoegd indien duidelijk is aangetoond dat zij de vermeerdering van (bepaalde) micro-organismen in het betreffende product remmen. Zo is het bijvoorbeeld toegestaan sorbinezuur toe te voegen aan jam, margarine en salades. Uiteraard mogen geen conserveermiddelen worden gebruikt die op de een of andere wijze de gezondheid van de consument kunnen schaden.

Voor het verbeteren van de eigenschappen van voedingsmiddelen wordt gebruikgemaakt van aroma's, kleurstoffen, emulgatoren, stabilisatoren, verdikkingsmiddelen en antispatmiddelen.

1.3.2 Contaminanten

Contaminanten (*verontreinigingen*) zijn stoffen die zonder opzet, dus ongewild, in voedingsmiddelen of in de grondstoffen daarvoor zijn te- rechtgekomen; zij kunnen schadelijke gevolgen hebben voor de gezond- heid van de mens.

In de land- en tuinbouw worden veel bestrijdingsmiddelen gebruikt tegen ongedierte en parasieten, deze stoffen komen via het veevoer ge- makkelijk terecht bij het vee dat later zal dienen voor consumptie. Slachtdieren stapelen deze bestrijdingsmiddelen in bepaalde organen op, waardoor een relatief hoge dosis de consument kan bereiken. Ook sporen van zware metalen (zoals kwik, lood en cadmium) worden zo nu en dan in het voedsel (vis en vlees) aangetroffen, zonder dat daarbij van opzettelijke handelingen sprake is.

Vlees bevat soms restanten van hormonen die aan het veevoer als groeibevorderaar waren toegevoegd. Door de Europese Unie is de toe- voeging van verschillende hormonen, zoals oestradiol en clenbuterol, aan veevoeder verboden omdat het 'hormoonvlees' schadelijk kan zijn voor de gezondheid van de consument. In landen buiten de Europese Unie, onder andere de Verenigde Staten, is de toediening van groei- hormonen aan landbouwhuisdieren echter legaal.

Antibiotica werden ook als groeibevorderaar aan veevoer toegevoegd, maar omdat de kans bestaat dat hierdoor bacteriën een resistentie ontwikkelen tegen sommige antibiotica die gebruikt worden bij een therapeutische behandeling van mensen, is sinds 2006 het gebruik van antibiotica als groeibevorderaar in de Europese Unie verboden.

1.4 MICROBIOLOGISCHE FACTOREN

Elke dag lopen in Nederland enige duizenden mensen via het voedsel dat zij hebben gegeten, een besmetting op met micro-organismen die een voedselinfectie of een voedselvergiftiging kunnen veroorzaken. Per jaar ondervindt circa één op de dertig Nederlanders de nadelige gevolgen (zoals maag-darmstoornissen) van het consumeren van voedsel dat met micro-organismen is besmet (zie 3.2.4). De besmetting kan zijn ontstaan door een onzorgvuldige fabricage, behandeling of distributie van voedingsmiddelen door de industrie. Maar veel vaker is een onhygiëni- sche of onjuiste behandeling van het voedsel bij de bereiding de oorzaak.

De diëtist(e) en het hoofd van de voedingsdienst in ziekenhuizen, verpleeghuizen en bejaardencentra hebben, evenals het leidinggevende personeel in de horeca, meestal voldoende kennis van de voedingsleer om een verantwoorde voeding te kunnen samenstellen. Zij zijn door- gaans ook bekend met de chemische factoren waardoor de kwaliteit van de voeding nadelig beïnvloed kan worden, op deze factoren kunnen zij echter geen of slechts een geringe invloed uitoefenen.

Ten opzichte van de microbiologische factoren ligt het echter anders: juist in ziekenhuizen en andere zorginstellingen waar veel mensen verblijven die een verminderde weerstand hebben, is een voeding die in microbiologisch opzicht veilig is, uiterst noodzakelijk. Bijna 85% van de ziekten die zijn ontstaan als een direct gevolg van het consumeren van voedsel, is veroorzaakt door een microbiële besmetting van dit voedsel. Daarom is het bijzonder jammer dat aan het microbiologische aspect vaak zo weinig aandacht wordt gegeven. Vooral omdat het mogelijk is, wanneer er tenminste goede voorzorgsmaatregelen worden genomen, de meeste van deze ziekten te voorkomen.

Als oorzaak van het veelvuldig optreden van de ziekten die veroorzaakt zijn door het consumeren van voedsel dat met micro-organismen is besmet, kunnen de *vijf O's* genoemd worden:

- *onwetendheid,*
- *onverschilligheid,*
- *onhygiënisch werken,*
- *onvoldoende koeling van voedingsmiddelen,*
- *onvoldoende verhitting van voedingsmiddelen.*

In de volgende hoofdstukken worden eerst de algemene eigenschappen van micro-organismen behandeld, daarna worden de microbiologische factoren waardoor de veiligheid van het voedsel nadelig beïnvloed kan worden, nader besproken.

2 Algemene levensmiddelen-microbiologie

2.1 INLEIDING

De *levensmiddelenmicrobiologie* is de wetenschap die zich bezighoudt met het bestuderen van micro-organismen die in levensmiddelen (voedingsmiddelen) voorkomen.

Micro-organismen zijn organismen die in hun levenscyclus ten minste één periode doormaken waarin één enkele cel zich als individu vermeerdert (definitie van de geneticus M.J. SIRKS). Micro-organismen zijn alleen maar met behulp van een microscoop of een elektronenmicroscoop waar te nemen. Tot de micro-organismen behoren:

- *bacteriën* (celafmeting 0,3-10 µm)[1],
- *rickettsiën* (0,3-2 µm),
- *schimmels* (2-300 µm),
- *gisten* (2-15 µm),
- *protozoën* (1-500 µm),
- *virussen*[2] (0,01-0,3 µm).

Micro-organismen zijn belangrijk voor het leven van planten, dieren en de mens. Als voorbeeld kan het mineralisatieproces dienen: bij dit proces breken micro-organismen de afgestorven resten van organismen af en zij zetten het organische materiaal om in anorganische verbindingen, op deze wijze wordt afval opgeruimd en omgezet in stoffen die onmisbaar zijn voor de groei van planten. Andere micro-organismen (onder andere de melkzuurbacteriën en bepaalde gisten) zijn nodig voor de bereiding van gefermenteerde levensmiddelen, zoals brood, boter, kaas, yoghurt, azijn, bier, wijn, zuurkool en droge worst (bijvoorbeeld salami en cervelaatworst). Deze micro-organismen zorgen voor een

---

[1] 1 µm (micrometer) = 0,001 mm
[2] Hoewel virussen geen levende organismen zijn, onder andere omdat zij geen cellulaire bouw en geen eigen stofwisseling hebben, worden zij meestal eveneens tot de micro-organismen gerekend.

natuurlijke conservering van het gefermenteerde product door de vorming van zuren, waardoor de zuurgraad vergroot wordt, of door de vorming van ethanol (alcohol) en kooldioxide. Daarnaast geven zij aan het levensmiddel vaak een bepaald aroma of zij veranderen de consistentie zodat de verteerbaarheid van het voedsel verbeterd wordt.

Sommige soorten micro-organismen zijn echter pathogeen voor de mens, zij kunnen infectieziekten (zoals hersenvliesontsteking, longontsteking en tuberculose) veroorzaken. Een aantal pathogene soorten is belangrijk in verband met de voeding: indien deze micro-organismen via het voedsel worden overgebracht op de mens, ontstaat een *voedselinfectie* (zie hoofdstuk 4). De meeste voedselinfecties worden veroorzaakt door bacteriën en virussen, maar ook parasitaire protozoën en parasitaire wormen (die niet tot de micro-organismen behoren) spelen een rol.

Bepaalde bacteriën en sommige schimmels vormen in voedingsmiddelen giftige stoffen, deze giftige stoffen (*toxinen*) zijn de oorzaak van een *voedselvergiftiging* (zie hoofdstuk 5).

De micro-organismen die een voedselinfectie of een voedselvergiftiging kunnen veroorzaken, worden aangeduid met de term *voedselpathogenen*.

De *levensmiddelenhygiëne*[1] is het specialisme binnen de levensmiddelenmicrobiologie dat zich bezighoudt met het verhinderen en verminderen van de besmetting van voedsel met pathogene micro-organismen.

Om de juiste maatregelen te kunnen nemen tegen deze voedselpathogenen, is het nodig op de hoogte te zijn van hun eigenschappen, dat wil zeggen: van hun bouw, hun wijze van vermeerdering en hun levensvoorwaarden. In het navolgende worden deze eigenschappen besproken.

2.2   PROKARYOTEN EN EUKARYOTEN

De levende organismen worden op grond van hun celstructuur verdeeld in de groep van de *prokaryoten* en de *eukaryoten*. Virussen zijn geen levende organismen omdat zij geen eigen stofwisseling bezitten, voor

---

[1]   In de '*Richtlijn inzake Levensmiddelenhygiëne*' (Richtlijn 93/43/EEG) die de Raad van de Europese Unie in 1993 heeft uitgevaardigd, staat de volgende omschrijving van levensmiddelenhygiëne: '*Onder* **Levensmiddelenhygiëne** *wordt verstaan: alle maatregelen die noodzakelijk zijn om de veiligheid en gezondheid van levensmiddelen te waarborgen. De maatregelen gelden voor alle stadia na de primaire productie (die bijvoorbeeld het oogsten, slachten en melken omvat), tijdens bereiding, verwerking, vervaardiging, verpakking, opslag, vervoer, distributie, hantering en aanbieding ten verkoop of levering aan de consument.*' In 2004 is door de Europese Unie een nieuwe '*Hygiëne Verordening*' (Richtlijn EC 852-854/2004) vastgesteld, in deze richtlijn wordt een nieuwe omschrijving van levensmiddelenhygiëne gegeven: '**Levensmiddelenhygiëne**: *de maatregelen en voorschriften die nodig zijn om de aan een levensmiddel verbonden gevaren tegen te gaan en de geschiktheid van een levensmiddel voor menselijke consumptie te waarborgen, met inachtneming van het beoogde gebruik.*'

hun vermeerdering zijn virussen afhankelijk van een gastheer. Ook hun inwendige structuur wijkt sterk af van de structuur van de prokaryotische en de eukaryotische cel, daarom vormen virussen een aparte groep.

2.2.1 Prokaryoten

De prokaryotische cel heeft een primitieve bouw: er is geen kern aanwezig en ook andere celorganellen ontbreken. De prokaryotische cel bezit wel een kernachtig lichaam (*het nucleoïd*) dat bestaat uit een hoeveelheid kernmateriaal (DNA) dat los in het protoplasma van de cel ligt. Het protoplasma is omgeven door de celmembraan en de celwand die uit één of twee lagen bestaat (*zie afbeelding 2-7 en 2-8 op pagina 36*). Bacteriën en rickettsiën zijn prokaryoten.

2.2.2 Eukaryoten

De eukaryotische cel heeft een kern en andere celorganellen, zoals het Golgi-apparaat, het endoplasmatisch reticulum en mitochondriën. Bij plantaardige cellen is het protoplasma omgeven door de celmembraan en de celwand, bij dierlijke cellen ontbreekt de celwand. Tot de eukaryoten behoren alle planten (inclusief schimmels en gisten) en dieren.

2.3 INDELING VAN MICRO-ORGANISMEN

2.3.1 Taxonomie (Systematiek)

Micro-organismen worden, evenals alle andere organismen, ingedeeld volgens het hiërarchische classificatiesysteem dat door CAROLUS LINNAEUS is opgesteld. In dit classificatiesysteem worden organismen met gelijke kenmerken en eigenschappen verenigd tot een *taxon* (een systematische eenheid).

Een aantal taxa van gelijke rang wordt samengevoegd tot een taxon van een hogere rang, zo wordt bijvoorbeeld een aantal soorten samengevoegd tot een geslacht en een aantal geslachten wordt weer samengevoegd tot een familie. Hoe hoger een taxon in dit systeem staat, des te meer eigenschappen hebben de organismen die tot dit taxon behoren, gemeenschappelijk.

In het classificatiesysteem worden onder meer de volgende taxa, van hoog tot laag, onderscheiden:
- *klasse* of *classis*,
- *orde* of *ordo*,
- *familie* of *familia*,
- *geslacht* of *genus*,
- *soort* of *species*.

Tabel 2-1 *Indeling en nomenclatuur van enige bacteriën*

Familie	Geslacht	soort/Serotype
Bacillaceae*	Bacillus	cereus
Bacillaceae*	Clostridium	botulinum
Enterobacteriaceae	Escherichia	coli
Enterobacteriaceae	Salmonella	Enteritidis
Enterobacteriaceae	Salmonella	Typhi
Enterobacteriaceae	Salmonella	Typhimurium
Enterobacteriaceae	Shigella	dysenteriae
Micrococcaceae	Staphylococcus	aureus
Spirillaceae*	Campylobacter	jejuni
Streptococcaceae*	Streptococcus	pyogenes
Vibrionaceae	Aeromonas	hydrophila
Vibrionaceae	Plesiomonas	shigelloides
Vibrionaceae	Vibrio	cholerae
Vibrionaceae	Vibrio	parahaemolyticus

* In Bergey's *Manual of Systematic Bacteriology* worden de familienamen *Bacillaceae*, *Spirillaceae* en *Streptococcaceae* niet meer als taxon gebruikt, in plaats daarvan zijn de geslachten *Bacillus* en *Clostridium* geplaatst in de sectie 'Endospore-forming Gram-Positive Rods and Cocci', het geslacht *Campylobacter* is geplaatst in de sectie 'Aerobic/Microaerophilic, Motile, Helical/Vibrioid Gram-Negative Bacteria' en het geslacht *Streptococcus* behoort nu tot de sectie 'Gram-Positive Cocci'. Uit praktisch en uit historisch oogpunt zijn in deze tabel en elders in dit boek de oude familienamen nog gebruikt.

Binnen een soort kan nog een nadere onderverdeling gemaakt worden in:
- **ondersoort** of **subspecies**,
- **biotype** of **biovar** (op grond van bepaalde biochemische eigenschappen),
- **serotype** of **serovar** (een indeling naar antigene kenmerken, vergelijk de bloedgroepen van de mens; zie pagina 38),
- **faagtype** (een indeling met behulp van een *bacteriofaag*, een specifiek virus, waardoor sommige stammen van een soort wel worden aangetast, maar andere stammen níet; zie pagina 48),
- **stam** (dat zijn alle individuen van een soort die door deling zijn ontstaan uit één enkele cel; een stam wordt verkregen via een reinstrijk, de ontstane *reinculture* of *isolaat* is dan een stam; zie ook pagina 259).

Bij de indeling van bacteriën is vroeger gebruikgemaakt van een aantal praktische kenmerken, zoals de vorm van de bacteriecel en de groeivoorwaarden (bijvoorbeeld het wel of niet nodig hebben van zuurstof en bepaalde voedingsstoffen). Tegenwoordig worden bacteriën daarnaast ingedeeld op grond van genetische en moleculaire kenmerken, zoals de samenstelling van hun DNA. Hierdoor is in sommige gevallen de oude indeling in ordes of families vervallen, in plaats daarvan worden bacteriën met een aantal gelijke kenmerken verenigd in een sectie of groep.

2.3.2 Nomenclatuur (Naamgeving)

Voor de nomenclatuur bestaan een aantal vaste regels, de regels die betrekking hebben op de schrijfwijze zijn:

- de naam van de *familie* begint altijd met een hoofdletter en eindigt op de uitgang -*aceae*,
- de naam van het *geslacht* begint eveneens met een hoofdletter,
- de naam van de *soort* wordt met een kleine letter geschreven.

Elk organisme heeft een binaire wetenschappelijke naam die bestaat uit de naam van het geslacht gevolgd door de naam van de soort; deze wetenschappelijke naam wordt meestal *gecursiveerd* weergegeven. De geslachtsnaam wordt bij bekende organismen vaak afgekort, bijvoorbeeld E. coli in plaats van *Escherichia coli*.

Binnen het geslacht *Salmonella* wordt een nadere onderverdeling niet gemaakt in soorten, maar op grond van antigene kenmerken in *serotypen*. Daarom is bij dit geslacht de tweede naam níet de soortnaam, maar de naam van het serotype. Om dit aan te geven krijgt de naam van het serotype een hoofdletter en wordt niet-gecursiveerd weergegeven, bijvoorbeeld *Salmonella* Enteritidis.

In tabel 2-1 wordt een voorbeeld gegeven van de indeling en de nomenclatuur van een aantal bekende bacteriën.

2.4 EIGENSCHAPPEN VAN MICRO-ORGANISMEN

2.4.1 Bacteriën

De eerste beschrijving van bacteriën is afkomstig van de Nederlander ANTONI VAN LEEUWENHOEK. In 1676 heeft hij met behulp van een primitieve microscoop die door hemzelf was vervaardigd, bacteriën waargenomen in peperwater (water waarin peperkorrels waren opgelost). Een paar jaar later ontdekte hij ook bacteriën, die hij 'diertgens' noemde, in schraapsel dat hij van zijn tanden had genomen (zie afbeelding 2-1). VAN LEEUWENHOEK heeft zijn ontdekking in 1683, in zijn brief '*Ondervindingen en Beschouwingen der onsigtbare geschapene Waerheden*' gericht aan *De Wijt-vermaarde Koninglyke Wetenschap-soekende Societeyt tot Londen in Engeland* (de Royal Society te Londen), als volgt beschreven:

'*Myn gewoonte is des mergens myn tanden te vryven met sout, en dan myn mont te spoelen met water, en wanneer ick gegeten heb, veeltyts myn kiesen met een tandstoker te reynigen, alsmede deselvige wel met een doek stark te vryven, waar door myn kiesen en tanden soo suyver en wit blyven, als wey-*

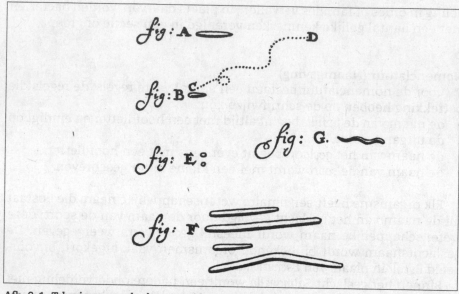

Afb. 2-1 *Tekening gemaakt door Antoni van Leeuwenhoek van de 'diertgens' die hij aantrof in het schraapsel van zijn tanden.*

nig menschen van myn jaren[1] gebeurt, en myn tantvlees (met wat hard sout ick daar tegen kome te vryven) niet en komt te bloeden. Nogtans soo en syn myn tanden daar door soo suyver niet, of (wanneer ick deselve met een vergroot spiegel besag) daar blyft of groeyt tusschen eenige vande kiesen en tanden een weynig witte materie, die soo dik is, als of het beslagen meel was. Dit selvige observerende, oordeelde ick (hoewel ick geene beweginge daar inne konde bekennen) dat'er egter levende diertgens in waren. Ick heb dan het selvige verscheyde malen met suyver regen-water, daar geen diertgens in waren, en ook met speeksel vermengt, dat ick uyt myn mond nam, na dat ick het selvige vande lugtbelletgens hadde gescheyde (om dat de lugtbelletgens geen beweging in 't speeksel souden maken) en meest doorgaans met groote verwondering gesien, dat inde geseyde[2] materie waren, veele seer kleyne diertgens, die haar seer aardig beweegden.'

Bacteriën behoren, zoals eerder is vermeld, tot de *prokaryoten*; zij hebben een grootte van 0,3-10 μm. Los in het protoplasma (cytoplasma) van de cel ligt een opgerolde streng DNA (het *nucleoïd* of het *kernachtige lichaam*) dat de erfelijke eigenschappen van de bacterie bevat. Als een bacterie zich gaat delen, wordt eerst een nieuwe DNA-streng aangemaakt; daarna splitst het kernmateriaal zich in twee delen. Vervolgens deelt de cel zich in twee dochtercellen (zie 2.5.1 en afbeelding 2-18 op pagina 49). De nieuwgevormde cellen bevatten hetzelfde DNA, dat wil zeggen dezelfde erfelijke eigenschappen. In tegenstelling tot onder andere de mens, bij

---

[1]   Antoni van Leeuwenhoek is dan 51 jaren oud

[2]   geseyde = genoemde

wie de chromosomen in de cellen paarsgewijs aanwezig zijn, bezitten bacteriën de genetische informatie slechts in enkelvoud.

In het protoplasma komen, behalve het DNA van het nucleoïd, nog vaak kleine cirkelvormige DNA-structuren voor, deze structuren worden *plasmiden* genoemd. De plasmiden, die meestal in meervoud aanwezig zijn, dragen slechts een gering aantal erfelijke eigenschappen. Toch zijn de plasmiden voor de bacterie uiterst belangrijk, omdat onder andere de genetische informatie voor de resistentie tegen bepaalde antibiotica in de plasmiden ligt opgeslagen. De pathogeniteit van bacteriën wordt vaak bepaald door plasmiden, zo bevatten sommige plasmiden de informatie voor het vormen van bepaalde toxinen door de bacterie.

In het protoplasma is ook een groot aantal (circa tienduizend) *ribosomen* aanwezig, deze ribosomen zorgen voor de eiwitsynthese van de bacterie. Het protoplasma is omgeven door de semi-permeabele *celmembraan* en de *celwand* die permeabel is (*zie verder* pagina 34 en 35).

De indeling van bacteriën gebeurt in de eerste plaats met behulp van de *Gram-kleuring* en de vorm van de cellen. Voor een verdere indeling wordt gebruikgemaakt van biochemische en/of serologische reacties.

Gram-kleuring

In 1884 werd door de Deense arts HANS CHRISTIAN GRAM een methode ontdekt om bacteriën nader te onderscheiden en te verdelen in twee groepen die in de bouw van hun celwand sterk van elkaar verschillen (zie pagina 37). Deze methode berust op een selectieve kleuring die bekendstaat als de Gram-kleuring.

De Gram-kleuring kan als volgt worden uitgevoerd:

1. Met de öse (het oogje) van een steriele entnaald wordt een klein gedeelte van een bacteriekolonie in een druppel steriel water op een objectglaasje gebracht. De druppel water wordt vervolgens goed op het objectglaasje uitgestreken en daarna aan de lucht gedroogd, hierna fixeert men het preparaat door het objectglaasje driemaal door een volle gasvlam te halen.
2. Het preparaat wordt nu anderhalve minuut bedekt met een paar druppels van Gram-I, een paarse kleurstof zoals *kristalviolet* of *carbolgentiaanviolet*. Vervolgens wordt de paarse kleurstof met kraanwater van het preparaat gespoeld.
3. Het preparaat wordt daarna gedurende één minuut bedekt met Gram-II, een oplossing van jodium in kaliumjodide (deze oplossing staat bekend als de oplossing van *Lugol*). Gram-II dient als beitsmiddel om de paarse kleurstof stevig in de bacteriecel te binden, dit gebeurt doordat het jodium uit de oplossing van Lugol, samen met het kristalviolet (of carbolgentiaanviolet) het *kristalviolet-jodiumcomplex* vormt. Het preparaat wordt hierna niet met water, maar met *ethanol 96%* schoongespoeld.

4. Vervolgens wordt het preparaat 30 seconden ontkleurd in een bakje met eveneens *ethanol 96%*. Nu wordt het preparaat weer met kraanwater gespoeld.

5. Hierna wordt het preparaat gedurende 45 seconden bedekt met Gram-III, een rode kleurstof zoals *fuchsine* of *saffranine*. Tot slot wordt het preparaat schoongespoeld met kraanwater en gedroogd tussen filtreerpapier. Het preparaat kan nu onder een microscoop met een olie-immersieobjectief bekeken worden.

Met behulp van de Gram-kleuring kunnen twee typen bacteriën worden onderscheiden:

- De bacteriën die door ethanol 96% zijn ontkleurd en die door de nakleuring met fuchsine of saffranine een lichtrode kleur hebben gekregen, worden *Gram-negatief* genoemd.
- De bacteriën die niet door ethanol 96% zijn ontkleurd en die dus de paarse kleurstof hebben vastgehouden, noemt men *Gram-positief*.

Voor de Gram-kleuring kan de volgende verklaring worden gegeven: bij het beitsen met de oplossing van Lugol, wordt het *kristalviolet-jodium-complex* gevormd. Bij *Gram-negatieve* bacteriën kan dit complex bij de ontkleuring door ethanol uit de bacteriecel worden getrokken, deze bacteriën zijn dan kleurloos. Door de nakleuring met Gram-III krijgen zij vervolgens een lichtrode kleur.

Gram-positieve bacteriën hebben een dikkere celwand dan Gram-negatieve bacteriën, door ethanol gaat deze dikke celwand wat samentrekken waardoor de poriën in de celwand kleiner worden. Het kristalviolet-jodiumcomplex kan daardoor bij de ontkleuring niet meer uit de bacteriecel worden getrokken. Het nakleuren met Gram-III heeft bij deze bacteriën geen effect, zij blijven paars gekleurd.

De Gram-kleuring is alleen maar betrouwbaar bij jonge bacterieculturen. Bij oude Gram-positieve bacteriën (ouder dan circa 24 uur) kan namelijk *Gram-labiliteit* optreden: de bacteriën worden door ethanol dan wel ontkleurd en zij worden vervolgens door Gram-III lichtrood gekleurd.

Vorm

Bacteriën worden naar hun vorm onderscheiden in *bolvormige*, *staafvormige* en *gebogen-staafvormige* bacteriën (zie afbeelding 2-2).

De **bolvormige** bacteriën of **coccen** (zie afbeelding 2-3) die op een enkele uitzondering na *Gram-positief* zijn, worden nader ingedeeld naar de wijze waarop de cellen gegroepeerd liggen:

- losse cellen: **micrococcen**,
- twee cellen bijeen: **diplococcen**,
- vier cellen bijeen: **tetracoccen**,
- acht cellen bijeen (als een kubus): **sarcina**,

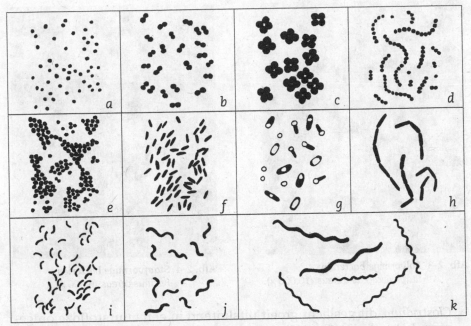

Afb. 2-2 *Vormen van bacteriën*.

a: *micrococcen* b: *diplococcen* c: *tetracoccen* d: *streptococcen*
e: *stafylococcen* f: *staafjes* g: *bacillen (met sporen)* h: *bacillen in een kettingvorm*
i: *vibrionen* j: *spirillen* k: *spirocheten*

- in een ketting: **streptococcen**,
- in de vorm van een druiventros: **stafylococcen**.

De **staafvormige** bacteriën (zie afbeelding 2-4) liggen soms in een ketting achter elkaar, maar komen meestal los voor; zij kunnen van elkaar onderscheiden worden door variatie in hun lengte en breedte. Sommige staafvormige Gram-positieve bacteriën kunnen sporen vormen (zie afbeelding 2-5), deze bacteriën worden in het algemeen **bacillen** genoemd.

Met behulp van de Gram-kleuring kan bij de staafvormige bacteriën een onderscheid gemaakt worden in:

- **Gram-negatieve staafjes**, bijvoorbeeld:
  Escherichia coli, de gewone darmbacterie bij mensen en dieren.
  Salmonella, de verwekker van tyfus en paratyfus.
  Pseudomonas, vaak de oorzaak van bederf bij gekoeld bewaard vlees, gevogelte en vis.
- **Gram-positieve staven met sporen** (*bacillen*), bijvoorbeeld:
  Bacillus, de sporen van dit geslacht zijn algemeen verspreid in de natuur; *Bacillus*-soorten groeien bij aanwezigheid en soms ook bij afwezigheid van zuurstof. *Bacillus cereus* kan een voedselinfectie of een voedselvergiftiging veroorzaken.

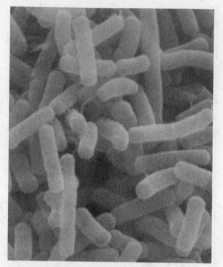

Afb. 2-3 *Bolvormige bacteriën:*
Staphylococcus aureus (10.000 ×).

Afb. 2-4 *Staafvormige bacteriën:*
Bacillus cereus (6.000 ×).

Clostridium, dit geslacht groeit uitsluitend in een zuurstofloze omgeving; bekend zijn *Clostridium perfringens* die een voedselinfectie kan veroorzaken en *Clostridium botulinum* de veroorzaker van botulisme.

- **Gram-positieve staven zonder sporen**, zoals:
Lactobacillus-soorten (melkzuurbacteriën), zij komen onder andere voor in zure melk, yoghurt, kaas en zuurkool.

De *gebogen-staafvormige* bacteriën (zie afbeelding 2-6) zijn *Gram-negatief*, zij worden onderverdeeld in:
- gebogen als een komma: *vibrionen*,
- in de vorm van een rechte spiraal (S-vormig): *spirillen*,
- schroefvormig (als een kurkentrekker): *spirocheten*. De spirocheten hebben een flexibele celwand, zij kunnen daardoor als een slang bewegen; met de Gram-kleuring zijn deze bacteriën slecht te kleuren.

Celmembraan *(Plasmamembraan)*

Het protoplasma (cytoplasma) van de bacteriecel wordt omgeven door de celmembraan. De celmembraan, die een dikte van 75Å* heeft, bestaat uit een dubbele laag fosfolipiden (dit zijn verbindingen van glycerol met twee vetzuren en fosforzuur) waarin zich bolvormige eiwitten bevinden, deze eiwitten hebben vaak een functie als enzym.

In tegenstelling tot de celwand die permeabel (doorlaatbaar) is, is de celmembraan semi-permeabel (half-doorlaatbaar). Dit wil zeggen dat bepaalde stoffen (bijvoorbeeld water en kleine moleculen) passief, door middel van diffusie, de celmembraan kunnen passeren, maar voor het

---

* 1 Å (ångström) = 1×10^{-7} mm

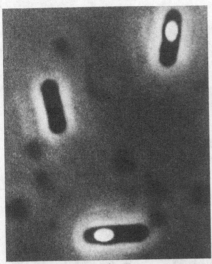

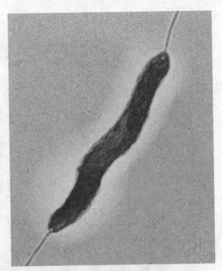

Afb. 2-5 *Sporevormende bacteriën:*
Clostridium botulinum (9.000 ×).

Afb. 2-6 *Een gebogen-staafvormige*
bacterie: een Campylobacter-soort
(27.000 ×).

opnemen van andere stoffen (zoals voedingsstoffen) is een actief transport met behulp van bepaalde enzymen (*permeasen*) nodig. Andere enzymen zorgen voor het transport naar buiten van stoffen, bijvoorbeeld slijm, die door de bacteriecel worden uitgescheiden. Veel enzymen, zoals de enzymen die betrokken zijn bij de ademhalingsketen, zijn in of op de celmembraan gelokaliseerd.

Op sommige plaatsen is de celmembraan naar binnen ingestulpt, dit komt vooral bij Gram-positieve bacteriën voor, een dergelijke instulping wordt een *mesosoom* genoemd. Bij Gram-positieve bacteriën vertonen de mesosomen vaak een ingewikkelde structuur, de mesosomen van Gram-negatieve bacteriën zijn doorgaans kleiner en zij hebben een eenvoudige structuur.

Celwand

De vaste vorm die bacteriën hebben, wordt veroorzaakt door de starre celwand. De celwand beschermt de bacteriecel tegen invloeden van het externe milieu, met name tegen osmotische drukverschillen.

Gewoonlijk leeft een bacterie in een *hypotoon* milieu, dat wil zeggen dat de osmotische druk van het externe milieu lager is dan de osmotische druk in het protoplasma van de bacteriecel. Als de celwand beschadigd of zelfs geheel verwijderd is (in het laatste geval blijft de zogenaamde *protoplast* over: het protoplasma dat alleen omgeven is door de celmembraan), neemt de bacteriecel veel water op uit het externe milieu om de interne osmotische druk gelijk te maken aan de osmotische druk van het externe milieu. Het gevolg hiervan is dat de cel of protoplast sterk opzwelt en ten slotte knapt.

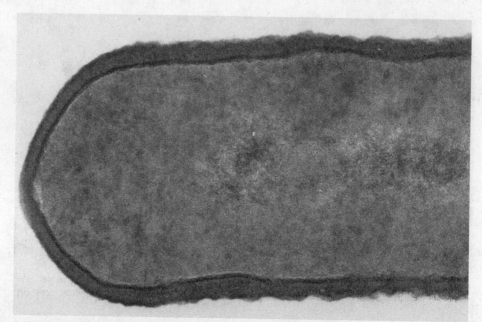

Afb. 2-7 *De dikke celwand van een Gram-positieve bacterie.* Onder de amorfe mucopeptide-lagen ligt, direct om het protoplasma heen, de dunne celmembraan (190.000 ×).

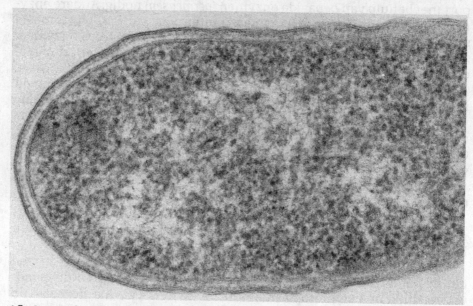

Afb. 2-8 *De dunne celwand van een Gram-negatieve bacterie.* De donkere buitenste laag is de buitenmembraan, de lichte laag daaronder is de periplasmatische ruimte en de donkere laag direct om het protoplasma is de celmembraan; de mucopeptidelaag die boven de celmembraan ligt, is niet afzonderlijk te zien (200.000 ×).

Komt een bacterie daarentegen in een *hypertoon* milieu (de osmotische druk van het externe milieu is dan hoger dan de osmotische druk in het protoplasma), dan wordt aan de bacteriecel vocht onttrokken; de bacteriecel verschrompelt hierdoor. Het conserveren van voedingsmiddelen door middel van het toevoegen van een hoge concentratie suiker of zout berust onder meer op dit principe (zie pagina 64).

De celwand is opgebouwd uit een driedimensionaal skelet van *mucopeptide* (synoniem: *peptidoglycaan, glycopeptide* en *mureïne*). De basis van dit skelet wordt gevormd door een aantal lange ketens van twee verschillende aminosuikers, *glucosamine* en *muraminezuur*, die alternerend achter elkaar zijn gebonden. De ketens zijn onderling dwars verbonden door korte peptidebruggen van vier tot zes aminozuren die vastzitten aan het muraminezuur, er ontstaat zo een stevige en stugge mucopeptidelaag.

Een belangrijk verschil tussen Gram-positieve en Gram-negatieve bacteriën berust op de samenstelling van de celwand en de wijze waarop deze is opgebouwd.

Gram-positieve bacteriën hebben een dikke celwand (200-800 Å, zie afbeelding 2-7) die is opgebouwd uit 15 tot 50 mucopeptidelagen waarin veel peptidebruggen aanwezig zijn. De celwand bestaat voor 60 tot 95% uit mucopeptide, daarnaast komt in de celwand nog veel *teichonzuur* voor.

Gram-negatieve bacteriën hebben een dunne celwand (80-200 Å) die voor slechts 5 tot 20% uit mucopeptide bestaat, dit komt doordat deze celwand uit twee verschillende lagen is opgebouwd (zie afbeelding 2-8):
- de *binnenste* celwandlaag (20-30 Å) bestaat uit één enkele mucopeptidelaag met maar weinig peptidebruggen, in deze laag is geen teichonzuur aanwezig.
- de *buitenste* celwandlaag (60-180 Å), die ook wel de *buitenmembraan* wordt genoemd, heeft een geheel andere structuur; deze buitenmembraan is opgebouwd uit eiwitten, polysachariden (koolhydraten) en lipiden (vetten).

Bij Gram-positieve bacteriën ligt de celwand meestal direct tegen de celmembraan aan; bij Gram-negatieve bacteriën ligt de dunne mucopeptidelaag van de de binnenste celwandlaag eveneens tegen de celmembraan aan, maar de binnenste celwandlaag en de buitenmembraan zijn gescheiden door de *periplasmatische ruimte*. In deze periplasmatische ruimte komen een aantal enzymen voor, onder andere de β-*lactamasen* die antibiotica (zoals penicilline en cefalosporine) onwerkzaam maken.

Aan de lipiden van de buitenmembraan zijn polysachariden gebonden, deze polysachariden bevinden zich aan de buitenkant van de celwand. De verbinding van polysachariden en lipiden samen heet het *lipopoly-saccharide-complex (LPS)*. Dit LPS-complex, en met name het lipidedeel, heeft een toxische werking, het wordt daarom het *endotoxine* van de bacterie genoemd. Het endotoxine veroorzaakt de pathogeniteit van veel Gram-negatieve bacteriën (zie 4.1.7).

De polysachariden van het LPS-complex hebben *antigene* eigenschappen, daarmee wordt het volgende bedoeld. Wanneer een bacterie in het lichaam van een 'gastheer' (bijvoorbeeld een mens) komt, dan herkent de gastheer de bacterie als 'lichaamsvreemd' en gaat als afweerreactie antilichamen (antistoffen) tegen de bacterie vormen. Een chemische structuur die als lichaamsvreemd wordt herkend en die de vorming van antilichamen opwekt, wordt in het algemeen een *antigeen* genoemd. Omdat het LPS-complex deel uitmaakt van de celwand, wordt dit antigeen het **somatische of lichaams-antigeen** genoemd.

De polysachariden van het LPS-complex kunnen verschillende structuren hebben, daardoor zijn er even zoveel verschillende somatische antigenen. Binnen de species (soort) kan met behulp van de antigenen een onderscheid gemaakt worden in verschillende **serotypen**. Een somatisch antigeen wordt aangegeven door de letter O en een cijfer achter de naam van de bacteriesoort, zo is bijvoorbeeld E. *coli* O157 een serotype dat een ernstige darmontsteking kan veroorzaken.

Behalve somatische antigenen, die alleen maar voorkomen bij Gram-negatieve bacteriën, zijn er ook *kapsel-antigenen* en *flagellaire antigenen* (*zie* pagina 39 en 41), deze antigenen komen zowel voor bij Gram-negatieve als bij Gram-positieve bacteriën.

De mucopeptidelagen in de celwand kunnen afgebroken worden door het enzym *lysozym*, door de inwerking van lysozym desintegreert de celwand en de bacteriecel wordt gevoelig voor osmotische drukverschillen. In een hypotoon milieu, waarin de bacterie meestal leeft, zal de bacterie veel vocht opnemen en ten slotte knappen; in een hypertoon milieu verschrompelt de bacterie.

Lysozym komt voor in het wit van eieren en bij de mens onder meer in traanvocht, speeksel en in witte bloedlichaampjes. Het lysozym behoort tot de natuurlijke afweerstoffen van de mens tegen bacteriën. Tegenwoordig wordt lysozym wel gebruikt als conserveermiddel, onder andere in de kaasindustrie (*zie* pagina 66). Gram-negatieve bacteriën zijn minder gevoelig voor de inwerking van lysozym dan Gram-positieve bacteriën, dit komt doordat de mucopeptidelaag bij Gram-negatieve bacteriën nog omgeven wordt door de buitenmembraan die niet door lysozym wordt aangetast.

Door *penicilline* wordt de synthese van het mucopeptide van de celwand geremd. Het effect hiervan is dat de bacterie in een hypertoon milieu verschrompelt en in een hypotoon milieu opzwelt en uiteindelijk knapt. Gram-negatieve bacteriën zijn ook voor penicilline minder gevoelig dan Gram-positieve bacteriën, want bij Gram-negatieve bacteriën blijft de buitenste laag van de celwand nog wel intact.

Slijmlaag

Veel bacteriën (vooral *Bacillus*-soorten en sommige soorten van de *Enterobacteriaceae*) zijn omgeven door een losse, amorfe slijmlaag die uit koolhydraten bestaat. De vorming van de slijmlaag wordt beïnvloed door het externe milieu: indien er geen koolhydraten aanwezig zijn, kan er geen slijmlaag gevormd worden.

Streptococcus mutans, die in de mond voorkomt, vormt uit suiker een slijmlaag op tanden en kiezen. Deze slijmlaag, waarin veel bacteriën blijven vastkleven, heet de *tandplaque*.

In de suikerindustrie is men beducht voor de aanwezigheid van *Leuconostoc dextranicum* en *Leuconostoc mesenteroides*. Door deze bacteriën wordt uit suiker het slijmige dextraan gevormd, hierdoor kunnen de leidingen in een suikerfabriek verstopt raken.

Kapsel

Bij een aantal bacteriesoorten komt een kapsel voor, dit is, in tegenstelling tot een slijmlaag, een stevige, vaste laag die de bacteriecel omgeeft. Een kapsel is opgebouwd uit koolhydraten (onder meer bij peumococcen, streptococcen en een aantal *Enterobacteriaceae*) of uit eiwitten (dit komt voor bij *Bacillus*-soorten).

Vaak worden bij bacteriesoorten die een kapsel kunnen vormen, stammen aangetroffen die dit vermogen hebben verloren. Bij stammen die een kapsel hebben gevormd, ontstaan op een vaste voedingsbodem gladde en glimmende kolonies; deze vorm noemt men de S-vorm (S = smooth). De kolonies van stammen die geen kapsel hebben gevormd, zijn op een vaste voedingsbodem daarentegen ruw en gerimpeld, men spreekt in dit geval over de R-vorm (R = rough).

Een kapsel beschermt de bacteriën tegen fagocytose door witte bloedlichaampjes. Bij pathogene bacteriën komen zowel S-vormen als R-vormen voor; meestal is echter alleen de S-vorm virulent[1] omdat de bacteriën met kapsel niet gefagocyteerd worden. Doordat kapselloze bacteriën wel gefagocyteerd kunnen worden, is de R-vorm niet virulent.

Het kapsel fungeert als een antigeen van de bacterie, het **kapselantigeen** wordt aangeduid met de letter K en een cijfer achter de naam van de bacteriesoort, bijvoorbeeld E. coli **K12**. Deze E. coli wordt wel een 'kreupele' bacterie genoemd omdat dit serotype specifieke voedingseisen heeft, hierdoor kan het niet in de natuur overleven. E. coli K12 wordt daarom veel gebruikt voor genetische experimenten in laboratoria.

Flagellen

Flagellen of zweepdraden zijn zeer lange (3-20 µm), draadvormige uitsteeksels die zorgen voor de beweeglijkheid van de bacterie, het aantal en de plaats van de flagellen verschilt per bacteriesoort. De coccen (op enkele uitzonderingen na) en sommige staafvormige bacteriën bezitten geen flagellen, zij zijn daardoor immobiel.

De volgende mogelijkheden van flagellatie worden onderscheiden (zie afbeelding 2-9 op de volgende pagina):

---

[1] Virulent betekent dat het ziekmakend vermogen van een pathogene bacterie tot uiting komt (zie pagina 127).

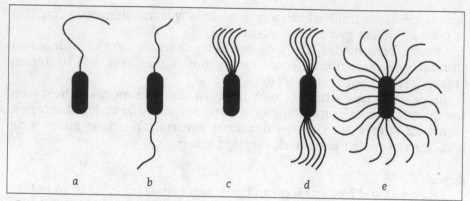

Afb. 2-9 *Flagellatie van bacteriën.*
a: monotrich   b: amfitrich   c: lofotrich   d: amfi-lofotrich   e: peritrich

- **monotrich**, er is één flagel aan één pool (uiteinde) van de cel (zie afbeelding 2-10); dit komt onder andere voor bij *Pseudomonas aëruginosa*, bij *Vibrio cholerae* en bij *Vibrio parahaemolyticus*.
- **amfitrich**, aan beide polen van de cel zit één flagel, bijvoorbeeld *Campylobacter jejuni* (zie afbeelding 2-6 op pagina 35).
- **lofotrich**, er is een bosje flagellen aan één pool van de cel, dit komt voor bij een aantal *Pseudomonas*-soorten.
- **amfi-lofotrich**, aan beide polen van de cel zit een bosje flagellen, dit is het geval bij veel *Spirillum*-soorten.
- **peritrich**, de cel is helemaal rondom bezet met flagellen, bijvoorbeeld *Clostridium botulinum* en veel *Enterobacteriaceae*.

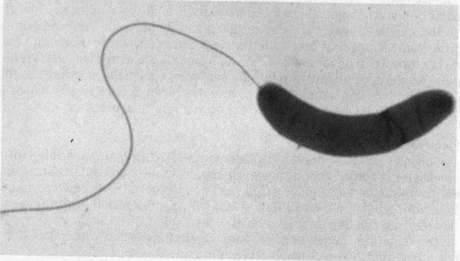

Afb. 2-10 *Een monotriche bacterie* (25.000 ×).

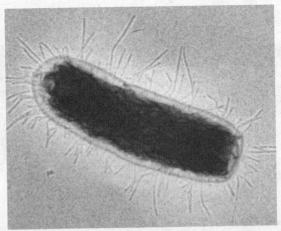

Afb. 2-11 *Een Salmonella met talrijke pili (40.0000 ×).*

Flagellen maken snelle, ronddraaiende bewegingen. Bij *Spirillum ser-pens* (die amfi-lofotrich is) maken de flagellen 40 omwentelingen per seconde, dus 2400 omwentelingen per minuut; dit zijn bijna evenveel omwentelingen als bij een centrifuge voor het drogen van wasgoed (die met 2800 omwentelingen per minuut draait).

De snelheid waar een bacterie zich mee voortbeweegt, hangt af van de flagellatie. De peritriche *E. coli* zwemt met een snelheid van ongeveer 3 μm per seconde, dus 1 cm per uur. *Vibrio cholerae* (de cholerabacterie) is een snelle zwemmer: zij heeft slechts één flagel, maar kan daarmee een snelheid van 200 μm per seconde (72 cm per uur) bereiken. Aange-zien *Vibrio cholerae* circa 2 μm lang is, legt deze bacterie per seconde een afstand af die gelijk is aan honderdmaal haar lengte. Deze snelheid zou men kunnen vergelijken met de snelheid van een middenklasse auto die een lengte van 4 meter heeft. Indien deze automobiel per seconde een afstand af zou leggen van honderdmaal zijn lengte, dan heeft de auto een snelheid van 1440 km per uur.

De flagellen zijn opgebouwd uit eiwitten, zij zijn het *flagellaire anti-geen* van de bacterie. Het flagellaire antigeen wordt aangegeven met de letter **H** en een cijfer achter de naam van de bacteriesoort.

Pili (Fimbriae)

Pili of fimbriae zijn korte, stijve uitsteeksels (*zie* afbeelding 2-11) die veel voorkomen bij Gram-negatieve bacteriën en bij enkele soorten Gram-positieve bacteriën. Zij veroorzaken het samenklonteren van bac-teriën, op een vloeistof kan daardoor een bacteriefilm (een dun vlies) ontstaan; voor de beweeglijkheid van bacteriën zijn zij niet van belang.

De begrippen *pili* (haar) en *fimbriae* (franje) worden meestal door elkaar gebruikt. Bij een aantal bacteriesoorten hebben de pili of fimbriae echter een speciale functie die voor de bacterie erg belangrijk kan zijn, er wordt dan het volgende onderscheid gemaakt:

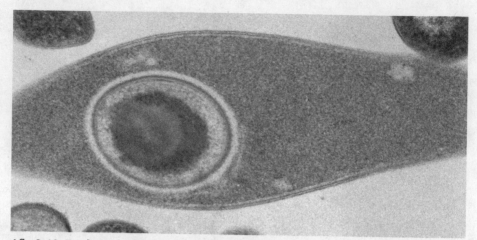

Afb. 2-12 *Een bacteriecel met een spore*. Het donkere, centrale gedeelte is de sporeprotoplast, daaromheen liggen de cortex en de binnenste en de buitenste sporecoat (65.000 ×).

- **F-pilus** (*sex-pilus*); de F-pilus die bij sommige bacteriën voorkomt, is een lange, holle buis waardoor erfelijk materiaal (DNA van het nucleoïd of van een plasmide) van de ene bacterie (de F^+-cel of donor) wordt overgedragen op een andere bacterie (de F^--cel of acceptor), de acceptor krijgt hierdoor andere eigenschappen. Op deze wijze kan een donor die bijvoorbeeld resistent is tegen een bepaald antibioticum, deze eigenschap overdragen op een acceptor die niet resistent is. De acceptor wordt nu eveneens resistent tegen het antibioticum.
- **Adhesie-fimbriae**; bacteriën die in het bezit zijn van adhesiefimbriae kunnen zich met behulp van deze fimbriae aan een oppervlak hechten. Bepaalde *E. coli*-serotypen zijn pathogeen doordat zij zich met behulp van adhesie-fimbriae aan epitheelcellen hechten, zij kunnen dan bijvoorbeeld een blaas- of een darmontsteking veroorzaken (zie pagina 145). Andere *E. coli*-serotypen die geen adhesie-fimbriae hebben, zijn daarentegen onschuldige darmbewoners.

Sporen

Gram-positieve bacteriën die behoren tot het geslacht *Bacillus* of *Clostridium* (zie afbeelding 2-5 op pagina 35) vormen sporen als de uitwendige omstandigheden ongunstig zijn geworden doordat de voedingsstoffen opraken; voor de vorming van een spore hoeft een bacteriecel geen voedingsstoffen uit het externe milieu op te nemen. In tegenstelling tot sporenvormende schimmels die een groot aantal sporen vormen, kunnen bacteriën slechts één spore per cel vormen. De spore wordt inwendig gevormd, zij bestaat uit kernmateriaal en ingedroogd protoplasma dat omgeven is door een dikke wand die uit verschillende lagen bestaat (zie afbeelding 2-12).

Tijdens de vorming van de spore, een proces dat circa acht uur duurt, produceert de bacteriecel bepaalde eiwitsplitsende enzymen (*proteasen*). Sporevormende bacteriën worden voor commerciële doeleinden gekweekt, bij dit proces worden de eiwitsplitsende enzymen uit het cultuurmedium geïsoleerd, deze enzymen worden door de wasmiddelenindustrie toegevoegd aan wasmiddelen ten behoeve van het verwijderen van eiwitbevattende vlekken.

De bacteriecel sterft na het vormen van de spore af, de spore komt dan vrij. Onder bepaalde omstandigheden kan een spore weer uitgroeien tot een vegetatieve (gewone) bacteriecel. Het ontkiemingsproces begint met de *activatie* van de spore. De activatie kan 'spontaan' gebeuren, bijvoorbeeld door een bepaalde ouderdom van de spore, maar de activatie kan ook kunstmatig opgewekt worden door verhitting (bij kooktemperatuur). Na de activatie begint de *germinatie*, dit is de eigenlijke ontkieming waarbij de spore uitgroeit tot een vegetatieve bacteriecel. Een voorwaarde voor de germinatie is dat de spore vocht kan opnemen, in een gedroogd product kunnen sporen daarom niet ontkiemen. Ook de temperatuur moet gunstig zijn, bij een te lage of een te hoge temperatuur stopt de germinatie. Drie à vier uur na het begin van de germinatie kan de nieuwe bacteriecel zich gaan delen of opnieuw een spore vormen.

Sporen zijn *chemoresistent* en *thermoresistent*, dat betekent dat zij bestand zijn tegen chemicaliën (zoals desinfectantia) en tegen hoge temperaturen; ook tegen droogte zijn sporen zeer bestand. Pas door *sterilisatie* (zie 2.8) worden sporen gedood.

2.4.2 Rickettsiën

Rickettsiën zijn zeer kleine coc- of staafvormige onbeweeglijke micro-organismen die zowel eigenschappen van bacteriën als van virussen bezitten. Tegenwoordig worden zij tot de bacteriën gerekend, evenals de bacteriën behoren zij tot de *prokaryoten*; bij de Gram-kleuring kleuren zij Gram-negatief. Met de virussen hebben zij gemeen dat zij zichzelf niet zelfstandig kunnen vermeerderen. Rickettsiën zijn intracellulaire parasieten die voor hun vermeerdering afhankelijk zijn van een gastheercel.

Een aantal soorten is voor de mens pathogeen, zij kunnen o.a. vlektyfus veroorzaken. Rickettsiën zijn vernoemd naar hun ontdekker H.T. Ricketts die in 1910 aan de gevolgen van een infectie met zijn ontdekking is overleden. In rauwe melk, en in de hiervan gefabriceerde producten, komt soms *Coxiella burnetii* (*Rickettsia burneti*) voor. *Coxiella burnetii* is de verwekker van de Q-koorts (zie 4.3)

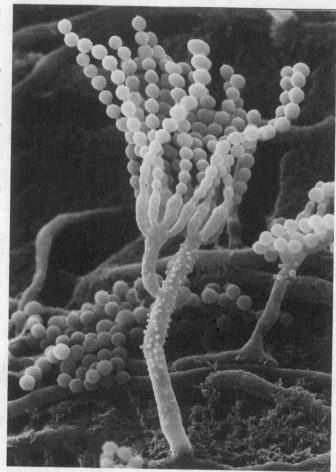

Afb. 2-13 *Conidiofoor met conidiën van Penicillium roqueforti* (900 ×).

2.4.3 Schimmels

Schimmels zijn, evenals gisten, *eukaryoten*; zij behoren tot de planten maar bezitten geen bladgroen. Wanneer men een schimmel onder een microscoop bekijkt, dan ziet men dat een schimmel is opgebouwd uit een netwerk (*mycelium* of *zwamvlok*) van draden. Door deze schimmel-draden (*hyfen*) heeft een schimmel dikwijls een wollig uiterlijk. Aan of tussen de hyfen worden de sporen gevormd die voor de verspreiding van de schimmel zorgen. De sporen kunnen door een *geslachtelijk* of door een *ongeslachtelijk* proces zijn ontstaan, zij groeien op hun beurt weer uit tot een nieuw mycelium.

Bij de klasse *Zygomycetes*, waartoe de primitiefste schimmels beho-ren, versmelten bij een geslachtelijk proces twee hyfen, meestal van verschillende mycelia, met elkaar; er ontstaat dan een *zygospore*. De *spo-rangiosporen* die door een ongeslachtelijk proces ontstaan, worden endo-geen (inwendig) gevormd in sporangia aan het uiteinde van speciale

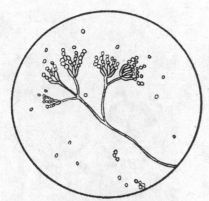

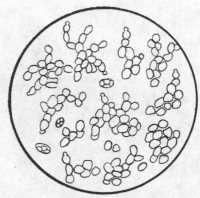

Afb. 2-14 *Microscopisch beeld van Penicillium roqueforti (250 ×).*

Afb. 2-15 *Microscopisch beeld van Saccharomyces cerevisiae, bakkersgist (500 ×).*

hyfen, dit is bijvoorbeeld het geval bij *Mucor* (de knopschimmel) en *Rhizopus* (de broodschimmel).

Tot de klasse *Ascomycetes* behoren schimmels waarbij het geslachtelijke proces ingewikkelder verloopt. In een mycelium worden zowel ♂- als ♀-geslachtscellen gevormd; nadat een ♀-geslachtscel bevrucht is door een ♂-geslachtscel van een ander mycelium, ontstaat een nieuw mycelium. Door dit mycelium wordt een vruchtlichaam gevormd dat verscheidene zakvormige cellen bevat. In zo'n zakvormige cel (*ascus*) worden uiteindelijk (afhankelijk van de schimmelsoort) vier of acht *ascosporen* gevormd. Bij een ongeslachtelijk proces ontstaan sporen die exogeen (uitwendig) gevormd worden aan een conidiofoor (een speciale hyfe), deze sporen worden *conidiën* genoemd (*zie* afbeelding 2-13 en afbeelding 5-6 op pagina 222). Tot deze schimmelklasse behoren onder andere *Penicillium* (de penseelschimmel) en *Aspergillus* (de kwastschimmel).

Zygosporen en ascosporen fungeren meestal als ruststadium van de schimmel, zij kunnen, evenals de sporen van bacteriën, een ongunstige periode overleven doordat zij omgeven zijn door een dikke wand. Vooral ascosporen zijn zeer *thermoresistent*, daardoor kunnen zij in producten die een hittebehandeling hebben ondergaan, in leven blijven.

De sporangiosporen en conidiën worden in grote aantallen door een schimmel gevormd, zij zorgen voor de verspreiding van de schimmel. Sporangiosporen en conidiën hebben meestal een blauw/groene, een bruine of een zwarte kleur; rijpe sporen zijn donkerder gekleurd dan onrijpe sporen. Door de aanwezigheid van sporen zijn veel schimmels gekleurd, bijvoorbeeld *Penicillium roqueforti* die in roquefortkaas en in Danish blue voorkomt, is blauw/groen.

Schimmels zijn vaak de oorzaak van **voedselbederf** doordat zij op allerlei soorten voedingsmiddelen kunnen groeien, zelfs op voedingsmiddelen die gekoeld worden bewaard. Maar schimmels worden ook

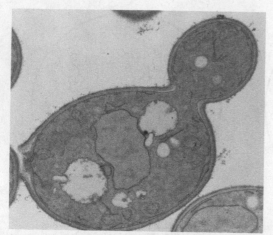

Afb. 2-16 *Een gistcel met knopvorming. In het mid-*
den van de moedercel ligt de kern die door
twee vacuolen is omgeven (11.000 ×).

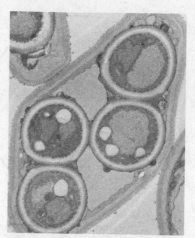

Afb. 2-17 *Een gistcel met vier endo-*
geen gevormde sporen
(10.000 ×).

gebruikt bij de fabricage van bepaalde voedingsmiddelen, zoals schimmelkaas (brie, camembert, Danish blue, gorgonzola en roquefort).

In 1960 werden aanwijzingen verkregen dat sommige schimmels een
voedselvergiftiging kunnen veroorzaken doordat zij in voedingsmiddelen
giftige stoffen (**mycotoxinen**) kunnen vormen. Wanneer deze mycotoxinen
via het voedsel worden opgenomen, ontstaan ernstige ziekten (*zie* 5.3). Een
bekend mycotoxine is *aflatoxine*, dat door *Aspergillus flavus* wordt gevormd.
Er zijn thans ongeveer vierhonderd verschillende mycotoxinen bekend.

2.4.4 Gisten

Gisten zijn eencellige schimmels die geen mycelium vormen. De cellen die een grootte van ongeveer 10 μm hebben, zijn eirond tot langwerpig van vorm. De gisten vermeerderen zich door middel van uitwendige knopvorming (*zie* afbeelding 2-16) of door een binaire celdeling,
zoals bij de bacteriën gebeurt (*zie* 2.5.1). De gevormde cellen blijven bij
sommige soorten aan elkaar vastzitten waardoor een pseudomycelium
ontstaat (*zie* afbeelding 2-15). Bepaalde gisten kunnen, na een geslachtelijk of een ongeslachtelijk proces, inwendig (afhankelijk van de soort)
twee tot zestien sporen vormen (*zie* afbeelding 2-17).

De *fermentatieve gisten* veroorzaken onder anaërobe omstandigheden
de alcoholische gisting van vruchtensappen, waarbij de suikers die in de
vruchten voorkomen, worden omgezet in alcohol en kooldioxide. Deze
gisting speelt ook een rol bij de broodbereiding; het kooldioxide dat gevormd is door *Saccharomyces cerevisiae* (bakkersgist) doet het brood rijzen.

Door *oxydatieve gisten* worden onder aërobe omstandigheden suikers,
maar ook andere koolstofbronnen, geassimileerd tot verschillende
organische zuren; hierdoor kan **voedselbederf** ontstaan. Doordat veel gis-

ten ook bij lage temperaturen kunnen groeien, kan ook bij levensmiddelen die koel bewaard zijn, bederf optreden.

2.4.5 Protozoën

Protozoën zijn eencellige dierlijke organismen, hiertoe behoren zowel soorten die enkel met behulp van een microscoop te zien zijn als soorten die (bijna) met het blote oog zijn waar te nemen, zij vormen de primitiefste vorm van dierlijk leven. Protozoën komen voor in de bodem en in het oppervlaktewater, maar ook in het darmkanaal van mens en dier. Tot de protozoën behoren:

- de *amoeben*; onder andere *Entamoeba histolytica*, de verwekker van de amoeben-dysenterie,
- de *flagellaten* (of *zweepdiertjes*); bijvoorbeeld *Giardia lamblia*, de verwekker van giardiasis,
- de *sporozoën* (of *sporediertjes*); zoals *Cryptosporidium parvum*, *Cyclospora cayetanensis* en *Toxoplasma gondii*, de verwekkers van cryptosporidiose, cyclosporiose en toxoplasmose.

Vaak worden *cysten* (ruststadia) gevormd die in de natuur een lange tijd kunnen overleven. De cysten zijn niet bestand tegen verhitting, maar wel tegen bepaalde desinfectiemiddelen; door het chloreren van drinkwater worden cysten niet gedood.

Groenten en fruit die in contact zijn geweest met besmette grond of die met besmet water besproeid of gewassen zijn, kunnen pathogene protozoën of hun cysten bevatten. De mens wordt geïnfecteerd wanneer hij besmette voedingsmiddelen consumeert (zie 4.4).

2.4.6 Virussen

Virussen zijn aanzienlijk kleiner dan bacteriën, zij behoren niet tot de levende organismen omdat zij geen cellulaire bouw en geen eigen stofwisseling hebben. Een virus bestaat slechts uit een DNA- of een RNA-molecuul dat omhuld is door een eiwitmantel (*capside*). Deze eiwitmantel kan bij virussen die een dier of de mens als gastheer hebben, zijn omgeven door een *envelope*, dit is een membraan die uit lipoproteïden bestaat. Het lipidegedeelte van de envelope is afkomstig van de celmembraan van de gastheercel. Virussen die niet omgeven zijn door een envelope, worden aangeduid als *non-enveloped* of als naakte virussen.

Evenals rickettsiën kunnen virussen zich niet zelfstandig vermeerderen: het zijn intracellulaire parasieten die voor hun vermeerdering afhankelijk zijn van een gastheercel. Het virus hecht zich daartoe aan het oppervlak van een gastheercel en het DNA of RNA wordt in de gastheercel gebracht. Vervolgens wordt de gastheercel 'gedwongen' het erfelijk materiaal van het virus te vermenigvuldigen, daarna maakt de gastheercel ook de eiwitten aan die nodig zijn voor de vorming van de eiwitmantel. Binnen de gastheercel wordt zo een groot aantal nieuwe virussen gevormd, deze vorming gaat ten koste van de eigen stofwisseling van de gastheercel. Uiteindelijk komen de nieuwgevormde virussen vrij uit de gastheercel die, afhankelijk van de soort van de gastheercel, hierbij al dan niet doodgaat.

Virussen zijn soort-specifiek, dit betekent dat zij maar op één soort gastheer parasiteren; de mens bijvoorbeeld is ongevoelig voor een virus dat een bepaalde plant als gastheer heeft en omgekeerd.

Virussen die op bacteriën parasiteren, worden **bacteriofagen** genoemd; bij het vrijkomen van de nieuwe virussen die in de bacteriecel zijn gevormd, gaat de bacteriecel te gronde. Van een bacteriesoort wordt soms alleen een bepaalde stam door een bacteriofaag aangetast, daardoor kan binnen een soort een onderscheid gemaakt worden in **faagtypen**. Hiertoe besmet men een bacteriekweek op een vaste voedingsbodem met een bacteriofaag en men kijkt vervolgens, nadat de bacteriekweek is bebroed, of er op de voedingsbodem *plaques* (dat zijn heldere zones) zijn ontstaan. In deze plaques zijn de bacteriën doodgegaan doordat zij gevoelig waren voor de bacteriofaag.

Het onderzoeken van virussen is niet eenvoudig omdat zij niet, zoals de andere micro-organismen, op een voedingsbodem gekweekt kunnen worden. Voor het vermeerderen van virussen wordt gebruikgemaakt van bevruchte eieren of van een weefselkweek. Het aantonen van een virus gebeurt met behulp van een elektronenmicroscoop of met serologische technieken, tegenwoordig kunnen bepaalde virussen ook met immunologische of met moleculair-biologische technieken worden aangetoond (zie 7.4.8 en 7.4.9).

Sommige virussen kunnen via voedingsmiddelen overgebracht worden op de mens en daardoor kan een ziekte ontstaan. De mens kan zelf een bron van besmetting zijn wanneer hij drager van een virus is. Als een virusdrager onhygiënisch te werk gaat bij de voedselbereiding, kan het voedsel besmet worden en zo kunnen weer andere mensen geïnfecteerd worden. De *Noro-virussen* (de *Norwalk-achtige virussen*) die de veroorzakers zijn van de meeste virale voedselinfecties en het *Hepatitis A-virus*, dat de verwekker is van een besmettelijke geelzucht, kunnen op deze wijze worden overgebracht (zie 4.6).

2.5   VERMEERDERING VAN MICRO-ORGANISMEN

Er ontstaat meestal geen ziekte wanneer slechts een gering aantal pathogene micro-organismen met het voedsel wordt opgenomen, maar een groter aantal van dezelfde micro-organismen kan wel een ziekte teweegbrengen. Daarom is het verhinderen van de vermeerdering van micro-organismen in voedsel een belangrijk aspect van de levensmiddelenhygiëne.

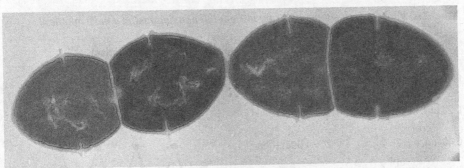

Afb. 2-18 *Bacteriecellen in deling. De beide moedercellen hebben zich gedeeld in dochtercellen die nog door het voltooide septum met elkaar zijn verbonden. In de dochtercellen is al een instulping van de celmembraan te zien, als begin van de volgende deling (45.000 ×).*

Voor hun vermeerdering zijn micro-organismen afhankelijk van uitwendige omstandigheden, zoals de aanwezigheid of de afwezigheid van zuurstof en van bepaalde essentiële voedingsstoffen. Daarnaast zijn de temperatuur, de zuurgraad en de vochtigheid van de omgeving uitermate belangrijk. In het onderstaande wordt voornamelijk gesproken over de vermeerdering van bacteriën, maar gelijke beschouwingen gelden ook voor de gisten die eveneens eencellige organismen zijn.

2.5.1 Deling van bacteriën

Bacteriën vermeerderen zich door een zogenaamde *binaire deling* waardoor twee identieke dochtercellen ontstaan (zie afbeelding 2-18). Deze binaire deling gebeurt in de volgende stappen:

- er wordt extra kernmateriaal (DNA) aangemaakt en de bacteriecel wordt wat groter.
- het kernmateriaal splitst zich in twee delen.
- de celmembraan gaat naar binnen instulpen en daardoor ontstaat in de cel een septum (tussenschot).
- als het septum volgroeid is, splijt de oorspronkelijke (moeder)cel zich langs het septum in twee dochtercellen.

Na de deling gaan de beide dochtercellen als moedercel fungeren: zij delen zich op hun beurt weer. Bij coccen blijven de dochtercellen dikwijls aan elkaar kleven, zo ontstaat de kenmerkende vorm van onder andere stafylococcen en streptococcen.

Delingstijd (Generatietijd)

De tijd die tussen twee delingen verstrijkt, heet de delingstijd of de generatietijd. Onder gunstige omstandigheden is de delingstijd van veel bacteriesoorten slechts vijftien tot twintig minuten, *Vibrio cholerae* (de cholerabacterie) heeft zelfs een delingstijd van maar zeven à acht minuten. Door de korte delingstijd kunnen bacteriën zich zeer snel vermeer-

Tabel 2-2 *Vermeerdering van bacteriën in 1 uur (bij een delingstijd van 20 minuten)*

Tijdstip	Aantal (2^n)	Schematisch
0:00 uur, n = 0	2^0 = 1 bacterie	
0:20 uur, n = 1	2^1 = 2 bacteriën	
0:40 uur, n = 2	2^2 = 4 bacteriën	
1:00 uur, n = 3	2^3 = 8 bacteriën	

deren. Er zijn echter ook bacteriesoorten die een lange delingstijd hebben, zo is de delingstijd van *Mycobacterium tuberculosis* (de tuberculosebacterie) dertien tot vijftien uur.

Het aantal bacteriën op een bepaald tijdstip, dat door deling afkomstig is van één cel, kan uitgedrukt worden in de formule: 2^n, hierbij is n het aantal delingen dat heeft plaatsgevonden. Dit aantal delingen kan berekend worden door de tijd (t) die verstreken is, te delen door de delingstijd (d). In zestig minuten (t = 60) hebben er bij een delingstijd van twintig minuten (d = 20) dus drie delingen plaatsgevonden, het aantal bacteriën dat uit de oorspronkelijke moedercel is ontstaan, bedraagt dan 2^3 = 8 (zie tabel 2-2).

Zes uur later is het aantal uitgegroeid van acht tot ruim twee miljoen bacteriën en tien uur na het begin van de delingen zijn er zelfs al ruim

Tabel 2-3 *Vermeerdering van bacteriën in 12 uur (bij een delingstijd van 20 minuten)*

Tijdstip	Aantal (2^n)	
0 uur, n = 0	2^0 =	1 bacterie
1 uur, n = 3	2^3 =	8 bacteriën
2 uur, n = 6	2^6 =	64 bacteriën
3 uur, n = 9	2^9 =	512 bacteriën
4 uur, n = 12	2^{12} =	4.096 bacteriën
5 uur, n = 15	2^{15} =	32.768 bacteriën
6 uur, n = 18	2^{18} =	262.144 bacteriën
7 uur, n = 21	2^{21} =	2.097.152 bacteriën
8 uur, n = 24	2^{24} =	16.777.216 bacteriën
9 uur, n = 27	2^{27} =	134.217.728 bacteriën
10 uur, n = 30	2^{30} =	1.073.741.824 bacteriën
11 uur, n = 33	2^{33} =	8.589.934.592 bacteriën
12 uur, n = 36	2^{36} =	68.719.476.736 bacteriën

een miljard nieuwe bacteriën gevormd. Bij een ongeremde vermeerdering wordt het aantal bacteriën in een korte tijd ontelbaar (zie tabel 2-3).

Wanneer één bacteriecel (met een delingstijd van twintig minuten) zich ongestoord zou delen, dan zijn er in een etmaal 72 delingen geweest. Het aantal bacteriën dat gevormd is, bedraagt dus 2^{72}; dit kan geschreven worden als $(2^{12})^6$. Het getal 2^{12} is (afgerond) 4.000 (zie tabel 2-3), daarom kan $(2^{12})^6$ ook geschreven worden als $(4 \times 10^3)^6 = 4^6 \times 10^{18} = 2^{12} \times 10^{18}$. Indien voor 2^{12} wederom 4×10^3 wordt ingevuld, dan bedraagt het totale aantal bacteriën dat in een etmaal gevormd is: $4 \times 10^3 \times 10^{18} = 4 \times 10^{21}$.

Om dit getal aanschouwelijker te maken, kan het aantal bacteriën uitgedrukt worden in het gezamenlijke gewicht. Het gewicht van 10^{12} bacteriën bedraagt 1 gram, dus 4×10^{21} bacteriën zouden gezamenlijk 4×10^9 gram = 4.000 ton wegen. In de praktijk komt zo'n ongestoorde vermeerdering echter niet voor (behalve bij de zogenaamde *continue culturen*, wanneer bacteriën voor industriële doeleinden worden gekweekt), na enige tijd treedt een stabilisatie op waardoor het aantal levende bacteriën niet meer toeneemt.

Groeicurve

Wanneer een klein aantal bacteriën wordt overgebracht op een voedingsbodem die vervolgens bij een geschikte temperatuur wordt bebroed, dan neemt het aantal bacteriën aanvankelijk zeer sterk toe. Na een bepaald tijdstip blijft het aantal echter constant en enige tijd later neemt het aantal levende bacteriën zelfs af. Dit verloop van het aantal levende bacteriën in de tijd kan grafisch worden weergegeven in een *groeicurve* (zie afbeelding 2-19). In een groeicurve kunnen de volgende vier fasen onderscheiden worden:
1. De *lag-fase*, ook wel de *aanpassings-* of *dralingsfase* (to lag = dralen) genoemd. De bacteriën delen zich nog niet omdat zij zich eerst moe-

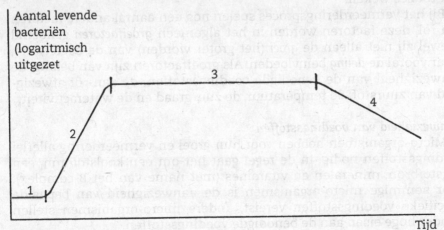

Afb. 2-19 *Groeicurve van bacteriën.*

ten aanpassen aan het externe milieu (de voedingsbodem en de temperatuur). De bacteriecellen kunnen wel groeien, dat wil zeggen: toenemen in celvolume.

2. De *log-fase* of de *exponentiële groeifase*. Er vindt nu een snelle vermeerdering van het aantal bacteriën plaats, onder gunstige omstandigheden kan het aantal per vijftien à twintig minuten verdubbeld worden.

3. De **stationaire fase**. In deze fase is een evenwicht ontstaan tussen het aantal nieuwe cellen dat gevormd wordt en het aantal oude cellen dat afsterft, hierdoor blijft het totale aantal levende cellen constant. In het midden van een kolonie gaan bacteriën dood doordat de voedingsstoffen opraken en/of doordat het externe milieu door de gevormde stofwisselingsproducten (bijvoorbeeld zuren, waardoor de pH wordt verlaagd) ongunstig wordt. Aan de rand van de kolonie worden echter nog nieuwe cellen gevormd, de kolonie kan daardoor wel in oppervlakte toenemen. Sporevormende bacteriën vormen in deze fase sporen.

4. De **afstervingsfase**. De groeiomstandigheden zijn nu zo ongunstig geworden, door uitputting van de voedingsbodem en/of door ophoping van giftige afvalstoffen, dat er een massale sterfte optreedt. Het aantal levende bacteriën daalt daardoor zeer sterk.

2.5.2 Factoren die de vermeerdering van micro-organismen beïnvloeden

Een micro-organisme kan van nature een snelle of een langzame deling vertonen, deze eigenschap is erfelijk bepaald. *E. coli* bijvoorbeeld kan zich onder optimale omstandigheden om de twintig minuten delen, bij *Mycobacterium tuberculosis* (de tuberculosebacterie) vindt daarentegen slechts om de dertien tot vijftien uur een deling plaats. Door het verschil in delingstijd varieert de duur van de logfase sterk; bij *E. coli* duurt de logfase gemiddeld negen tot twaalf uur, bij *Mycobacterium tuberculosis* vier tot zes weken.

Bij het vermeerderingsproces spelen nog een aantal andere factoren een rol, deze factoren worden in het algemeen **groeifactoren** genoemd hoewel zij niet alleen de *groei* (het groter worden) van de bacteriecel, maar vooral de *deling* beïnvloeden. Als groeifactoren zijn van belang: de aanwezigheid van de benodigde voedingsstoffen, de aan- of afwezigheid van zuurstof, de temperatuur, de zuurgraad en de wateractiviteit.

Aanwezigheid van voedingsstoffen

Micro-organismen hebben voor hun groei en vermeerdering allerlei voedingsstoffen nodig. In de regel gaat het om een koolstofbron, een stikstofbron, mineralen en vitamines (met name van het B-complex). Voor sommige micro-organismen is de aanwezigheid van bepaalde specifieke voedingsstoffen vereist, andere micro-organismen stellen minder hoge eisen aan de benodigde voedingsstoffen.

Zuurstof

Niet alle micro-organismen hebben zuurstof nodig voor hun ontwikkeling, in 1861 ontdekte Louis Pasteur dat boterzuurbacteriën afstierven zodra zij in aanraking kwamen met zuurstof uit de lucht. Hij noemde deze bacteriën *an-aëroob* (leven zonder zuurstof).

De micro-organismen kunnen naar hun zuurstofbehoefte verdeeld worden in vier groepen:

- *Obligaat* (of *strikt*) *aëroob*; de micro-organismen van deze groep kunnen uitsluitend leven in de aanwezigheid van zuurstof. Bijvoorbeeld: *Pseudomonas*, azijnzuurbacteriën, protozoën en veel soorten schimmels.
- *Obligaat* (of *strikt*) *anaëroob*; deze micro-organismen kunnen zich alleen ontwikkelen als er geen zuurstof aanwezig is, zij gaan dood zodra zij met zuurstof in aanraking komen. Een voorbeeld is *Clostridium botulinum*.
- *Facultatief anaëroob*; de ontwikkeling kan zowel met als zonder zuurstof gebeuren. Bijvoorbeeld: de *Enterobacteriaceae* (onder andere *Salmonella* en *E. coli*), *Staphylococcus aureus*, veel *Bacillus*-soorten en de meeste gisten.
- *Micro-aëroob* of *micro-aërofiel*; tot deze groep behoren micro-organismen die alleen bij een verlaagde zuurstofspanning groeien. Voorbeelden zijn *Campylobacter jejuni* en melkzuurbacteriën.

Redoxpotentiaal (E_h)

Voor de stofwisseling en de vermeerdering van micro-organismen is niet alleen de zuurstofspanning boven het voedingsmiddel van belang, maar even belangrijk is de redoxpotentiaal in het voedingsmiddel.

De *redoxpotentiaal* (E_h), die uitgedrukt wordt in millivolts, is een maat voor de oxiderende of reducerende eigenschappen van een medium bij een bepaalde pH. De redoxpotentiaal wordt beïnvloed door de chemische samenstelling van het medium en de zuurstofspanning die boven het medium heerst. Naarmate het medium sterker oxiderende eigenschappen bezit, heeft het een hogere redoxpotentiaal.

Obligaat anaërobe micro-organismen kunnen zich niet meer vermeerderen *boven* een bepaalde *maximale* waarde van de redoxpotentiaal. De vermeerdering van obligaat aërobe micro-organismen houdt daarentegen op *beneden* een bepaalde *minimale* waarde van de redoxpotentiaal.

Temperatuur

De vermeerdering van micro-organismen kan alleen binnen een bepaald temperatuurtraject plaatsvinden, de grenzen voor de vermeerdering van bacteriën liggen tussen circa -15 °C en 90 °C.

Tabel 2-4 *Indeling van micro-organismen naar hun temperatuurtraject*

	Minimum	Temperatuur Optimum	Maximum
Psychrofiel	-15 °C	10-15 °C	25 °C
Psychrotroof	0 °C	20-25 °C	40 °C
Mesofiel	5 °C	32-37 °C	50 °C
Thermotroof	25 °C	40-45 °C	60 °C
Thermofiel	40 °C	50-60 °C	90 °C

De laagste temperatuur waarbij nog vermeerdering mogelijk is, heet de *minimumtemperatuur*; de hoogste temperatuur heet de *maximumtemperatuur*, daarnaast heeft elk micro-organisme nog een *optimumtemperatuur*. Micro-organismen hebben bij hun optimumtemperatuur de kortste delingstijd, de delingstijd wordt langer naarmate de temperatuur lager of hoger is dan de optimumtemperatuur. *E. coli* heeft een optimumtemperatuur van 37 °C, bij deze temperatuur is de delingstijd twintig minuten, maar bij 22 °C is de delingstijd één uur en bij 10 °C is de delingstijd ongeveer twintig uur geworden; *E. coli* deelt zich niet meer bij een temperatuur die lager is dan 5 °C.

Op grond van hun temperatuurtraject kunnen de micro-organismen in de volgende groepen verdeeld worden (zie tabel 2-4):

- *Psychrofiele micro-organismen*; deze micro-organismen komen veel voor in de grond en in het oppervlaktewater, zij vermeerderen zich nog bij 0 °C. Tot deze groep behoren micro-organismen die voor planten en koudbloedige dieren pathogeen zijn, zoals schimmels en sommige *Pseudomonas*-soorten.
- *Mesofiele micro-organismen*; hiertoe behoren de micro-organismen die voor de mens en de warmbloedige dieren pathogeen kunnen zijn, zoals de *Enterobacteriaceae* en *Staphylococcus aureus*. Door deze bacteriën kan een voedselinfectie of een voedselvergiftiging veroorzaakt worden.
- *Thermofiele micro-organismen*; dit zijn micro-organismen die zich alleen bij een hoge temperatuur kunnen vermeerderen, bijvoorbeeld sommige soorten melkzuurbacteriën en *Bacillus*-soorten. Thermofiele bacteriën zijn de oorzaak van hooibroei.

Niet alle micro-organismen kunnen echter in een van de bovengenoemde groepen geplaatst worden, daarom is er voor deze micro-organismen nog een andere indeling:

- *Psychrotrofe micro-organismen*; deze micro-organismen kunnen zich zowel bij een koelkasttemperatuur als bij kamertemperatuur vermeerderen. Zij hebben dus zowel psychrofiele als mesofiele eigenschappen. Tot deze groep behoren onder andere *Listeria monocytogenes*, *Yersinia enterocolitica* en sommige *Pseudomonas*-soorten, ook veel schimmels en gisten zijn psychrotroof.

- **Thermotrofe micro-organismen**; hiertoe behoren de micro-organismen die zowel mesofiele als thermofiele eigenschappen hebben, zoals *Campylobacter jejuni* en sommige streptococcen.

Bij een temperatuur die lager is dan de minimumtemperatuur, vindt geen vermeerdering van micro-organismen meer plaats, de delingstijd is dan 'oneindig' geworden. De stofwisseling van de micro-organismen gaat echter nog wel vertraagd door. In levensmiddelen die gekoeld of ingevroren bewaard worden, sterft een deel van de micro-organismen af maar er blijven ook nog veel micro-organismen in leven. Deze micro-organismen kunnen weer actief worden zodra de temperatuur stijgt. Een voorbeeld is *Campylobacter jejuni* (een thermotrofe bacterie), deze bacterie deelt zich niet meer bij een temperatuur lager dan 30 °C, maar *Campylobacter jejuni* blijft op of in een diepvrieskip nog wel in leven. Het dooiwater van een diepvrieskip is daardoor vaak een ernstige bron van besmetting.

Psychrofiele en psychrotrofe micro-organismen vermeerderen zich nog bij een koelkasttemperatuur (een temperatuur lager dan 7 °C). De delingstijd van bijvoorbeeld *Pseudomonas fluorescens* is acht uur bij 5 °C en elf uur bij 0 °C. *Listeria monocytogenes* is een psychrotrofe bacterie die zich nog in levensmiddelen die in de koelkast worden bewaard, kan vermeerderen, daardoor kan deze bacterie de oorzaak zijn van een voedselinfectie. Door psychrofiele en psychrotrofe schimmels en gisten kan voedselbederf ontstaan bij voedsel dat gekoeld wordt bewaard.

De meeste micro-organismen, met uitzondering van sommige thermofiele soorten en bacteriesporen, sterven af bij een temperatuur van 60 à 80 °C doordat hun enzymen denatureren (onwerkzaam worden). Zo zijn *Staphylococcus aureus* en *E. coli* bij 60 °C na twintig tot dertig minuten gedood, bij 72 °C is *E. coli* zelfs al na vijftien seconden gedood.

Voor het doden van bacteriesporen is een hoge temperatuur nodig: de sporen van *Clostridium botulinum* zijn pas gedood na een verhitting tot 100 °C gedurende vijf à zes uur. Sporevormende bacteriën worden daarom *thermoresistent* genoemd; bij een hoge temperatuur sterft de vegetatieve (de gewone) bacteriecel wel af, maar de spore is bestand tegen de hoge temperatuur en kan door de hoge temperatuur juist geactiveerd worden en gaan ontkiemen (zie pagina 43).

Zuurgraad (pH)

Bijna alle bacteriesoorten die in voedingsmiddelen kunnen voorkomen, vermeerderen zich goed bij een pH van 6 tot 8. Door een lage pH-waarde (pH 4 à 5) wordt de vermeerdering geremd van de meeste *Enterobacteriaceae* alsmede van stafylococcen en sporevormende bacteriën (zoals *Clostridium botulinum*). Melkzuurbacteriën en azijnzuurbacteriën vermeerderen zich daarentegen goed bij deze lage pH evenals

Tabel 2-5 *De pH-waarde van enige levensmiddelen*

pH-waarde	Levensmiddel	pH-waarde	Levensmiddel
9,1-9,6	eiwit (van kippenei)	5,0-5,4	citroenkwast
7,2-7,6	camembert	4,9-6,0	worteltjes
7,0	krab	4,9-5,9	cheddar
6,5	slagroom	4,9-5,8	bietjes
6,3-6,8	melk	4,8-6,7	oesters
6,3-6,7	suikermeloen	4,8-6,0	spinazie
6,3-6,4	kip	4,8-5,2	pompoen
6,3	spruitjes	4,7-5,6	groentesoep
6,2-6,4	dadels	4,7-4,8	roquefort
6,1-7,0	garnalen	4,7	boterhamworst
6,1-6,5	zalm	4,6-6,5	snijbonen
6,1-6,4	boter	4,6-5,0	vijgen
6,0-6,6	sojabonen	4,5-4,9	bananen
6,0-6,5	champignons	4,5-4,7	aubergines
6,0-6,4	lever	4,5	karnemelk
6,0-6,1	eend, kalfsvlees	4,2-5,2	tomatensoep
6,0	sla	4,2-4,4	suikerbiet
5,9-7,3	olijven	4,0-4,4	tomaten
5,9-7,1	mosselen	3,9-4,1	rolmops
5,9-6,6	rauwe ham	3,8-4,2	yoghurt
5,9-6,5	varkensvlees	3,8-4,0	satésaus
5,9-6,2	makreel	3,8	komkommer
5,7-6,6	sardines	3,6-4,3	sinaasappels
5,7-6,2	erwtensoep	3,6-3,8	olijven
5,7-6,0	peterselie, selderie	3,5-4,0	jam
5,6-6,5	erwtjes	3,4-4,5	druiven
5,6	bloemkool	3,4-4,2	perziken
5,4-6,7	lamsvlees	3,3-4,1	appelsap
5,4-6,0	groene kool	3,1-3,7	zuurkool
5,4-5,9	smeltkaas	3,1-3,4	rabarber
5,4	Gelderse rookworst	3,0-4,2	zwarte bessen
5,3-5,9	aardappelen	3,0-4,1	mayonaise
5,3-5,8	uien	3,0-3,9	aardbeien
5,3	pastinaak	2,9-3,8	appelcider
5,2-6,5	broccoli	2,9-3,7	frambozen
5,2-6,1	tonijn	2,9-3,5	appels
5,2-5,7	Goudse kaas	2,9-3,4	grapefruitsap
5,2-5,6	watermeloen	2,8-4,6	pruimen
5,2-5,4	raapsteeltjes	2,5-3,0	bessensap
5,2-5,3	Parmezaanse kaas	2,4-3,4	azijn
5,1-6,2	rundvlees	1,8-2,4	citroensap
5,0-6,1	asperges	1,8-2,0	limoenen
5,0-6,0	wit brood		

schimmels en gisten (die zelfs nog kunnen groeien bij een pH < 3), daarom worden deze micro-organismen *zuurtolerant* of *acidofiel* genoemd. Bij een pH die lager is dan 3 à 4 gaan de meeste bacteriën snel dood.

Het is echter wel van belang door welk zuur de pH-waarde veroorzaakt wordt. De bovengenoemde pH-waarden gelden indien deze waarden zijn ontstaan door zwakke zuren, een zwak zuur heeft namelijk een sterkere antimicrobiële werking dan een sterk zuur. Zo is een pH van 4,3 die ontstaan is door azijnzuur, even effectief als een pH van 2,4 veroorzaakt door zoutzuur. De verklaring hiervan is dat bij een zwak zuur de antimicrobiële werking berust bij het ongedissocieerde (niet-gesplitste) molecuul, terwijl bij een sterk zuur de antimicrobiële werking wordt veroorzaakt door de concentratie van de H^+-ionen. Het ongedissocieerde molecuul van een zwak zuur wordt in de cel van het micro-organisme opgenomen en het veroorzaakt daar een daling van de pH van het protoplasma. Uit onderzoek is gebleken dat micro-organismen gevoeliger zijn voor een daling van de interne pH dan voor een daling van de pH van het externe milieu, onder andere doordat bij een verlaging van de interne pH het transport van aminozuren over de celmembraan wordt geremd. Zwakke zuren worden daarom veel als conserveermiddel toegepast (zie 2.6.1).

De vermeerdering van de meeste micro-organismen wordt ook geremd door een hoge pH-waarde (pH > 8 à 9). Sommige bacteriesoorten die behoren tot de geslachten *Bacillus*, *Streptococcus* en *Vibrio* zijn echter goed bestand tegen een hoge pH-waarde. *Vibrio cholerae* (de verwekker van cholera) kan zich nog bij een pH van 10 vermeerderen en bepaalde schimmels groeien zelfs nog bij een pH van 11, deze micro-organismen worden wel *alkalifiel* genoemd.

De pH-waarde van een aantal levensmiddelen staat in tabel 2-5 vermeld.

Wateractiviteit (a_w)

Micro-organismen kunnen alleen maar gedijen in een vochtig milieu, de stofwisseling wordt trager naarmate het milieu droger wordt, de delingstijd wordt langer en uiteindelijk houdt de vermeerdering van micro-organismen op.

De *wateractiviteit* (a_w) is een maat voor de hoeveelheid ongebonden water (dat wil zeggen: de hoeveelheid water die vrij beschikbaar is voor micro-organismen) in een voedingsmiddel. De wateractiviteit wordt onder meer beïnvloed door de chemische samenstelling van het voedingsmiddel. Zijn er veel waterbindende stoffen (zoals suiker en zout) aanwezig, dan daalt de hoeveelheid ongebonden water en dus ook de a_w.

De wateractiviteit wordt berekend uit de verhouding van de waterdampspanning boven een medium (voedingsmiddel) en de waterdampspanning boven zuiver water, gemeten bij dezelfde temperatuur en atmosferische druk:

$$a_w = \frac{waterdampspanning\ boven\ het\ medium}{waterdampspanning\ boven\ zuiver\ water}$$

De waterdampspanning boven een medium is maximaal gelijk aan de waterdampspanning boven zuiver water; de maximale waarde die de a_w kan hebben, is derhalve 1. De delingstijd van micro-organismen wordt langer naarmate de wateractiviteit lager wordt (zie tabel 2-6).

Tabel 2-6 *Delingstijd van Enterobacter aerogenes (een Gram-negatieve bacterie) bij verschillende a_w-waarden*

a_w-waarde	Delingstijd
0,990	20 minuten
0,975	30 minuten
0,970	46 minuten
0,965	1 uur 10 minuten
0,960	1 uur 45 minuten
0,955	2 uur 40 minuten
0,950	11 uur

De minimale wateractiviteit die vereist is, verschilt per micro-organisme: bacteriën hebben een hogere a_w nodig dan schimmels en gisten (*zie* tabel 2-7). Wordt de wateractiviteit lager dan de minimum-a_w, dan deelt het desbetreffende micro-organisme zich niet meer en sterft af of het blijft in een toestand van *stasis* (een soort 'schijndood').

In gedroogde producten is de a_w < 0,70; deze producten kunnen nog wel levende micro-organismen bevatten, maar er is geen vermeerdering (met uitzondering van sommige schimmels en gisten) meer mogelijk. Bij verse voedingsmiddelen, zoals vlees(waren), kaas, groenten en fruit, is de a_w >0,90. In tabel 2-8 is de a_w-waarde van een aantal levensmiddelen vermeld.

Tabel 2-7 *De minimum-a_w voor micro-organismen*

Minimum-a_w	Nodig voor de vermeerdering van:
0,95-0,99	de meeste Gram-negatieve bacteriën en de ontkieming van bacteriesporen
0,90-0,95	de meeste Gram-positieve bacteriën
0,88-0,90	de meeste gisten
0,85	*Staphylococcus aureus*
0,75-0,80	de meeste schimmels
0,75	halofiele bacteriën
0,65-0,75	xerofiele schimmels
0,60-0,65	osmofiele gisten

Tabel 2-8 *De a_w-waarde van enige levensmiddelen*

a_w-waarde	Levensmiddel	a_w-waarde	Levensmiddel
0,98-0,99	vers vlees	0,79-0,84	vruchtengebak
0,97-0,99	kippenei	0,78-0,95	salami
0,96-0,98	bloedworst, boterhamworst	0,77-0,81	zoute haring
0,95-0,98	leverworst	0,73-0,83	vruchtencake
0,95	paneermeel	0,72-0,80	jam, marsepein
0,94-0,97	brood	0,67-0,87	bloem, meel
0,92-0,95	satésaus	0,65-0,75	havermout
0,92-0,93	mayonaise	0,60-0,90	cake, gebak
0,91-0,95	belegen kaas	0,60-0,76	Parmezaanse kaas
0,88-0,90	Ardennerham, rookvlees	0,59-0,65	gedroogde vruchten, toffees
0,87-0,95	gepekeld vlees	0,50	hondenbrokjes
0,86-0,93	rauwe ham	0,48-0,50	specerijen, noedels, vermicelli
0,86	marmelade	0,42-0,61	chocolade, honing
0,83-0,91	oude kaas	0,30	beschuit, biscuitjes, crackers
0,82-0,84	gesuikerde gecondenseerde melk	0,27-0,40	gedroogd eipoeder
		0,20	chips, cornflakes, melkpoeder
0,81-0,87	peulvruchten, rijst	0,12-0,19	suiker

2.5.3 Interacties tussen micro-organismen

Micro-organismen kunnen in hun ontwikkeling in een voedings-middel geremd worden doordat de pH ongunstig is of doordat te geringe hoeveelheden van bepaalde voedingsstoffen beschikbaar zijn. Sommige micro-organismen (bijvoorbeeld schimmels en *Pseudomonas*-soorten) kunnen een dergelijke ongunstige pH neutraliseren of kunnen stofwisse-lingsproducten vormen die andere micro-organismen nodig hebben. Op deze manier maken de eerstgenoemde micro-organismen de vermeer-dering van de laatstgenoemde mogelijk. Zij werken dus groeibevorde-rend, men noemt dit verschijnsel *synergisme*. Zo kan bijvoorbeeld een bepaalde melkzuurbacterie pas groeien nadat zich eerst gisten en schim-mels ontwikkeld hebben die componenten van het, voor de melkzuur-bacterie vereiste, vitamine B-complex vormen. Schimmelgroei in zure le-vensmiddelen heeft soms tot gevolg dat de pH omhooggaat tot een waarde die gunstig is voor het ontkiemen van sporen van *Clostridium botu-linum* of voor de vorming van toxinen door *Staphylococcus aureus*.

Hier staat tegenover dat sommige soorten micro-organismen de ver-meerdering van andere micro-organismen beletten doordat zij be-schikbare voedingsstoffen snel verbruiken of doordat zij de pH verlagen als gevolg van de vorming van zuren. Een dergelijk mechanisme van groeiremmende beïnvloeding wordt *antagonisme* genoemd. Een voor-beeld hiervan is de remming van de groei van *Bacillus cereus* in yoghurt door melkzuurbacteriën. Voor de fabricage van yoghurt wordt melk beënt met een culture van melkzuurbacteriën. Doordat deze melkzuurbacteriën de melk verzuren, kan *Bacillus cereus*, die vaak in melk aanwezig is, zich niet meer vermeerderen.

2.6 REMMING VAN DE VERMEERDERING VAN MICRO-ORGANISMEN

Het is duidelijk dat het veranderen van de groeifactoren die in 2.5.2 genoemd zijn naar waarden die voor een bepaald micro-organisme ongunstig zijn, een remmende invloed op de deling en de stofwisseling van dit micro-organisme tot gevolg zal hebben. De aanwezigheid van *antimicrobiële stoffen* kan de vermeerdering en het metabolisme eveneens beïnvloeden.

Antimicrobiële stoffen kunnen naar hun *werking* nader worden onderverdeeld in:

- *microbistatische middelen*, door deze stoffen wordt de vermeerdering van micro-organismen geremd, zij worden daarom veel als *conserveermiddel* gebruikt. De microbistatische middelen die specifiek de vermeerdering van bacteriën remmen, worden *bacteriostatische* stoffen genoemd, stoffen die enkel de groei van schimmels remmen, heten *fungistatische* stoffen.
- *microbicidische middelen*, deze stoffen, zoals *antibiotica* en *desinfectantia*, hebben op micro-organismen een dodende werking. Er wordt een onderscheid gemaakt in *bactericiden* (bacteriëndodend), *sporiciden* (bacteriesporendodend), *fungiciden* (schimmelsdodend) en *viruciden* (virussendodend).

Antimicrobiële stoffen kunnen ook ingedeeld worden naar de wijze waarop zij *voorkomen*, er wordt dan de volgende indeling gemaakt:

- *stoffen die van nature aanwezig zijn*, bijvoorbeeld etherische oliën in knoflook, kaneel en kruidnagels, het enzym lysozym in het wit van eieren.
- *stoffen die door gisting gevormd zijn*, maar die vaak ook worden toegevoegd; bijvoorbeeld alcohol (ethanol), azijnzuur en melkzuur.
- *stoffen die synthetisch bereid zijn*[1], zuren zoals propionzuur, sorbinezuur, benzoëzuur en esters van benzoëzuurderivaten.
- *antibiotica en bacteriocines die door micro-organismen gevormd zijn*[2], hiertoe behoren onder andere penicilline, streptomycine, natamycine (pimaricine) en nisine.

---

[1] Er bestaat geen strikte scheiding tusen de genoemde categorieën, zo komen sorbinezuur en benzoëzuur ook in de natuur voor: sorbinezuur in de bessen van *Sorbus aucuparia* (de Lijsterbes) en benzoëzuur komt onder andere voor in de bessen van *Oxycoccus palustris* (de Veenbes).

[2] Antibiotica worden tegenwoordig veelal ook synthetisch bereid.

2.6.1 Conserveermiddelen

Conserveermiddelen zijn chemische verbindingen die microbistatische eigenschappen hebben, zij worden aan levensmiddelen toegevoegd om bederf door micro-organismen te voorkomen en om daardoor de houdbaarheid van de levensmiddelen te verlengen. Conserveermiddelen worden doorgaans in een lage concentratie (< 1%) toegevoegd, zodat de smaak en/of de geur van het levensmiddel niet of slechts in geringe mate wordt beïnvloed.

In Nederland is de toelaatbaarheid van conserveermiddelen geregeld in de Warenwet (*'Conserveermiddelenbesluit'*). Er zijn ruim veertig conserveermiddelen toegestaan, deze conserveermiddelen worden aangeduid met E-nummers. De nummering van conserveermiddelen loopt van E-200 (sorbinezuur) tot en met E-290 (kooldioxide). Conserveermiddelen mogen niet schadelijk zijn voor de gezondheid van de mens, daarom is van veel conserveermiddelen de maximale concentratie die in een bepaald levensmiddel aanwezig mag zijn, wettelijk vastgelegd. De hoeveelheid van een conserveermiddel die de consument dagelijks zonder risico kan opnemen, wordt aangegeven door de ADI-waarde (*Acceptable Daily Intake*) die uitgedrukt wordt in mg-conserveermiddel per kg-lichaamsgewicht.

Er wordt soms een onderscheid gemaakt tussen conserveermiddelen 'in algemene zin' en conserveermiddelen 'in engere zin'. Onder conserveermiddelen in algemene zin (deze middelen worden ook wel *conserveringsmiddelen* genoemd) verstaat men dan de **voedingszuren** (onder andere azijnzuur, citroenzuur en melkzuur) en de 'huishoudelijke' conserveermiddelen (keukenzout, suiker en alcohol) die geen E-nummer hebben. Deze conserveermiddelen, die meestal in een hoge concentratie (>1%) worden toegevoegd, hebben niet enkel een conserverende functie, maar zij bepalen tevens, soms in hoge mate, de smaak en/of de geur van het product.

Vaak wordt een combinatie van conserveermiddelen gebruikt omdat de combinatie een *synergetisch* effect heeft, dat wil zeggen dat de antimicrobiële werking van de combinatie groter is dan de werking van de afzonderlijke conserveermiddelen. Zo is gebleken dat de houdbaarheid van industrieel bereide salades die een pH van 4,8 hadden, langer is indien de pH-waarde van de salades veroorzaakt werd door een combinatie van azijnzuur en melkzuur, in vergelijking met een conservering bij dezelfde pH-waarde door het toevoegen van of enkel azijnzuur of enkel melkzuur.

Ook wordt veelal een conserveermiddel gecombineerd met een conserveermethode, zoals koelen, verhitten of in vacuüm verpakken (*zie* 2.6.2). In dit verband wordt gesproken over het **hordeneffect**: de micro-organismen die door de ene horde (bijvoorbeeld een lage pH die veroorzaakt is door het toevoegen van een conserveermiddel) niet in hun ontwikkeling zijn geremd, kunnen door een volgende horde (bijvoorbeeld het bewaren bij een lage temperatuur of het in vacuüm verpakken) wel worden geremd.

In tabel 2-9 is het werkingsspectrum van een aantal conserveermiddelen aangegeven.

Tabel 2-9 *De antimicrobiële werking van enige conserveermiddelen*

Conserveermiddel	Bacteriën	Schimmels	Gisten
Mierenzuur	+	++	++
Benzoëzuur	++	++	+++
Propionzuur	+	+++	+
Sorbinezuur	+	+++	+++
PHB-esters (Parabens)	+	+++	+++
Nitriet	++	−	−
Sulfiet	++	+	+

Toevoegen van zuur

Bij het conserveren van voedingsmiddelen met behulp van zuren, wordt uitsluitend gebruikgemaakt van zwakke organische en anorganische zuren. Dit komt doordat bij een zwak zuur het *ongedissocieerde* molecuul een antimicrobiële werking heeft (zie pagina 57). Het ongedissocieerde molecuul van zwaveligzuur bijvoorbeeld, heeft een antimicrobiële werking tegen *E. coli* die duizendmaal sterker is dan de werking van het wel gedissocieerde molecuul.

Bij sterke zuren berust de antimicrobiële werking echter op de concentratie van de H^+-ionen, daarom hebben deze zuren pas bij een (zeer) lage pH een antimicrobiële werking. Zo heeft een pH van 2,4 die veroorzaakt wordt door zoutzuur, een even sterk antimicrobieel effect als een pH van 4,3 die veroorzaakt is door azijnzuur.

De dissociatiegraad van een zuur kan afgeleid worden uit de pK: de *pK* is de pH-waarde waarbij een zuur voor 50% ongedissocieerd is. Bij een pH-waarde die *lager* is dan de pK, is *meer* dan 50% van het zuur ongedissocieerd en bij een pH-waarde die *hoger* is dan de pK, is *minder* dan 50% van het zuur ongedissocieerd.

Als voorbeeld kan azijnzuur dienen: 50% van dit zuur is ongedissocieerd bij een pH van 4,75; azijnzuur heeft dus een pK van 4,75. Bij een pH van 4 is azijnzuur voor 84,5% ongedissocieerd, maar bij een pH van 6 is slechts 5,2% van het zuur ongedissocieerd (zie tabel 2-10). Hieruit volgt dat de antimicrobiële werking van azijnzuur het sterkst is bij een pH die lager is dan 4,75.

Voedingszuren

Door de toevoeging van een voedingszuur, zoals *azijnzuur, citroenzuur, melkzuur* en *mierenzuur*, dat in een hoge concentratie (>1%) wordt toegevoegd, kan de pH van een neutraal of een licht-zuur levensmiddel verlaagd worden tot een waarde die een groeiremmend effect heeft op veel micro-organismen. Om de antimicrobiële werking te vergroten kan ook

Tabel 2-10 *De pK-waarde van enige zuren en het percentage ongedissocieerd zuur bij verschillende pH-waarden*

Zuur	pK	pH 3	pH 4	pH 5	pH 6	pH 7
Citroenzuur (E-330)	3,08	53	18,9	0,4	0,006	0,001
Mierenzuur (E-236)	3,75	85	36,2	5,4	0,56	0,056
Melkzuur (E-270)	3,80	87	39,2	6,1	0,64	0,064
Benzoëzuur (E-210)	4,18	94	60,6	12,8	1,44	0,144
p-Hydroxybenzoëzuur (PHB)	4,48	97	74,8	23,1	2,9	0,29
Azijnzuur (E-260)	4,75	98	84,5	35,6	5,2	0,52
Sorbinezuur (200)	4,76	98	84,8	36,8	5,5	0,58
Propionzuur (E-280)	4,88	99	87,6	41,7	6,7	0,76
Zwaveligzuur (E-220)	6,99	100	99,8	99,3	91,4	49,80

een combinatie van voedingszuren worden gebruikt. Meestal wordt gebruikgemaakt van het kalium-, natrium- of calciumzout van deze zuren, omdat de zouten beter oplosbaar zijn. Levensmiddelen die op deze wijze worden geconserveerd, zijn bijvoorbeeld: augurken, uitjes en 'mixed pickles', slasaus, piccalilly, ketchup, frisdranken en vruchtensappen.

In sommige producten waar een zure smaak ongewenst is, kan de zure smaak geneutraliseerd worden door het toevoegen van een hoge concentratie (tot 20%) suiker. Dit gebeurt onder meer bij frisdranken, sausen en marinades. Een recente ontwikkeling om een zure smaak in levensmiddelen te maskeren, is het gebruik van GDL (*glucono-delta-lacton*). In een waterige omgeving dissocieert GDL tot gluconzuur dat een zoetzure smaak heeft. Deze methode wordt toegepast bij bakpoeder, puddingpoeder, cakemix en bij sommige vleeswaren, zoals Gelderse rookworst, droge worst, leverworst en knakworstjes.

Benzoëzuur, sorbinezuur, propionzuur

De zwakke zuren die in een lage concentratie (meestal < 0,5%) worden toegepast, zoals *benzoëzuur, sorbinezuur* en *propionzuur*, hebben enkel effect in levensmiddelen die van nature al een grote zuurgraad (pH < 5) hebben of die zijn aangezuurd met een voedingszuur. Voorbeelden van dergelijke producten zijn: limonades, siropen, slasausen, tomatenketchup, jam, margarine en zuivelproducten zoals kaas, yoghurt en kwark.

Aangezien *benzoëzuur* heftige allergische reacties bij sommige mensen kan opwekken, wordt de laatste tijd de voorkeur gegeven aan het gebruik van *sorbinezuur*.

Propionzuur heeft een goede fungistatische (schimmelsremmende) werking, daarnaast is het effectief tegen *Bacillus subtilis*, de veroorzaker van 'leng' (draadvorming) in meelproducten (zie pagina 213). Daarom wordt propionzuur vooral gebruikt in brood en bakkerswaren.

Nitriet, nitraat, sulfiet, PHB-esters

In neutrale of licht-zure levensmiddelen (pH >5,5) waarvan de zuurgraad in verband met de smaak van het product niet vergroot kan worden, kunnen *nitriet* (het zout van salpeterigzuur), *nitraat* (het zout van salpeterzuur), *sulfiet* (het zout van zwaveligzuur) of de PHB-*esters* (esters van parahydroxy-benzoëzuur, ook wel bekend als *parabens*) gebruikt worden.

Nitriet en *nitraat* hebben, in combinatie met een verlaagde pH of het toevoegen van zout waardoor de a_w daalt, een zeer goede antimicrobiële werking tegen *Clostridium botulinum*. Ook zijn deze stoffen effectief tegen *Clostridium tyrobutyricum* die de oorzaak is van 'laat los' (scheurvorming) in kaas. In het menselijk lichaam kunnen echter uit nitriet en nitraat (dat door spijsverteringsenzymen omgezet kan worden in nitriet) en bepaalde aminen (afkomstig uit vis of vlees) carcinogene nitrosaminen gevormd worden[1]. Daarnaast kan nitriet een binding aangaan met het hemoglobine uit de rode bloedlichaampjes waardoor methemoglobine gevormd wordt dat geen zuurstof kan vervoeren, hierdoor kan blauwzucht ontstaan. Dit kan vooral voorkomen bij jonge kinderen (tot een leeftijd van circa één jaar), daarom mag in babyvoeding geen nitriet of nitraat voorkomen. Het gebruik van nitriet en nitraat is enkel toegelaten in kaas, vlees(waren) en diepvriespizza's.

Sulfiet kan vitamine B_1 (thiamine) en vitamine E (tocoferol) onwerkzaam maken. In voedingsmiddelen die veel van deze vitamines bevatten (vis, meel- en zuivelproducten) is sulfiet niet toegestaan, het mag wel gebruikt worden in aardappelproducten, gedroogde vruchten, vruchtensappen, siropen, bier en wijn.

De pK van de PHB-*esters (parabens)* is 8,51, daarom zijn PHB-esters geschikt voor het gebruik in levensmiddelen die een neutrale pH hebben. De verschillende PHB-esters, zoals de ethylester, de methylester en de propylester van parahydroxybenzoëzuur, hebben een goed antimicrobieel effect op schimmels en gisten, maar het effect op bacteriën is minder groot. PHB-esters worden toegepast in augurken, bier, soeparoma, vlaaivullingen, geconfijte vruchten en visconserven.

Suiker en zout

Suiker en zout zijn conserveermiddelen die al van oudsher worden gebruikt voor het huishoudelijk conserveren van levensmiddelen. Het toevoegen van suiker of zout heeft twee effecten:

---

[1] In veel voedingsmiddelen (o.a. sla, andijvie, spinazie, worteltjes en rode bietjes) kan een hoog gehalte aan nitraat aanwezig zijn, ook drinkwater dat gewonnen wordt in gebieden met een intensieve veehouderij of landbouw kan veel nitraat bevatten. Van de hoeveelheid nitriet die in het menselijk lichaam aanwezig is, is circa 93% afkomstig van opgenomen nitraat dat door spijsverteringsenzymen is omgezet in nitriet; de resterende 7% nitriet is direct afkomstig uit het voedsel.
Momenteel wordt er verschillend gedacht over de schadelijkheid van nitriet: uit recent onderzoek is gebleken dat er geen aantoonbaar bewijs is dat de gezondheid negatief beïnvloed wordt door nitraat en nitriet. Door ascorbinezuur (vitamine C) kan de vorming van nitrosaminen (voor een deel) verhinderd worden.

- *de osmotische waarde van het voedingsmiddel wordt groter*, dit heeft tot gevolg dat er vocht wordt onttrokken aan de micro-organismen die in het voedingsmiddel aanwezig zijn. De stofwisseling neemt hierdoor af of komt zelfs geheel tot stilstand.
- *er wordt meer water in het voedingsmiddel gebonden*, de a_w daalt daardoor en krijgt een waarde van 0,95 tot 0,86. De vermeerdering van micro-organismen wordt hierdoor geremd.

Suiker wordt, afhankelijk van de aard van het product, toegevoegd in een concentratie van 50% tot 70%; deze toevoeging gebeurt onder andere bij gesuikerde gecondenseerde melk, geconfijte vruchten, jam, stroop, chocolade en marsepein. Gesuikerde producten zijn vrijwel onbeperkt houdbaar, zij kunnen alleen bederven wanneer *xerofiele* schimmels of *osmofiele* gisten aanwezig zijn. Deze groep micro-organismen is bestand tegen een hoge suikerconcentratie.

Bij het *zouten* of *pekelen* van een voedingsmiddel wordt een concentratie van 10% tot 18% keukenzout (NaCl) gebruikt. Schimmels en sommige Gram-positieve bacteriën (onder andere *Staphylococcus aureus* en *Bacillus*-soorten) kunnen deze hoge zoutconcentratie echter nog goed verdragen, deze micro-organismen worden daarom *halofiel* genoemd. Het zouten of pekelen wordt, soms in combinatie met het toevoegen van een kleine hoeveelheid nitriet, toegepast bij vlees(waren), vis en kaas.

Uit onderzoek is gebleken dat de minimum-a_w voor micro-organismen die zich nog bij een a_w die lager is dan 0,95 kunnen vermeerderen (zoals *Staphylococcus aureus*, *Listeria monocytogenes* en *Brochothrix thermosphacta*), hoger wordt indien de a_w veroorzaakt wordt door **natriumlactaat** (het natriumzout van melkzuur) in plaats van door keukenzout. Zo vermeerdert *Staphylococcus aureus* zich niet meer bij een $a_w < 0,98$ als die waarde veroorzaakt wordt door natriumlactaat, terwijl de minimum-a_w voor deze bacterie 0,85 is als deze waarde veroorzaakt is door keukenzout. Door natriumlactaat wordt ook de ontkieming van sporen en de toxinevorming door *Clostridium botulinum* vertraagd. Natriumlactaat wordt in een concentratie van 2% tot 4% toegevoegd aan bacon, corned beef, filet américain, ham, leverworst en paté.

Alcohol
In een hoge concentratie (70-80%) wordt alcohol (ethanol) gebruikt als een desinfectans (zie 6.5.3), maar in een lagere concentratie (15-30%) dient alcohol als conserveermiddel. Alcohol heeft, evenals suiker en zout, een waterbindende werking; hierdoor zijn vruchten op brandewijn ('boerenjongens' en 'boerenmeisjes') lange tijd houdbaar, hetzelfde geldt voor gedistilleerde dranken zoals jenever en likeur. Licht-alcoholische dranken, bijvoorbeeld bier en wijn, zijn door het lage alcoholpercentage (5-15%) in geopende toestand slechts beperkt houdbaar.

Kooldioxide

De microbistatische werking van kooldioxide berust op het remmen van stofwisselingsprocessen in de cel, hierdoor wordt de delingstijd van micro-organismen verlengd. Daarnaast heeft de aanwezigheid van kooldioxide in een levensmiddel een verlaging van de pH en de redoxpotentiaal van het product tot gevolg. In bier en in mousserende wijnen ontstaat kooldioxide tijdens het gistingsproces, aan niet-alcoholische dranken (limonade met 'prik') is kooldioxide onder een verhoogde druk toegevoegd.

Biologische conserveermiddelen

In de laatste jaren is veel onderzoek verricht naar de toepasbaarheid van natuurlijke antimicrobiële verbindingen ter vervanging van chemische conserveermiddelen. Een paar biologische conserveermiddelen kunnen reeds met goed resultaat worden aangewend.

Het enzym **lysozym**, dat geïsoleerd wordt uit het wit van eieren, breekt het mucopeptide in de celwand van bacteriën af (zie pagina 37). Vooral de celwand van Gram-positieve bacteriën (waartoe de sporevormers, zoals *Clostridium botulinum*, behoren) wordt aangetast, maar ook bepaalde Gram-negatieve bacteriën (met name de *Enterobacteriaceae*) zijn gevoelig. In de kaasindustrie wordt lysozym toegepast ter vervanging van nitriet, het verhindert de ongewenste boterzuurfermentatie door *Clostridium tyrobutyricum* waardoor het verschijnsel 'laat los' (scheurvorming in kaas) ontstaat. Lysozym wordt eveneens gebruikt in saké (een Japanse rijstwijn), in kaviaar en voor het conserveren van kruiden.

Twee andere natuurlijke antimicrobiële verbindingen zijn het antibioticum **natamycine** (*pimaricine*), gevormd door *Streptomyces natalensis*, en het lantibioticum[1] **nisine** dat gevormd wordt door de melkzuurbacterie *Lactococcus lactis* (*Streptococcus lactis*).

Natamycine heeft een fungistatische werking, daarom wordt het al sedert tal van jaren gebruikt om de korst van harde kaas en de buitenkant van droge worst te vrijwaren van beschimmeling.

Nisine is zeer effectief tegen Gram-positieve bacteriën, het wordt evenals lysozym in kaas gebruikt tegen ongewenste boterzuurfermentatie. Daarnaast wordt het toegepast in babyvoeding, groente- en fruitconserven, kwark, mayonaise, smeerkaas, (alcoholvrij) bier en wijn. Mogelijk kan nisine in de toekomst ook aangewend worden als conserveermiddel van zachte kazen tegen *Listeria monocytogenes*.

2.6.2 Conserveermethoden met microbistatische werking

De hieronder genoemde conserveermethoden hebben, net als de eerdergenoemde conserveermiddelen, een microbistatische werking.

---

[1] Lantibiotica zijn kleine eiwitten die gevormd worden door bepaalde melkzuurbacteriën, zij hebben een antimicrobiële werking tegen andere bacteriën (zie 2.7.1).

Andere fysische methoden, zoals verhitten en doorstralen, hebben een microbicidisch effect (zie 2.7.2).

Koelen

Het gekoeld bewaren van voedingsmiddelen moet volgens de Warenwet (Besluit 'Bereiding en behandeling van levensmiddelen') gebeuren bij een temperatuur van maximaal 7 °C[1]. Door deze lage temperatuur wordt de vermeerdering van de meeste pathogene micro-organismen onmogelijk gemaakt. Gekoelde producten kunnen nog wel bederven door de ontwikkeling van psychrofiele en psychrotrofe bacteriën en schimmels. De groei van deze micro-organismen is bij een temperatuur onder de 4 °C echter aanzienlijk vertraagd. In de levensmiddelenindustrie worden de producten daarom meestal bewaard onder *superkoeling* (0-3 °C) of *dieptekoeling* (-1,5 °C). De houdbaarheid van vlees, vis en gevogelte is bij -1,5 °C driemaal langer dan bij 4 °C.

Diepvriezen

Diepvriesproducten kunnen één à twee weken bewaard worden bij een temperatuur van -12 °C en enkele maanden bij een temperatuur van -18 °C. Bij het commerciële invriezen, dat snel gebeurt, wordt het aantal levende micro-organismen wel aanzienlijk verminderd, maar niet alle micro-organismen worden gedood. Sommige bacteriën, en in het bijzonder de sporen van *Bacillus* en *Clostridium*, kunnen in bevroren voedingsmiddelen in leven blijven. Zij vermeerderen zich echter niet meer, ook de ontkieming van bacteriesporen kan bij een lage temperatuur niet plaatsvinden.

Diepvriesproducten moeten bij voorkeur in de koelkast of door middel van een magnetronoven ontdooid worden, want als het ontdooien bij kamertemperatuur gebeurt is bacteriegroei aan de oppervlakte van het product mogelijk. Het dooiwater (drip) van een diepvrieskip is vaak in hoge mate besmet met *Campylobacter jejuni* en *Salmonella*-soorten, daardoor kan dit dooiwater een ernstige bron van besmetting worden.

Bewaren bij een hoge temperatuur

Bereide voedingsmiddelen, zowel maaltijden als kleine kokswaren (zoals saucijzenbroodjes en kroketten), worden vaak gedurende een korte tijd bij een temperatuur >65 °C bewaard. Bij deze hoge temperatuur kunnen pathogene micro-organismen zich niet meer vermeerderen. De

---

[1] Op deze bepaling zijn een paar uitzonderingen:
- bij levensmiddelen die op de verpakking een bewaarvoorschrift hebben, moet de temperatuur gehandhaafd worden die in het bewaarvoorschrift is voorgeschreven;
- vlees van wild en gevogelte moet bewaard worden bij een temperatuur van 1-4 °C;
- melk en melkproducten in *flessen* mogen bewaard worden bij een maximumtemperatuur van 10 °C, de houdbaarheid is dan wel verkort in vergelijking met melk en melkproducten in *pakken*.

toepasbaarheid van deze methode is echter gering omdat de meeste voedingsmiddelen bij een hoge temperatuur snel in organoleptische eigenschappen (smaak, geur en kleur) achteruitgaan.

Bewaren bij een lagere temperatuur, bijvoorbeeld rond de 40 °C (zoals in de praktijk in warmhoudkasten en op sommige plaatsen in de spijslijn maar al te vaak voorkomt), is bijzonder gevaarlijk. Bij die temperatuur vermeerderen de mesofiele bacteriën zich snel en de meeste bacteriën die een voedselinfectie of een voedselvergiftiging veroorzaken (zoals de *Enterobacteriaceae*, *Campylobacter jejuni*, *Vibrio parahaemolyticus*, *Bacillus cereus*, *Clostridium perfringens* en *Staphylococcus aureus*) zijn mesofiel of thermotroof.

Drogen

Bij het drogen van voedingsmiddelen wordt aan de producten vocht onttrokken, de a_w daalt daardoor tot een waarde van 0,60 of lager. Vermeerdering van micro-organismen is dan niet meer mogelijk, de micro-organismen zijn echter door het drogingsproces veelal niet gedood. Dit geldt met name voor schimmels, gisten en bacteriesporen, maar ook vegetatieve bacteriecellen kunnen soms in leven blijven. Daarom moeten gedroogde levensmiddelen luchtdicht verpakt zijn of bewaard worden in een omgeving met een lage luchtvochtigheid. Zodra de luchtvochtigheid van de omgeving hoger wordt, neemt het product vocht op en de a_w van het levensmiddel neemt toe. Op of in het product treedt dan eerst een groei van schimmels en gisten op, bij een nog hogere luchtvochtigheid ontkiemen de bacteriesporen en groeien uit tot vegetatieve cellen.

Het drogen kan op een natuurlijke wijze in de buitenlucht gebeuren (bijvoorbeeld krenten, rozijnen, vijgen, specerijen en vis) of het gebeurt op een kunstmatige manier met hete lucht in een droogkamer of droogtunnel. Vloeibare levensmiddelen (melk, eigeel, soep) worden gedroogd op een hete droogwals of in de hete luchtstroom van een verstuiver.

Bij het *vriesdrogen* (lyofilisatie) worden de producten (bijvoorbeeld groenten en soep) eerst snel ingevroren en vervolgens wordt in een vacuümkamer het ijs bij een lage temperatuur verdampt.

Roken

Het roken met houtrook van vis en vlees boven een smeulend houtvuur is een zeer oude conserveermethode die reeds in de prehistorie werd toegepast. Voor het roken kunnen verschillende houtsoorten (meestal eikenhout of beukenhout) worden gebruikt. Er wordt een onderscheid gemaakt in *koud roken* (bij een temperatuur van 20 tot 28 °C), *warm roken* (bij 40 tot 60 °C) en *heet roken* (bij 65 tot 70 °C).

De houtrook bevat een zeer grote verscheidenheid aan antimicrobiële stoffen: formaldehyde, aceetaldehyde, cresol, fenol, methanol, vluchtige vetzuren en organische zuren; een aantal van deze verbindingen is (mogelijk) carcinogeen. De antimicrobiële stoffen slaan neer op het oppervlak van het voedingsmiddel en diffunderen vandaar langzaam naar binnen. Doordat het roken een uitdrogend effect heeft, wordt tevens de a_w van het product verlaagd.

Het roken heeft slechts een beperkt bacteriostatisch effect en daarom wordt deze conserveermethode meestal gecombineerd met drogen en/of zouten. Het roken wordt toegepast bij vis (bokking, makreel, paling, sprot), bij vlees (Ardenner ham, rookvlees, rookworst) en bij kaas.

Tegenwoordig worden producten ook wel gedompeld in of besproeid met een vloeistof die een rookcondensaat bevat, deze methode heeft geen conserverende werking maar is enkel bedoeld om aan het product een rooksmaak te geven.

In vacuüm verpakken

De houdbaarheid van levensmiddelen kan verlengd worden door de producten in vacuüm te verpakken. Bij deze conserveermethode wordt met behulp van een vacuümpomp de lucht onttrokken aan een product dat verpakt is in een folie die geen gassen doorlaat, totdat er een atmosfeer overblijft die minder dan 1% zuurstof bevat. Daarna wordt de verpakking hermetisch gesloten. Obligaat aërobe micro-organismen sterven in deze omgeving af, maar de facultatief en obligaat anaërobe micro-organismen (waartoe de melkzuurbacteriën en veel sporevormende bacteriën behoren) kunnen zich wel vermeerderen. Daarom moeten levensmiddelen die in vacuüm verpakt zijn, goed gekoeld (bij voorkeur bij een temperatuur rond het vriespunt) bewaard worden.

Een esthetisch nadeel van het in vacuüm verpakken is dat spiervlees een grauwe tot bruine kleur krijgt. Dit komt doordat het myoglobine (de rode bloedkleurstof in spieren) in een anaerobe omgeving zijn rode kleur verliest. De rode kleur komt echter weer terug nadat de verpakking is geopend.

In gas verpakken

Het verpakken van levensmiddelen in vacuüm heeft maar een beperkt microbistatisch effect doordat anaërobe micro-organismen niet geremd worden. Een conserveermethode die een beter resultaat geeft, is het verpakken van producten *onder een beschermende atmosfeer* (*in gas verpakken*). Voor deze methode, die ook bekendstaat als *Modified Atmosphere Packaging* (MAP), wordt een gassamenstelling gebruikt die afwijkt van de samenstelling van atmosferische lucht (de gassamenstelling van droge atmosferische lucht is 78% stikstof, 21% zuurstof en 0,03% kooldioxide, het resterende percentage zijn overige gassen).

Met behulp van stikstof wordt eerst de gewone lucht uit het verpakte product verwijderd, daarna wordt het nieuwe gasmengsel in de verpakking geblazen die vervolgens hermetisch wordt gesloten. De samenstelling van het nieuwe gasmengsel kan, afhankelijk van de aard van het product dat geconserveerd moet worden, sterk variëren. Het bestaat meestal uit een combinatie van stikstof, kooldioxide en/of zuurstof.

Stikstof is een inert gas dat geen antimicrobiële werking heeft. Het gebruik van stikstof heeft enkel het verdrijven van zuurstof tot doel, zodat obligaat aërobe micro-organismen afsterven. De concentratie stikstof kan variëren van 0% tot 100%. Tegenwoordig wordt in plaats van stikstof ook wel gebruikgemaakt van het edelgas *argon* dat zuurstof volledig kan verdrijven, de houdbaarheid van de producten onder een atmosfeer van 100% argon neemt daardoor toe; een nadeel van argon is dat het gas duurder is dan stikstof.

Kooldioxide heeft een antimicrobiële werking die berust op het verlagen van de pH en de redoxpotentiaal van het levensmiddel en op het verlengen van de delingstijd van micro-organismen. De concentratie kooldioxide kan variëren van 0% tot 80%.

Zuurstof kan aan het gasmengsel toegevoegd worden in een concentratie van 10% tot 80% om de ontwikkeling van anaërobe micro-organismen (zoals *Clostridium*-soorten en melkzuurbacteriën) te remmen. Dit gebeurt vooral bij visproducten en vleeswaren; door de toevoeging van zuurstof wordt tevens het verkleuren van rood spiervlees tegengegaan. Het nadeel is echter dat aërobe micro-organismen zich nu wel kunnen ontwikkelen, daarom moeten deze producten bij een lage temperatuur (circa 4 °C) worden bewaard.

Het in gas verpakken wordt veel toegepast, onder meer bij chips, diepvriespizza's, fruit, garnalen, gebak, groenten, kaas, koffie, melkpoeder, noten, pinda's, pluimveedelen, vis, vlees(waren) en vruchtensappen.

Bewaren onder een gecontroleerde atmosfeer

De opslag van groenten en fruit in bulk gebeurt meestal bij een lage temperatuur in koelhuizen. De bewaartijd kan verlengd worden door de opslag te laten plaatsvinden in gasdichte ruimten onder een gecontroleerde atmosfeer. Hiervoor wordt een atmosfeer gebruikt met een verhoogd kooldioxidegehalte (1% tot 10%) en een verlaagd zuurstofgehalte (< 10%). Aangezien groenten en fruit na het oogsten blijven ademen, waarbij zuurstof wordt opgenomen en kooldioxide wordt afgegeven, wordt de gasconcentratie in de opslagruimte voortdurend gemeten en door bijsturing constant gehouden. Rijpende vruchten scheiden ethyleen uit, door de concentratie van dit gas te verlagen wordt het rijpingsproces vertraagd.

Een voordeel van het bewaren onder een gecontroleerde atmosfeer is dat de relatieve luchtvochtigheid hoog kan zijn (85-90%), zodat de groenten en het fruit niet verleppen of verschrompelen, terwijl er geen gevaar bestaat voor beschimmeling of ontkieming van bacteriesporen.

Biologische conserveermethoden

Door *fermentatie* (biologische verzuring) met behulp van melkzuurbacteriën kan de houdbaarheid van bepaalde voedingsmiddelen op een natuurlijke wijze verlengd worden. Ook schimmels en fermentatieve gisten worden in sommige gevallen gebruikt. Voorbeelden van gefermenteerde levensmiddelen zijn: droge worst (zoals salami, metworst en cervelaatworst), zuurkool, yoghurt, boter, kaas, bier en wijn.

Sinds een aantal jaren wordt onderzoek gedaan naar de mogelijkheid om niet-gefermenteerde levensmiddelen te beënten met melkzuurbacteriën. De antimicrobiële stoffen, zoals melkzuur en nisine (zie pagina 66), die door de melkzuurbacteriën worden gevormd, kunnen dan een versterkend effect hebben op de reeds toegepaste conserveermethode, zoals koelen of in vacuüm verpakken. Onder proefomstandigheden zijn reeds goede resultaten bereikt, maar deze nieuwe techniek van conserveren wordt nog niet commercieel toegepast.

2.7 REDUCEREN VAN HET AANTAL MICRO-ORGANISMEN

2.7.1 Microbicidische middelen

Antibiotica

Antibiotica zijn stofwisselingsproducten van micro-organismen waardoor andere micro-organismen gedood worden. Het werkingsspectrum van antibiotica kan zowel breed als smal zijn, in het laatste geval is het antibioticum slechts werkzaam tegen een beperkt aantal soorten micro-organismen. Antibiotica hebben vooral een medische toepassing, maar het antibioticum *natamycine* wordt (in een lage concentratie) ook gebruikt als conserveermiddel (zie pagina 66).

Bacteriocines

Bacteriocines zijn antimicrobiële polypeptiden die door bacteriën worden gevormd. In tegenstelling tot de antibiotica zijn de bacteriocines doorgaans slechts werkzaam tegen een klein aantal nauw verwante bacteriesoorten.

Binnen de bacteriocines kan een nadere onderverdeling gemaakt worden naar de bacteriesoort waardoor het bacteriocine wordt gevormd. Zo onderscheidt men onder andere de *colicines* (gevormd door E. coli) en de *staphylococcines* (gevormd door *Staphylococcus aureus*).

Lantibiotica

Een aparte groep van bacteriocines zijn de lantibiotica die door veel melkzuurbacteriën worden gevormd. De lantibiotica hebben een veel breder werkingsspectrum dan de andere bacteriocines, veel Gram-positieve bacteriën, zoals *Clostridium botulinum*, *Listeria monocytogenes* en *Staphylococcus aureus*, kunnen door lantibiotica geremd of gedood worden. Er wordt tegenwoordig veel onderzoek gedaan naar de toepassing van lantibiotica, zoals *nisine*, als conserveermiddel (zie pagina 66). Een mogelijk bezwaar van deze toepassing is dat er resistente micro-organismen kunnen ontstaan.

Desinfectantia

Desinfectantia zijn chemische verbindingen die worden gebruikt om zo veel mogelijk, zowel kwantitatief (naar hoeveelheid) als kwalitatief (naar soort), micro-organismen te doden. Zij worden toegepast in of op gebouwen, materialen, apparaten, gebruiksvoorwerpen en de huid. Desinfectantia worden beschouwd als bestrijdingsmiddelen en vielen tot 2006 onder de '*Bestrijdingsmiddelenwet*', in 2006 is deze wet vervangen door de nieuwe Wet '*Gewasbeschermingsmiddelen en Biociden*'. In 6.5.3 worden de verschillende soorten desinfectantia nader besproken.

Decontaminatiemiddelen

Desinfectantia mogen op grond van de wet niet worden gebruikt om micro-organismen in of op voedingsmiddelen te doden. Doordat in 1994 het Besluit '*Bereiding en behandeling van levensmiddelen*' van de Warenwet is aangepast, is echter ook het gebruik van microbicidische stoffen in voedingsmiddelen toegestaan, deze stoffen worden *decontaminatiemiddelen* genoemd. Tot dat tijdstip was alleen het gebruik van conserveermiddelen die de vermeerdering van micro-organismen remmen, toegestaan.

Het gebruik van deze middelen is wel aan een aantal voorwaarden gebonden: een decontaminatiemiddel mag alleen worden gebruikt indien er geen residu in het levensmiddel achterblijft en evenmin mag een decontaminatiemiddel een reactie aangaan met een bestanddeel van het levensmiddel waardoor een ongewenste verbinding gevormd zou kunnen worden, bovendien moet het gebruik uit technologisch oogpunt noodzakelijk zijn. Decontaminatiemiddelen mogen niet worden gebruikt bij verse (pluimvee)vleesproducten, maar dit verbod wordt vermoedelijk in 2007 opgeheven.

In 2001 is *Glyroxyl* als eerste, en tot nu ook als enige, decontaminatiemiddel wettelijk goedgekeurd. Dit middel wordt onder andere gebruikt om de besmetting met micro-organismen van vissen, schaal- en schelpdieren te verminderen. Aangezien het werkzame bestanddeel van Glyroxyl waterstofperoxide (H_2O_2) is, dat geheel ontleedt tot water en zuurstof, blijft er geen ongewenst residu van dit decontaminatiemiddel achter.

2.7.2 Conserveermethoden met microbicidische werking

Voor het doden van micro-organismen in voedingsmiddelen maakt men gebruik van onderstaande microbicidische methoden. Deze methoden worden, net als de in 2.6.2 genoemde microbistatische methoden, eveneens conserveermethoden genoemd.

Pasteuriseren

Hoewel verhitting als conserveermiddel al in de Oudheid bekend was, volgens de Romeinse geschiedschrijver PLINIUS (23-79 v.C.) werd op het eiland Kreta reeds verhitting gebruikt om wijn houdbaar te maken voor transport per schip, is het pasteuriseren van vloeibare levensmiddelen een techniek die voor het eerst in 1870 door Louis Pasteur werd toegepast om het bederf van wijn en bier tegen te gaan. Bij pasteuriseren worden levensmiddelen verhit tot een temperatuur onder de 100 °C. De expositietijd en de hoogte van de temperatuur is afhankelijk van de aard van het levensmiddel en van de pathogene micro-organismen die daarin aanwezig kunnen zijn.

Melk en andere zuivelproducten werden vroeger in een ketel gepasteuriseerd door een verhitting gedurende dertig minuten bij 63 °C. Bij deze expositietijd en temperatuur worden ook pathogene micro-organismen zoals *Mycobacterium bovis*, de oorzaak van bovine tuberculose, en *Coxiella burnetii*, een ricketsie en de verwekker van Q-koorts, gedood.

Later is men overgegaan op een continu proces: de melk wordt door een zogenaamde *pasteur* (een platen-warmtewisselaar) gepompt. In de pasteur wordt de melk gedurende vijftien tot twintig seconden verhit tot 72 à 74 °C, dit proces staat bekend als HTST-*verhitting* (*High Temperature Short Time*). Voor zure zuivelproducten (zoals yoghurt, karnemelk, kwark, boter en slagroom) wordt een iets kortere expositietijd en een hogere temperatuur gebruikt, deze producten worden tien tot vijftien seconden gepasteuriseerd bij 85 à 95 °C. Om de twee processen te onderscheiden, wordt de verhitting voor zure zuivelproducten ook wel *hoge pasteurisatie* genoemd en de HTST-verhitting wordt dan aangeduid met *lage pasteurisatie*.

Door het pasteuriseren worden niet-sporevormende pathogene bacteriën gedood, maar sommige bederfveroorzakende micro-organismen (onder andere de melkzuurbacteriën) kunnen in leven blijven; ook de sporen van bacteriën worden niet gedood. Om de vermeerdering van deze bederfveroorzakende micro-organismen en de ontkieming van bacteriesporen te verhinderen, moeten gepasteuriseerde producten gekoeld worden bewaard. Aan producten die vlees bevatten, wordt meestal nog een conserveermiddel (zoals nitriet of zout) toegevoegd, zodat de sporen van *Clostridium botulinum* niet kunnen ontkiemen.

Gepasteuriseerde levensmiddelen die luchtdicht zijn verpakt (bijvoorbeeld ham in blik, in vacuüm verpakte vleeswaren, bier en vruchtensappen) worden *halfconserven* genoemd. Zij zijn, mits gekoeld bewaard en afhankelijk van de aard van het product, enkele weken tot enige maanden houdbaar.

UHT-verhitting

Om de houdbaarheid van melk en andere melkproducten te verlengen, wordt gebruikgemaakt van een proces dat bekend staat als UHT-verhitting (*Ultra High Temperature*). In de dagelijkse praktijk spreekt men over 'gesteriliseerde melk' als melk bedoeld wordt die een UHT-verhitting heeft ondergaan.

De UHT-verhitting gebeurt in een continu proces: bij de *indirecte* UHT-verhitting wordt de melk of een ander melkproduct door een buizen-warmtewisselaar gepompt en wordt (afhankelijk van de aard van het product) gedurende 2 tot 15 seconden verhit tot 130 à 145 °C. Bij de *directe* UHT-verhitting wordt het product in een stoomruimte versproeid en krijgt daar door middel van een stoominjectie gedurende 0,2 tot 4 seconden een ver- hitting tot 140 à 152 °C.

Bij de UHT-verhitting worden alle micro-organismen en de meeste bacteriesporen gedood, alleen de zeer thermoresistente sporen van *Bacillus sporothermodurans* kunnen het proces overleven. Daarnaast kan het product bij het afvullen in pakken een nabesmetting krijgen, daar- om zijn de producten die een UHT-verhitting hebben ondergaan, in microbiologisch opzicht niet steriel.

Het voordeel van de UHT-verhitting is dat de smaak van het product maar weinig verandert, terwijl bij sterilisatie de melk een karamelachtige smaak krijgt. Het voordeel ten opzichte van pasteuriseren is dat melk en andere melkproducten drie tot zes maanden bij kamertemperatuur bewaard kunnen worden. De methode van UHT-verhitting wordt toegepast bij melk, koffiemelk en vla.

Koelvers (Sous vide)

Een moderne ontwikkeling is de productie van *koelverse-gepasteuriseer- de* maaltijden, die ook aangeduid worden met de term 'REPFED' (REfrigera- ted Processed Foods with Extended Durability). De koelverse maaltijden, die geen chemische conserveermiddelen bevatten, zijn twee tot drie weken houdbaar bij een temperatuur lager dan 7 °C of drie tot zes weken houd- baar mits bewaard bij een temperatuur lager dan 3 °C. Deze bewaartempe- ratuur is belangrijk omdat de sporen van *Clostridium botulinum*, *Clostridium perfringens* en *Bacillus cereus* die in deze maaltijden niet altijd zijn gedood, bij een temperatuur die lager is dan 3 °C niet kunnen ontkiemen. Aange- zien in veel huishoudens en bedrijven de koelkast of koeling vaak op een hogere temperatuur[1] staat afgesteld, is de houdbaarheid van de maaltij- den in deze koelkasten aanzienlijk korter. De productie van koelverse-ge- pasteuriseerde maaltijden kan volgens twee methoden gebeuren.

Bij de ene methode worden de componenten van de maaltijd eerst voorbehandeld (gedeeltelijk gekookt) en daarna worden zij bij een lage temperatuur (< 15 °C) in vacuüm verpakt. Vervolgens wordt de maaltijd gedurende tien minuten tot enige uren in een autoclaaf of in een oven verhit tot 80 à 95 °C, de expositietijd is afhankelijk van de samenstelling van de maaltijd. Het eigenlijke koken en tegelijkertijd het pasteuriseren van de maaltijd gebeurt dus na het verpakken, deze bereidingswijze staat bekend als 'sous vide'-koken of vacuüm-koken.

De andere methode houdt in dat de maaltijd eerst gekookt wordt en direct daarna, bij een hoge temperatuur, in vacuüm wordt verpakt. De

---

[1] Uit een onderzoek in 1997 van de VWA/Keuringsdienst van Waren is gebleken dat in ongeveer 45% van de huishoudens de koelkast staat afgesteld op een temperatuur boven 7 °C. In een ver- volgonderzoek in 2002 bij winkels bleek dat bij 40% van de supermarkten en bij 19% van de klei- ne ambachtelijke bedrijven de temperatuur van de koeling boven 7 °C was.

verpakte maaltijd wordt vervolgens tien minuten nagepasteuriseerd bij 70 à 75 °C. De napasteurisatie kan gebeuren met stoom, hete lucht, warm water of met microgolven, deze maaltijden zijn dus *dubbel gepasteuriseerd.*

Appertiseren

Bij appertiseren of *commercieel steriliseren* worden voedingsmiddelen in hermetisch gesloten blikken of flessen gedurende dertig tot negentig minuten verhit bij 110 à 115 °C. Door deze verhitting worden alle pathogene en bederfveroorzakende micro-organismen, alsmede de meeste bacteriesporen gedood. Onder normale bewaaromstandigheden, dat wil zeggen bij kamertemperatuur, zijn geappertiseerde producten (ook wel genoemd: *handelssteriele conserven*) enige maanden tot enkele jaren houdbaar.

Zeer thermoresistente sporen worden bij deze vorm van verhitting nog niet vernietigd. Aangezien de bacteriën die uit deze sporen ontstaan meestal thermofiel zijn, zullen geappertiseerde producten alleen bij tropische temperaturen kunnen bederven. Om het ontkiemen van sporen van *Clostridium botulinum* te verhinderen, wordt aan geappertiseerde vleesconserven soms nog een conserveermiddel toegevoegd.

Wecken

Deze conserveermethode is in 1809 niet door Weck, maar door de Franse kok Nicolas Appert uitgevonden (Weck was de fabrikant van de glazen potten, naar Appert is het *appertiseren* vernoemd). Bij het wecken, dat vroeger veel werd gedaan, worden vruchten en groenten in glazen potten die zijn afgesloten met een ring van rubber en een glazen deksel, enige tijd in een weckketel gekookt. Door het koken verdwijnt de lucht uit de potten en komt het deksel door onderdruk vast te zitten.

In geweckte producten kunnen de sporen van anaërobe bacteriën tot ontwikkeling komen, zij vormen vaak gassen waardoor het deksel loskomt van de pot. Geweckte producten moeten, om de ontkieming van sporen te voorkomen, koel bewaard worden.

Bactofugeren

In zuivelfabrieken wordt voor de fabricage van kaas een proces toegepast waarbij veel soorten micro-organismen en met name de sporen van *Clostridium tyrobutyricum*, die de oorzaak is van een ongewenste boterzuurfermentatie waardoor het gebrek 'laat los' (scheurvorming in kaas) ontstaat, uit de rauwe melk worden verwijderd doordat de melk bij een hoog toerental gecentrifugeerd wordt. Dit *bactofugeren* heeft het grote voordeel dat de rauwe melk wordt gezuiverd van pathogene micro-organismen terwijl de enzymen die een rol spelen bij het rijpen van kaas, niet geïnactiveerd worden zoals bij pasteuriseren wel het geval is. Bij het bactofugeren wordt 80-95% van het aantal micro-organismen uit de rauwe melk verwijderd.

Begassen

Begassing met *ethyleenoxide* werd vroeger gebruikt om specerijen en kruiden bacterie-arm te maken. Omdat ethyleenoxide mogelijk carcinogeen is en omdat het gas ook genetische schade zou kunnen veroorzaken, is deze methode in Nederland sinds 1986 niet meer toegestaan.

Doorstralen

Een moderne methode om micro-organismen in voedingsmiddelen te doden, is het doorstralen met *ioniserende straling*, hiervoor worden γ-stralen, β-stralen of röntgenstralen gebruikt. De microbicidische werking van de ioniserende straling berust op het beschadigen van het DNA van de micro-organismen.

Voor γ-*straling* is een radioactieve stralingsbron nodig, als stralingsbron kan Cobalt-60 of Cesium-137 gebruikt worden. Cobalt-60 heeft een korte halfwaardetijd (5,3 jaar) daarom moeten de radioactieve elementen vaak worden vervangen. Een Cesium-137 stralingsbron is duurder, maar heeft een lange halfwaardetijd (30 jaar).

Bij β-*straling* (*elektronenstraling*) is geen radioactieve stralingsbron nodig, de straling kan opgewekt worden in een Van de Graaff-generator die bestaat uit een vacuümbuis met een gloeikathode en een elektronenversneller. Het voordeel hiervan is dat de stralingsbron elektrisch uitgeschakeld kan worden en dus niet continu behoeft te werken, in tegenstelling tot een radioactieve stralingsbron die wel continu straling blijft afgeven. Het nadeel is dat β-stralen een gering doordringend vermogen hebben (circa zeven centimeter) daardoor is deze straling niet geschikt voor het doorstralen van producten in bulkverpakking, maar wel voor het doorstralen van dunne producten of van producten die onderhevig zijn aan bederf aan de oppervlakte; β-stralen kunnen ook gebruikt worden voor het *bestralen* van oppervlakken (bijvoorbeeld van een karkas).

Röntgenstraling wordt verkregen door β-stralen op een trefplaat van bijvoorbeeld goud te laten botsen. Het doordringend vermogen van röntgenstralen is ongeveer gelijk aan dat van γ-stralen.

In Nederland wordt het doorstralen met γ-stralen al sedert 1978 gedaan door het bedrijf Isotron (v/h Gammaster) in Ede en Etten-Leur, de stralingsbron is Cobalt-60. Het doorstralen met β-stralen of röntgenstralen wordt in Nederland (nog) niet toegepast, in het buitenland wordt β-straling wel aangeduid met *E-beam* of *SureBeam* (vernoemd naar de SureBeam Corporation). In de Verenigde Staten zijn SureBeam-hamburgers verkrijgbaar ter voorkoming van de 'hamburgerziekte' (*zie* pagina 150).

Het microbicidische effect van doorstraling is afhankelijk van de dosis straling die is toegediend, de volgende mogelijkheden worden onderscheiden:

- **Radurisatie** (dosis 1-3 kGy[1]); hierbij wordt het aantal bederfverwekkende bacteriën en schimmels teruggebracht tot een aanvaardbaar niveau, de houdbaarheid van het product wordt hierdoor verlengd. Radurisatie wordt toegepast bij zacht fruit[2] (bijvoorbeeld aardbeien), champignons[2] en voedingsmiddelen die gekoeld bewaard moeten worden, zoals vlees[2] en vis[2].
- **Radicidatie** (dosis 1-7 kGy); bij deze dosis straling worden pathogene micro-organismen (zoals *Campylobacter jejuni* en *Salmonella*) in vlees[2], gevogelte, vis[2] en schaaldieren gedood. Dit wordt onder meer gedaan bij garnalen en salades[2], alsmede bij vleesproducten[2] die rauw worden geconsumeerd (zoals tartaar en filet américain). Aangezien bij doorstraling de temperatuur van het product nauwelijks stijgt, is het ook mogelijk radicidatie toe te passen bij diepvriesproducten (bijvoorbeeld kip).
- **Decontaminatie** (dosis 5-10 kGy); dit is het ontsmetten van grondstoffen die in andere producten worden verwerkt. Specerijen en kruiden, die veelal sterk besmet zijn met micro-organismen, werden vroeger ontsmet met ethyleenoxide. Omdat deze methode in Nederland sinds 1986 niet meer is toegestaan, worden specerijen en kruiden tegenwoordig meestal doorstraald. Sporevormende bacteriën en virussen worden door deze behandeling niet gedood.
- **Radappertisatie (sterilisatie)** (dosis 25-50 kGy); als de stralingsdosis hoog genoeg is, kunnen alle micro-organismen (inclusief sporen en virussen) gedood worden. Deze methode wordt op beperkte schaal toegepast bij voedingsmiddelen (en ook snoepgoed!) voor patiënten die om medische redenen steriele voeding moeten gebruiken. Door sterilisatie met warmte (zie 2.8) gaan veel voedingsmiddelen (zoals brood en vlees) in kwaliteit achteruit, bij doorstraling gebeurt dit niet of in mindere mate.

Sinds 1 augustus 1992 is het doorstralen van voedingsmiddelen geregeld in de Warenwet ('*Doorstraalde Warenbesluit*'). Alleen de volgende voedingsmiddelen mogen doorstraald worden:
- *gedroogde groenten,*
- *gedroogde vruchten,*
- *peulvruchten,*
- *graanvlokken,*
- *specerijen en kruiden,*
- *garnalen,*
- *kikkerbilletjes,*
- *het vlees van pluimvee.*

---

[1] 1 kGy (kilogray) is de energie-absorptie van 1 kilojoule per kilogram weefsel; voor de mens is een stralingsdosis van 0,005-0,01 kGy al dodelijk.

[2] Deze voedingsmiddelen mogen op grond van het '*Doorstraalde Warenbesluit*' niet doorstraald worden voor consumptie in Nederland.

De maximale stralingsdosis die is toegelaten voor deze levensmiddelen bedraagt 10 kGy. Er is tevens een wettelijke verplichting op de verpakking aan te geven dat het product doorstraald is, één van de volgende aanduidingen moet gebruikt worden:

* *doorstraald,*
* *door straling behandeld,*
* *met ioniserende straling behandeld.*

Behalve de genoemde voedingsmiddelen mogen ook (diepvries)-maaltijden voor ziekenhuispatiënten die een steriele voeding moeten nuttigen, doorstraald worden. Hiervoor is een maximale dosis van 75 kGy toegestaan.

In 2001 is een regeling van de Europese Unie met betrekking tot het doorstralen van levensmiddelen van kracht geworden, volgens deze regeling mogen alleen *gedroogde groenten*, *specerijen* en *kruiden* doorstraald worden. Nederland heeft echter toestemming gekregen voor het doorstralen voor binnenlands gebruik van de producten die in het 'Doorstraalde Warenbesluit' staan vermeld.

Toxinen die door micro-organismen in voedsel zijn gevormd (zie 5.1), kunnen niet met doorstraling onwerkzaam worden gemaakt. Het is dus niet mogelijk de kwaliteit van voedingsmiddelen, waarin deze toxinen misschien aanwezig zijn, te verbeteren. Tot dusver zijn geen schadelijke neveneffecten bij het consumeren van doorstraalde voedingsmiddelen waargenomen. Bij het doorstralen kunnen er echter chemische veranderingen in de voedingsmiddelen plaatsvinden, hierdoor ontstaan zogenaamde *radiolyse producten*. Naar de mogelijke effecten van deze radiolyse producten op de gezondheid is reeds uitgebreid onderzoek gedaan. In 1988 hebben de Wereld Gezondheidsorganisatie (WHO) en de Wereld Voedsel- en Landbouworganisatie (FAO) verklaard dat voedingsmiddelen die doorstraald zijn met een maximale dosis van 10 kGy, geen gevaar opleveren voor de volksgezondheid.

Het doorstralen van voedingsmiddelen heeft als voordeel dat er minder chemische conserveermiddelen, die schadelijke effecten kunnen hebben, nodig zijn. Een ander voordeel is dat de voedingsmiddelen in hun eindverpakking doorstraald kunnen worden, er kan daarom geen nabesmetting optreden.

UV-bestraling

Ultraviolette straling is een niet-ioniserende straling met een zeer gering doordringend vermogen, de straling wordt al door gewoon vensterglas tegengehouden. Ultraviolette stralen met een golflengte tussen 200 en 280 nm[1], die behoren tot het UV-C gedeelte van het spectrum, worden door de bacteriecel geabsorbeerd; de grootste absorptie

---

[1] 1 nm (nanometer) = 1×10^{-9} m.

vindt plaats bij stralen met een golflengte van 260 nm. Door fotochemische reacties worden eiwitten en het DNA beschadigd waardoor de bacteriecel zich niet meer kan vermeerderen en uiteindelijk afsterft. De UV-C straling wordt opgewekt door middel van een lagedruk kwiklamp (die alleen straling van 254 nm uitzendt) of door een middendruk kwiklamp (die straling met een golflengte van 200 tot 280 nm uitzendt).

In verband met het geringe doordringende vermogen kan UV-straling niet gebruikt worden voor het doorstralen van voedingsmiddelen, maar deze straling is wel geschikt voor het bestralen van oppervlakken. Stofdeeltjes die op een oppervlak aanwezig zijn, veroorzaken echter een *schaduweffect*: bacteriën die in de schaduw van zo'n stofdeeltje liggen, worden niet door de UV-straling getroffen. Daarom worden niet alle bacteriën op een oppervlak door UV-straling gedood.

Ultraviolette straling wordt gebruikt bij verpakkingsmachines voor het *decontamineren* (ontsmetten) van verpakkingsmateriaal, zoals folies, kartons, doppen en bekers. Ook drinkwater en andere vloeistoffen worden vaak met UV-straling gedecontamineerd.

Hoge druk

Een nieuwe techniek om voedingsmiddelen te conserveren, is het toepassen van *hoge* of *ultrahoge hydrostatische druk*. Bij deze methode worden voedingsmiddelen in een flexibele verpakking geplaatst in een drukvat dat gevuld is met een drukvloeistof (doorgaans water), vervolgens wordt een hoge hydrostatische druk opgebouwd.

De hoge druk kan op twee manieren opgebouwd worden: via een hydraulisch pompsysteem wordt extra drukvloeistof in het vat gepompt en onder druk gehouden of er wordt door middel van een zuiger een zeer hoge druk op de reeds aanwezige hoeveelheid vloeistof uitgeoefend. Omdat de samendrukbaarheid van de drukvloeistof gering is (de samendrukbaarheid van water is circa 8% bij een druk van 400 MPa[1]) wordt de ontstane hoge druk door de vloeistof vrijwel onveranderd en gelijkmatig overgedragen op de voedingsmiddelen.

Het effect van een hoge druk kan zijn dat eiwitten gaan denatureren, zo gaat het eiwit van een kippenei dat in een drukvat is geplaatst onder een druk van 700 MPa stollen, het ei wordt dus als het ware 'gekookt' zonder warmtetoediening. Bij een lagere druk (200 tot 300 MPa) blijven de eiwitten (enzymen), vitamines, geurstoffen en smaakstoffen van een voedingsmiddel echter wel intact, maar de micro-organismen die in het voedingsmiddel aanwezig zijn, sterven af. Dit wordt vermoedelijk veroorzaakt doordat de celmembraan van de micro-organismen onder invloed van de hoge druk desintegreert, het aantal levende micro-organismen kan hierdoor aanzienlijk afnemen. Een druk van 200 MPa die gedurende dertig minuten wordt uitgeoefend, doet al 90% van de micro-organismen afsterven.

---

[1] 1 MPa (megapascal) is een druk van 10^{-6} N/m^2 (dit is een druk van ongeveer 10 atmosfeer).

Uit onderzoek is gebleken dat een herhaalde druk een groter antimicrobieel effect heeft, dan een eenmalige druk met dezelfde totale tijdsduur. Zo neemt het kiemgetal van bacteriën af met een factor 10^2 (99%) wanneer gedurende vijf minuten een druk van 300 MPa wordt uitgeoefend, maar het kiemgetal vermindert met een factor 10^6 (99,9999%) indien dezelfde druk van 300 MPa gedurende vijfmaal één minuut wordt uitgeoefend.

Aangezien bacteriesporen zeer resistent zijn tegen een hoge druk, zijn sporevormende bacteriën veel minder goed te doden door een hogedrukbehandeling; voor de inactivatie van sporen is een *ultrahoge* druk (hoger dan 1000 MPa) nodig. Bij een druk van 200 tot 300 MPa vindt wel ontkieming van sporen plaats, daarom past men voor het doden van sporevormende bacteriën een tweetraps drukbehandeling toe. Het voedingsmiddel wordt eerst geruime tijd onder een druk van 200 tot 300 MPa gebracht, daarna worden de bacteriën die uit de ontkiemde sporen zijn ontstaan, gedood door de druk te verhogen tot 400 à 500 MPa.

Een andere mogelijkheid voor het steriliseren van voedingsmiddelen is een combinatie van temperatuurverhoging en hoge druk. De voedingsmiddelen worden eerst verhit tot 70 à 90 °C, daarna wordt een druk van 700 tot 900 MPa uitgeoefend. Per 100 MPa drukverhoging stijgt de temperatuur met 2 à 4 °C, de eindtemperatuur van het product wordt dan 110 tot 120 °C. De hoge druk is slechts enkele minuten nodig, daardoor wordt het product maar een korte tijd aan de hoge temperatuur blootgesteld.

Het voordeel van het conserveren van voedingsmiddelen met behulp van hoge druk is de zeer geringe verhoging van de temperatuur, daarom kan een hogedrukbehandeling een goed alternatief vormen voor het conserveren van voedingsmiddelen die gevoelig zijn voor een warmtebehandeling, zoals pasteuriseren. Door een warmtebehandeling verandert vaak de structuur, de geur en de smaak van een voedingsmiddel en de voedingswaarde vermindert doordat eiwitten en vitamines worden afgebroken, bij een hogedrukbehandeling is dit in veel mindere mate het geval.

Een mogelijke toepassing van de hogedrukmethode kan het conserveren van eieren zijn. Rauwe eieren worden in tal van gerechten gebruikt, zoals in bavarois, mousse, tiramisu (een cakegebak met likeur), mayonaise en sausen. Aangezien eieren besmet kunnen zijn met *Salmonella* Enteritidis, vormt het toepassen van rauwe eieren een bedreiging voor de volksgezondheid. Bij het pasteuriseren van eieren worden de salmonella's wel gedood, maar door de warmtebehandeling veranderen tevens de structuur en de eigenschappen van de eieren. Wanneer eieren met behulp van de hogedrukmethode geconserveerd worden, blijven de functionele eigenschappen behouden.

Niet alleen micro-organismen, maar ook parasieten, zoals de haringworm (*Anisakis marina*), kunnen door een hogedrukbehandeling gedood worden. De Nederlandse haringvissers zijn, ter voorkoming van de haringwormziekte, sinds 1968 verplicht de gevangen haring een etmaal bij

-20 °C in te vriezen. In Japan, waar deze verplichting niet geldt en waar veel rauwe haring wordt gegeten, komt de haringwormziekte tweeduizend tot drieduizend maal per jaar voor. Door een hogedrukbehandeling van ongeveer tien minuten bij een druk van 200 MPa wordt de haringworm gedood.

Een nadeel van de hogedruktechniek zijn de hoge kosten van deze technologie, de prijs van behandelde producten is circa driemaal hoger dan van producten die op een conventionele manier zijn geconserveerd. In Japan en in de Verenigde Staten zijn al verschillende producten, onder andere jam, compote, fruit, vruchtensappen, yoghurt, oesters en zalm, verkrijgbaar die met hoge druk zijn geconserveerd. Ook in Europa zijn enige landen bezig met de hogedruktechniek, in Nederland is een proefinstallatie aanwezig.

2.7.3 Nieuwe ontwikkelingen

Er wordt veel onderzoek gedaan naar nieuwe conserveermiddelen en conserveermethoden. Een voorbeeld is de *innovatieve stoominjectie* (ISI) die door het Nederlands Instituut voor Zuivelonderzoek (NIZO) te Ede wordt ontwikkeld om melk en andere vloeibare voedingsmiddelen door middel van een hogedruk-stoominjectie te conserveren. De houdbaarheid van het product wordt hierdoor, in vergelijking met een gepasteuriseerd product, aanzienlijk verlengd terwijl de smaak van het product beter behouden blijft dan bij een gesteriliseerd product. Het principe van drie andere voorbeelden wordt hieronder beschreven.

Antimicrobiële verpakking

Bij deze conserveermethode worden de voedingsmiddelen verpakt in een folie die een antimicrobiële stof bevat, deze stof migreert vanuit de verpakking in het voedingsmiddel.

In een aantal experimenten is *Triclosan* als antimicrobiële stof gebruikt, Triclosan is een algemeen conserveermiddel dat onder andere aan tandpasta wordt toegevoegd. De resultaten waren echter niet altijd bevredigend, mogelijk omdat Triclosan goed in vet oplost waardoor de antimicrobiële werking sterk afneemt. Bovendien is volgens de huidige regelgeving Triclosan in de Europese Unie niet toegelaten als conserveermiddel in voedingsmiddelen.

Meer succesvol lijkt de 'bio-switch'-techniek te zijn die door TNO-Voeding in Zeist momenteel wordt ontwikkeld, bij deze techniek is lysozym de antimicrobiële stof. Lysozym is een natuurlijke stof die onder andere voorkomt in het wit van eieren en die als biologisch conserveermiddel in de kaasindustrie wordt toegepast (zie pagina 66).

De 'bio-switch'-techniek houdt in dat lysozym eerst wordt ingebouwd in een biopolymeer op basis van zetmeel en dat daarna het biopolymeer wordt verwerkt in het verpakkingsmateriaal. Het lysozym komt pas uit het verpakkingsmateriaal vrij als het biopolymeer door

amylases (zetmeelafbrekende enzymen) die door bacteriën in het voedingsmiddel worden gevormd, wordt afgebroken. De 'bio-switch'-tech-
niek is bedoeld voor voedingsmiddelen die alleen een microbiële
besmetting aan de oppervlakte hebben.

Ethicaps

Ethicaps[1] zijn kleine zakjes die ethanol in microcapsules bevatten, de
zakjes worden met het voedingsmiddel mee verpakt, zij zitten dus binnen de eindverpakking. Geleidelijk aan komt ethanoldamp vrij uit de
zakjes en er ontstaat rond het product een ethanolatmosfeer, hierdoor
daalt de a_w. De ontwikkeling van bacteriën, schimmels en gisten wordt
daardoor geremd.

Ethicaps zijn toegepast bij verpakte appelflappen en voorgebakken
broodjes; de houdbaarheid werd verlengd, maar door absorptie van de
ethanoldamp was de ethanolconcentratie in de producten te hoog. In de
Europese Unie zijn de Ethicaps nog niet toegelaten voor gebruik.

Pulsed Electric Field (PEF)

De PEF-conserveermethode berust op het toedienen van een aantal
zeer korte pulsen (stroomstoten) van een hoog voltage (20-90 kV) aan een
vloeibaar voedingsmiddel dat langs een tweetal elektrodes wordt
gepompt. De elektrodes zijn verbonden met een aantal condensatoren
die tijdens de passage van het product tussen de elektrodes in zeer korte
tijd worden ontladen. De duur van een puls is enkele microseconden, het
aantal pulsen varieert van tien tot zeventig.

Door de stroomstoten wordt de celwand van micro-organismen
geperforeerd, hierdoor barst de cel open. Gram-negatieve bacteriën zijn
voor de PEF-methode gevoeliger dan Gram-positieve bacteriën en gisten,
vooral vegetatieve cellen die in de log-fase verkeren worden aangetast.
Sporen worden niet of nauwelijks geïnactiveerd.

Een voordeel van de PEF-methode is dat de temperatuur van het product vrijwel niet wordt verhoogd. De PEF-methode is met een goed resultaat toegepast op een aantal vloeibare producten, zoals sinaasappelsap
en tomatensap. In Nederland is een proefinstallatie aanwezig.

2.8   STERILISEREN (KIEMVRIJ MAKEN)

Door de middelen en methoden die in 2.7 genoemd zijn, wordt een
product vrijgemaakt van pathogene micro-organismen, soms kunnen
ook sporen gedood worden. Het proces waardoor *alle* micro-organismen
en sporen worden gedood, heet **steriliseren**.

---

[1]   *Ethicap* is een handelspreparaat van Freund Industrial in Japan.

Gesteriliseerde levensmiddelen worden *volconserven* of *tropenconserven* genoemd, zij zijn vrij van levende kiemen en daardoor (in microbiologisch opzicht) onbeperkt houdbaar.

Sterilisatie met behulp van warmte

Het steriliseren van voorwerpen kan met droge of vochtige lucht gebeuren, voor het steriliseren van levensmiddelen wordt uitsluitend vochtige lucht gebruikt.

Voor sterilisatie met *droge lucht* is een expositietijd van twee uur bij 160 °C of één uur bij 180 °C nodig. Aangezien *vochtige lucht* (*stoom*) een beter warmtegeleidend vermogen heeft dan droge lucht, kan met stoom bij een lagere temperatuur en een kortere expositietijd gesteriliseerd worden. Een veelgebruikte methode is vijftien tot twintig minuten bij 121 °C en 1,1 atmosfeer overdruk of vier tot vijf minuten bij 134 °C en 2 atmosfeer overdruk (in een autoclaaf of hogedrukpan).

Sterilisatie met stoom wordt onder andere toegepast bij melk en koffiemelk. De producten worden eerst voorverwarmd tot circa 70 °C en worden daarna afgevuld in glazen flessen die met een kroonkurk worden afgesloten. De flessen worden vervolgens gedurende dertig minuten in een autoclaaf gesteriliseerd bij 110 °C. Het nadeel van de sterilisatie is dat de melk een karamelachtige smaak krijgt, dit nadeel treedt niet op bij de UHT-verhitting (zie pagina 73).

Sterilisatie met behulp van filtratie

Vloeibare producten die niet bestand zijn tegen een hoge temperatuur, kunnen door *ultra-filters* gezogen worden. Vroeger werden deze ultra-filters van diatomeeënaarde gemaakt, tegenwoordig wordt een membraan van kunststof, bijvoorbeeld cellulose-acetaat, gebruikt. Indien filters met de juiste poriegrootte worden toegepast, kunnen alle micro-organismen en sporen uit de vloeistof worden verwijderd. Wanneer geen steriliteit vereist is, kunnen filters gebruikt worden die alleen bepaalde micro-organismen (bijvoorbeeld gisten) tegenhouden. Deze methode wordt toegepast bij vruchtensappen en gefermenteerde producten zoals bier, wijn en azijn.

Sterilisatie met behulp van doorstraling

Voedingsmiddelen die niet goed bestand zijn tegen een hoge temperatuur, kunnen gesteriliseerd worden door de producten te doorstralen met γ-straling (stralingdosis 25-75 kGy). Deze manier van steriliseren, die *radappertisatie* wordt genoemd, wordt voornamelijk toegepast bij voedingsmiddelen voor patiënten die om medische redenen steriele voeding moeten gebruiken (zie verder pagina 77).

3 Besmetting van voedsel

3.1 INLEIDING

Onder *besmetting* (in *microbiologische zin*) verstaat men de overdracht van levende micro-organismen van de ene plaats naar de andere. Levende micro-organismen bevinden zich overal: in de grond, in het water en in de lucht, maar ook in of op planten, dieren en mensen. De grote meerderheid van deze micro-organismen is niet schadelijk voor de gezondheid van de mens, het verhinderen van besmetting moet daarom gericht zijn op de pathogene micro-organismen die voor de mens wél schadelijk zijn.

In vroegere tijden was al bekend dat iemand die in contact was gekomen met een ziek persoon, die ziekte zelf ook kon krijgen en tevens dat men soms door het eten van voedsel ziek kon worden. In de bijbelboeken Leviticus en Deuteronomium werden aan de Joden al voorschriften gegeven omtrent het vermijden van melaatsen en verboden voor het eten van bepaalde soorten voedsel, zoals varkensvlees (dat vaker besmet is dan rundvlees), en het eten van de kadavers van dieren die niet door slacht of bij de vangst waren gedood.

In 1854 ontdekte JOHN SNOW dat cholera kon worden verspreid door besmet drinkwater en WILLIAM BUDD kwam in 1856 tot de conclusie dat tyfus zowel door melk als door water dat besmet was met de uitwerpselen van een geïnfecteerd persoon, verspreid kon worden. De pathogene micro-organismen waardoor deze ziekten veroorzaakt werden, kenden zij echter niet.

Hoewel door ANTONI VAN LEEUWENHOEK al in 1676 bacteriën waren waargenomen, begon men pas tegen het einde van de negentiende eeuw, onder meer door de ontsmettingsmaatregelen van IGNAZ SEMMELWEIS en JOSEPH LISTER alsmede door het onderzoek van LOUIS PASTEUR en ROBERT KOCH, de werkelijke oorzaken en de wijze van overdracht van infectieziekten te leren kennen. Hierdoor en door het aanleggen van sanitaire voorzieningen, zoals riolen en waterleidingen, kon een begin gemaakt worden met het uitroeien van veel besmettelijke ziekten, zoals cholera en tyfus. De levensverwachting van de mensen nam (mede) daardoor toe: in 1850 bedroeg de gemiddelde levensverwachting voor de Nederlandse man slechts 36 jaar, maar deze is in anderhalve eeuw gestegen tot 75 jaar.

Ziekten die zijn ontstaan door het consumeren van voedsel dat met micro-organismen is besmet, komen echter nog steeds veelvuldig voor. Een belangrijke oorzaak hiervan is, dat de medische microbiologie en de levensmiddelenhygiëne in dit geval niet als enige disciplines belast zijn met het verhinderen van dergelijke ziekten. De landbouw en de veeteelt, de veevoederindustrie, de slachterijen en de levensmiddelenindustrie hebben een belangrijke taak bij het voorkomen van deze ziekten. Niet steeds of overal worden echter de adviezen van deskundigen overgenomen.

De belangrijkste taak bij de preventie is evenwel weggelegd voor de personen die zelf betrokken zijn bij het bereiden en verstrekken van voedsel. Door verkeerd handelen van de huisman en de huisvrouw of van het keukenpersoneel in de horeca en in zorginstellingen bij het bereiden en bewaren van voedsel, ligt de oorsprong van veel voedselinfecties en voedselvergiftigingen in de *keuken*. Volgens de Wereldgezondheidsorganisatie (WHO) ontstaat 40% van de voedselinfecties en voedselvergiftigingen in de huiselijke omgeving.

Het verkeerd handelen bij de voedselbereiding kan samengevat worden in de *vijf O's*:

- *onwetendheid,*
- *onverschilligheid,*
- *onhygiënisch werken,*
- *onvoldoende koeling van voedingsmiddelen,*
- *onvoldoende verhitting van voedingsmiddelen.*

3.2   Voedselinfectie, voedselvergiftiging en voedselbederf

3.2.1 Voedselinfectie

Rauwe voedingsmiddelen zijn altijd besmet met micro-organismen, een aantal soorten van deze micro-organismen is pathogeen voor de mens. De meeste micro-organismen worden door een goede culinaire verhitting van de rauwe voedingsmiddelen gedood; het kleine aantal dat levend met het voedsel wordt opgenomen, zal slechts zelden een ziekte veroorzaken.

Het voedsel kan echter na de culinaire verhitting opnieuw besmet worden met pathogene micro-organismen; dit kan gebeuren doordat een rauw ingrediënt (bijvoorbeeld specerijen, kruiden of een rauw ei) is toegevoegd of door onhygiënisch handelen van de voedselbereider. Wordt het voedsel vervolgens niet bij een hoge temperatuur (> 65 °C) of bij een lage temperatuur (< 7 °C) maar bij kamertemperatuur bewaard, dan zal het aantal micro-organismen in een korte tijd uitgroeien tot een zeer groot aantal. Deze micro-organismen nestelen zich, nadat het voedsel is geconsumeerd, in het darmkanaal van de mens; zij vermeerderen zich daar verder tot een nog groter aantal en richten schade aan: de consument van het voedsel krijgt een gastro-enteritis (maag-darmstoornis). In dit geval dient het voedsel als een transportmiddel voor pathogene micro-organismen, men spreekt daarom over een *voedselinfectie* (zie hoofdstuk 4).

Veel voedselinfecties ontstaan door bacteriën die behoren tot de familie der *Enterobacteriaceae*. Deze Gram-negatieve bacteriën kunnen al van nature in rauwe voedingsmiddelen aanwezig zijn of bij het opfokken en mesten in de slachtdieren zijn gekomen, maar voedingsmiddelen worden ook vaak besmet door onhygiënisch handelen van de mens. Andere bekende veroorzakers van een voedselinfectie zijn *Campylobacter jejuni* en *Listeria monocytogenes*. De meeste voedselinfecties ontstaan vermoedelijk echter door virussen, zoals de *Noro-virussen* (*Norwalk-like virussen*).

3.2.2 Voedselvergiftiging

Een andere soort ziekte ontstaat wanneer in het voedsel door microorganismen thermostabiele toxinen zijn gevormd, deze giftige stoffen worden door een culinaire verhitting niet meer onwerkzaam gemaakt. De vorming van toxinen is niet waar te nemen omdat het voedsel geen andere geur, kleur of smaak krijgt. Als deze toxinen met het voedsel worden opgenomen door de mens, ontstaat een *voedselvergiftiging* (zie hoofdstuk 5).

De belangrijkste verwekkers van een voedselvergiftiging zijn *Bacillus cereus*, *Clostridium perfringens* en *Staphylococcus aureus*; de laatstgenoemde bacterie komt bij de mens, maar ook bij dieren, voor op de huid en op de slijmvliezen van de neus en de keel. Door onhygiënisch handelen van de voedselbereider kan het voedsel daarom besmet worden met *Staphylococcus aureus*.

Een voedselvergiftiging kan worden voorkomen door bij de voedselbereiding een goede hygiëne in acht te nemen, zodat het voedsel niet besmet wordt, en door bereid voedsel of bij een hoge temperatuur of bij een lage temperatuur te bewaren, zodat er geen toxinen gevormd kunnen worden.

3.2.3 Voedselbederf

Onder microbiologisch *voedselbederf* verstaat men elke *niet gewenste* verandering in de samenstelling van een voedingsmiddel die veroorzaakt wordt door micro-organismen (vergelijk bijvoorbeeld: *beschimmelde* kaas tegenover *schimmelkaas*). Voedselbederf veroorzaakt meestal geen ziekte, want men zal het voedingsmiddel, doordat het uiterlijk, de smaak, de geur en/of de consistentie is veranderd, niet consumeren.

Voedselbederf kan bijvoorbeeld ontstaan doordat melkzuurbacteriën een product verzuren; bij het maken van zuurkool is deze verzuring gewenst, maar melk die ongewenst verzuurd is, wordt bedorven genoemd. Door azijnzuurbacteriën wordt alcohol omgezet in azijn; deze omzetting is bij de fabricage van azijn gewenst, maar een fles wijn die is verzuurd tot azijn is niet gewenst. Suikerrijke producten gaan gisten doordat gistcellen de suiker omzetten in alcohol; deze alcoholische gisting is bij de wijnbereiding gewenst, maar een pak vruchtensap dat vergist is, is bedorven.

Rottingsbacteriën, zoals *Brochothrix thermosphacta* en *Pseudomonas*-soorten, breken de eiwitten in vlees en vis af. Het vlees of de vis wordt hierdoor slijmig en door de afbraakproducten ontstaat een onaangename geur. In gepasteuriseerde vruchtensappen kan bederf optreden doordat de sporen van *Alicyclobacillus acidoterrestris* de pasteurisatie hebben overleefd en na de pasteurisatie zijn gaan ontkiemen. Het bedorven product wordt troebel en krijgt, doordat er methoxyfenol of dibromofenol is gevormd, een typische lysolachtige geur.

3.2.4 Incidentie

Zeer veel gevallen van een voedselinfectie of een voedselvergiftiging worden niet bekend, dit komt doordat veel voedselinfecties en voedselvergiftigingen in huiselijke kring voorkomen. Vaak wordt een gastro-enteritis dan bestempeld als *'buikgriep'*, terwijl de werkelijke oorzaak een voedselinfectie of een voedselvergiftiging is. Bovendien zal niet iedereen die een lichte of een maar kortdurende diarree heeft, een arts raadplegen of denken aan een verband tussen de ziekteverschijnselen en voedsel dat enige tijd daarvoor is geconsumeerd.

Een andere oorzaak van de zeer onvolledige informatie over de *incidentie* (het aantal ziektegevallen) van ziekten die door besmet voedsel zijn ontstaan, is het feit dat men de individuele ziektegevallen niet meldt bij de Gemeentelijke/Gemeenschappelijke Gezondheidsdienst (GGD) of de Voedsel & Warenautoriteit. Hierdoor ontstaat in het algemeen een grote *onder-rapportage* van het werkelijke aantal ziektegevallen.

Meestal worden alleen *explosies* bij de officiële instanties bekend; onder een *explosie* verstaat men een incident (een voedselinfectie of een voedselvergiftiging) waarbij twee of meer personen zijn betrokken die binnen een tijdsbestek van een etmaal hetzelfde voedsel hebben geconsumeerd. Bij een explosie doet de GGD een onderzoek naar het aantal patiënten en probeert door middel van een vragenlijst na te gaan welke maaltijdcomponent door alle betrokkenen is genuttigd, zodat de mogelijke bron van de voedselinfectie of de voedselvergiftiging gevonden kan worden. Een explosie wordt door de GGD gemeld aan het Centrum voor Infectieziekten Epidemiologie van het Rijksinstituut voor Volksgezondheid & Milieu (RIVM), daarnaast worden door de GGD tevens incidentele gevallen van gastro-enteritis bij een voedselbereider gemeld. Het Centrum voor Infectieziekten Epidemiologie verkrijgt hierdoor een overzicht

Tabel 3-1 *Vermoedelijke besmettingsplaats bij explosies van voedselinfecties en voedselvergiftigingen (gegevens van het Centrum voor Infectieziekten Epidemiologie-RIVM)*

	2000	2001	2002	2003	2004	2005
Horeca/catering	34%	39%	36%	51%	48%	66%
Privéhuishouding*	24%	40%	30%	16%	21%	20%
Overig	22%	0%	0%	15%	17%	5%
Onbekend	20%	21%	34%	18%	14%	9%

* Er is een onderrapportage van de meldingen van explosies in de privéhuishouding, het percentage zal dus vermoedelijk hoger moeten zijn.

van de *locatie* waar de voedselinfectie of voedselvergiftiging is opgelopen (zie tabel 3-1). Omdat een voedselinfectie of voedselvergiftiging die in huiselijke kring is ontstaan, meestal niet wordt aangemeld, zal in tabel 3-1 het percentage privéhuishouding vermoedelijk hoger moeten zijn.

Indien mogelijk wordt door een streeklaboratorium een fecesonderzoek gedaan bij de patiënten, de resultaten van dit onderzoek naar de microbiële *verwekker* worden geregistreerd door de Laboratorium Surveillance Infectieziekten van het RIVM (zie tabel 4-2 op pagina 130). De Voedsel & Warenautoriteit onderzoekt de eventuele restanten van de etenswaren op de aanwezigheid van pathogene micro-organismen en probeert zo te weten te komen door welk *voedingsmiddel* en door welk *micro-organisme* de voedselinfectie of voedselvergiftiging is ontstaan. Op deze manier wordt evenwel slechts 'het topje van de ijsberg' bekend, naar schatting slechts 1 tot 5% van het werkelijke aantal incidenten.

Om een beter inzicht te verkrijgen in de werkelijke incidentie van voedselinfecties en voedselvergiftigingen, heeft het RIVM enige malen een uitgebreid onderzoek uitgevoerd.

In 1992/1993 en van 1996 tot 1999 is in een peilstationonderzoek (het NIVEL-onderzoek) aan een aantal huisartsenpraktijken gevraagd alle gevallen van een gastro-enteritis te registreren en een fecesonderzoek van de patiënten te laten uitvoeren. Aansluitend is in 1998/1999 een epidemiologisch onderzoek (het SENSOR-onderzoek) in een aantal plaatsen verspreid over het hele land gehouden. Bij dit onderzoek moesten in elke plaats enige proefpersonen gedurende een bepaalde periode wekelijks melden of zij wel of geen maag-darmklachten (braken en/of diarree) hadden gehad en of zij voor hun klachten al dan niet hun huisarts hadden geconsulteerd. Uit dit onderzoek is gebleken, dat circa 5% van de mensen met maag-darmklachten de huisarts heeft geconsulteerd.

De gegevens van het huisartsen-peilstationonderzoek zijn omgerekend naar de totale Nederlandse bevolking. Op grond van deze gegevens heeft het RIVM berekend dat er in Nederland per jaar circa 4,5 miljoen gevallen van een gastro-enteritis voorkomen, bij 1,6 miljoen gevallen is ook het verwekkende micro-organisme bekend.

Niet alle gevallen van een gastro-enteritis worden echter veroorzaakt door het eten van voedsel dat besmet is met micro-organismen, er kunnen ook andere oorzaken zijn. Het aantal gevallen dat veroorzaakt wordt door een voedselinfectie of een voedselvergiftiging en waarvan de verwekker bekend is, bedraagt volgens de berekening 300.000 tot 750.000 per jaar. Indien wordt uitgegaan van het gemiddelde, dan betekent dit dat er per jaar circa een half miljoen voedselinfecties en voedselvergiftigingen voorkomen, er is dus een kans van één op de dertig om een voedselinfectie of een voedselvergiftiging te krijgen.

Van het aantal gevallen waarvan het verwekkende micro-organisme niet bekend is, is een deel eveneens het gevolg van het consumeren van besmet voedsel. Het totale aantal voedselinfecties en voedselvergiftigingen met een bekende of onbekende verwekker, zou dan ruim een miljoen per jaar kunnen bedragen.

Voor zover bekend is, overlijden er per jaar twintig tot veertig mensen aan de directe gevolgen van een voedselinfectie of een voedselvergiftiging, maar het aantal indirecte dodelijke slachtoffers is vermoedelijk tienmaal hoger.

Voor de incidentie van de afzonderlijke micro-organismen bedraagt de schatting:
- **10.000 - 50.000** gevallen veroorzaakt door *Bacillus cereus* en de pathogene serotypen van *E. coli* (voor *E. coli* O157 circa honderd).
- **25.000 - 60.000** gevallen veroorzaakt door *Salmonella*, waarvan ongeveer 75% door *Salmonella* Enteritidis en *Salmonella* Typhimurium.
- **30.000 - 80.000** gevallen veroorzaakt door *Campylobacter jejuni*.
- **50.000 - 150.000** gevallen veroorzaakt door (de toxinen van) *Clostridium perfringens* en *Staphylococcus aureus*.
- **100.000 - 250.000** gevallen veroorzaakt door de *Noro-virussen* (*Norwalk-like virussen*), de *Rota-virussen* en een aantal andere virussen.

Volgens een raming van de Wereldgezondheidsorganisatie (WHO) gedaan in 2005, ondervinden jaarlijks twee miljard mensen (circa 30% van de totale wereldbevolking) de gevolgen van het eten dat met micro-organismen is besmet. In Europa staan voedselinfecties en voedselvergiftigingen op de tweede plaats van de ziekten die het meest voorkomen.

Voor de toeneming van het aantal ziektegevallen in de westerse landen, kunnen de volgende oorzaken genoemd worden:
- Door de *intensieve veehouderij* worden de slachtdieren (en daardoor het vlees en het gevogelte) steeds meer besmet.
- Door de *verandering in eetgewoonten* eet men vaker rauw of halfrauw vlees, zoals tartaar, filet americain, hamburgers en het vlees van een barbecue.

- Door de *vergrijzing van de bevolking* worden steeds meer mensen afhankelijk van voedsel dat in de keuken van een zorginstelling is bereid. Het aantal ziektegevallen per incident is daardoor groter dan bij een incident in de huiselijke kring.
- Door de *verlenging van de koelketen* krijgen psychrofiele en psychrotrofe bacteriën, zoals *Listeria monocytogenes*, *Yersinia enterocolitica*, *Aeromonas hydrophila* en (sommige stammen van) *Bacillus cereus*, steeds meer gelegenheid zich in de gekoelde voedingsmiddelen te vermeerderen.

3.2.5 Kosten

De kosten, waartoe zowel de directe medische kosten als de economische schade van handel en industrie worden gerekend, van voedselinfecties en voedselvergiftigingen zijn aanzienlijk. Voor Nederland is de financiële schade die door *Salmonella*-infecties wordt veroorzaakt, berekend op vijftig tot honderd miljoen euro per jaar en de schade door *Campylobacter*-infecties is beraamd op honderd miljoen euro, hierbij komt nog de schade die door andere voedselpathogenen wordt veroorzaakt.

In heel Europa zou de financiële schade jaarlijks circa twintig miljard euro bedragen en voor de Verenigde Staten is de schade berekend op ruim honderdvijftig miljard dollar per jaar.

3.3 WIJZE VAN BESMETTING

Voedingsmiddelen kunnen op veel manieren besmet worden met micro-organismen, de besmetting kan op een directe of op een indirecte wijze plaatsvinden. De volgende besmettingswijzen worden onderscheiden.

3.3.1 Contactbesmetting

Bij het draaien van gehaktballen worden de handen besmet met bacteriën die in het rauwe gehakt aanwezig zijn, ook het bord waar het rauwe gehakt op ligt, wordt door het gehakt besmet. Deze wijze van besmetting noemt men contactbesmetting.

Contactbesmetting ontstaat doordat een oppervlak (dat kan zijn van een voorwerp, een voedingsmiddel of van een lichaamsdeel) in direct contact komt met een infectiebron. De infectiebron kan zijn een ander voorwerp, een ander voedingsmiddel of een lichaamsdeel dat reeds besmet is met micro-organismen. Het oppervlak dat op deze wijze is besmet, kan vervolgens zelf als infectiebron gaan fungeren en de micro-organismen weer overdragen op een ander voorwerp of voedingsmiddel, op deze wijze ontstaat kruisbesmetting (zie 3.3.4).

3.3.2 Nabesmetting

Een voedingsmiddel dat goed is verhit, bevat nagenoeg geen levende micro-organismen meer. Na de bereiding kan het voedingsmiddel echter opnieuw besmet raken. Dit kan gebeuren doordat rauwe ingrediënten (zoals kruiden, specerijen, rauwe eieren) worden toegevoegd, maar het kan ook gebeuren door een besmetting vanuit de omgeving. Zo kan bereid voedsel in een pan die enige tijd zonder deksel blijft staan, besmet worden door stofdeeltjes (met daaraan micro-organismen gekleefd) uit de lucht of door micro-organismen in aërosolen (microscopisch kleine vochtdruppeltjes) die ontstaan zijn door een nies of door het braken van een persoon. Het is bekend dat voedsel hierdoor besmet kan worden met een virus. Ook als men bereid voedsel met handen die niet goed zijn gereinigd of met vuil keukengerei aanraakt, wordt het voedsel nabesmet.

Nabesmetting is dus het besmetten van een voedingsmiddel dat, in mindere of meerdere mate, vrijgemaakt was van micro-organismen.

3.3.3 Herbesmetting

Men spreekt over *herbesmetting* als een voedingsmiddel dat vrijgemaakt was van micro-organismen, opnieuw besmet wordt met de *oorspronkelijke* micro-organismen; dit is dus een speciaal geval van nabesmetting.

Herbesmetting ontstaat bijvoorbeeld indien gekookt of gebraden vlees wordt aangeprikt met dezelfde (niet-gereinigde) vork als waarmee het rauwe vlees in de pan is gedaan. Een ander voorbeeld is het dooiwater (drip) van een diepvrieskip; dit dooiwater bevat veel bacteriën en kan daardoor voor een herbesmetting zorgen. Het bord waar een diepvrieskip op ontdooid is, zal door het dooiwater besmet worden met bacteriën van de kip. Als de kip vervolgens na de bereiding weer teruggelegd wordt op het niet-gereinigde bord, dan wordt zij opnieuw besmet met haar oorspronkelijke bacteriën. Dit voorbeeld lijkt gezocht, maar toch zijn enkele gevallen van een voedselinfectie bekend die op deze manier zijn ontstaan. Het onderstaande praktijkvoorbeeld toont dit aan.

Op een zaterdagochtend werd door een vrouw een diepvrieskip gekocht, na haar thuiskomst legde de vrouw de kip op een bord om haar te laten ontdooien. 's Avonds werd de kip gegrilleerd en in twee delen verdeeld. Het ene deel werd teruggelegd op het bord dat voor het ontdooien van de kip was gebruikt, dit bord was niet afgewassen maar slechts drooggeveegd met een stukje papier van een keukenrol. Omdat de koelkast defect was, werd het bord met de kip in de kelder gezet. Het andere deel van de kip werd opgegeten door het gezin, dat bestond uit vader, moeder en een zoon.

De volgende dag (zondag) aten de vader en de zoon het resterende deel van de koude kip op. Een dag later werden de vader en de zoon ernstig ziek, zij hadden hoge koorts, buikkrampen en diarree; de moeder die niet van de koude kip had gegeten, werd niet ziek.

Deze voedselinfectie werd veroorzaakt doordat bij de gegrilleerde kip een herbesmetting was opgetreden toen de kip werd teruggelegd op het (niet afdoende gereinigde) bord dat voor het ontdooien was gebruikt. Tijdens het daaropvolgende verblijf in de kelder (die geen lage temperatuur had) konden de bacteriën op de besmette kip zich tot een groot aantal vermeerderen. Aangezien de kip op de zondag niet opnieuw was verhit, maar koud werd opgegeten, waren de bacteriën in leven gebleven. Daardoor kregen de vader en de zoon een voedselinfectie. Op het deel van de kip dat op zaterdag was opgegeten, waren de bacteriën door het grilleren gedood. Omdat de moeder alleen van dit deel van de kip had gegeten, is zij niet ziek geworden.

3.3.4 Kruisbesmetting

Bij *kruisbesmetting* worden micro-organismen via een 'contactmedium' overgedragen van de ene plaats naar een andere. Als contactmedium fungeert onder andere keukengerei, keukenapparatuur, productieapparatuur en de handen van een voedselbereider. Kruisbesmetting kan optreden van het ene voedingsmiddel naar het andere, maar kan ook optreden van en naar bijvoorbeeld handen.

Een bekend contactmedium voor kruisbesmetting is het mes van een snijmachine. Meestal worden op een snijmachine zowel rauwe als behandelde voedingsmiddelen gesneden, door contact met een rauw voedingsmiddel wordt het mes van de snijmachine besmet. Snijdt men daarna op de snijmachine een behandeld voedingsmiddel dat min of meer vrij is van bacteriën, dan wordt dit voedingsmiddel via het mes besmet met bacteriën van het rauwe voedingsmiddel. Het is daarom raadzaam om rauwe en geconserveerde vleeswaren, kaas en brood niet op dezelfde machine te snijden. Indien men echter de beschikking heeft over slechts één snijmachine, dan moet de volgorde van snijden zijn: eerst brood, dan gepasteuriseerde of gekookte vleeswaren (zoals gekookte schouderham en boterhamworst), vervolgens gefermenteerde vleeswaren (bijvoorbeeld salami en boerenmetworst) en kaas, ten slotte rauwe vleeswaren (zoals rauwe achterham en Ardenner ham).

Een ander contactmedium waardoor een kruisbesmetting kan ontstaan, is de knop van een kraan. De kraanknop wordt besmet wanneer iemand met handen die besmet zijn met micro-organismen (bijvoorbeeld doordat er groenten of rauw vlees is gesneden) de kraan opendraait (dit is dus *contactbesmetting*). De gewassen handen worden opnieuw besmet met de oorspronkelijke bacteriën als vervolgens de kraan na het wassen van de handen weer wordt dichtgedraaid (ditmaal is er sprake van *herbesmetting*). Wanneer daarna iemand anders met schone handen de kraan opendraait, bijvoorbeeld om wat water te drinken, dan worden de handen van deze persoon via de kraanknop besmet met de bacteriën van de eerste persoon (nu treedt er *kruisbesmetting* op). Voor een goede hygiëne is daarom een kraan met elleboog- of voetbediening aan te bevelen. Is een dergelijke kraan niet aanwezig, dan kan men de kraanknop ook vastpakken met een papieren handdoekje.

Bij het industrieel slachten van dieren treedt vaak kruisbesmetting op door de gebruikte apparatuur. De slachtapparatuur wordt besmet met darmbacteriën of met *Staphylococcus aureus* die op de huid van de slachtdieren aanwezig kan zijn, deze besmetting wordt overgedragen op andere karkassen die niet of in mindere mate besmet zijn. In Groot-Brittannië is 0,5% van de kalveren geïnfecteerd met *Salmonella*, na het slachten is echter 37% van het kalfsvlees besmet. Voor de Verenigde Staten geldt iets soortgelijks: 7% van de varkens is voor het slachten geïnfecteerd met *Salmonella*, na het slachten is 50% van het varkensvlees besmet.

In pluimveeslachterijen wordt gebruikgemaakt van ontvederingsmachines. Uit een onderzoek is gebleken dat veel bacteriën zich aan de rubberen plukvingers van de ontvederingsmachines hechten, door deze plukvingers worden de bacteriën overgedragen op andere kippenkarkassen. Ook in broeitanks (broeien is het losser maken van de aanhechting van veren of haren met behulp van warm water) ontstaat vaak kruisbesmetting.

Een kruisbesmetting kan soms zeer ernstige gevolgen hebben, het volgende voorval toont dit aan. In 1994 zijn in de Verenigde Staten meer dan tweehonderdduizend mensen met *Salmonella* Enteritidis geïnfecteerd doordat zij een ijsje hadden gegeten. De bron van de besmetting was de ijsmix die voor de bereiding van de ijsjes was gebruikt. Uit onderzoek is gebleken dat de gepasteuriseerde ijsmix was vervoerd in tankauto's die voordien waren gebruikt om ongepasteuriseerd vloeibaar ei te vervoeren. Door het vloeibare ei waren de tanks van de auto's besmet geraakt met *Salmonella* Enteritidis en omdat de tanks, toen zij gebruikt werden voor het vervoer van de gepasteuriseerde ijsmix, niet afdoende waren gereinigd, werd de ijsmix door kruisbesmetting besmet met de *Salmonella* Enteritidis die afkomstig was van het vloeibare ei.

3.4 BRONNEN VAN BESMETTING

Voedingsmiddelen kunnen in de keten van productie tot consumptie (*'van boerderij tot bord'*) in verschillende, achtereenvolgende stadia besmet raken met micro-organismen:
- in de *productiefase*, bij het telen van gewassen, het opfokken en mesten van slachtdieren.
- in de *verwerkingsfase*, bij het slachten van dieren en bij de industriele fabricage van plantaardige en dierlijke voedingsmiddelen.
- in de *bereidingsfase*, bij het bereiden van voedsel in de keuken.

De *bronnen* waaruit de voedingsmiddelen in de genoemde fasen worden besmet, zijn van velerlei aard: de bodem en het oppervlaktewater, rauwe voedingsmiddelen (zowel plantaardige als dierlijke), de mens, dieren, maar ook de lucht en de keuken kunnen fungeren als besmettingsbron.

3.4.1 De besmettingskringloop

De micro-organismen waar het voedsel mee besmet raakt, zijn vaak van fecale oorsprong, dit betekent dat deze micro-organismen (zoals *Salmonella*, *E. coli*, *Campylobacter jejuni* en *Clostridium perfringens*) aanvankelijk in het darmkanaal van het dier of van de mens gehuisvest waren. Veel in het wild levende dieren (zoogdieren, vogels, reptielen en insecten) en de landbouwhuisdieren (koeien, schapen, geiten, varkens en pluimvee), maar ook mensen zijn de (vaak symptoomloze) dragers van deze darmbacteriën. Met de uitwerpselen van dier en mens komen de darmbacteriën in de natuur terecht. Het oppervlaktewater wordt rechtstreeks besmet door de uitwerpselen van in het wild levende dieren of indirect door de lozing van riolen. Rioolwater bevat micro-organismen van menselijke oorsprong, maar ook, via het afvalwater van slachterijen, micro-organismen die afkomstig zijn van slachtdieren.

De bodem raakt besmet wanneer hij kunstmatig beregend wordt met fecaal verontreinigd oppervlaktewater, de bemesting met gier en mest van landbouwhuisdieren of met slib van rioolzuiveringsinstallaties veroorzaakt eveneens een besmetting van de grond. Ook de in het wild levende dieren besmetten de bodem met hun darmbacteriën. Groenten en andere gewassen worden rechtstreeks besmet met micro-organismen die in de bodem aanwezig zijn, maar zij raken tevens besmet wanneer zij besproeid of bemest worden.

Veel gewassen dienen als grondstof voor veevoeder, andere grondstoffen zijn vismeel en diermeel. Vismeel dat gemaakt wordt van vissen die vaak in fecaal verontreinigd water zijn gevangen, kan daardoor besmet zijn met pathogene darmbacteriën. Diermeel wordt gemaakt van slachtafval dat doorgaans eveneens besmet is. Vismeel en diermeel worden bij de opslag en het vervoer dikwijls ook nog besmet door de uitwerpselen van vogels, insecten en knaagdieren.

De landbouwhuisdieren worden door het besmette veevoeder geïnfecteerd en tevens besmetten de dieren, als gevolg van de intensieve veehouderij, elkaar met fecale micro-organismen. Op deze wijze is een kringloop ontstaan: darm → uitwerpselen → natuur → veevoeder → darm.

3.4.2 Plantaardige voedingsmiddelen

Groenten en andere gewassen kunnen van nature al micro-organismen bevatten doordat in de grond aanwezige bacteriën of de sporen van bacteriën (zoals *Bacillus cereus*, *Clostridium botulinum*, *Clostridium perfringens*, *Enterobacter*, *Erwinia*, *Proteus* en *Pseudomonas*) op de gewassen overgaan. Een andere oorzaak van besmetting is het bemesten van de grond met gier en

Tabel 3-2 *Algemeen kiemgetal van enige rauwe groenten en vruchten*

Groente/vrucht	Kiemgetal (KVE*/gram)
Bloemkool	6×10^4
Peterselie	$6 \times 10^6 - 4 \times 10^7$
Rodekool	4×10^5
Selderie	$3 \times 10^4 - 5 \times 10^5$
Sla	$2 \times 10^5 - 7 \times 10^7$
Spinazie	$8 \times 10^5 - 2 \times 10^7$
Tomaten	$5 \times 10^2 - 2 \times 10^3$
Uien	$10^5 - 2 \times 10^7$
Venkel	2×10^6
Worteltjes	$3 \times 10^4 - 4 \times 10^5$

* KVE = kolonie-vormende eenheid

mest van landbouwhuisdieren en de irrigatie van gewassen met fecaal verontreinigd oppervlaktewater. Hierdoor raken groenten besmet met *Enterobacteriaceae* (zoals *Salmonella*) en met *Listeria monocytogenes*.

In ontwikkelingslanden waar de sanitaire omstandigheden niet optimaal zijn, is niet alleen het oppervlaktewater, maar is tevens het drinkwater dikwijls fecaal verontreinigd. Groenten en fruit die met dit water besproeid of gewassen worden, raken hierdoor besmet met darmbacteriën, maar ook met protozoën (zoals *Cyclospora* en *Giardia lamblia*) en met virussen. Zacht fruit (aardbeien en frambozen) dat besmet was met *Cyclospora* of met het *Hepatitis A*-virus is al verscheidene malen de oorzaak van een voedselinfectie geweest.

Graan is vaak besmet met de sporen van *Bacillus cereus* en met schimmels, zoals *Aspergillus*, *Fusarium* en *Penicillium*. Door een aantal schimmelsoorten kunnen mycotoxinen gevormd worden, vooral als het graan onder enigszins vochtige omstandigheden wordt opgeslagen. De mycotoxinen zijn dan tevens aanwezig in het meel en in andere graanproducten. Circa 6% van alle voedselinfecties wordt veroorzaakt door plantaardige voedingsmiddelen.

Groenten en fruit

Uit onderzoek is gebleken dat groenten die op of in de grond groeien (zoals sla, spinazie, uien en worteltjes) vaak een honderdduizend tot meer dan tien miljoen bacteriën per gram bevatten (*zie* tabel 3-2). Bij vruchten die niet op de grond groeien, is het aantal bacteriën aanzienlijk lager: tomaten en appels bevatten circa duizend bacteriën per gram. Toch kunnen ook deze vruchten soms een voedselinfectie veroorzaken: in 1991 is de pathogene *E. coli* O157 aangetroffen in appelcider; de appels die voor de cider waren gebruikt, waren afkomstig uit een boomgaard die bemest was met rundermest. Toen de appels uit de bomen op de grond waren gevallen, werden zij besmet met de E. coli die via de rundermest in de boomgaard was gekomen.

Cantaloupes (wratmeloenen) die uit Mexico afkomstig waren, hebben in de Verenigde Staten al verscheidene malen een voedselinfectie veroorzaakt: in 1990 kregen 245 mensen een infectie met Salmonella Chester nadat zij cantaloupes hadden gegeten. Het jaar daarop veroorzaakten cantaloupes die ditmaal besmet waren met Salmonella Poona, een voedselinfectie bij ruim vierhonderd mensen; twee personen zijn aan de gevolgen van de infectie overleden. In 2000 ontstond wederom een voedselinfectie met Salmonella Poona die veroorzaakt was door cantaloupes, deze keer werden enkele tientallen mensen geïnfecteerd. Uit onderzoek is gebleken dat de schil van de wratmeloenen de besmettingsbron was, bij het opensnijden van de meloenen werd ook het vruchtvlees besmet. De meloenen, die op de grond groeien, waren vermoedelijk in Mexico door de uitwerpselen van slangen besmet met de salmonella's.

Zaadspruiten, zoals *alfalfa* (ontkiemd zaad van de Luzerneklaver) en *taugé* (ontkiemd zaad van de Mungboon) kunnen besmet zijn met Bacillus cereus, Listeria monocytogenes, E. coli O157, Klebsiella en Salmonella. De besmetting is vaak al op of in het zaad aanwezig, maar het zaad kan ook tijdens het ontkiemen besmet worden. Doordat de zaadspruiten meestal rauw worden gegeten, kunnen de aanwezige micro-organismen een voedselinfectie veroorzaken.

Alfalfa-spruiten zijn in de Verenigde Staten meermalen de oorzaak van een voedselinfectie geweest: in 1997 zijn ruim driehonderd voedselinfecties veroorzaakt door alfalfa-spruiten die besmet waren met Salmonella Stanley, bijna honderd infecties ontstonden in 1999 door alfalfa-spruiten die dit keer besmet waren met Salmonella Mbandaka en in 2001 zijn enkele tientallen infecties veroorzaakt door spruiten besmet met Salmonella Kottbus.

Taugé die besmet was met Salmonella Enteritidis heeft in 2000 in Nederland bij dertig mensen een voedselinfectie veroorzaakt.

Specerijen

In specerijen, met name (zwarte) peper, kaneel en paprikapoeder, komen meestal veel micro-organismen (vooral Bacillus-soorten en Salmonella) voor. Deze micro-organismen kunnen al van nature aanwezig zijn, maar de specerijen worden ook dikwijls tijdens het drogen en malen besmet. De besmetting wordt overgebracht op voedingsmiddelen waaraan specerijen zijn toegevoegd.

Chips die gekruid waren met paprikapoeder, hebben in 1993 ruim duizend Salmonella-infecties veroorzaakt. Uit een onderzoek is gebleken dat 15% van de onderzochte monsters paprikapoeder en 10% van de monsters paprikachips besmet was met Salmonella. Ook sesamzaad kan besmet zijn met Salmonella, bij een onderzoek in 2004 werd deze bacterie bij 10% van de monsters gevonden. De besmetting is veelal ontstaan door irrigatie van de sesamplanten met fecaal verontreinigd water.

Cacao

Bij het fermenteren en het drogen van cacaobonen, dat dikwijls onder onhygiënische omstandigheden gebeurt, kunnen de cacaobonen vanuit de omgeving besmet worden met *Salmonella*. De bacteriën kunnen, onder andere door het hoge vetgehalte van cacao, de bereiding van cacao tot chocolade overleven. In chocolade kunnen de salmonella's een lange tijd in leven blijven, al vindt er geen vermeerdering plaats.

In 2001 moest in tien landen een grote partij gevulde chocoladereepjes uit de verkoop worden genomen omdat de partij besmet was met *Salmonella* Oranienburg, meer dan driehonderd mensen hebben een *Salmonella*-infectie opgelopen.

3.4.3 Dierlijke voedingsmiddelen

Rauw vlees, vooral varkensvlees en het vlees van pluimvee, is bijna altijd besmet met *Enterobacteriaceae* (waartoe onder andere *Salmonella* en *E. coli* behoren) en vaak ook met *Campylobacter jejuni* of *Campylobacter coli*. De bron van besmetting is het slachtdier zelf: het darmkanaal van de meeste landbouwhuisdieren is gekoloniseerd met deze voedselpathogenen; met **kolonisatie** wordt bedoeld dat de drager zelf geen waarneembare schade ondervindt van de aanwezige micro-organismen. Bij het slachten wordt het darmkanaal vaak beschadigd en daardoor wordt het vlees besmet met darmbacteriën. Door kruisbesmetting, via gereedschap dat bij het slachten gebruikt wordt, kan het vlees nog sterker besmet raken.

Runderen kunnen door het veevoer (hooi, ingekuild gras, voederbieten) gekoloniseerd worden met *Listeria monocytogenes*, maar de besmetting van vlees gebeurt meestal pas bij het slachten en bij de verdere verwerking in de vleesindustrie vanuit de bedrijfsomgeving. De uitsnijlijn van slachterijen is vaak in hoge mate besmet met *Listeria monocytogenes*.

Varkensvlees

De kolonisatie van vleesvarkens met *Salmonella*, circa 30% is gekoloniseerd (zie tabel 3-3), is voor een deel te wijten aan het varkensvoer dat dikwijls van tropische herkomst is. In het land van oorsprong worden de (meestal plantaardige) grondstoffen besmet met de uitwerpselen van insecten, vogels en knaagdieren (zie afbeelding 4-2 'De besmettingskringloop van Salmonella', op pagina 139). Als varkensvoer werd vroeger ook het keukenafval van de horeca gebruikt, sinds 1986 is het in Nederland echter verboden dit keukenafval (het zogenaamde 'swill') aan varkens te voeren. Een uitzondering werd gemaakt voor swill dat een warmtebehandeling heeft ondergaan, maar in 2001 is ook het gebruik van behandeld swill verboden. Door het varkensvoer te pelleteren, waarbij het met stoom verhit wordt en in brokjes (pellets) wordt geperst, is het mogelijk het voer vrij te maken van *Salmonella*. Bij de distributie en opslag kan het voer echter weer nabesmet worden. Bovendien wordt om economische redenen slechts een deel van het varkensvoer gepelleteerd. Het gebruik

Tabel 3-3 *Kolonisatie van landbouwhuisdieren (Zoönose-rapportage RIVM en VWA/KvW)*

	1997	1998	1999	2000	2001	2002	2003	2004
Vleesvarkens								
Salmonella	—	34%	13%	35%	27%	30%	—	30%
E. coli 0157	—	2%	0%	—	—	—	—	—
Campylobacter	—	97%	45%	—	—	—	—	—
Vleeskalveren								
Salmonella	3%	1%	5%	1%	9%	6%	—	—
E. coli 0157	3%	5%	14%	17%	12%	24%	15%	14%
Campylobacter	—	84%	58%	—	—	—	—	—
Melkvee								
Salmonella	0%	3%	2%	1%	9%	5%	—	—
E. coli 0157	7%	5%	8%	9%	11%	14%	4%	9%
Campylobacter	—	32%	7%	—	—	—	—	—
Vleeskuikens								
Salmonella	25%	32%	20%	16%	23%	11%	—	2,2%
S. Enteritidis	—	—	5%	2%	1%	1%	2%	—
E. coli 0157	0%	1%	4%	—	—	—	—	—
Campylobacter	45%	31%	17%	24%	16%	27%	—	39,5%
Leghennen								
Salmonella	19%	24%	23%	21%	14%	13%	—	7%
S. Enteritidis	4%	16%	10%	11%	9%	8%	7%	—
E. coli 0157	1%	0%	0%	—	—	—	—	—

van gepelleteerd voer heeft wel geleid tot een vermindering van de besmetting van varkens.

Naast de besmetting via het varkensvoer, worden varkens ook vanuit de bedrijfsomgeving met *Salmonella* besmet. Bij veel fok- en vermeerderingsbedrijven zijn de stallen besmet met *Salmonella*, de geïnfecteerde biggen brengen de besmetting over naar de mestbedrijven. Door de intensieve veehouderij treedt op de mestbedrijven een onderlinge besmetting op doordat de slachtdieren elkaar met hun uitwerpselen besmetten.

Varkens die *Salmonella*-vrij zijn, kunnen alsnog gekoloniseerd worden indien zij, voordat zij geslacht worden, enige tijd in een wachthok moeten verblijven. Uit onderzoek is gebleken dat na een verblijf van een half uur in een wachthok al 50% van de *Salmonella*-vrije varkens gekoloniseerd was. Bij het industrieel slachten en verwerken van varkens worden de karkassen door kruisbesmetting vaak nog verder besmet. Tijdens het langdurig koelen van de karkassen na de slacht door middel van een geforceerde luchtventilatie, die een uitdrogend effect heeft, vindt er echter een afsterving van de bacteriën op de karkassen plaats. Hierdoor vermindert de uiteindelijke besmetting weer.

Tabel 3-4 *Besmetting van rauw varkensvlees, kalfsvlees, rundvlees, gemengd vlees, lams- en schapenvlees (onderzoek VWA/KvW)*

	1996	1999	2002	2003	2004	2005
Varkensvlees						
Salmonella	10,9%	6,2%	10,5%	4,9%	1,5%	2,0%
E. coli 0157	0,8%	0,7%	0,0%	0,0%	0,0%	0,5%
Campylobacter	1,0%	0,0%	2,1%	0,0%	1,0%	0,0%
Listeria	—	—	2,0%	0,0%	0,3%	0,0%
Kalfsvlees						
Salmonella	—	—	0,0%	0,0%	0,0%	0,0%
E. coli 0157	—	—	0,0%	0,0%	0,4%	0,0%
Campylobacter	—	—	0,0%	0,0%	1,8%	0,0%
Listeria	—	—	0,0%	0,0%	0,0%	0,0%
Rundvlees						
Salmonella	1,9%	0,9%	3,0%	0,6%	1,4%	1,4%
E. coli 0157	1,2%	1,0%	0,0%	0,0%	0,2%	0,0%
Campylobacter	0,0%	0,4%	0,2%	0,2%	0,4%	0,9%
Listeria	—	—	1,7%	0,3%	1,1%	0,8%
Gemengd vlees						
Salmonella	13,9%	7,8%	4,2%	—	—	—
E. coli 0157	0,4%	2,0%	0,0%	—	—	—
Campylobacter	0,4%	1,5%	0,0%	—	—	—
Listeria	—	—	4,1%	—	—	—
Lams-/schapenvlees						
Salmonella	0,0%	—	0,7%	0,0%	0,0%	0,0 %
E. coli 0157	0,0%	—	0,3%	0,0%	0,0%	0,0 %
Campylobacter	—	—	2,5%	6,5%	2,9%	4,3 %
Listeria	—	—	0,2%	0,0%	2,4%	0,0 %

Door het voederen met gepelleteerd varkensvoer en door een verbeterde bedrijfshygiëne is de besmetting van het varkensvlees in de afgelopen decennia wel aanzienlijk gedaald. In 1980 was nog ruim 30% van het varkensvlees besmet met *Salmonella*, de besmetting is inmiddels gedaald tot 2% in 2005 (zie tabel 3-4). Om de besmetting nog verder te verminderen, is de varkensindustrie op initiatief van de Productschappen voor Vee, Vlees & Eieren in 2003 gestart met een bestrijdings- en beheersprogramma voor *Salmonella*. Via bloedonderzoek worden varkens die met *Salmonella* zijn gekoloniseerd opgespoord, daarna moet het bedrijf waar de varkens vandaan komen passende maatregelen nemen.

Varkens zijn vaker gekoloniseerd met *Campylobacter* dan met *Salmonella*; vooral *Campylobacter* coli wordt gevonden, *Campylobacter jejuni* komt bij varkens maar weinig voor. In 1999 is bij ongeveer 45% van de vleesvarkens *Campylobacter coli* in het darmkanaal aangetroffen.

De besmetting met *Campylobacter* vindt op een andere wijze plaats dan de besmetting met *Salmonella*. *Campylobacter* is een micro-aërobe bacterie die zich bij een temperatuur lager dan 30 °C niet kan vermeerderen, bovendien is *Campylobacter* zeer gevoelig voor uitdroging. Door deze eigenschappen kan *Campylobacter* in de bedrijfsomgeving slecht overleven en daarom is er meestal geen horizontale (vanuit het voer en de bedrijfsomgeving) besmetting van de varkens. *Campylobacter* wordt verticaal, dat wil zeggen van zeug op big, op het vermeerderingsbedrijf doorgegeven. Daarom is het nodig, teneinde de besmetting van vleesvarkens te verminderen, dat eerst de besmetting op de fok- en vermeerderingsbedrijven wordt beperkt.

Door het SPF-bedrijf (*Specific Pathogen Free*) van het Centraal Diergeneeskundig Instituut te Lelystad zijn proeven genomen met pathogeenvrije varkens. Biggen die door middel van een keizersnede geboren waren, werden opgefokt in een kiemvrije stal. Tot aan de slachtperiode zijn deze varkens vrijgebleven van *Campylobacter* en van *Salmonella*. Tevens zijn een aantal pathogeenvrije biggen overgebracht naar gewone fokbedrijven met een goede bedrijfshygiëne. Toen deze varkens slachtrijp waren, bleek dat 7% gekoloniseerd was met *Campylobacter* en 25% met *Salmonella*; muizen hebben waarschijnlijk als besmettingsbron gefungeerd.

Ondanks de hoge kolonisatiegraad van de vleesvarkens, is het varkensvlees meestal slechts licht besmet met *Campylobacter*. Dit komt doordat de varkenskarkassen na de slacht langdurig worden gekoeld door een geforceerde luchtventilatie. Omdat *Campylobacter* niet bestand is tegen de uitdrogende werking van deze luchtventilatie, vindt op de karkassen een grote afsterving van bacteriën plaats.

Rundvlees

Aangezien runderen een ander soort veevoer dan varkens krijgen, zijn zij in het algemeen minder met pathogene bacteriën gekoloniseerd, daardoor is rundvlees veel minder met *Salmonella* en *Campylobacter* besmet dan varkensvlees. In 2002 was 6% van de vleeskalveren en 5% van het melkvee gekoloniseerd met *Salmonella* (zie tabel 3-3).

Bij runderen wordt *Campylobacter jejuni* meer aangetroffen dan *Campylobacter coli*. De kolonisatie met *Campylobacter* is variabel en hangt af van de leeftijd van het rund: pasgeboren kalveren zijn vrij van *Campylobacter*, maar de kalveren zijn meestal na enkele dagen al gekoloniseerd. Bij pinken en vaarzen neemt het aantal *Campylobacter*-dragers weer af, mogelijk varieert het aantal ook met het seizoen (op stal/in de wei).

In 1994 werd in 27% van de fecesmonsters van vleeskalveren en in 30% van de fecesmonsters van melkvee *Campylobacter* aangetroffen. Sindsdien is de kolonisatie bij vleeskalveren sterk toegenomen, maar bij het melkvee is de kolonisatie gedaald: in 1999 werd *Campylobacter* gevonden in 58% van de fecesmonsters van vleeskalveren en in 7% van de fecesmonsters van melkkoeien.

Omdat de karkassen van runderen, evenals varkenskarkassen, gekoeld worden door een geforceerde luchtventilatie vindt een grote afsterving van bacteriën plaats. Hierdoor is er meestal maar een geringe besmetting van rundvlees met *Campylobacter*.

Rond 1980 werd bekend dat runderen gekoloniseerd kunnen zijn met de pathogene *E. coli* O157, dit serotype (dat wel de bijnaam van de 'hamburgerbacterie' heeft gekregen) kan een ernstige voedselinfectie veroorzaken (*zie* pagina 147). In 2004 is *E. coli* O157 aangetroffen bij 14% van de vleeskalveren en bij 9% van het melkvee (*zie* tabel 3-3 op pagina 99).

Runderen (maar ook schapen en geiten) kunnen door het eten van hooi en ingekuild gras besmet raken met *Listeria monocytogenes*, de melk van deze dieren is dan eveneens besmet.

Melk en kaas

Melk die afkomstig is van een koe, schaap of geit met mastitis (uierontsteking) kan *Staphylococcus aureus* bevatten, aangezien deze bacterie een thermoresistent toxine vormt, kan het toxine ook in gepasteuriseerde melk aanwezig zijn. In (boeren)kaas is daardoor soms het toxine van *Staphylococcus aureus* aanwezig, er zijn enkele gevallen van een voedselvergiftiging bekend die hierdoor veroorzaakt werden. Zo hebben in 2003 een aantal mensen in Friesland een voedselvergiftiging gekregen nadat zij schapenkaas hadden gegeten. De schapenkaas die was gemaakt van gepasteuriseerde melk, was afkomstig van een schaap dat mastitis had. In de kaas is het toxine van *Staphylococcus aureus* aangetroffen.

Ook *E. coli*, *Salmonella*, *Yersinia enterocolitica*, *Campylobacter jejuni* en *Listeria monocytogenes* kunnen voorkomen in de melk van een koe, schaap of geit met mastitis. *Listeria monocytogenes* wordt geregeld aangetroffen in zachte kaas met een oppervlakterijping, zoals brie en camembert.

Uit een onderzoek dat in 1993 en 1994 door de VWA/Keuringsdienst van Waren is gedaan, is gebleken dat 5% van de rauwmelkse zachte Franse kazen besmet was met *Listeria monocytogenes*, 2% met *E. coli*, eveneens 2% met *Staphylococcus aureus* en 1% met *Salmonella*.

In een onderzoek van rauwmelkse kazen en kazen die van gepasteuriseerde melk waren gemaakt, werd in 2000 echter nog maar bij 0,4% van de rauwmelkse kazen *Listeria monocytogenes* gevonden, 33% van de rauwmelkse kazen was besmet met *E. coli* en 3% met *Staphylococcus aureus*. Van de kazen die van gepasteuriseerde melk waren gemaakt, was 0,8% besmet met *Listeria monocytogenes* en 13% met *E. coli*.

In gepasteuriseerde melk en gepasteuriseerde melkproducten worden geregeld psychrotrofe stammen van *Bacillus cereus* aangetroffen, de sporen van deze bacterie overleven de pasteurisatie en ontkiemen in de melk, zelfs als deze gekoeld bewaard wordt. Uit een onderzoek is gebleken dat de melk van koeien die in de weide grazen, meer is besmet (23%

van de onderzochte monsters) dan de melk van koeien die op stal staan (hiervan was 3% besmet). In melk die te lang en/of niet voldoende gekoeld wordt bewaard, is *Bacillus cereus* vaak (mede) verantwoordelijk voor het bederf van de melk, zodat de besmette melk om die reden meestal niet geconsumeerd zal worden.

In melkpoeder wordt soms *Enterobacter sakazakii* aangetroffen, de besmetting vindt waarschijnlijk plaats vanuit de bedrijfsomgeving. Deze bacterie kan een ernstige, soms dodelijke, voedselinfectie veroorzaken bij zuigelingen die flesvoeding krijgen die gemaakt is van besmet melkpoeder (zie 3.4.4). Ook *Salmonella* kan in melkpoeder aanwezig zijn, in 2005 zijn in Frankrijk 49 patiënten in ziekenhuizen geïnfecteerd met *Salmonella* Worthington. De besmettingsbron was besmet melkpoeder dat voor hun maaltijden was gebruikt.

Pluimveevlees

Bij pluimvee zijn vooral kippen sterk gekoloniseerd met *Salmonella*, met *Campylobacter jejuni* en/of *Campylobacter coli* en soms met *Listeria monocytogenes*, maar ook parelhoenders, kalkoenen, eenden, ganzen en fazanten kunnen met deze bacteriën gekoloniseerd zijn. In 2002 was 11% van de koppels vleeskuikens besmet met *Salmonella* en 27% met *Campylobacter* (zie tabel 3-3). Een deel van de bacteriën sterft af nadat het gevogelte is geslacht en gekoeld, deze afsterving is echter minder groot dan de afsterving die op de karkassen van varkens en runderen plaatsvindt. Dit komt doordat de karkassen van pluimvee niet langdurig met een geforceerde luchtventilatie worden gekoeld, maar slechts gedurende een korte tijd met water of met vochtige lucht. Hierdoor blijft het vlees van pluimvee meer besmet dan het vlees van varkens of runderen.

Uit een onderzoek dat door de VWA/Keuringsdienst van Waren in 1990 is gedaan naar de besmetting van kipproducten (dit zijn delen, zoals poten en vleugels, van een geslachte kip) is gebleken dat 37% van de monsters besmet was met *Salmonella*, 41% met *Campylobacter jejuni*, 5% met *Listeria monocytogenes*, 99% met E. coli, 8% met *Yersinia enterocolitica* en 7% met *Staphylococcus aureus*. Vooral kippenvleugels en orgaanvlees waren sterk besmet: *Salmonella* werd aangetroffen op 47% van de vleugels en bij 40% van het orgaanvlees, *Campylobacter jejuni* op 53% van de vleugels en bij 63% van het orgaanvlees.

Sinds 1991 wordt het onderzoek naar de besmetting van kipproducten met *Salmonella* en *Campylobacter* voortgezet, de resultaten staan vermeld in tabel 3-5. Uit dit onderzoek blijkt dat de besmetting met *Salmonella* in de afgelopen jaren sterk is verminderd: van 36,8% in 1990 tot 9,4% in 2005. De besmetting met *Campylobacter* is echter minder afgenomen: van 41,1% in 1990 naar 22,1% in 2005. Het totale aantal monsters dat besmet was met of alleen *Salmonella* of alleen *Campylobacter* of met beide pathogenen blijft rond de 30% liggen.

Tabel 3-5 *Besmetting van kipproducten met Salmonella en Campylobacter*
(onderzoek VWA/KvW)

	1990	1991	1992	1993	1994	1995
Aantal monsters	1891	1129	1184	1393	1564	1359
Totaal besmet*	—	58,7%	61,3%	55,8%	50,9%	51,9%
Besmet met *Salmonella*	36,8%	37,9%	36,7%	33,0%	34,8%	34,2%
Besmet met *S.* Enteritidis	6,0%	4,3%	4,5%	5,9%	5,5%	6,8%
Besmet met *Campylobacter*	41,1%	36,7%	40,2%	36,6%	26,7%	31,5%

* Totaal besmet, d.w.z. het totale aantal monsters dat of alleen met *Salmonella*, of alleen
met *Campylobacter* of met beide micro-organismen was besmet.

>>

De besmetting van kipproducten met *Salmonella* Enteritidis is sinds
2000 aanzienlijk afgenomen, het serotype dat in de afgelopen jaren bij
kipproducten het meest werd gevonden, is nu echter *Salmonella* Paratyphi B *variant* Java geworden. In 1995 behoorde nog maar 3% van de *Salmonella*-isolaten tot dit serotype maar in 2005 was dit al gestegen tot
47%. *Salmonella* Java is evenwel veel minder virulent dan *Salmonella* Enteritidis en veroorzaakt daardoor minder vaak een voedselinfectie.

Sinds enkele jaren wordt ook *Salmonella* Typhimurium faagtype
DT104 aangetroffen op kipproducten, in 2005 behoorde 3% van de isolaten tot dit serotype. Deze bacterie is sterk virulent en zuurresistent, hij
is bestand tegen de inwerking van het maagzuur en overleeft de barrière van de maag. Faagtype DT 104 kan daardoor een ernstige voedselinfectie veroorzaken, soms met dodelijke afloop.

De kolonisatie van kippen met *Salmonella* gebeurt zowel verticaal als
horizontaal. Bij een verticale transmissie wordt *Salmonella* van de hen
via het ei overgedragen op het eendagskuiken. Voor zover bekend is, kan

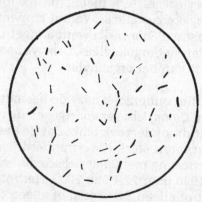

Afb. 3-1 *Microscopisch beeld van Salmonella Typhimurium* (1000 ×).

>> **Tabel 3-5** *(vervolg)*

1996	1997	1998	1999	2000	2001	2002	2003	2004	2005
1325	1314	1077	859	1454	1578	1600	1510	1482	1474
54,3%	51,7%	39,6%	36,2%	44,4%	42,7%	40,0%	33,2%	33,9%	28,5%
32,6%	29,1%	20,2%	17,6%	21,0%	16,3%	13,4%	11,3%	7,4%	9,4%
12,1%	8,8%	—	4,8%	1,4%	1,4%	0,3%	0,6%	0,4%	0,7%
36,2%	31,8%	26,9%	23,5%	30,5%	32,5%	31,3%	25,9%	29,3%	22,1%

dit gebeuren met *Salmonella* Enteritidis en *Salmonella* Typhimurium, andere serotypen worden niet verticaal overgedragen.

De horizontale kolonisatie gebeurt via besmet voer, het drinkwater, de lucht, uitwerpselen van vogels en knaagdieren (muizen). Een aparte rol schijnt de zogenaamde *piepschuim-* of *tempexkever* te spelen, deze kever (*Alphitobius diaperinus*) is via de grondstoffen voor het pluimveevoer uit de tropen geïmporteerd en kan goed gedijen in de pluimveestallen. De larve vreet gaten in (piepschuim)isolatiemateriaal en verpopt zich daar tot de kever. Kuikens en kippen eten zowel de larven als de kevers die meestal gekoloniseerd zijn met *Salmonella* en *Campylobacter*, hierdoor worden deze bacteriën overgedragen op het pluimvee.

Salmonella Enteritidis kan zich in de bedrijfsomgeving goed in stand houden, deze bacterie is aangetroffen in strooisel en in stof dat afkomstig was van de ventilatoren van een pluimveestal die ruim een jaar niet was gebruikt.

In de keten van fokbedrijf via vermeerderingsbedrijf naar slachterij wordt het percentage koppels dat gekoloniseerd is, steeds groter (zie tabel 3-6). Dit komt doordat de bacteriën in hoge mate voorkomen in de uitwerpselen van het pluimvee, hierdoor worden de stallen en bijvoorbeeld ook transportkratten besmet. Indien er na het vertrek van een koppel geen goede desinfectie heeft plaatsgevonden, worden de bacteriën overgedragen op een nieuw geïntroduceerd koppel.

De wijze waarop pluimvee gekoloniseerd wordt met *Campylobacter jejuni* en *Campylobacter coli* is nog steeds niet duidelijk. Er is waarschijnlijk geen verticale overdracht, want *Campylobacter* is niet in eieren aangetroffen en bij kuikens jonger dan twee weken is het darmkanaal nog niet met *Campylobacter* gekoloniseerd. De overdracht zal daarom horizontaal plaatsvinden, het is echter bekend dat *Campylobacter* in de bedrijfsomgeving slecht kan overleven. Mogelijke besmettingsbronnen zouden het voer en het drinkwater kunnen zijn, alsmede insleep via muizen, insecten (zoals de eerdergenoemde piepschuimkevers) en bij kippen die een vrije uitloop hebben, de uitwerpselen van vogels. De besmetting van een enkel kuiken verspreidt zich binnen enkele dagen uit over vrijwel alle kuikens van een koppel.

Tabel 3-6 *Geschat percentage met Salmonella-besmette koppels* in de pluimveevlees-sector (gegevens Productschappen Vee, Vlees & Eieren)*

	1997	2000
Fokbedrijven	5%	1%
Fokbroederijen	9%	0%
Opfokvermeerderingsbedrijven	10%	3%
Vermeerderingsbedrijven	20%	6%
Broederijen	45%	9%
Vleeskuikenbedrijven	50%	25%
Slachterijen	75%	35%

* Een koppel is een groep dieren van dezelfde leeftijd die gezamenlijk in één schuur zijn ondergebracht of die afkomstig zijn uit één schuur. De omvang van een koppel kan variëren van minder dan vijftig tot meer dan vijftigduizend dieren.

Om de besmetting van kipproducten te verminderen, zijn de Product-schappen Vee, Vlees & Eieren in 1997 gestart met het 'Plan van Aanpak Salmonella en Campylobacter in de pluimveevleessector'. De doelstelling van dit Plan van Aanpak was om in twee jaar tijd de besmetting met Salmonella bij de koppels vleeskuikens direct na het slachten en uitsnijden terug te brengen tot minder dan 10% en de besmetting met Campylobacter tot minder dan 15%. Door de maatregelen die op de diverse bedrijven zijn genomen, is de kolonisatie van vleeskuikens wel sterk verminderd: in 1997 was 75% van de vleeskuikens bij de slachterijen besmet met Salmonella en in 2000 was nog maar 35% besmet (zie tabel 3-6). De besmetting met Campylobacter bedroeg in 1997 meer dan 50% en in 2000 ongeveer 40%.

Aangezien de oorspronkelijke doelstelling niet was gehaald, is in 2000 begonnen met een gewijzigd Plan van Aanpak 'Actieplan Salmonella en Campylobacter in de pluimveevleessector 2000+'. De nieuwe doelstelling is dat de vleeskuikens binnen enkele jaren nagenoeg Salmonella-vrij moeten zijn, voor Campylobacter is (nog) geen nieuwe doelstelling geformuleerd.

Sinds 2003 bestaat de verplichting verpakte kipproducten te voorzien van de volgende waarschuwing: 'Let op, dit product bevat ziekmakende bacteriën. Zorg dat deze niet via de verpakking, uw handen of het keukengerei in uw eten terechtkomen. Maak het vlees door en door gaar om deze bacteriën uit te schakelen'.

Volgens de Zoönoseverordening van de Europese Unie mag met ingang van 2011 geen pluimveevlees dat besmet is met Salmonella verkocht worden, het streven van de Nederlandse regering is om deze verordening al eerder (mogelijk met ingang van 2007) te laten ingaan. Door goede hygiënemaatregelen en een strikte controle is het mogelijk om aan deze verordening te voldoen, dat is reeds in het buitenland gebleken want in Zweden zijn al sinds een aantal jaren nagenoeg alle kippen vrij van Salmonella.

Een methode om *Salmonella*-vrije kippen te verkrijgen, is het besproeien van eendagskuikens met een spray (zoals Broilact®) die een darmflora van gezonde *Salmonella*-vrije ouderdieren bevat. Bij eendags-kuikens is de darmflora nog nauwelijks ontwikkeld, daarom leidt een besmetting met *Salmonella* vrijwel direct tot een kolonisatie van de darm. Door het besproeien met de spray wordt evenwel de kolonisatie van de darm met een onschuldige darmflora bevorderd. Een besmetting met *Salmonella* heeft dan maar weinig of geen effect omdat de salmonel-la's moeten concurreren met de reeds aanwezige darmflora. In een aan-tal landen zijn met deze methode al goede resultaten bereikt en ook in Nederland wordt deze methode bij enkele pluimveebedrijven toegepast. Hetzelfde geldt voor de vaccinatie tegen *Salmonella* Enteritidis, bij kop-pels leghennen die gevaccineerd waren, bleek de besmetting te zijn teruggebracht van 10% naar 3%.

De bestrijding van *Campylobacter* is veel moeilijker, daarom wordt onderzocht of het mogelijk is de besmetting van het vlees te verminde-ren door de karkassen van pluimvee te behandelen met een decontami-natiemiddel, bijvoorbeeld melkzuur, trinatriumfosfaat (TSF) of water-stofperoxide, of met een fysische methode zoals bestralen met β-stralen (elektronenstralen). Hiermee kan echter slechts een gedeeltelijke decontaminatie van de karkassen bereikt worden. Een alternatief is het doorstralen met γ-stralen van het verpakte eindproduct, maar dit stuit vooralsnog op maatschappelijke bezwaren. Het doorstralen wordt alleen nog maar toegepast voor kipdelen die in de levensmiddelenin-dustrie worden verwerkt.
Mogelijk biedt de faagtherapie toekomstperspectief, bij deze therapie wordt aan het pluimvee voer met bacteriofagen gegeven. Door de bacte-riofagen wordt de kolonisatie met *Campylobacter* verminderd.

Uit onderzoek van de VWA/Keuringsdienst van Waren is gebleken dat de besmetting van andere pluimveevleesproducten met *Salmonella* en *Campylobacter* sterk varieert (zie tabel 3-7 op de volgende pagina).

Eieren

De schaal van eieren van kippen, ganzen en eenden is meestal ver-ontreinigd met uitwerpselen van het pluimvee en daardoor kan de eier-schaal besmet worden met salmonella's. Door scheurtjes en barstjes in de schaal kunnen de bacteriën ook doordringen tot het vlies dat onder de eierschaal zit.
Rond 1985 werd echter ontdekt dat de eieren van kippen soms inwendig geïnfecteerd zijn met *Salmonella* Enteritidis en in mindere mate met *Salmonella* Typhimurium. Deze serotypen zijn sterk invasief, zij komen vanuit het maag-darmkanaal in de bloedbaan en dringen ver-volgens het ovarium of het oviduct van een vogel binnen en nestelen zich daar. De eieren kunnen dan al bij de vorming in het ovarium of tij-

Tabel 3-7 *Besmetting van pluimveevleesproducten anders dan kip*
(onderzoek VWA/KvW)

| | Salmonella | | | Campylobacter | |
	1983	1999	2005	1999	2005
Duif	0%	4,8%	0,0%	0,0%	11,1%
Eend (wild)	8,6%	5,8%	6,4%	5,8%	29,0%
Eend (tam)	75,0%	—	—	—	—
Fazant	2,6%	0,0%	0,0%	3,7%	7,1%
Gans	—	0,0%	11,1%	0,0%	12,5%
Kalkoen	88,5%	9,7%	25,5%	0,7%	7,9%
Kwartel	—	4,3%	16,7%	0,0%	61,1%
Parelhoen	22,2%	20,0%	7,0%	2,9%	48,5%
Patrijs	—	0,0%	0,0%	0,0%	15,4%
Struisvogel	—	3,3%	0,0%	0,0%	6,7%

dens de passage door het oviduct door deze bacteriën geïnfecteerd worden. Dit gebeurt echter maar bij een klein aantal (< 1%) eieren van een geïnfecteerde kip, de geïnfecteerde eieren worden met tussenpozen gelegd en vooral oude hennen leggen veel geïnfecteerde eieren.

Bij verse eieren die geïnfecteerd zijn, zitten de bacteriën in het eiwit en aan de buitenkant van het vlies dat de dooier omgeeft. Het aantal bacteriën is aanvankelijk gering (enkele tientallen) en in het eiwit vermeerderen de bacteriën zich niet of nauwelijks omdat het eiwit een aantal antimicrobiële stoffen bevat. Bovendien is het eiwit arm aan ijzerionen die *Salmonella* nodig heeft voor zijn ontwikkeling, daardoor blijven de bacteriën in de lag-fase. Na twee à drie weken is het dooiervlies echter doorlaatbaar geworden en dan wordt ook de dooier, die rijk is aan ijzerionen, geïnfecteerd. De bacteriën komen daardoor in de log-fase en het aantal bacteriën kan daarom, vooral als de eieren niet gekoeld bewaard worden, uitgroeien tot een zeer groot aantal (> 10^6 per gram).

De eieren van ganzen en vooral van eenden zijn vaak in hoge mate besmet. Eenden leven meestal in water dat sterk vervuild is en daardoor worden de eenden gekoloniseerd met *Salmonella*, deze bacteriën worden met de uitwerpselen weer verder verspreid. Hierdoor worden de eieren aan de buitenkant besmet met salmonella's. Het oviduct van eenden kan echter ook geïnfecteerd worden, de eieren worden dan reeds bij de vorming inwendig besmet. Uit een onderzoek is gebleken dat één op de vijf onderzochte eieren van eenden besmet was met *Salmonella* Typhimurium. De eieren van eenden moeten daarom voorzien zijn van een stempel met de tekst: 'Eendenei, tien minuten koken', bij ganzeneieren luidt de tekst: 'Ganzenei, vijftien minuten koken'.

Tabel 3-8 *Besmetting van rauwe en gepasteuriseerde eiproducten met Salmonella en Salmonella Enteritidis (onderzoek VWA/KvW)*

	1991	1992	1993	1994	1995
Rauwe eiproducten					
Besmet met *Salmonella*	75,1%	67,1%	75,7%	57,3%	49,2%
Besmet met *S.* Enteritidis	51,9%	47,9%	63,5%	42,7%	40,7%
Gepasteuriseerde eiproducten					
Besmet met *Salmonella*	3,3%	4,5%	7,3%	—	—
Besmet met *S.* Enteritidis	1,6%	2,2%	5,8%	—	—

In 1989 is het toenmalige Productschap Pluimvee en Eieren gestart met het 'Salmonella Enteritidis bewakings- en bestrijdingsprogramma in de pluimvee-reproductiesector' (de reproductiesector bestaat uit fok- en vermeerderingsbedrijven die broedeieren en eendagskuikens leveren). Het doel van dit programma was de fok- en vermeerderingsbedrijven vrij te maken van Salmonella Enteritidis. Hiertoe werden geïnfecteerde reproductiekoppels geruimd en de broedeieren en de eendagskuikens werden gecontroleerd op de aanwezigheid van Salmonella Enteritidis. Vervolgens konden de eendagskuikens die vrij zijn van Salmonella Enteritidis, geleverd worden aan de productiebedrijven. Via deze 'top-down' benadering hoopte men uiteindelijk de besmetting van de legkoppels en de mestkoppels te kunnen verminderen.

Omdat het bewakings- en bestrijdingsprogramma niet voldoende resultaat heeft gehad, hebben de Productschappen voor Vee, Vlees & Eieren in 1997 het 'Plan van Aanpak preventie en bestrijding Salmonella in de eiersector' opgesteld. De doelstelling van dit actieplan was dat binnen drie jaar minder dan 5% van de koppels leghennen met Salmonella Enteritidis of met Salmonella Typhimurium besmet zouden zijn. In 2000 was echter nog ruim 11% van de koppels leghennen geïnfecteerd, een verdere daling blijkt moeilijk te realiseren doordat de koppels door een horizontale insleep van Salmonella (vanuit de bedrijfsomgeving) opnieuw geïnfecteerd kunnen raken.

In 2001 zijn de productschappen daarom gestart met een nieuw Plan van Aanpak 'Actieplan Salmonella in de eiersector 2001+'. Het doel is nu te streven naar ongeveer 0% besmette eieren per jaar. In 1989 was één op de duizend eieren besmet, dit aantal is gedaald tot drie op de tienduizend eieren (0,03%) in 2004. Aangezien er in Nederland jaarlijks circa negen miljard eieren worden geproduceerd, betekent dit dat er elk jaar bijna drie miljoen besmette eieren zijn. Sinds 2002 is het verboden om besmette eieren te verkopen voor particuliere consumptie, eieren die besmet zijn mogen alleen verkocht worden aan de eiproductenindustrie voor verdere verwerking. In de eiproductenindustrie worden gepasteu-

Tabel 3-9 *Besmetting van schelpdieren* (onderzoek VWA/KvW)

	2000-2001 (winter)	2001 (zomer)
Campylobacter	26,7%	1,8%
E. coli	1,4%	1,2%
Salmonella	0,0%	0,0%
Vibrio	—	98,2%
Noro-virussen	39,3%	17,2%

riseerde of gedroogde eiproducten vervaardigd voor gebruik in de voedingsmiddelenindustrie of in de horeca. Hiertoe wordt de inhoud van circa twintigduizend eieren eerst in een grote ketel gemengd en daarna verder behandeld. Door één geïnfecteerd ei kan echter de gehele inhoud van de ketel met *Salmonella* Enteritidis besmet worden.

Van 1991 tot 1995 heeft de VWA/Keuringsdienst van Waren een onderzoek gedaan naar de besmetting van rauwe eiproducten. Hiervoor werden monsters genomen uit de inhoud van een mengketel, de resultaten staan in tabel 3-8 vermeld. In 1991-1993 is tevens een onderzoek gedaan naar de besmetting van de gepasteuriseerde eindproducten, bij dit onderzoek is gebleken dat ook de gepasteuriseerde eindproducten nog niet geheel vrij waren van salmonella's.

Vissen, schaal- en schelpdieren

Vissen, schaal- en schelpdieren worden geïnfecteerd door micro-organismen die in het water aanwezig zijn, zoals *Salmonella*, *Shigella*, *E. coli* en *Vibrio parahaemolyticus*.

Vissen die behoren tot de familie van de *Scombridae* (de makreelachtigen, onder andere tonijn en makreel) zijn soms besmet met *Enterobacteriaceae*, zoals *Enterobacter aerogenes*, *Klebsiella pneumoniae* en *Morganella morganii* (*Proteus morganii*), door deze bacteriën kan een acute voedselvergiftiging veroorzaakt worden die bekendstaat als de *scombroïd vergiftiging* of het *biogene aminensyndroom* (zie pagina 218).

Schelpdieren (bijvoorbeeld oesters en mosselen) zijn tevens vaak geïnfecteerd met virussen, onder andere de *Noro-virussen* (*Norwalk-like virussen*) en het *Hepatitis A-virus*, maar ook *Campylobacter jejuni* en vooral *Campylobacter lari* worden geregeld aangetroffen (zie tabel 3-9).

Schelpdieren zeven hun voedsel uit het water door een continue waterstroom door hun kieuwen te laten gaan, daardoor worden ook micro-organismen in de kieuwen van deze dieren geconcentreerd. Oesters en mosselen worden na de vangst verwaterd om de besmetting met micro-organismen te verminderen, door het verwateren wordt meestal de bacteriële besmetting wel effectief verminderd maar de virale besmetting niet.

3.4.4 Sondevoeding[1] en zuigelingenvoeding

In ziekenhuizen en verpleeghuizen bestaat de kans op een voedselinfectie of een voedselvergiftiging wanneer patiënten voeding per sonde toegediend krijgen. Commercieel verkrijgbare sondevoeding die in de fabriek is gesteriliseerd, bevat geen levende micro-organismen. Sondevoeding kan echter besmet worden met *Enterobacteriaceae* of met *Staphylococcus aureus* zodra aan de voeding op een later tijdstip nog aanvullende ingrediënten worden toegevoegd. In 2005 zijn in een aantal ziekenhuizen in Frankrijk 49, voornamelijk oudere, patiënten geïnfecteerd met *Salmonella* Worthington. De infectie is veroorzaakt doordat voor hun voeding gebruik is gemaakt van besmet melkpoeder.

Zuigelingenvoeding moet voor het gebruik soms worden aangelengd of worden aangevuld met extra bestanddelen. Hierdoor kan de voeding eveneens besmet raken met de genoemde bacteriën en met name met *Enterobacter sakazakii*[2]. Deze bacterie is in de afgelopen jaren verscheidene malen de veroorzaker van een ernstige voedselinfectie, soms met een dodelijke afloop, bij pasgeborenen geweest. De bron van besmetting was melkpoeder dat voor de zuigelingenvoeding werd gebruikt of besmet keukengerei (zoals een mixer of een garde) waarmee de voeding was bereid (zie pagina 153).

Enterobacter sakazakii is zeer temperatuurtolerant, bij een temperatuur van 3,6 °C kan al groei optreden en de maximumtemperatuur is circa 47 °C. Daarnaast is deze bacterie ook thermoresistent, door pasteurisatie wordt *Enterobacter sakazakii* niet gedood. Door een infectie met *Enterobacter sakazakii* kan een *sepsis* (bloedvergiftiging), een *meningitis* (hersenvliesontsteking) of een *necrotiserende enterocolitis* (ontsteking van het slijmvlies van de dunne en dikke darm, waarbij darmperforaties ontstaan en het weefsel plaatselijk afsterft) veroorzaakt worden. In zuigelingenvoeding is ook een enkele maal *Citrobacter freundii* aangetroffen, deze bacterie kan eveneens een voedselinfectie veroorzaken.

Omdat bacteriën zowel in sondevoeding als in zuigelingenvoeding een rijke voedingsbodem vinden, kan een besmetting met slechts een gering aantal bacteriën al een voedselinfectie veroorzaken omdat het geringe aantal in enkele uren uit kan groeien tot een zeer groot aantal. Dit gebeurt vooral als de voeding enige uren op temperatuur wordt gehouden door middel van een flesverwarmer, daarom verdient het aanbeveling de voeding elke keer pas kort voor het gebruik te bereiden en een eventueel restje weg te doen. Indien toch een aantal voedingen tegelijk moet worden bereid, dan is het absoluut noodzakelijk dat deze voedingen in verband met de temperatuurtolerantie van *Enterobacter sakazakii* goed gekoeld (< 4 °C) worden bewaard. Pas kort voor het gebruik mogen zij op de

---

[1] Sondevoeding is een vloeibare, volwaardige voeding (meestal op basis van melk) die wordt toegediend via een slangetje (sonde) dat via de neus en de slokdarm in de maag is gebracht. Sondevoeding wordt verstrekt aan patiënten die geen (of niet voldoende) voeding via de mond kunnen opnemen.

[2] Deze bacterie behoort tegenwoordig tot het nieuwe geslacht *Cronobacter*.

gewenste temperatuur gebracht worden, vanwege de korte opwarmtijd is een magnetronoven hier heel geschikt voor. Juist ten aanzien van patiënten en zuigelingen dient de uiterste voorzichtigheid in acht genomen te worden, want zij behoren tot de risicogroepen.

3.4.5 De mens

De mens herbergt zowel inwendig (op de slijmvliezen van de neus, de mond, de keel en de darm), als uitwendig (op de huid en in het haar) vele soorten micro-organismen waarmee voedingsmiddelen besmet kunnen worden. Daarnaast kunnen de handen, die veelvuldig in contact komen met zowel rauwe als behandelde voedingsmiddelen, zorgen voor een kruisbesmetting. Hierdoor is de mens die betrokken is bij de bereiding van voedsel, zowel een primaire als een secundaire bron van besmetting. In het laatste geval dient de mens als vervoermiddel voor het overbrengen van micro-organismen.

De neus

Op het neusslijmvlies is een rijke bacterieflora aanwezig, sommige mensen hebben *Enterobacteriaceae* (zoals *E. coli*, *Enterobacter* of *Klebsiella*) in hun neus. Veel mensen zijn drager van *Staphylococcus aureus*, bij 25% van de gezonde mensen is deze bacteriesoort permanent in de neus aanwezig, dit zijn de *persistente* of *permanente dragers*. Bij de *intermitterende* of *tijdelijke dragers*, 40% tot 60% van de gezonde mensen en zelfs tot 80% van de medewerkers in ziekenhuizen, wordt *Staphylococcus aureus* de ene keer wel, de andere keer niet in de neus aangetroffen. Vanuit de neus komt *Staphylococcus aureus* (bij het snuiten van de neus en bij niezen) in de lucht en op de handen terecht.

Bij de zogenoemde **stafylococcen-strooiers** verspreiden de stafylococcen zich gemakkelijk vanuit de neus en met huidschilfers in de omgeving, daarom zijn strooiers in een keuken ongewenst want zij vormen een potentiële bron van een voedselvergiftiging.

De mond en de keelholte

Bij spreken en hoesten komen speekseldeeltjes vrij die streptococcen, afkomstig uit de mond en uit de keelholte, kunnen bevatten. Door deze bacteriën kan soms een voedselinfectie veroorzaakt worden.

De darm

De darmflora bestaat uit een grote verscheidenheid van bacteriesoorten, in één gram feces komen 10^9 tot 10^{10} bacteriën voor. Bij de defecatie kunnen de handen besmet raken met *Enterobacteriaceae*, maar ook met *Staphylococcus aureus* die rond de anus voorkomt. Het is bekend dat sommige soorten bacteriën door toiletpapier heen kunnen dringen. Wanneer na de defecatie de handen niet goed zijn gereinigd, kan de besmetting overgedragen worden op voedingsmiddelen.

Sommige gezonde mensen zijn drager van een *Salmonella-* of een *Shigella*-soort. Deze bacteriën kunnen, wanneer de drager een slechte persoonlijke hygiëne heeft, overgebracht worden op het voedsel (in de ontlasting van een *Salmonella*-drager komen enige miljoenen salmonella's per gram feces voor), hierdoor kan een ernstige voedselinfectie ontstaan.

De huid

Op de onbehaarde delen van de huid leven ongeveer tienduizend bacteriën per cm^2, op de behaarde huiddelen is het aantal bacteriën per cm^2 tien tot honderd keer groter. Veel bacteriesoorten komen op de huid permanent voor, zij behoren tot de *permanente* (ook wel genoemd: de *blijvende* of *residente*) *huidflora*, tot deze huidflora behoren in de regel geen pathogene soorten. Andere bacteriën, zoals *Staphylococcus aureus* en de *Enterobacteriaceae*, behoren tot de *tijdelijke* of *transiënte huidflora*, zij komen op de huid, vooral op de handen, na een contactbesmetting bijvoorbeeld na aanraking van een rauw voedingsmiddel.

De tijdelijke huidflora verdwijnt voor het grootste gedeelte wanneer men goed de handen wast, maar de permanente flora blijft aanwezig. De bacteriën die tot de permanente flora behoren, komen door het wassen uit de dieper liggende huidlagen naar de oppervlakte. Een handafdruk (zie 7.5.2) van een gewassen hand geeft daardoor meestal een groter aantal bacteriën te zien, dan de afdruk van een ongewassen hand.

De mens verliest voortdurend huidschilfers, met deze huidschilfers komen ook bacteriën in de omgeving terecht. **Stafylococcen-strooiers** zijn personen die grote hoeveelheden huidschilfers met stafylococcen in de omgeving verspreiden. Door deze strooiers kunnen voedingsmiddelen besmet worden zodat er mogelijk een voedselvergiftiging ontstaat.

In huidaandoeningen, vooral in etterende wondjes en in ontstekingen, zoals steenpuisten en paronychia (omloop, een ontsteking van de huid rond de nagel), komen zeer grote aantallen *Staphylococcus aureus* voor: een gram pus uit een steenpuist bevat er circa tien miljard. Ook bij eczeem bestaat de kans dat schadelijke bacteriën aanwezig zijn, doordat bij eczeem veel huidschilfers vrijkomen kunnen deze bacteriën in de ruimte verspreid worden.

3.4.6 Dieren

Knaagdieren, zoals ratten en muizen, herbergen in hun darm vaak salmonella's. Via de uitwerpselen van deze dieren kunnen voedingsmiddelen met deze darmbacteriën besmet raken, daarnaast kan voedsel besmet worden door de haren en huidschilfers van de knaagdieren.

Insecten, met name vliegen en kakkerlakken, spelen een rol bij de kruisbesmetting van voedsel. Doordat deze insecten veel op rauwe voedingsmiddelen en op feces kruipen, worden hun poten en hun monddelen besmet met tal van micro-organismen. Op de poten van vliegen zijn onder andere *Bacillus cereus, Bacillus pumilus, Campylobacter jejuni, E. coli, Enterobacter sakazakii, Salmonella's* en *Shigella sonnei* aangetroffen. Wanneer de insecten met (bereid) voedsel in aanraking komen, laten zij de micro-organismen op dit voedsel achter.

3.4.7 De lucht

In de lucht zweven, onzichtbaar, grote aantallen bacteriën en schimmelsporen. De bacteriën zijn meestal vastgekleefd aan stofdeeltjes van allerlei aard, zoals huidschilfers, haartjes en textieldeeltjes.

De mens is een grote producent van stofdeeltjes, per dag vormt hij zeven gram stof dat bestaat uit huidschilfers en haartjes. Doordat de huid voortdurend afschilfert (een mens verliest per minuut vijf tot tien miljoen huidschilfers) komen kleine huidschilfers in de lucht terecht. Een deel van die huidschilfers komt niet direct in de lucht, maar blijft in de kleding vastzitten. Bij het verkleden, maar ook door het voortdurend bewegen van de mens, komen deze huidschilfers samen met kleine textieldeeltjes in een later stadium alsnog in de lucht. Een deel van de huidschilfers is besmet met bacteriën, met name met stafylococcen. Een geklede vrouw verspreidt per minuut circa vijfhonderd besmette huidschilfers, zonder kleding is dit aantal viermaal groter. Voor een man zijn deze getallen respectievelijk duizend en vierduizend. Het merendeel van deze besmette huidschilfers is afkomstig van de genitaalstreek. Bij mensen met een huidaandoening is het aantal besmette huidschilfers aanzienlijk groter, zij fungeren hierdoor als stafylococcen-strooiers.

Behalve stofdeeltjes komen in de lucht tevens veel **aërosolen** voor, dit zijn microscopisch kleine vochtdruppels die onder andere ontstaan bij niezen, hoesten, spreken en braken. Bij een nies ontstaan circa een miljoen druppeltjes, bij een hoest ontstaan er zo'n vijftigduizend. Bij gewoon spreken is het aantal aërosolen dat per seconde gevormd wordt gering, maar bij fluisteren en bij schreeuwen is het aantal groter. De aërosolen die bij niezen, hoesten en spreken gevormd worden, bestaan voornamelijk uit speeksel en slijm, zij kunnen bacteriën uit de neus, de mond- en de keelholte bevatten. Door een nies worden zo enige tienduizenden en door een hoest ongeveer duizend bacteriën in de lucht gebracht. Een deel van de aërosolen slaat vlug neer, de aërosolen drogen dan uit en gaan tot het stof behoren, andere aërosolen blijven lang in de lucht zweven en verspreiden zich zo over de ruimte. Bij de defecatie worden eveneens aërosolen gevormd, vooral bij het doorspoelen van het toilet, hierdoor komen darmbacteriën en stafylococcen in de lucht of in het stof terecht.

Gram-negatieve bacteriën zijn gevoeliger voor droogte dan Gram-positieve bacteriën. Daardoor gaan *Enterobacteriaceae* die in de lucht of op stofdeeltjes terechtkomen door uitdroging binnen enkele uren dood, *Staphylococcus aureus* daarentegen kan zich onder deze omstandigheden langer handhaven.

3.4.8 De keuken

De keuken is de plaats waar zowel rauwe als behandelde voedingsmiddelen, meestal gelijktijdig, aanwezig zijn. Door contactbesmetting met rauwe voedingsmiddelen raken wasbakken, werkbladen, snijplanken, keukengerei en keukenapparatuur (zoals cutters, mixers, snijmachines en vleesmolens) besmet met tal van micro-organismen. Hetzelfde geldt voor de handen van het keukenpersoneel, de knoppen van kranen en fornuizen en de handgreep van een koelkast of koelcel. Hierdoor is de keuken een rijk reservoir van micro-organismen geworden waaruit gemakkelijk een besmetting kan ontstaan.

De vochtige warmte van de keuken zal de vermeerdering van micro-organismen op veel plaatsen die vaak moeilijk toegankelijk zijn en daardoor niet afdoende gereinigd kunnen worden, zoals naden tussen werkbladen, kerven in snijplanken, het mes van een snijmachine, bevorderen.

Het is daarom noodzakelijk een strikte scheiding te hanteren tussen *besmet* en *schoon* materiaal. Dat betekent: geen bereide voedingsmiddelen leggen op plaatsen waar tevoren rauwe voedingsmiddelen hebben gelegen of bijvoorbeeld kaas malen in een vleesmolen die eerder gebruikt is voor het malen van rauw gehakt.

Het tussendoor reinigen gebeurt meestal snel en is daardoor niet voldoende. Werkdoekjes die gebruikt worden om een aanrecht even vlug schoon te maken, verspreiden in de regel een plaatselijke besmetting over een grotere oppervlakte en zij gaan daarna zelf als een bron van kruisbesmetting fungeren.

3.4.9 Biofilms

Bacteriën kunnen zich aan een oppervlak hechten en daar een *biofilm* vormen. Aanvankelijk wordt een dunne bacterielaag gevormd, maar door celdeling wordt de laag groter en dikker. De bacteriecellen produceren een slijmlaag die bestaat uit polysachariden en eiwitten, hierdoor blijven de bacteriën stevig aan het oppervlak vastgekleefd en door de slijmlaag worden ze ook beschermd tegen de inwerking van schoonmaakmiddelen en desinfectantia. Het is daarom lastig om een biofilm, zeker als die al enige tijd aanwezig is, te verwijderen.

Een biofilm kan op allerlei soorten materialen gevormd worden, maar het ontstaan wordt bevorderd indien er krassen en kerven in het materiaal zijn; op deze plaatsen heerst meestal ook een relatief hoge vochtigheid. In de levensmiddelenindustrie ontstaan biofilms op dode plekken (waar geen voldoende doorstroming is) in leidingen en in procesapparatuur, de leidingen en apparatuur kunnen daardoor verstopt raken.

Biofilms kunnen voor veel problemen zorgen, bepaalde soorten bacteriën, zoals *Listeria monocytogenes*, kunnen in een biofilm langdurig overleven en zo een *huiskiem* worden. Bacteriën kunnen uit een biofilm weer losraken, daardoor kan een biofilm een ernstige bron van (na)besmetting vormen.

3.5   PREVENTIE VAN BESMETTING

3.5.1 Integrale ketenbewaking

Besmetting van voedsel kan, zoals in 3.4 is vermeld, in de verschillende stadia van de keten van productie tot consumptie plaatsvinden. Om de besmetting in de hele voedselketen te verminderen, is het nodig een *integrale ketenbewaking (IKB)* toe te passen. Dit betekent dat er zowel in de productiefase en de verwerkingsfase, als in de fabricagefase en de bereidingsfase preventieve maatregelen genomen moeten worden om besmetting van voedingsmiddelen te voorkomen.

In het verleden zijn hiervoor verscheidene GMP-*richtlijnen* (*Good Manufacturing Practice*) opgesteld. In deze richtlijnen staan algemene hygiëne-eisen vermeld, onder andere met betrekking tot de bouwvoorschriften en de inrichting van de fabricageruimte of bereidingsruimte, de hygiëne bij het fabricageproces of bereidingsproces, het schoonmaken en ontsmetten van de fabricageruimte of bereidingsruimte, alsmede met betrekking tot de persoonlijke hygiëne van de medewerkers.

Door een microbiologische en/of chemische controle van het eindproduct, kan achteraf vastgesteld worden in hoeverre het eindproduct voldeed aan de criteria die in de verschillende Besluiten van de Warenwet vermeld staan. Omdat het resultaat van een microbiologisch onderzoek meestal pas na enige dagen bekend is, kan in de tussentijd, bijvoorbeeld door een maaltijd die niet goed was bereid, het 'onheil' al zijn geschied. Vandaar dat het zinvoller is om, in plaats van controle van het eindproduct achteraf, een beheerssysteem te hebben waarmee de veiligheid van het voedsel gewaarborgd kan worden. Daarom is men overgegaan tot het invoeren van een *voedselveiligheidssysteem* dat gebaseerd is op de HACCP-*methode*.

Bij de HACCP-methode worden alle stadia van het fabricage- en bereidingsproces van voedingsmiddelen aan een kritische beoordeling onderworpen, de gevaren voor de gezondheid van de consument die in de verschillende stadia kunnen optreden, worden geanalyseerd en er worden maatregelen opgesteld om deze gevaren te elimineren of te beperken tot een aanvaardbaar niveau. Hierdoor leidt de HACCP-methode tot *beheersing* van het fabricage- en bereidingsproces; in plaats van een eindproductcontrole, is er dus nu procesbeheersing gekomen.

3.5.2 De HACCP-methode

Historie van de HACCP-methode

De HACCP-methode (*Hazard Analysis and Critical Control Points*) is aan het eind van de jaren zestig van de afgelopen eeuw in de Verenigde Staten op verzoek van de NASA ontwikkeld door de Pillsbury Company in Minneapolis die de leverancier was van de maaltijden voor de ruimtevaarders. De NASA wilde er absoluut zeker van zijn dat het voedsel veilig was, zodat de astronauten tijdens hun verblijf in de ruimte aan boord van de Apollo geen voedselinfectie of voedselvergiftiging zouden kunnen krijgen. De Pillsbury Company heeft daarom een preventief voedselveiligheidssysteem ontwikkeld, dit systeem hield in dat aangegeven werd op welke plaatsen in het productieproces een gevaar voor de veiligheid van het voedsel zou kunnen optreden. Door maatregelen te nemen om deze gevaarlijke plaatsen onder controle te houden (te beheersen), kon de veiligheid van het voedsel gegarandeerd worden.

Later is de HACCP-methode nader uitgewerkt, onder andere door de International Commission on Microbiological Specifications for Foods (ICMSF) en de Codex Alimentarius Commission van de Wereld Voedsel- en Landbouworganisatie (FAO) en de Wereld Gezondheidsorganisatie (WHO).

In 1993 heeft de Raad van de Europese Unie de 'Richtlijn inzake Levensmiddelenhygiëne' (Richtlijn 93/43/EEG) uitgevaardigd. Volgens deze richtlijn, die in de nationale wetgeving overgenomen moest worden, dienen alle levensmiddelenbedrijven overeenkomstig de HACCP-beginselen te gaan werken. Op 14 december 1995 is in Nederland de Warenwetregeling 'Hygiëne van Levensmiddelen' in werking getreden, de Richtlijn van de Europese Unie is in deze Warenwetregeling geïmplementeerd.

Door de Europese Unie is in 2004 een nieuwe 'Hygiëne Verordening'[1] (Richtlijn EC 852-854/2004) vastgesteld die per 1 januari 2006 van kracht is geworden. In deze verordening staan voor de productie van levensmiddelen algemene hygiëneregels vermeld en daarnaast zijn voor een aantal dierlijke producten, onder andere vlees, vis, melk en eieren, specifieke hygiëneregels opgesteld. In de 'Hygiëne Verordening' wordt de exploitant van een levensmiddelenbedrijf verantwoordelijk gehouden voor de veiligheid van zijn producten. Tevens wordt een voedselveiligheidssysteem dat gebaseerd is op de HACCP-methode overal verplicht gesteld, met uitzondering van de boerderijfase van de primaire sector. De Nederlandse wetgeving moet nog aangepast worden aan deze nieuwe Europese 'Hygiëne Verordening'.

Een paar relevante artikelen van de Warenwetregeling 'Hygiëne van Levensmiddelen' (1995) volgen hieronder.

Artikel 1

In deze Regeling wordt verstaan onder:
a. **primaire productie**: *handelingen als melken, oogsten en slachten;*
b. **hygiëne**: *alle maatregelen die, na de primaire productie, noodzakelijk zijn om de veiligheid en de deugdelijkheid van eet- en drinkwaren te waarborgen tijdens bereiding, verwerking, behandeling, verpakking, vervoer, distributie en verhandeling daarvan;*

---

[1] Voor meer informatie wordt verwezen naar de website van de Europese Unie:
http://europa.eu/index_nl.htm
Op de Nederlandse websites *www.vwa.nl* en *www.foodmicro.nl* is ook informatie te vinden.

c. **levensmiddelenbedrijf**: *elke onderneming die eet- en drinkwaren bereidt, verwerkt, behandelt, verpakt, vervoert, distribueert of verhandelt.*

Artikel 30

1. *Een levensmiddelenbedrijf identificeert ieder aspect van zijn werkzaamheden dat bepalend is voor de veiligheid van de door dat bedrijf geproduceerde eet- en drinkwaren.*
2. *Teneinde de in het eerste lid bedoelde veiligheid van eet- en drinkwaren te realiseren, verricht een levensmiddelenbedrijf de volgende werkzaamheden die zijn gehanteerd voor de ontwikkeling van het* HACCP-*systeem:*
   a. *het analyseren van de potentiële risico's voor eet- en drinkwaren bij de bereiding en behandeling in een levensmiddelenbedrijf;*
   b. *het nagaan op welke punten tijdens de bereiding en behandeling van eet- en drinkwaren zich risico's voor eet- en drinkwaren voor kunnen doen;*
   c. *het aanwijzen van de kritische punten, zijnde de onder (b) bedoelde punten die kritisch zijn voor de veiligheid van eet- en drinkwaren;*
   d. *het omschrijven en ten uitvoer leggen van doeltreffende controle- en bewakingsprocedures op die kritische punten; en*
   e. *het op gezette tijden, en telkens wanneer het bereidings- of behandelingsproces van een eet- of drinkwaar wordt gewijzigd, herhalen van de onder (a) tot en met (d) bedoelde werkzaamheden. Deze werkzaamheden worden vastgelegd in een schriftelijke rapportage die desgevraagd ter beschikking wordt gesteld van de met het toezicht ter zake belaste ambtenaren.*
3. *Door een levensmiddelenbedrijf worden, met inachtneming van het tweede lid, passende veiligheidsprocedures vastgesteld, toegepast, gehandhaafd en herzien, teneinde de veiligheid van de in dat bedrijf geproduceerde eet- en drinkwaren te waarborgen.*

Artikel 31

1. *Vertegenwoordigers van daarvoor in aanmerking komende sectoren van de levensmiddelenindustrie, kunnen hygiëne-codes opstellen waarin beschreven is op welke wijze bepaalde eet- of drinkwaren op zodanige hygiënische wijze bereid en behandeld kunnen worden dat zij voldoen aan deze regeling.*
2. *De in het eerste lid bedoelde hygiëne-codes kunnen worden opgesteld met inachtneming van de 'Aanbevolen Internationale Richtlijnen voor de Practijk. Grondbeginselen van de Levensmiddelenhygiëne' van de Codex Alimentarius.*
3. *De in het eerste lid bedoelde hygiëne-codes worden op initiatief van de opstellers ervan:*
   a. *besproken binnen de Adviescommissie Warenwet; en*
   b. *vervolgens ter goedkeuring voorgelegd aan de Minister van Volksgezondheid, Welzijn en Sport, welke beslist na advisering door de Adviescommissie Warenwet.*

Toelichting

Uit artikel 1, sub c, volgt dat de Warenwetregeling 'Hygiëne van Levensmiddelen' niet alleen van toepassing is op de levensmiddelenindustrie, maar ook op de keukens van zorginstellingen, zoals ziekenhuizen, verpleeghuizen en bejaardencentra, op de horeca en op ambachtelijke bedrijven, bijvoorbeeld slagerijen en bakkerijen. Dit betekent dat deze 'levensmiddelenbedrijven' volgens artikel 30 wettelijk verplicht zijn om overeenkomstig de HACCP-methode te werken.

Volgens artikel 30, sub e, is een bedrijf verplicht de werkzaamheden in een schriftelijke rapportage vast te leggen. De Voedsel & Warenautoriteit is belast met het toezicht houden op de naleving van de wettelijke bepalingen. Indien een bedrijf niet aan de verplichtingen voldoet, kan de Voedsel & Warenautoriteit het bedrijf een sanctie opleggen.

Principes van de HACCP-methode

De HACCP-methode is een systematische methode om (micro)biologische, chemische en fysische gevaren in het fabricage- en bereidingsproces van voedingsmiddelen te onderkennen, te beschrijven en te beheersen. Bij de HACCP-methode worden de onderstaande zeven stappen onderscheiden.

1. Gevarenanalyse (Hazard Analysis)

Er moet een analyse gemaakt worden van de (micro)biologische, chemische en fysische gevaren (*Hazard Analysis*) die kunnen voorkomen in de verschillende stadia van de voedselproductie, dus bij de fabricage, bewerking, distributie en opslag van voedingsmiddelen en bij de bereiding en distributie van voedsel. De gevaren (voor de gezondheid van de consument) kunnen bijvoorbeeld zijn: een microbiële besmetting van een product, residuen van schoonmaakmiddelen of desinfectantia, glassplinters of metaaldeeltjes in een product.

2. Kritieke beheerspunten (Critical Control Points)

Na de gevarenanalyse moeten de kritieke[1] punten die beheersbaar moeten zijn (*Critical Control Points*, to control = beheersen), omschreven worden. Kritieke punten zijn alle verrichtingen in het fabricage- of bereidingsproces waarbij een gevaar geëlimineerd wordt of teruggebracht kan worden tot een aanvaardbaar niveau. Een voorbeeld is het verhitten van het product: een microbiële besmetting zal geëlimineerd worden of teruggebracht worden tot een aanvaardbaar niveau indien het verhitten goed gebeurt (dus een bepaalde temperatuur gedurende een bepaalde tijd), het kritieke punt is dan beheersbaar.

Met behulp van de CCP-*beslisboom* (zie afbeelding 3-2 op pagina 121) kan vastgesteld worden of een bepaalde verrichting (processtap) een kritiek beheerspunt (CCP) is.

---

[1] In artikel 30, sub c en d, van de Warenwetregeling 'Hygiëne van Levensmiddelen' is '*Critical Points*' vertaald met kritische punten, dit is echter geen correct Nederlands; het is beter te spreken over *kritieke* punten.

3. Grenswaarden van de kritieke beheerspunten

Van elk kritiek beheerspunt moeten de criteria (grenswaarden) vastgesteld worden, bijvoorbeeld de combinatie van temperatuur en tijd (hoe hoog en hoe lang). Tevens kunnen microbiologische richtwaarden met betrekking tot het kiemgetal van het eindproduct vastgelegd worden. Hierbij moet rekening worden gehouden met de doelgroep, dat wil zeggen: de consumenten waarvoor het product is bedoeld; bijvoorbeeld voor sondevoeding en zuigelingenvoeding moeten strengere criteria vastgesteld worden, dan voor voedingsmiddelen voor volwassen en gezonde mensen.

4. Meet- en bewakingssysteem

Er moet een meet- en bewakingssysteem (monitoring) ontwikkeld worden waarmee de kritieke beheerspunten effectief gecontroleerd kunnen worden. Deze controle zal meestal van fysische of chemische aard zijn (zoals het registreren van de temperatuur en de tijd, het meten van de zuurgraad of de wateractiviteit van een product), maar aanvullend kan ook een microbiologische controle uitgevoerd worden.

5. Bijsturing van het proces

Als uit de controle blijkt dat de grenswaarden van een CCP zijn overschreden, dat betekent dus dat het kritieke punt niet was beheerst, dan moet het proces bijgestuurd worden. Voor deze bijsturing moeten corrigerende maatregelen vastgesteld worden.

6. Registratiesysteem

Alle essentiële meetgegevens en bijsturingsmaatregelen moeten gedocumenteerd worden, hiervoor dient een registratiesysteem ontwikkeld te worden. De gegevens moeten beschikbaar zijn voor een inspectie door de Voedsel & Warenautoriteit.

7. Verificatie

Er moet geregeld een verificatie van de procesbeheersing plaatsvinden, bij deze verificatie wordt nagegaan of de kritieke beheerspunten en de grenswaarden juist zijn vastgesteld, of de bijsturingsmaatregelen effectief zijn en of het eindproduct aan de gestelde (microbiologische) eisen voldoet.

Het HACCP-stappenplan

Het HACCP-stappenplan wordt gebruikt als een levensmiddelenbedrijf een voedselveiligheidssysteem dat gebaseerd is op de HACCP-methode, gaat invoeren. Dit stappenplan bestaat uit elf stappen: vier voorbereidende stappen die gevolgd worden door de zeven stappen van de HACCP-methode.

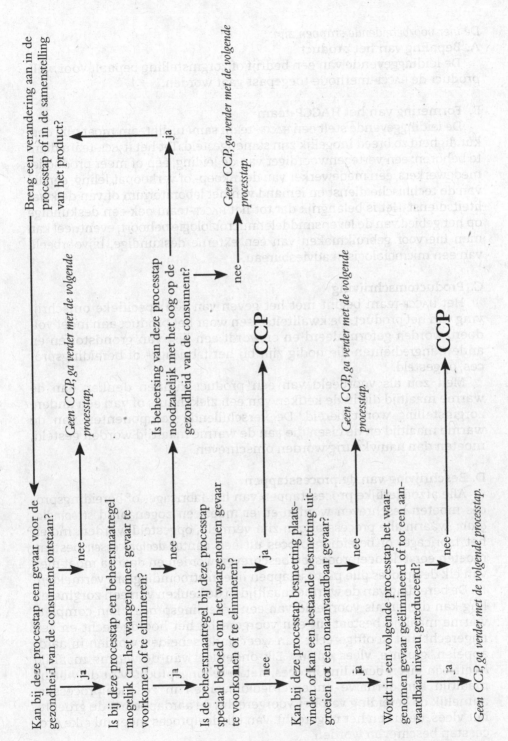

Afb. 3-2 De CCP-beslisboom, te gebruiken bij elk waargenomen gevaar bij een processtap.

De vier voorbereidende stappen zijn:

A. Bepaling van het product

De leidinggevende van een bedrijf of zorginstelling bepaalt voor welk product de HACCP-methode toegepast gaat worden.

B. Formering van het HACCP-team

De leidinggevende stelt een HACCP-team samen, dit team moet qua deskundigheid zo breed mogelijk zijn samengesteld. Tot het HACCP-team dient te behoren: een vertegenwoordiger van de leiding, één of meer productiemedewerkers, een medewerker van de inkoop- of verkoopafdeling, een lid van de technische dienst en iemand van het laboratorium of van de kwaliteitsdienst. Het is belangrijk dat tot het HACCP-team ook een deskundige op het gebied van de levensmiddelenmicrobiologie behoort, eventueel kan men hiervoor gebruikmaken van een externe deskundige, bijvoorbeeld van een microbiologisch adviesbureau.

C. Productomschrijving

Het HACCP-team begint met het geven van een specifieke omschrijving van het product. De kwaliteitseisen waar het product aan moet voldoen, worden geformuleerd en er wordt een lijst van grondstoffen en andere ingrediënten die nodig zijn bij het fabricage- of bereidingsproces, opgesteld.

Men zou als voorbeeld van een product kunnen denken aan de warme maaltijd die in de keuken van een ziekenhuis of van een andere zorginstelling wordt bereid. De verschillende componenten van de warme maaltijd en de eisen die aan de warme maaltijd worden gesteld, moeten dan nauwkeurig worden omschreven.

D. Beschrijving van de processtappen

Alle afzonderlijke processtappen van het fabricage- of bereidingsproces moeten beschreven worden en er moet een zogenaamd *stroomdiagram*, waarin alle processtappen zijn vermeld, opgesteld worden. Indien het fabricage- of bereidingsproces uit een aantal *deelprocessen* bestaat, moeten eerst de deelprocessen beschreven worden en daarna moet men van elk deelproces alle processtappen in een stroomdiagram vermelden.

De bereiding van de warme maaltijd in de keuken van een zorginstelling kan dienen als voorbeeld van een bereidingsproces. Een complete warme maaltijd bestaat uit een voorgerecht, het hoofdgerecht en een nagerecht. Het hoofdgerecht kan weer onderscheiden worden in aardappelen, groente, vlees en jus. Elk onderdeel van de warme maaltijd heeft een eigen bereidingsproces, het bereidingsproces van de warme maaltijd kan derhalve onderverdeeld worden in zes deelprocessen, namelijk de bereiding van het voorgerecht, de aardappelen, de groente, het vlees, de jus en het nagerecht. Van elk deelproces moet nu elke processtap beschreven worden.

Als voorbeeld van een deelproces kan de bereiding van vlees genomen worden, bijvoorbeeld de bereiding van gehakt. Het deelproces van de gehaktbereiding bestaat uit de volgende processtappen:

- bestellen van het gehakt,
- in ontvangst nemen van het gehakt,
- transport van het gehakt naar de koelcel of diepvriescel,
- bewaren van het gehakt,
- transport van het gehakt naar de keuken,
- bij ingevroren gehakt: aandooien/tempereren van het gehakt,
- kruiden van het gehakt,
- draaien van gehaktballen,
- braden van de gehaktballen,
- warm houden van de gehaktballen,
- portioneren van de gehaktballen,
- transport van de maaltijd met de gehaktballen naar de afdeling.

Na deze voorbereidende stappen volgen de zeven stappen van de HACCP-*methode:*

1. Gevarenanalyse
Ga na of het eindproduct (de gehaktbal) een gevaar voor de gezondheid van de consument kan opleveren en of dit gevaar geëlimineerd kan worden. Een microbiologisch gevaar is de aanwezigheid van pathogene micro-organismen in het gehakt en/of de aanwezigheid van een door micro-organismen gevormd toxine.

2. Vaststellen van de kritieke beheerspunten
Bepaal met behulp van de CCP-beslisboom (zie afbeelding 3-2) bij welke processtap het gevaar geëlimineerd wordt of teruggebracht wordt tot een aanvaardbaar niveau. Kritieke punten bij het gehakt zijn: de tijdsduur waarbij het gehakt bij kamertemperatuur is (bij het in ontvangst nemen, bij het transport naar de koelcel en van de koelcel naar de keuken), de temperatuur bij het bewaren in de koelcel en de kerntemperatuur van het gehakt bij het braden.

Indien de genoemde kritieke punten beheerst worden, zal er geen vermeerdering van micro-organismen optreden en/of zal er geen toxine gevormd worden. De beheersmaatregelen zijn dus: de tijd waarbij het gehakt bewaard wordt bij kamertemperatuur moet zo kort mogelijk zijn, het gehakt moet goed gekoeld bewaard worden en de kerntemperatuur bij het braden dient hoog genoeg te zijn om de aanwezige micro-organismen te doden.

3. Grenswaarden van de kritieke beheerspunten
Stel de grenswaarden vast voor elk kritiek beheerspunt: leg vast hoelang het gehakt bij kamertemperatuur mag verblijven, wat de temperatuur van de koelcel moet zijn (< 7 °C) en wat de kerntemperatuur bij het braden moet zijn (75 °C).

4. Meet- en bewakingssysteem

Registreer, bijvoorbeeld met behulp van een thermograaf (*zie* afbeelding 6-2 op pagina 231), de temperatuur van de koelcel en controleer met behulp van een betrouwbare thermometer de kerntemperatuur bij het braden van het gehakt. Op deze wijze kan nagegaan worden of de kritieke punten inderdaad beheerst worden.

5. Bijsturing van het proces

Bepaal welke maatregelen genomen moeten worden om het proces bij te sturen indien uit de controle is gebleken dat één van de vastgestelde grenswaarden is overschreden. De bijsturing kan bijvoorbeeld bestaan uit het afstellen van de koelcel op een lagere temperatuur of het braden van het gehakt bij een hogere temperatuur. Tevens moet worden vastgelegd welke maatregelen nodig zijn om een herhaling te voorkomen en wie hiervoor verantwoordelijk is. Bepaal ook wat er met het gehakt moet worden gedaan als een grenswaarde is overschreden, kan het nog gebruikt worden of moet het worden vernietigd?

6. Registratiesysteem

Stel vast welke gegevens geregistreerd en bewaard moeten worden, hoe dit gebeurt en door wie dit gedaan wordt.

7. Verificatie

Ga geregeld na of de kritieke beheerspunten en de grenswaarden juist zijn vastgesteld en of de bijsturingsmaatregelen voldoende effectief zijn. Door middel van een microbiologisch onderzoek kan vastgesteld worden of de gehaktbal aan de gestelde microbiologische eisen voldoet.

3.5.3 Hygiënecodes

Niet alle levensmiddelenbedrijven, met name de ambachtelijke bedrijven en bijvoorbeeld de keukens van zorginstellingen, zijn in staat een eigen HACCP-team te formeren en een HACCP-stappenplan op te stellen. Voor deze bedrijven biedt artikel 31 van de Warenwetregeling 'Hygiëne van Levensmiddelen' uitkomst. Deze bedrijven worden geacht te voldoen aan de wettelijke verplichting indien zij gebruikmaken van een *hygiënecode*, zoals omschreven is in het genoemde artikel 31.

Hygiënecodes zijn en worden opgesteld door de verschillende bedrijfschappen en productschappen, een hygiënecode kan zowel gelden voor een bepaalde bedrijfstak, als voor een specifiek product. Zo is er een 'Hygiënecode voor het Slagersbedrijf', maar er is ook een speciale 'Hygiënecode voor de Gehaktbereiding'. Door het Voedingscentrum is zelfs een 'Hygiënecode voor de privé-huishouding' opgesteld.

De hygiënecodes moeten goedgekeurd worden door de Minister van Volksgezondheid, Welzijn & Sport, een verkregen goedkeuring geldt voor een periode van vier jaar daarna moet opnieuw goedkeuring worden aangevraagd.

In sommige gevallen is de hygiënecode zeer gedetailleerd, alle processtappen worden nauwkeurig omschreven en de kritieke beheerspunten zijn benoemd, maar in andere gevallen is dit niet mogelijk omdat het fabricage- of bereidingsproces te specifiek is. In zo'n geval kan slechts een algemene hygiënecode opgesteld worden die door het bedrijf verder moet worden ingevuld. Een algemene hygiënecode wordt ook wel een *kadercode* genoemd, een voorbeeld is de 'Kadercode voor de voedingsverzorging in instellingen in de gezondheidszorg en ouderenzorg'.

3.5.4 Preventie bij de productie en verwerking

De integrale ketenbewaking begint in de productiefase, dat wil zeggen bij het telen van gewassen en het opfokken en mesten van landbouwhuisdieren. Volgens artikel 1, sub a, van de Warenwetregeling *'Hygiëne van Levensmiddelen'* behoren handelingen als melken, oogsten en slachten tot de primaire productie en worden bedrijven die in deze sectoren werkzaam zijn, niet tot de levensmiddelenbedrijven gerekend. Daarom is deze Warenwetregeling niet van toepassing op de productiefase en de verwerkingsfase (het slachten van dieren).

In de nieuwe Europese *'Hygiëne Verordening'* is dit echter veranderd: voor slachthuizen en uitsnijderijen geldt nu ook de verplichting een voedselveiligheidssysteem dat gebaseerd is op de HACCP-methode te hebben, alleen de boerderijfase van de primaire sector is hiervan vrijgesteld. De Nederlandse wetgeving moet op dit punt nog worden aangepast.

Voor de bedrijven die in de productiefase werkzaam zijn, gelden wel GMP-*richtlijnen* (zie 3.5.1). Op basis van deze richtlijnen zijn door verschillende productschappen een aantal GMP-*codes* opgesteld. In deze GMP-codes staan algemene preventieve maatregelen vermeld, bijvoorbeeld dat 'de besmetting van landbouwhuisdieren verminderd kan worden indien wordt gezorgd voor: kiemarm diervoeder, pathogeenvrije slachtdieren en een verbetering van de hygiëne op de bedrijven, zodat er geen horizontale insleep van pathogene micro-organismen (zoals *Salmonella*) vanuit de bedrijfsomgeving mogelijk is.'

In de verwerkingsfase treedt vaak kruisbesmetting op bij het industrieel slachten. De slachthuishygiëne kan verbeterd worden wanneer gebruikgemaakt wordt van apparatuur die goed en gemakkelijk gereinigd en gedesinfecteerd kan worden, niet alleen aan het eind van de werkdag, maar ook tussendoor bij het slachtproces. De vermeerdering van micro-organismen op de karkassen kan verminderd worden door de karkassen gedurende een lange tijd te koelen met een geforceerde luchtventilatie. Deze ventilatie heeft een uitdrogende werking waardoor vele bacteriën, onder andere *Campylobacter*, afsterven. Ook het besproeien van de karkassen met een melkzuuroplossing heeft een goede ontsmettende werking, deze methode verkeert echter nog in een experimenteel stadium en is in Nederland nog niet toegestaan.

3.5.5 Preventie in de bereidingsfase

Aan het eind van de integrale ketenbewaking staat degene die het voedsel bereidt. Als de voedselbereiding plaatsvindt in een keuken die volgens artikel 1, sub c, van de Warenwetregeling 'Hygiëne van Levensmiddelen' beschouwd wordt als een levensmiddelenbedrijf, dan is men wettelijk verplicht te werken volgens de HACCP-methode of gebruik te maken van een hygiënecode.

De hygiënebewaking rond de spijslijn en de beheersmaatregelen van het voedselverzorgingsproces worden in hoofdstuk 6 en 8 nader besproken.

4 Voedselinfecties

4.1 Inleiding

Een *voedselinfectie* is een aandoening die ontstaat wanneer levende pathogene micro-organismen die met het voedsel of het drinkwater zijn opgenomen, zich in het lichaam van de mens hebben genesteld en zich daar vermeerderen. Indien de bron van besmetting een dier is, spreekt men over een **zoönose** (een zoönose is een infectieziekte die door direct contact of via een transportmedium, zoals een voedingsmiddel of water, wordt overgedragen van een dier op de mens).

Niet iedereen die besmet voedsel geconsumeerd heeft, ondervindt echter de gevolgen van de besmetting. Het al dan niet ontstaan van een ziekte hangt af van het *aantal* opgenomen micro-organismen en de *virulentie* van het micro-organisme, alsmede van de *conditie* (de natuurlijke weerstand) van de acceptor.

4.1.1 Virulentie en pathogeniteit

Onder *virulentie* (het ziekmakend vermogen) verstaat men de mate van pathogeniteit van een micro-organisme. Hiermee wordt het volgende bedoeld: als van een bepaalde soort de meeste stammen of serotypen een ziekte kunnen veroorzaken, dan wordt deze soort *pathogeen* (ziekmakend) genoemd. Pathogeniteit is een kwalitatief begrip: een soort is al of niet pathogeen.

Van een pathogene soort kan echter de ene stam of het ene serotype 'kwaadaardiger' zijn dan een andere, dit begrip wordt aangeduid met *virulentie*. Virulentie is een kwantitatief begrip: als er slechts een kleine infectiedosis nodig is om ziek te worden, dan heeft de betreffende stam of het betreffende serotype een hoge virulentie; omgekeerd geldt dat bij een lage virulentie een grote infectiedosis hoort. Er kunnen van een pathogene soort echter ook stammen of serotypen bestaan die niet ziekmakend zijn, deze stammen of serotypen worden *avirulent* genoemd.

Bij soorten die niet-pathogeen zijn, worden evenwel soms stammen of serotypen aangetroffen die wel een ziekte kunnen veroorzaken. Een bekend voorbeeld is *E. coli*: in het algemeen is dit een onschuldige darmbewoner, maar sommige serotypen kunnen een (soms ernstige) darmaandoening veroorzaken (*zie* pagina 145 e.v.). Vooral het serotype O157:H7 is berucht, van slechts enkele tientallen exemplaren kan men al ernstig ziek worden; dit serotype is dus zeer virulent.

4.1.2 De conditie van de acceptor

Bij zieke mensen is de weerstand tegen micro-organismen lager dan bij gezonde mensen, zij hebben een verminderde natuurlijke afweer. Ook zuigelingen, bejaarden, zwangere vrouwen, alcoholisten, aids- en kankerpatiënten behoren tot de groep mensen die een verlaagde weerstand hebben. Voor deze **risicogroepen**[1] ligt de infectiedosis lager dan voor gezonde mensen. Zo wordt bij gezonde mensen pas door een infectiedosis van circa een miljoen salmonella's een voedselinfectie veroorzaakt, maar bij zuigelingen en bejaarden kan een infectiedosis van honderd salmonella's al voldoende zijn. Daarom zullen (bijvoorbeeld in een bejaardenhuis) zieke bejaarden na het eten van besmet voedsel eerder last krijgen van een voedselinfectie dan het verzorgende personeel.

4.1.3 De minimale infectueuze dosis (MID)

Het aantal micro-organismen dat (naar schatting) nodig is om bij een gezonde volwassene een ziekte te veroorzaken, wordt aangeduid met het begrip van de *minimale infectueuze dosis*. Hoe groter de virulentie van het micro-organisme, des te lager is de minimale infectueuze dosis (*zie* tabel 4.1).

4.1.4 Besmettingsbron

Veel voedselinfecties worden veroorzaakt door bacteriën die behoren tot de familie van de *Enterobacteriaceae* (zoals *Salmonella*, *Shigella*, *E. coli* en *Yersinia*) en door *Campylobacter jejuni*, deze bacteriën leven in het darmkanaal van mensen en van dieren. Bij het slachten van dieren wordt het vlees dikwijls besmet met de darminhoud, daardoor zijn op rauw vlees en gevogelte vrijwel altijd darmbacteriën aanwezig. De hand van de mens kan door onhygiënisch handelen tijdens de voedselbereiding met darmbacteriën besmet raken en daardoor kan de besmetting overgedragen worden op maaltijden. Ook keukengerei dat met rauwe voedingsmiddelen in aanraking is gekomen, kan een bron van besmetting zijn (*zie verder* 3.4).

---

[1] Deze groep mensen wordt wel aangeduid met de term 'YOPI' (Young, Old, Pregnant, Immunodeficient).

Tabel 4-1 *Enige MID-waarden (voor gezonde volwassenen)*

Micro-organisme	MID
Noro-virussen	< 10
Shigella dysenteriae	$< 10^2$
andere *Shigella*-soorten	$10^2 - 10^3$
Salmonella Enteritidis	$10^2 - 10^3$
Campylobacter jejuni	$10^2 - 10^4$
Salmonella Typhi	$10^2 - 10^5$
Salmonella Paratyphi B	$10^4 - 10^6$
Listeria monocytogenes	$10^4 - 10^7$
Bacillus cereus	$10^5 - 10^7$
Vibrio parahaemolyticus	$10^5 - 10^7$
niet-tyfeuze *Salmonellae*	$10^5 - 10^9$
Clostridium perfringens	$10^6 - 10^9$
*E. coli** (pathogene serotypen)	$10^7 - 10^9$
Vibrio cholerae	$10^8 - 10^9$
Yersinia enterocolitica	$10^9 - 10^{10}$

* De MID van de enterohemorragische E. coli O157:H7 bedraagt $10-10^3$

De belangrijkste besmettingsbron bij een *Salmonella*-infectie zijn eieren, in 2004 werd 31% van de infecties door eieren veroorzaakt. Bij 23% van de infecties was de besmettingsbron varkensvlees, 16% werd veroorzaakt door het vlees van kippen en 13% door rundvlees.

4.1.5 Incidentie

Men schat dat 10% tot 15% van de voedselinfecties wordt veroorzaakt door *Campylobacter jejuni*, 6% door *Salmonella*, 3% tot 5% door *Bacillus cereus* en 1% door de pathogene serotypen van E. coli. Bij 20% tot 30% is een virus de oorzaak en bij 50% van de voedselinfecties blijft de verwekker onbekend.

De Laboratorium Surveillance Infectieziekten van het Rijksinstituut voor Volksgezondheid & Milieu registreert de verwekkers van voedselinfecties op basis van fecesmonsters die bij de streeklaboratoria zijn ingezonden (zie tabel 4-2 op pagina 130 en 131). Deze streeklaboratoria hebben een dekkingsgraad van 62% van de Nederlandse bevolking, de isolaten van andere microbiologische laboratoria zijn niet in tabel 4-2 opgenomen. De cijfers in de tabel dienen dus niet als een absoluut gegeven beschouwd te worden, maar uit de tabel kan wel de trend afgeleid worden: het aantal *Salmonella*-infecties is in de afgelopen twintig jaar, waarschijnlijk als gevolg van de verschillende maatregelen die onder andere in de pluimveesector zijn genomen, met ruim 70% gedaald.

Tabel 4-2 Registratie[1] van verwekkers van voedselinfecties (op basis van ingezonden fecesmonsters) door de Laboratorium Surveillance Infectieziekten van het RIVM

	1985	1986	1987	1988	1989	1990	1991	1992	1993	1994	1995	1996	1997	1998	1999	2000	2001	2002	2003	2004	2005
Salmonella totaal	5281	4614	4092	3357	3566	3208	2866	2590	2810	2980	2975	2889	2556	2266	2127	2059	2086	1591	2142	1626	1394
S. Typhi	63	91	58	39	34	32	42	47	32	50	38	22	23	15	19	17	10	6	18	20	14
S. Paratyphi A	8	9	28	10	10	14	7	11	12	19	10	4	3	9	6	6	6	11	6	13	9
S. Paratyphi B	44	37	27	33	19	16	16	10	5	12	16	5	18	8	19	5	13	2	10	11	10
S. Paratyphi Java	—	—	—	—	—	—	—	—	—	—	3	6	5	5	6	4	8	6	2	—	—
Niet-tyfeuze salmonellae																					
S. Agona	—	—	—	30	44	17	10	15	16	33	17	12	13	18	6	10	4	8	4	—	—
S. Bareilly	—	—	—	—	—	—	—	—	—	—	3	3	3	2	2	4	13	2	2	—	—
S. Bovismorbificans	112	166	99	58	57	50	54	72	69	63	64	52	38	37	34	31	28	13	11	9	3
S. Braenderup	—	—	—	—	—	—	—	—	—	—	9	6	3	14	17	12	4	8	6	—	—
S. Brandenburg	148	124	91	86	84	28	40	28	29	23	31	38	36	31	60	45	28	33	21	19	27
S. Derby	—	—	—	—	—	—	—	—	—	—	21	17	13	16	17	16	10	11	17	10	—
S. Dublin	—	—	—	—	—	—	—	—	—	—	6	12	3	9	8	29	13	5	4	—	—
S. Enteritidis	126	162	160	270	722	945	986	868	1049	1472	1434	1270	1163	979	862	929	894	638	1090	768	489
S. Goldcoast	—	—	—	46	21	10	8	5	3	14	23	32	28	15	29	6	8	11	38	16	2
S. Hadar	59	54	96	61	75	85	67	60	53	88	51	67	51	49	36	25	19	18	21	15	16
S. Heidelberg	—	—	—	—	—	—	—	—	—	—	9	3	8	18	15	10	4	2	11	13	—
S. Infantis	249	165	90	62	83	62	40	26	46	46	42	65	59	50	32	24	28	29	27	22	19
S. Kentucky	—	—	—	—	—	—	—	—	—	—	6	0	5	7	4	2	4	11	6	21	—
S. Livingstone	102	76	125	48	39	49	99	38	30	20	13	9	24	19	20	15	14	0	10	8	4
S. London	—	—	—	—	—	—	—	—	—	—	15	9	3	11	6	6	13	5	8	16	—
S. Manhattan	—	—	—	—	—	—	—	—	—	—	6	9	5	9	11	10	4	14	2	—	—

Tabel 4-2 Vervolg

	1985	1986	1987	1988	1989	1990	1991	1992	1993	1994	1995	1996	1997	1998	1999	2000	2001	2002	2003	2004	2005
Niet-tyfeuze salmonellae (vervolg)																					
S. Mbandaka	—	—	—	—	—	—	—	—	—	—	6	12	5	11	6	6	6	2	2	9	—
S. Newport	—	—	—	—	—	—	—	—	—	—	30	6	13	16	13	8	17	8	8	13	—
S. Oranienburg	—	—	—	—	—	—	—	—	—	—	3	6	5	5	2	6	15	5	5	5	—
S. Panama	335	193	147	66	—	44	35	12	47	14	26	16	25	16	17	10	37	4	7	9	5
S. Saintpaul	—	—	—	68	—	—	—	—	—	—	12	3	3	11	4	0	4	3	2	—	—
S. Typhimurium	3240	2678	2264	1905	1601	1273	975	956	993	736	823	1002	786	686	680	605	714	498	493	463	546
S. Virchow	233	202	216	179	226	219	142	127	125	112	74	36	40	31	28	29	30	24	21	15	16
andere serotypen	562	657	691	462	440	348	334	299	284	278	184	167	175	169	168	189	142	214	284	140	234
***Shigella* totaal**	—	—	—	*507*	*497*	*448*	*330*	*343*	*292*	*326*	*339*	**330*	**349*	**373*	**300*	**319*	**346*	**249*	**257*	**346*	**423*
Sh. boydii	—	—	—	16	23	21	16	30	16	20	21	18	31	15	12	18	13	19	12	17	—
Sh. dysenteriae	—	—	—	11	12	11	8	11	11	13	6	6	29	19	14	8	9	10	5	13	—
Sh. flexneri	—	—	—	188	149	150	128	106	93	117	129	96	101	130	98	88	89	80	74	89	—
Sh. sonnei	—	—	—	292	313	266	178	196	172	176	183	206	183	203	168	178	212	125	161	222	—
Yersinia	—	—	—	—	222	180	118	126	111	136	111	89	—	—	—	—	—	—	—	—	—
Campylobacter	—	—	—	—	—	—	—	—	—	—	—	3741	3641	3427	3175	3474	3682	3421	2805	3402	3682
Listeria [2]	20	23	—	20	23	20	30	23	20	23	43	56	39	37	52	27	25	34	32	52	55

1 De registratie heeft betrekking op een dekkingsgraad van 62%.
2 De cijfers van *Listeria* zijn volgens de jaarlijkse 'Zoönosenrapportage' gecorrigeerd voor een dekkingsgraad van 100%.
* Inclusief een aantal isolaten die niet op soort zijn gedetermineerd.

\>\>

In 2003 was er plotseling weer een sterke stijging die voornamelijk veroorzaakt werd door een verheffing van het aantal infecties met *Salmonella* Enteritidis. Deze verheffing is ontstaan doordat er in dat jaar in Nederland, als gevolg van de toen heersende vogelpest, een tekort aan eieren was. Ter compensatie zijn in 2003 veel eieren uit het buitenland (vooral uit Spanje) ingevoerd, deze eieren bleken niet vrij te zijn van *Salmonella* Enteritidis.

Er is echter een grote *onder*-registratie, want het aantal voedselinfecties dat niet bij de officiële instanties wordt aangegeven, is vele malen groter dan de infecties die wel geregistreerd worden. Van de infecties die door *Salmonella* of *Campylobacter* worden veroorzaakt, wordt vermoedelijk slechts 3% tot 5% aangegeven en van de *Listeria*-infecties naar schatting 20% tot 30% (zie 3.2.4).

Volgens de officiële cijfers overlijden in Nederland elk jaar twintig tot dertig mensen aan de directe gevolgen van een *Salmonella*- of *Campylobacter*-infectie, maar het aantal indirecte dodelijke slachtoffers is vermoedelijk vijf- tot tienmaal hoger.

4.1.6 Symptomen

Een voedselinfectie leidt in het algemeen tot een **enteritis** (aandoening van de darm; *enteron* = darm) of een **gastro-enteritis** (maag-darmaandoening; *gaster* = maag). De symptomen hiervan zijn: buikpijn, diarree en in veel gevallen koorts; bij een gastro-enteritis komt (mogelijk doordat zenuwcentra in de dunne darm geprikkeld worden, deze zenuwcentra staan in verbinding met het braakcentrum in de hersenen) naast de genoemde verschijnselen tevens braken voor. Sommige bacteriesoorten komen vanuit het darmkanaal in de bloedbaan, er kan dan een **sepsis** (bloedvergiftiging) ontstaan; via de bloedbaan kunnen de bacteriën verschillende organen infecteren.

De **incubatietijd** (de tijd die verloopt tussen het moment van besmetting en het uitbreken van de ziekte) van een voedselinfectie varieert van een halve dag tot enige weken.

4.1.7 Pathogenese

Een groot aantal van de bacteriën die met het voedsel zijn opgenomen, wordt in de maag door het maagzuur gedood. Een lege maag heeft een pH van ongeveer 2, maar de pH stijgt tot een waarde van 5 nadat voedsel is opgenomen. Door de secretie van maagzuur daalt daarna de pH weer, ongeveer twee uur na de maaltijd heeft de maag een pH van 3 bereikt. Ouderen hebben een verminderde maagzuurproductie, bij hen is de pH van een lege maag hoger en na de consumptie van een maaltijd daalt de pH minder snel. Het bacteriedodend effect van het maagzuur is daardoor minder groot: 30% tot 40% van de bacteriën die met het voedsel zijn opgenomen, wordt bij ouderen niet door het maagzuur gedood.

Bacteriën die ingekapseld zitten in voedseldeeltjes, ondervinden minder hinder van de inwerking van het maagzuur. Vooral vette voedingsmiddelen, zoals kaas, chocolade, hamburgers en verschillende soorten worst bieden bescherming tegen het maagzuur. De bacteriën die de barrière van de maag hebben doorstaan, komen vervolgens terecht in de dunne darm waar zij door de peristaltische darmbewegingen verder worden getransporteerd. Veel bacteriën verlaten met de feces het lichaam weer, een klein gedeelte ziet evenwel kans zich in de darm te handhaven.

Pathogene bacteriën die in de darm achterblijven en zich daar vermeerderen, kunnen op verschillende manieren een aandoening of een ziekte veroorzaken. Deze pathogene bacteriën worden, op grond van hun eigenschappen, in de navolgende twee groepen verdeeld.

Entero-invasieve bacteriën

Deze bacteriën hechten zich aan de mucosa (het darmslijmvlies) en veroorzaken daar een ontsteking. De epitheelcellen van de darmwand worden daardoor geprikkeld tot een verhoogde slijmsecretie en er sterven ook epitheelcellen af, hierdoor ontstaat een *slijmige diarree* die vaak met bloed is vermengd.

De entero-invasieve bacteriën dringen tevens het darmepitheel binnen en komen vervolgens terecht in de bloedbaan (*bacteriëmie*), er kan zelfs een *sepsis* (*bloedvergiftiging*) ontstaan. Een deel van de bacteriën wordt door leukocyten opgenomen, bij het afsterven van deze bacteriën in de leukocyten komt het *endotoxine*, dat deel uitmaakt van de celwand van Gram-negatieve bacteriën (zie pagina 37), vrij. Door dit endotoxine wordt de celmembraan van de leukocyten beschadigd, uit de beschadigde leukocyten komen pyrogene stoffen vrij die *koorts* veroorzaken doordat zij inwerken op het temperatuurcentrum in de hypothalamus van de hersenen. Ook de wand van kleine bloedvaten kan door het endotoxine beschadigd worden, de permeabiliteit van de vaatwand wordt dan groter. De bloedvaten raken daardoor lek, de bloeddruk daalt en er ontstaat een *septische shock*.

Salmonella Typhi en *Salmonella* Paratyphi A en B zijn een voorbeeld van entero-invasieve bacteriën.

Entero-toxigene bacteriën

Door deze groep bacteriën wordt in de darm een *enterotoxine* uitgescheiden, dit enterotoxine hecht zich aan de cellen van het darmepitheel en verstoort de vochtregulatie van de darm. Het gevolg is een, vaak hevige, *waterige diarree* (er kan een vochtverlies van een halve liter per uur zijn) die tot een soms dodelijke *dehydratie* (uitdroging) kan leiden.

Tot de enterotoxigene bacteriën behoren onder andere Vibrio cholerae (de verwekker van cholera) en de enterotoxigene E. coli (ETEC).

Nadere toelichting: het *thermolabiele* enterotoxine dat door *Vibrio cholerae* en de enterotoxigene E. coli wordt gevormd, is opgebouwd uit verschillende subeenheden: *subeenheid-A* (actief) die uit de peptides A_1 (dat de toxische werking heeft) en A_2 bestaat en *subeenheid-B* (binding) die uit vijf delen is samengesteld. Door middel van subeenheid-B bindt het entero-toxine zich aan een speciale receptor (G_{M1}) van de epitheelcellen, daarna penetreert het peptide A_1 met behulp van peptide A_2 de celmembraan. In de cel activeert peptide A_1 het enzym adenylcyclase dat aan de binnenzij-de van de celmembraan is gebonden, dit enzym stimuleert vervolgens de omzetting van ATP in cyclisch-AMP. Door de hoge concentratie cyclisch-AMP die is ontstaan, wordt de resorptie van natriumionen door de epitheelcel-len verhinderd en tevens vindt er een verhoogde excretie van elektroly-ten (vooral chloorionen) uit de epitheelcellen plaats. Het darmchyl (de darminhoud) wordt hierdoor sterk hypertonisch, het gevolg hiervan is een grote vochtuitscheiding door de darmepitheelcellen.

De enterotoxigene *E. coli* vormt tevens een *thermostabiel* enterotoxine, de werking van dit enterotoxine is in principe hetzelfde. Door dit ther-mostabiele enterotoxine wordt echter het enzym guanylcyclase geacti-veerd, dit enzym stimuleert de omzetting van GTP in cyclisch-GMP. Een hoge concentratie cyclisch-GMP verhindert eveneens de resorptie van natriumionen en bevordert de excretie van elektrolyten.

Sommige bacteriesoorten hebben eigenschappen van beide groepen, zo zijn *Shigella dysenteriae* en een aantal stammen van *Campylobacter jejuni* zowel entero-toxigeen als entero-invasief. Andere bacteriën, bijvoorbeeld de niet-tyfeuze salmonellae, veroorzaken daarentegen meestal slechts een lichte enteritis doordat zij geen enterotoxine vormen en evenmin invasief zijn. Zij veroorzaken wel een ontsteking van het darmslijmvlies, maar dringen het darmepitheel niet binnen.

Listeria monocytogenes is een voorbeeld van een bacterie die geen darmontsteking veroorzaakt, maar wel uiterst invasief is. Deze bacterie penetreert het darmepitheel, komt in de bloedbaan terecht en infecteert vervolgens verschillende organen en het centrale zenuwstelsel.

4.2 VOEDSELINFECTIES VEROORZAAKT DOOR BACTERIËN

4.2.1 Voedselinfecties veroorzaakt door *Enterobacteriaceae*

Tot de familie van de *Enterobacteriaceae* behoren een groot aantal geslachten en soorten die (kunnen) voorkomen in het darmkanaal van de mens en van de warmbloedige dieren, maar zij worden eveneens aan-getroffen bij een aantal koudbloedige dieren (vooral reptielen, zoals hagedissen, schildpadden en slangen) en aan de poten en monddelen van insecten; daarnaast komen zij ook voor in het oppervlaktewater en in de bodem.

Enterobacteriaceae zijn Gram-negatief, de meeste soorten zijn mesofiel en worden door pasteurisatie gedood. Een voedselinfectie kan veroor-zaakt worden door *Salmonella*, *Shigella*, (een aantal serotypen van) *E. coli*, *Yersinia enterocolitica* en *Enterobacter sakazakii*, mogelijk ook door *Yersinia pseudotuberculosis* en *Citrobacter freundii*.

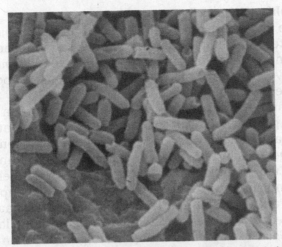

Afb. 4-1 *Bacteriën van het geslacht Salmonella* (6000 ×).

Salmonella

Kenmerken: *Salmonella's* (zie afbeelding 4-1 en afbeelding 2-11 op pagina 41) zijn Gram-negatieve, facultatief anaërobe, mesofiele, staafvormige bacteriën die mobiel zijn door peritriche flagellen.

Overige bijzonderheden: het geslacht *Salmonella* wordt niet onderverdeeld in soorten, maar op grond van serologische (antigene) kenmerken in ruim 2300 serotypen. Het determineren van een salmonella op het juiste serotype vergt daardoor enige tijd, in Nederland gebeurt dit door het Nationaal Salmonella Centrum van het Rijksinstituut voor Volksgezondheid & Milieu te Bilthoven. De naam van het serotype begint met een hoofdletter en wordt niet gecursiveerd.

Niet elk serotype is voor de mens even gevaarlijk, de gevaarlijkste serotypen zijn **Salmonella Typhi**, de verwekker van *(buik)tyfus*, **Salmonella Paratyphi A** en **Salmonella Paratyphi B** die de oorzaak zijn van *paratyfus* A en *paratyfus* B. Deze *Salmonella*-serotypen zijn *entero-invasief*: zij komen via het darmkanaal in het bloed terecht, hierdoor kan een ernstige ziekte ontstaan. Bij circa 5% van de patiënten die genezen zijn van een salmonella-infectie, kunnen de bacteriën nog een lange tijd (enkele maanden tot levenslang) aanwezig blijven in het darmkanaal en vooral in de galblaas, soms ook in het nierbekken. De bacteriën worden dan door deze salmonella-drager uitgescheiden met de feces en soms tevens met de urine; een gram feces van een salmonella-drager bevat 10^2 tot 10^8 salmonella's.

De andere *Salmonella*-serotypen die worden aangeduid als de **niet-tyfeuze salmonellae** of als de overige salmonellae, zijn, met uitzondering van **Salmonella Enteritidis** en **Salmonella Typhimurium**, in de regel minder gevaarlijk. Zij veroorzaken een darminfectie die een *salmonellose* wordt genoemd. Ook na een salmonellose kan dragerschap ontstaan doordat de bacteriën zich nog enige maanden in het darmkanaal kunnen handhaven.

Salmonella Typhi en Salmonella Paratyphi

Voorkomen en verspreiding: *Salmonella* Typhi en *Salmonella* Paratyphi A worden, in tegenstelling tot de niet-tyfeuze salmonellae, alleen aangetroffen bij mensen, bij dieren komen zij niet voor. *Salmonella* Paratyphi B komt eveneens vrijwel uitsluitend bij mensen voor, maar kan soms ook dieren infecteren.

Tyfus en paratyfus die door deze salmonella's worden veroorzaakt, komen in veel gebieden van Europa en in de Verenigde Staten bijna niet meer voor, maar in landen waar de sanitaire voorzieningen en drinkwatervoorzieningen slecht zijn, zoals in sommige delen van Midden- en Zuid-Europa, Zuid-Amerika, Afrika en Azië, treden deze ziekten nog veel op. In Nederland zijn tyfus en paratyfus voornamelijk 'importziektes'.

Salmonella Paratyphi B *variant* Java wordt sinds 2000 vaak aangetroffen bij pluimvee, in 2004 behoorde 58% van de salmonella-isolaten tot dit serotype. *Salmonella* Java is echter weinig virulent en veroorzaakt daardoor bij de mens slechts zelden een infectie.

Besmettingsbron: de besmetting gebeurt van mens tot mens, via de besmette handen van een salmonella-drager komen de bacteriën in voedingsmiddelen terecht. Voedsel kan ook besmet worden als het in contact komt met fecaal besmet oppervlaktewater of met een besmet voorwerp.

Pathogenese: *Salmonella* Typhi is sterk invasief, de bacteriën dringen het darmepitheel binnen en komen zo terecht in de bloedbaan, er ontstaat een sepsis (bloedvergiftiging) en het endotoxine komt vrij waardoor hoge koorts (tot 40 °C) ontstaat. Via de bloedbaan wordt de infectie door het hele lichaam verspreid, de lever, de galblaas, de milt, de nieren en het beenmerg worden geïnfecteerd en ten slotte komen de bacteriën vanuit de galblaas met de gal weer terecht in de darm. Door een ontsteking van het darmslijmvlies ontstaat diarree die vaak met bloed vermengd is.

Ziekteverschijnselen: de symptomen van *tyfus* zijn misselijkheid, gebrek aan eetlust, hoesten, hoofdpijn, buikpijn en in veel gevallen obstipatie (verstopping); de lichaamstemperatuur loopt langzaam op tot 39 à 40 °C, de patiënt is dikwijls suf en traag. Een week na het begin van de ziekte krijgt de patiënt een erwtensoepachtige diarree, de buik is opgezet en de milt is vergroot, de koorts blijft hoog. Op de buik, soms ook op de borst en op de bovenbenen, verschijnen kleine roze vlekjes. De ziekteverschijnselen van tyfus duren drie à vier weken, de incubatietijd bedraagt één tot drie weken.

De ziekteverschijnselen van *paratyphus* A en *paratyphus* B lijken op de symptomen van tyfus, maar de ziekte heeft meestal een wat milder verloop. De incubatietijd van paratyfus A of paratyfus B is vijf tot tien dagen.

Niet-tyfeuze salmonellae

Ongeveer 75% van de salmonelloses wordt veroorzaakt door **Salmonella Enteritidis** die vooral op het vlees van pluimvee en in eieren aanwezig is, en door **Salmonella Typhimurium** die voorkomt bij varkens, runderen en kippen. Door deze serotypen die sterk virulent zijn (een infectiedosis van enkele tientallen bacteriën is soms al voldoende) kan, met name bij mensen die tot de risicogroepen behoren, een ernstige salmonellose ontstaan.

Pathogenese: *Salmonella* Enteritidis en *Salmonella* Typhimurium dringen de epitheelcellen van het darmslijmvlies binnen en vermeerderen zich daar, maar de bacteriën komen (op een enkele uitzondering na) niet in de bloedbaan terecht.

De andere niet-tyfeuze salmonellae veroorzaken een ontsteking van het darmslijmvlies, maar zij dringen de epitheelcellen van het darmslijmvlies niet binnen.

Ziekteverschijnselen: een infectie veroorzaakt door *Salmonella* Enteritidis of *Salmonella* Typhimurium gaat gepaard met hoge koorts en een hevige diarree. Door de diarree wordt veel vocht verloren, dit vochtverlies kan een dodelijke uitdroging van de patiënt tot gevolg hebben.

De ziekteverschijnselen van een *salmonellose* die door een van de andere niet-tyfeuze salmonellae is veroorzaakt, zijn in het algemeen: misselijkheid, darmkrampen, een slijmige diarree (zonder bloed), soms braken en lichte koorts (38 °C); ook hoofdpijn, spierpijn en gewrichtspijn kan voorkomen. De ziekte is meestal na een paar dagen weer over, maar kan ook één tot twee weken duren; de incubatietijd van een salmonellose varieert van een halve dag tot anderhalve week, maar is gemiddeld één tot twee dagen.

Een salmonellose is voor gezonde mensen doorgaans onschuldig, maar voor mensen met een verminderde weerstand (zoals zieken, zuigelingen en bejaarden) kan de infectie een dodelijke afloop hebben. Soms kan door de infectie, nadat de gewone ziekteverschijnselen over zijn, een reactieve artritis (een gewrichtsontsteking) in de armen en/of de benen ontstaan, de gewrichtsklachten kunnen enige maanden aanhouden.

De Salmonella-kringloop

Salmonella's komen wijdverspreid over de hele wereld voor. Het oppervlaktewater is het grootste reservoir van salmonella's, dit oppervlaktewater wordt besmet door de uitwerpselen van dieren die salmonella's in hun darmkanaal huisvesten. Aangezien rioolwaterzuiveringsinstallaties afvalwater niet zuiveren van salmonella's, wordt het oppervlaktewater door de lozing van riolen ook besmet met salmonella's van slachterijen en van menselijke dragers. Berekend is dat Nederland via de Rijn per seconde circa tweehonderd miljoen salmonella's invoert. Vanuit het oppervlaktewater worden veel dieren geïnfecteerd: vissen, vogels, insecten, knaagdieren en de landbouwhuisdieren, door de uitwerpselen van deze dieren worden de salmonella's verder verspreid.

De grond wordt besmet door het bemesten met gier en mest, of door zuiveringsslib (afkomstig van waterzuiveringsinstallaties) dat ook als meststof wordt gebruikt. In de grond kunnen salmonella's één tot twee maanden in leven blijven.

Gewassen worden besmet wanneer zij besproeid worden met oppervlaktewater dat fecaal is verontreinigd, maar zij worden tevens besmet door salmonella's die in de grond aanwezig zijn. Veel gewassen, vooral uit tropische streken, worden verwerkt tot grondstoffen voor veevoer, tijdens de opslag en het transport worden deze grondstoffen besmet met de uitwerpselen van vogels, insecten en knaagdieren.

Landbouwhuisdieren (met name varkens en pluimvee) worden gekoloniseerd met salmonella's wanneer zij besmet veevoer eten, maar ook door insleep vanuit de bedrijfsomgeving. Daarnaast besmetten de dieren, als gevolg van de intensieve veehouderij, elkaar door hun uitwerpselen.

De mens wordt geïnfecteerd wanneer hij besmette voedingsmiddelen consumeert en hij kan tevens door onhygiënisch handelen een besmetting verder verbreiden (zie afbeelding 4-2).

Salmonelloses door voedingsmiddelen

Veel landbouwhuisdieren (runderen, varkens en kippen), maar ook wilde en tamme eenden, parelhoenders en kalkoenen zijn gekoloniseerd met salmonella's (zie 3.4.3). De meeste dieren ondervinden geen enkele hinder van het dragerschap, maar bij het industrieel slachten van deze, ogenschijnlijk gezonde, dieren wordt het vlees besmet met darminhoud en daardoor met *Salmonella*. De besmetting gebeurt vooral tijdens het verwijderen van de huid en via de gebruikte slachtapparatuur.

In 1888 is voor het eerst een salmonellose beschreven, bijna zestig mensen zijn toen ziek geworden doordat zij rundvlees hadden gegeten dat besmet was met *Salmonella* Enteritidis (die toen nog *Bacillus enteritidis* genoemd werd).

Rauwe melk kan besmet worden indien men bij het melken niet voldoende hygiëne in acht neemt, maar soms wordt de melk besmet doordat de koe salmonella's via de uier uitscheidt. Cheddarkaas, gemaakt van melk die door een procedurefout in een melkfabriek niet juist was gepasteuriseerd, heeft in 1984 ruim drieduizend mensen in Canada met *Salmonella* Typhimurium geïnfecteerd. Bijna tweehonderdduizend mensen in de Verenigde Staten hebben in 1985 eveneens een infectie met *Salmonella* Typhimurium gekregen doordat zij melk hadden gedronken die evenmin goed was gepasteuriseerd; zeven personen zijn aan de gevolgen van de infectie overleden. In 1988 zijn nog eens zevenhonderd mensen in Canada door cheddarkaas (die gemaakt was van niet afdoende gepasteuriseerde melk) geïnfecteerd, ditmaal met *Salmonella* Enteritidis.

In 1995 is in Nederland een grote partij dipsaus uit de handel genomen omdat de melkpoeder die gebruikt was voor de fabricage van de dipsaus, besmet was met *Salmonella*. Voeding die bereid was van melkpoeder heeft in 2005 in een aantal Franse ziekenhuizen vijftig, voornamelijk oudere, patiënten geïnfecteerd met *Salmonella* Worthington.

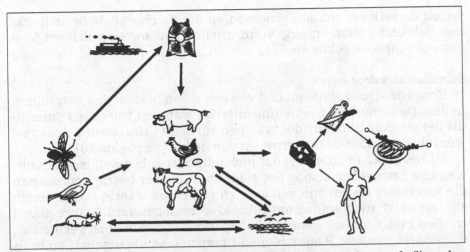

Afb. 4-2 *De besmettingskringloop van Salmonella.* Links: *de zogenaamde grote of milieucyclus.* Rechts: *de kleine of huishoudelijke infectiecyclus.*

Niet alleen dierlijke producten, maar ook plantaardige producten kunnen met salmonella's zijn besmet. Salmonella's zijn onder andere geïsoleerd uit alfalfa, asperges, cacao, champignons, meloenen, mosterd, paprika's, peper, sla, taugé, tomaten en venkel. In 1994 is *Salmonella* Livingstone aangetroffen in Brinta (een tarweproduct), ook pindakaas was in dat jaar besmet met salmonella's.

Er zijn enige salmonelloses bekend die veroorzaakt werden door plantaardige levensmiddelen. In 1990 kregen in de Verenigde Staten 174 mensen een infectie met *Salmonella* Javiana nadat zij tomaten hadden gegeten en in hetzelfde jaar waren cantaloupes (wratmeloenen) de oorzaak van een infectie met *Salmonella* Chester bij 245 mensen. In 1991 zijn, eveneens in de Verenigde Staten, 406 mensen ziek geworden nadat zij dezelfde soort meloenen hadden gegeten, ditmaal waren de cantaloupes besmet met *Salmonella* Poona. Uit onderzoek is gebleken dat de schil van de meloenen, die op de grond groeien, soms besmet is met *Salmonella*. Vermoedelijk wordt bij het opensnijden van de ongewassen meloenen ook het vruchtvlees besmet (zie 3.4.2).

Zaadspruiten, zoals alfalfa (ontkiemd zaad van de Luzerneklaver) en taugé (ontkiemd zaad van de Mungboon) zijn soms besmet met salmonella's. In 1997 zijn in de Verenigde Staten ruim driehonderd voedselinfecties veroorzaakt door alfalfa-spruiten die met *Salmonella* Stanley waren besmet. Taugé die besmet was met *Salmonella* Enteritidis heeft in 2000 in Nederland bij dertig mensen een voedselinfectie veroorzaakt.

Cacaobonen kunnen gedurende het fermentatie- en drogingsproces vanuit de bedrijfsomgeving worden besmet met salmonella's. De bacteriën overleven het fabricageproces van cacao tot chocolade en kunnen nog een tijd in de chocolade in leven blijven. In 2001 moest in negen Europese landen en in Canada een grote partij gevulde chocoladereepjes uit de verkoop worden genomen omdat de chocolade besmet was met *Salmonella* Oranienburg. Ruim driehonderd mensen hebben toen een salmonellose gekregen.

Salmonelloses door eieren

Zowel de schaal als de inhoud van een ei kan besmet zijn met salmonella's. De inwendige besmetting ontstaat wanneer *Salmonella* Enteritidis het ovarium of het oviduct van een kip heeft geïnfecteerd, de schaal wordt besmet door de uitwerpselen van de kip (*zie* pagina 107).

Bij het breken van een ei dat inwendig niet is besmet, kan een uitwendige besmetting alsnog het eiwit en de dooier besmetten. Sausen die van rauwe eieren zijn gemaakt en gerechten waarin rauwe eieren zijn verwerkt, moeten daarom gekoeld worden bewaard. Rauwe eieren worden onder andere gebruikt in amandelspijs, bavarois, geklutst ei, mayonaise, mousse, Haagse bluf en tiramisu (een likeurgebak, op basis van mascarponekaas en rauwe eieren). In 1999 hebben negen mensen in Napels een infectie met *Salmonella* Enteritidis gekregen nadat zij tiramisu hadden geconsumeerd.

Bij een 'brunch' worden vaak roereieren ('scrambled eggs') gedurende een lange tijd op een rechaud warmgehouden. Omdat bij de bereiding van dit gerecht de eiermassa slechts licht wordt verhit, zijn eventuele salmonella's niet gedood. Daardoor kunnen roereieren een 'riskant' gerecht worden, want door het langdurig warmhouden kunnen de bacteriën die in het gerecht aanwezig zijn, uitgroeien tot een groter aantal.

In de handel zijn gepasteuriseerde eiproducten verkrijgbaar, deze eiproducten die vrij zijn van levende salmonella's, kunnen door instellingen gebruikt worden bij het bereiden van gerechten. Om salmonella's te doden moet een ei zeven à acht minuten gekookt worden, spiegeleieren moeten dubbel worden gebakken (drie minuten per kant). In eieren die bij kamertemperatuur worden bewaard, kan het aantal bacteriën van een besmet ei uitgroeien tot een zeer groot aantal. Daarom verdient het aanbeveling om eieren altijd gekoeld (< 7 °C) te bewaren.

Sinds 2002 is het in Nederland verboden om besmette eieren voor particuliere consumptie te verkopen, deze eieren mogen alleen aan de levensmiddelenindustrie geleverd worden. De controle op dit verbod is echter in de praktijk moeilijk uitvoerbaar.

Waarschuwing: *aangezien een infectie met Salmonella Enteritidis ernstige gevolgen kan hebben, wordt het ontraden om aan mensen die tot de risicogroepen behoren (jonge kinderen, zwangeren, zieken en bejaarden) eieren die zacht gekookt zijn en sausen of gerechten waarin rauwe eieren zijn verwerkt, te verstrekken.*

Incidenten

In de Verenigde Staten zijn een aantal ernstige voedselinfecties ontstaan die veroorzaakt werden doordat een gerecht bereid was met rauwe eieren. Ruim vierhonderd patiënten van een ziekenhuis in New York hebben in 1987 een infectie met *Salmonella* Enteritidis gekregen nadat zij een slaatje hadden gegeten waarin zelfgemaakte mayonaise was verwerkt. De mayonaise was ruim een dag tevoren in de ziekenhuiskeuken bereid en werd daarna niet in de koeling bewaard. Door kruisbesmetting zijn in de keuken ook andere gerechten, waar geen mayonaise in was verwerkt, besmet; aan deze salmonellose zijn negen patiënten overleden.

In 1989 ontstond bij 73 mensen die in een restaurant in Knoxville (VS) hadden gedineerd, ook een infectie met *Salmonella* Enteritidis. De bronnen van besmetting waren hollandaisesaus en béarnaisesaus, deze sausen waren na de bereiding enige uren warmgehouden op 38 °C. Zowel bij de bereiding van de mayonaise als van de beide sausen was gebruikgemaakt van grote eieren (gewichtsklasse 0). Eieren van deze gewichtsklasse worden gelegd door oude hennen en juist oude hennen leggen meer geïnfecteerde eieren dan jonge hennen.

Een grote explosie heeft zich in 1994 voorgedaan toen in de Verenigde Staten meer dan tweehonderdduizend mensen een infectie met *Salmonella* Enteritidis opliepen nadat zij ijs hadden geconsumeerd. De bron van besmetting was gepasteuriseerde ijsmix die gebruikt was voor de bereiding van het ijs, deze gepasteuriseerde ijsmix was vervoerd in tankauto's die voordien gebruikt waren om ongepasteuriseerd vloeibaar ei te vervoeren.

In Nederland zijn eveneens verscheidene malen voedselinfecties voorgekomen die veroorzaakt werden door een gerecht waar rauwe eieren in waren verwerkt, vooral bavaroises zijn in dit opzicht berucht. In 1990 zijn 154 bewoners en personeelsleden van een verpleeghuis in Venlo geïnfecteerd met *Salmonella* Enteritidis. De besmettingsbron was een caramelbavarois die met rauwe eieren was bereid, aan de gevolgen van deze infectie zijn zeven bejaarden overleden.

Het nuttigen van een aardbeienbavarois heeft in 1994 aan 146 leden van een omroepvereniging, die een dagtocht door Twente maakten, een infectie met *Salmonella* Enteritidis bezorgd. Een dag later werd in hetzelfde restaurant wederom een aardbeienbavarois geserveerd aan een diner ter gelegenheid van een huwelijk, 21 bruiloftsgasten zijn toen door *Salmonella* Enteritidis geïnfecteerd. Hetzelfde overkwam vier personeelsleden van het restaurant die eveneens van de aardbeienbavarois hadden gegeten.

In 2001 zijn in een verpleeghuis en een ziekenhuis in Zwolle circa 125 patiënten en 19 medewerkers geïnfecteerd met *Salmonella* Enteritidis, drie bewoners van het verpleeghuis zijn aan de gevolgen van de infectie overleden; de besmettingbron was wederom een bavarois.

Salmonelloses door salmonella-dragers

Een salmonellose ontstaat soms doordat het voedsel besmet is door een salmonella-drager. Een historisch voorbeeld van een salmonella-drager was de Ierse MARY MALLON (1869-1938) die de bijnaam 'Typhoid Mary' heeft gekregen. Rond 1900 was zij als kokkin werkzaam in New York, maar haar voedzame maaltijden werden door haar in hoge mate besmet met salmonella's. Nadat de autoriteiten achter de oorzaak van de vele zieken en enkele doden waren gekomen, werd 'Typhoid Mary' eerst enkele jaren opgesloten en daarna kreeg zij voor de rest van haar leven een kookverbod opgelegd.

Bij een officiële gebeurtenis kan een salmonellose ontstaan wanneer de maaltijd, die enige tijd tevoren door een cateringbedrijf was klaargemaakt, tijdens de bereiding werd besmet en daarna niet goed gekoeld werd bewaard. Een bekend voorbeeld is de salmonellose die in 1981 is opgetreden tijdens de Eurotopconferentie in Maastricht. De bron van besmetting was een medewerker van het cateringbedrijf dat het buffet had verzorgd, deze medewerker was drager van *Salmonella* Indiana. Door deze 'Eurovergiftiging' zijn ruim zeshonderd mensen ziek geworden, de financiële schade bedroeg naar schatting een miljoen gulden. Een week later werd door hetzelfde cateringbedrijf het diner voor een familiefeest verzorgd, bij 19 van de 27 gasten is toen eveneens een infectie met *Salmonella* Indiana ontstaan.

Zelfs 'in het hol van de leeuw' kan het gebeuren: in 1988 werd in Den Haag, ter gelegenheid van de opening van het nieuwe gebouw van de Keuringsdienst van Waren, een feestbuffet gegeven. Na afloop ging een dertigtal mensen met een salmonellose naar huis (en naar bed!). De schuldige was ditmaal een cateringmedewerker die drager was van *Salmonella* Virchow.

De bron van besmetting is vaak moeilijk te vinden, het volgende voorval illustreert dit. In 1980 en 1981 is in een bejaardentehuis te Amsterdam verscheidene malen een salmonellose ontstaan die telkens veroorzaakt werd door *Salmonella* Eimsbuettel, in totaal hebben 22 bejaarden een salmonella-infectie opgelopen. Ondanks uitgebreid onderzoek kon de besmettingsbron aanvankelijk niet worden gevonden, pas bij het vierde onderzoek vond men in de keuken onder een fornuis muizenkeutels; in deze muizenkeutels werd *Salmonella* Eimsbuettel aangetroffen. Na een intensieve bestrijding van de muizen die geregeld in de keuken kwamen, ontstonden geen nieuwe ziektegevallen meer. De conclusie van het onderzoek was dat voedingsmiddelen telkens besmet werden door de keutels van muizen die drager waren van *Salmonella* Eimsbuettel.

Salmonelloses door herbesmetting of kruisbesmetting

Salmonelloses ontstaan dikwijls doordat vlees of gevogelte dat door een culinaire verhitting salmonella-vrij is geworden, weer in contact komt met besmet keukengerei dat niet afdoende (of zelfs in het geheel niet) is gereinigd. Hierdoor ontstaat niet alleen een herbesmetting van de bereide voedingsmiddelen, maar kunnen ook andere voedingsmiddelen door dit keukengerei besmet worden met salmonella's (zie 3.3.3). In diepvriesproducten kan *Salmonella* in leven blijven, daardoor vormt het dooiwater (drip) van een diepvrieskip vaak een ernstige bron van besmetting in de keuken. Door dit dooiwater kunnen weer andere voedingsmiddelen of keukengerei besmet worden.

Ook de mens kan voor een herbesmetting zorgen wanneer hij tijdens de voedselbereiding onhygiënisch te werk gaat. Bij het hanteren van rauwe voedingsmiddelen, bijvoorbeeld kipproducten, raken zijn handen besmet met salmonella's. Indien de handen daarna niet goed gereinigd worden, kunnen de salmonella's via de handen weer worden overgedragen op het bereide product of op andere voedingsmiddelen.

Preventie van salmonelloses

Het is van groot belang dat, om de vermeerdering van *Salmonella* te voorkomen, rauwe voedingsmiddelen gekoeld worden bewaard bij een temperatuur van 2 à 4 °C. Na de culinaire verhitting moet het voedsel, indien het niet direct wordt geconsumeerd, worden warmgehouden bij een temperatuur boven 65 °C of het moet teruggekoeld worden tot 7 °C.

Gemalen vlees (zoals gehakt) dient ook inwendig goed verhit te worden omdat de besmetting die aan de oppervlakte van het vlees aanwezig was, door het malen van het vlees ook inwendig is gekomen; de kerntemperatuur dient ten minste 75 °C te bedragen. Hetzelfde geldt voor vlees dat bestaat uit lapjes die om elkaar zijn gewikkeld, zoals rollade, slavinken en blinde vinken. Acht bewoners van een bejaardenhuis op Urk zijn in 1989 ziek geworden nadat zij een kiprollade hadden gegeten die inwendig nog enigszins rauw was; aan de gevolgen van deze salmonellose zijn twee bejaarden overleden.

Vrijwel elke salmonellose die van menselijke oorsprong is, had voorkomen kunnen worden indien een goede handenhygiëne was toegepast. Dit houdt in dat bij de bereiding van een maaltijd de handen zorgvuldig gewassen moeten worden na het verwerken van rauwe voedingsmiddelen en na toiletgebruik (zie pagina 239). Tevens moeten bereide spijzen zo min mogelijk met de handen aangeraakt worden.

Shigella

Kenmerken: *Shigella*-soorten zijn Gram-negatieve, facultatief anaërobe, mesofiele, staafvormige bacteriën, zij hebben geen flagellen en zijn daarom immobiel; tot het geslacht *Shigella* behoren vier soorten.

Voorkomen en verspreiding: *Shigella*-soorten worden niet aangetroffen bij dieren, maar enkel bij de mens; shigella's behoren echter niet tot de normale darmflora van de mens.

Besmettingsbron: shigella's kunnen maar kort buiten de mens overleven, de besmetting gebeurt meestal door direct contact met een shigella-drager of door een voorwerp dat besmet is door menselijke feces.

Op vochtige toiletbrillen en op handen die na de defecatie niet goed zijn gereinigd, kunnen evenwel nog een aantal uren na de besmetting shigella's worden aangetroffen.

Voedingsmiddelen kunnen besmet worden door insecten of door een shigella-drager die onhygiënisch handelt bij de maaltijdbereiding. Een andere besmettingsbron is soms het oppervlaktewater. Door de slechte sanitaire omstandigheden die in ontwikkelingslanden dikwijls voorkomen, kan het drinkwater besmet raken. Hierdoor kunnen ernstige epidemieën van bacillaire dysenterie ontstaan.

De meeste *Shigella*-infecties worden in het buitenland opgelopen, als besmette voedingsmiddelen zijn melk, salades en garnalen bekend.

Pathogenese: bij een *Shigella*-infectie beschadigen de bacteriën de epitheelcellen van de dikke darm, zij dringen de epitheelcellen binnen en vermeerderen zich daar, hierdoor ontstaat een ontsteking van de darmwand. De infectie verspreidt zich echter niet via het bloed naar andere delen van het lichaam.

Ziekteverschijnselen: de symptomen van een **shigellose** of **bacillaire dysenterie** (zo genoemd ter onderscheiding van de *amoeben*-dysenterie die door *Entamoeba histolytica* wordt veroorzaakt, zie pagina 181) zijn koorts, buikkrampen en een frequente, bloederige en slijmige ontlasting. Na een week is de ziekte doorgaans over, de incubatietijd bedraagt één tot vier dagen.

Shigella dysenteriae is de verwekker van een ernstige bacillaire dysenterie (die wel bekendstaat als de 'rode loop'). *Shigella dysenteriae* veroorzaakt niet alleen een ontsteking van de darmwand, maar scheidt in de darm tevens een enterotoxine uit. Door dit *Shiga-toxine* (Stx) wordt de vochtregulatie van de darm verstoord, het gevolg is een hevige waterige en bloederige diarree die tot een ernstige en soms dodelijke uitdroging kan leiden.

Incidenten: in Nederland komen jaarlijks ongeveer tweehonderd tot driehonderd gevallen van shigellose voor. Ruim de helft hiervan wordt veroorzaakt door **Shigella sonnei** (de minst virulente soort) die in Nederland inheems is. De andere infecties hebben meestal betrekking op een 'import-shigellose' die veroorzaakt wordt door **Shigella boydii** of door **Shigella flexneri** die in Zuid-Europa veel voorkomt. Kaas die door een handelaar was besmet, heeft in 1996 meer dan tweehonderd mensen in Spanje geïnfecteerd met *Shigella boydii*.

In Utrecht is in 1983 een ernstige shigellose in een bejaardenhuis voorgekomen nadat de bejaarden met Kerstmis een garnalencocktail hadden gegeten. De cocktail was bereid met garnalen die afkomstig waren uit Azië en die daar met *Shigella flexneri* waren besmet. Aan de gevolgen van deze 'Garnalen-affaire' zijn veertien bejaarden overleden.

De meest virulente soort is *Shigella dysenteriae* die vooral in de (sub)tropen wordt aangetroffen. In 1969 heeft in Midden-Amerika een zware dysenterie-epidemie gewoed, er zijn toen twaalfduizend mensen aan dysenterie overleden.

Escherichia coli

Kenmerken: E. coli is een Gram-negatieve, facultatief anaërobe, mesofiele, staafvormige tot coccoïde bacterie die mobiel is door peritriche flagellen, er komt ook immobiliteit voor.

Overige bijzonderheden: in het algemeen is E. coli een onschuldige darmbewoner bij mens en dier, bepaalde serotypen kunnen evenwel een enteritis veroorzaken.

Tijdens de Tweede Wereldoorlog werd bij Amerikaanse soldaten in Italië een E. coli-serotype (EIEC) geïsoleerd dat een dysenterie-achtige diarree veroorzaakte. Omstreeks 1945 werd ontdekt dat een pathogene E. coli (EPEC) de oorzaak was van de zogenaamde 'zuigelingendiarree'. In 1968 werd bekend dat circa 75% van de 'reizigersdiarree' (de andere gevallen betreffen een salmonellose of shigellose) ontstaat door een serotype (ETEC) dat een enterotoxine vormt. Een ander serotype (EHEC) bleek in 1975 de oorzaak te zijn van een ernstige bloederige diarree bij een patiënt en in 1987 werd weer een ander serotype (EAEC) beschreven dat een hardnekkige, waterige diarree bij kinderen kan veroorzaken.

De pathogene serotypen van E. coli zijn vaak in het bezit van specifieke adhesiefimbriae (zie pagina 42), met behulp van deze fimbriae hechten zij zich aan de darmwand en veroorzaken daar een ontsteking. De serotypen die voor de mens pathogeen zijn, komen doorgaans niet bij dieren voor. De pathogene vormen van E. coli worden onderverdeeld in de navolgende vijf groepen.

Entero-invasieve E. coli (EIEC)

Besmettingsbron: de besmetting ontstaat via water of voedsel dat fecaal is besmet, of door direct contact met een besmet persoon.

Pathogenese: de serotypen van de EIEC-groep, die nauw verwant is aan Shigella dysenteriae, veroorzaken een ontsteking van de mucosa en dringen de epitheelcellen van de dikke darm binnen, hierdoor sterven veel epitheelcellen af.

Ziekteverschijnselen: het ziektebeeld lijkt op dysenterie, er ontstaat (hoge) koorts, buikkrampen en een dunne, bloederige en slijmige diarree. De incubatietijd is een halve tot een hele dag.

Incidenten: in 1971 hebben vierhonderd mensen in de Verenigde Staten een infectie met een entero-invasieve E. coli opgelopen nadat zij camembert die uit Frankrijk was geïmporteerd, hadden gegeten. Uit onderzoek is gebleken dat de apparatuur van de fabriek waar de camembert gemaakt was, gereinigd werd met rivierwater dat door een mankement in een zuiveringsinstallatie fecaal was besmet. In Nederland heeft Franse brie in 1983 een soortgelijke voedselinfectie veroorzaakt, er zijn toen ruim driehonderd mensen ziek geworden.

In harde kaas (die een lage pH heeft) sterft E. coli af, maar in schimmelkaas kan E. coli zich handhaven wanneer de schimmel die op het oppervlak van de kaas groeit, door deze bacterie geïnfecteerd wordt. Door de stofwisselingsproducten van de schimmel stijgt de pH van de kaas, hierdoor worden de omstandigheden voor de vermeerdering van E. coli gunstig.

Entero-pathogene E. coli (EPEC)

Voorkomen en verspreiding: vroeger kwam zuigelingendiarree geregeld voor op de kraam- en de kinderafdeling van ziekenhuizen in westerse landen, maar tegenwoordig wordt deze diarree vrijwel uitsluitend aangetroffen bij zuigelingen en jonge kinderen (jonger dan een half jaar) in ontwikkelingslanden. Oudere kinderen en volwassenen zijn immuun geworden tegen de enteropathogene E. coli, zij blijven echter nog een lange tijd symptoomloos drager en scheiden de E. coli met hun feces uit.

Besmettingsbron: de besmetting met een enteropathogene E. coli gebeurt via water of voedsel dat fecaal besmet is, maar kan ook gebeuren via direct fecaal-oraal contact.

Pathogenese: de enteropathogene E. coli is de verwekker van de **zuigelingendiarree**. De bacteriën hechten zich aan het slijmvlies van de dunne darm en vernietigen daar de microvilli (de borstelzoom), maar zij dringen het darmepitheel niet binnen.

Ziekteverschijnselen: de infectie veroorzaakt een hevige, waterige diarree, meestal met slijm, dikwijls komt ook braken en een lichte koorts voor. Door de diarree is er veel vochtverlies, hierdoor kan een ernstige, en soms dodelijke, uitdroging ontstaan. Het sterftepercentage bij zuigelingendiarree is hoog (tot 50%). Indien er geen complicaties optreden, is de ziekte binnen een paar dagen over; de incubatietijd varieert van een dag tot drie dagen.

Entero-toxigene E. coli (ETEC)

Voorkomen en verspreiding: deze E. coli komt veel voor in (sub)tropische landen waar de sanitaire omstandigheden niet optimaal zijn. Circa 30% van de reizigers naar deze landen loopt een infectie met een enterotoxigene E. coli op, ook de inheemse kinderen worden frequent geïnfecteerd. De volwassenen zijn veelal symptoomloos drager geworden.

Besmettingsbron: de bron van besmetting is fecaal besmet (drink)water of voedingsmiddelen (rauwe groenten, vruchten, ijs) die met dit water in aanraking zijn geweest.

Pathogenese: de enterotoxigene E. coli is de verwekker van de **reizigersdiarree** ('tourista'). Door de serotypen die tot de ETEC-groep behoren wordt in de dunne darm een thermolabiel enterotoxine (LT) en/of een thermostabiel enterotoxine (ST) uitgescheiden, hierdoor raakt de vochtregulatie van de darm verstoord (zie pagina 133). De chemische structuur van het thermolabiele enterotoxine, dat veel overeenkomst vertoont met het enterotoxine van *Vibrio cholerae*, is in 1991 door Nederlandse onderzoekers ontrafeld.

Ziekteverschijnselen: de enterotoxinen zijn, evenals bij cholera het geval is, de oorzaak van een hevige waterige diarree waardoor veel vochtverlies ontstaat. Andere symptomen die voorkomen zijn misselijkheid, buikkrampen, lichte koorts (soms is er een temperatuurverlaging) en braken. Na één of twee dagen treedt weer herstel op; de incubatietijd varieert van enkele uren tot anderhalve dag.

Incident: in 1975 hebben in Oregon (VS) ruim tweeduizend mensen een ETEC-infectie gekregen nadat zij besmet drinkwater hadden gedronken. Het drinkwater was verontreinigd met rioolwater, uit onderzoek is bovendien gebleken dat de installatie die chloor aan het drinkwater moest toevoegen, niet goed functioneerde.

Entero-hemorragische E. coli (EHEC)

Naamgeving: tot de EHEC-groep behoren meer dan tweehonderd verschillende serotypen die als gemeenschappelijk kenmerk hebben dat zij *verocytotoxinen*[1] vormen.

De serotypen worden nader onderscheiden op grond van de structuur van hun O-antigeen (het somatische antigeen) en, indien aanwezig, hun H-antigeen (het flagellaire antigeen). Niet alle serotypen zijn echter pathogeen voor de mens, de serotypen O157:H7 en O157:NM (NM = niet mobiel; dit serotype heeft geen H-antigeen) worden bij de mens het meest geïsoleerd. Andere voor de mens pathogene serotypen zijn bijvoorbeeld: O6:NM, O26:H11, O103:H2, O104:H21, O111:NM en O113:H21.

Omdat de serotypen van de EHEC-groep verocytotoxinen vormen, wordt deze groep ook wel de **verocyto-toxigene E. coli (VTEC)** genoemd. De verocytotoxinen vertonen een grote overeenkomst met het Shiga-toxine (Stx) dat gevormd wordt door *Shigella dysenteriae*, daarom wordt de EHEC-groep ook wel aangeduid als de **Shiga-toxigene E. coli (STEC)**. De namen EHEC, VTEC en STEC zijn synoniem, vaak wordt ook alleen maar gesproken over E. coli O157.

Van de verocytotoxinen bestaan twee vormen die aangeduid worden met Stx1 en Stx2. Een enterohemorragische E. coli kan één van beide of beide toxinen vormen, Stx2 heeft een sterkere werking dan Stx1.

Voorkomen en verspreiding: in tegenstelling tot de serotypen van de andere groepen, die vrijwel uitsluitend bij mensen voorkomen, wordt de EHEC-groep dikwijls aangetroffen bij dieren, met name bij runderen, maar ook bij varkens, kippen, kalkoenen en konijnen. In 2004 is E. coli O157 in Nederland aangetroffen bij 9% van het melkvee en bij 14% van de vleeskalveren (zie tabel 3-3 op pagina 99).

Besmettingsbron: rauwe melk en onvoldoende verhit rundvlees (rundergehakt, hamburgers en beefburgers) staan bekend als bron van besmetting. Veel infecties ontstaan echter door direct contact met een gekoloniseerd dier (een aantal infecties zijn ontstaan bij kinderen die een kinderboerderij hadden bezocht) of via besmette feces, de enterohemorragische E. coli kan vrij lang in feces overleven.

---

[1] Verocytotoxinen zijn toxinen die cellen van de Vero-lijn doden. De Vero-lijn bestaat uit cellen die oorspronkelijk afkomstig zijn uit de nier van een Afrikaanse aap, deze cellen worden in laboratoria in een weefselculture verder gekweekt.

Pathogenese: de bacteriën van de EHEC-groep hechten zich aan het darmslijmvlies en beschadigen de microvilli, tevens scheiden zij in de dikke darm verocytotoxinen uit. De verocytotoxinen, die sterk gelijken op het enterotoxine van *Shigella dysenteriae*, veroorzaken een ernstige **hemorragische colitis** (een bloedende ontsteking van de dikke darm). Vanuit het darmlumen komen de verocytotoxinen in de bloedbaan en kunnen zo de nieren bereiken. Hierdoor kan, vooral bij kinderen (jonger dan zes jaar) en bejaarden, een ontsteking van de nieren ontstaan, deze ontsteking staat bekend als het **hemolytisch uremisch syndroom (HUS)**. Door de ontsteking ontstaat een storing in de nierwerking, de afvalstoffen in het bloed worden nu niet meer via de nieren aan de urine afgegeven, maar blijven in het bloed circuleren; er kan een blijvende nierinsufficiëntie voorkomen.

Een andere complicatie die kan optreden zijn onderhuidse bloedingen, deze aandoening, **trombotische trombocytopenische purpura (TTP)** genoemd, ontstaat door een tekort aan trombocyten (bloedplaatjes).

Ziekteverschijnselen: de infectie begint met hevige buikkrampen en een waterige diarree. De diarree wordt na één tot twee dagen met bloed vermengd; vaak komt ook braken voor, er is meestal geen koorts. Indien er geen complicaties zijn in de vorm van het hemolytisch uremisch syndroom of onderhuidse bloedingen, treedt doorgaans na ongeveer een week herstel op. Bij complicaties kan de ziekte echter een dodelijke afloop hebben, het sterftepercentage varieert van 5% tot 10%; bij circa 25% van de HUS-patiënten treedt een langdurige nierinsufficiëntie op. De incubatietijd bedraagt drie tot negen dagen.

Overige bijzonderheden

De EHEC-groep behoort tot de zogenaamde nieuw opduikende voedselpathogenen ('emerging pathogens'), vooral kalfsvlees en rundvlees is met deze bacteriën besmet. Dit is bijzonder ongunstig omdat juist het vlees van kalveren en runderen in vergelijking met het vlees van varkens en pluimvee, altijd maar weinig met voedselpathogenen was besmet. Daarom kon bijvoorbeeld tartaar (gemalen runderbiefstuk), mits hygiënisch bereid en gekoeld bewaard, rauw worden geconsumeerd. Aangezien tartaar besmet kan zijn met een EHEC, bestaat nu het risico op het krijgen van een EHEC-infectie indien dit product rauw wordt geconsumeerd, hetzelfde geldt voor filet americain.

Het serotype van de EHEC-groep dat het meest wordt aangetroffen, is *E. coli* O157:H7. Dit serotype is erg zuurtolerant, het is bestand tegen een pH van 2,5 à 3 en kan daardoor in zure en gefermenteerde voedingsmiddelen in leven blijven. In 1994 moest in de Verenigde Staten vijfhonderd ton salami (een gefermenteerde worst) uit de handel worden genomen, omdat de salami besmet was met *E. coli* O157.

Vanwege de zuurtolerantie is deze bacterie tevens in staat de barrière van de zure maag te overleven. Uit een onderzoek is gebleken dat 20% tot 80% van de *E. coli* O157 levend vanuit de maag in de dunne darm komt. Dit verklaart tevens de zeer lage minimale infectueuze dosis: tien tot honderd bacteriën kunnen reeds een infectie veroorzaken. E. coli O157 kan ook een lage temperatuur langdurig doorstaan, dit serotype kon nog goed opgekweekt worden uit vleespasteitjes die gedurende negen maanden bij een temperatuur van -20 °C waren bewaard.

In de Verenigde Staten krijgen jaarlijks ruim zeventigduizend mensen een EHEC-infectie, aan de gevolgen van de infectie overlijden ieder jaar circa honderd mensen. De besmettingsbron is bij 40% van de infecties de zogenaamde 'ground beef' (gemalen rundvlees), in 2002 was 0,9% van de ground beef besmet met E. coli O157. Dit product wordt meestal rauw of slechts licht verhit gegeten, maar het wordt ook gebruikt voor de productie van hamburgers.

In Nederland worden jaarlijks veertig à zestig infecties aangegeven, maar over de werkelijke incidentie is nog maar weinig bekend. De infecties zijn niet altijd even ernstig en daarom wordt niet in alle gevallen een arts geraadpleegd. In 2003 is bij 57 mensen E. coli O157 uit de ontlasting geïsoleerd, zeven van hen hadden HUS, maar meestal kon geen direct verband gelegd worden met geconsumeerd voedsel. Sommige besmettingen waren ontstaan door contact met dieren op een boerderij en (vermoedelijk) door het drinken van rauwe melk. In drie gevallen was de oorzaak rauw gehakt (waarvan soepballetjes waren gemaakt) en filet americain die afkomstig waren uit dezelfde slagerij. Bij negen andere ziektegevallen was besmet vlees vermoedelijk de besmettingsbron, maar omdat er geen vleesrestanten voor onderzoek aanwezig waren, kon dit niet bevestigd worden.

Het Rijksinstituut voor Volksgezondheid & Milieu heeft echter berekend dat in Nederland jaarlijks circa duizend mensen een EHEC-infectie kunnen oplopen door de consumptie van rauw kalfs- of rundvlees, zoals tartaar en filet americain. In 2004 was in Nederland 0,4% van het kalfsvlees en 0,2% van het rundvlees besmet, maar bij varkensvlees, lams- en schapenvlees werd E. coli O157 toen niet aangetroffen.

De meeste voedselinfecties komen voor in Canada, in de noordelijke staten van de Verenigde Staten en in Groot-Brittannië, maar ook in Japan zijn een paar grote explosies geweest. Het aantal patiënten varieerde van enkele honderden tot enige duizenden mensen. Op het Europese continent zijn nog maar weinig voedselinfecties veroorzaakt door de EHEC-groep.

Incidenten

Hoewel al in 1975 voor het eerst een enterohemorragische E. coli is geïsoleerd bij een patiënt die een bloederige diarree had, is de EHEC-groep pas bekend geworden nadat in 1982 in de staten Michigan en Oregon (VS) circa vijftig personen een EHEC-infectie hadden opgelopen. De mensen werden ernstig ziek nadat zij een hamburger die niet voldoende was doorbakken, hadden gegeten bij een restaurant van een hamburgerketen. Sedert die tijd staat de EHEC-groep bekend als verwekker van een, soms dodelijke, voedselinfectie en vanwege het voorkomen van deze bacteriën in hamburgers spreekt men wel over de 'Hamburger disease'. In 1993 zijn bijna zevenhonderd mensen, eveneens in de Verenigde Staten, met een EHEC geïnfecteerd, de bron van besmetting waren wederom hamburgers die niet voldoende doorbakken waren; veertig patiënten kregen HUS en vier kinderen zijn aan de gevolgen van de infectie overleden. Sindsdien moet, volgens een richtlijn van het Amerikaanse ministerie van Landbouw, de kern van hamburgers gedurende ten minste tien seconden een verhitting van 70 °C ondergaan.

Niet alleen door besmette voedingsmiddelen, maar ook door (drink)-water dat fecaal is besmet, kan een EHEC-infectie veroorzaakt worden. Uit onderzoek is gebleken dat E. coli O157 enige weken tot enige maanden in water kan overleven.

In de winter van 1990 is in Missouri een EHEC-besmetting overgebracht via het drinkwater. Een hoofdbuis van het waterleidingnet was door strenge vorst gesprongen, nadat de leiding weer hersteld was zijn ruim tweehonderd mensen met een enterohemorragische E. coli geïnfecteerd; vier patiënten zijn overleden. Vermoedelijk is in de kapotte hoofdbuis afvalwater, dat besmet was met E. coli, terechtgekomen. Door besmet drinkwater hebben in 2001 ongeveer tweeduizend mensen in Walkerton (Canada) eveneens een EHEC-infectie gekregen; zes personen zijn aan de gevolgen van de infectie overleden. Na een uitgebreid onderzoek ontdekte men dat de besmetting van het drinkwater was ontstaan doordat een van de grondwaterputten waaruit het drinkwater werd gewonnen en die in agrarisch gebied lag, na een hevige regenbui besmet was geraakt met E. coli O157.

Een grote explosie heeft in 1996 in Japan plaatsgevonden, ruim negenduizend personen, voornamelijk schoolkinderen en bejaarden, zijn met E. coli O157 geïnfecteerd, aan de gevolgen van de infectie zijn elf mensen overleden. De besmettingsbronnen waren waterkers en witte radijsjes die vermoedelijk gewassen waren met fecaal besmet water. In hetzelfde jaar heeft ook rauwe lever bij een aantal mensen in Japan voor een EHEC-infectie gezorgd.

De besmetting kan soms op een merkwaardige wijze zijn ontstaan, de volgende incidenten tonen dit aan. In 1991 is E. coli O157 aangetroffen in appelsap en appelcider. Uit onderzoek is gebleken dat de appels die voor het appelsap en de appelcider waren gebruikt, afkomstig waren uit een boomgaard die bemest was met rundermest. Toen de appels uit de bomen op de grond waren gevallen, werden zij besmet met de E. coli die via de rundermest in de boomgaard was gekomen.

Ongeveer vijfhonderd mensen in Schotland hebben in 1996 een EHEC-infectie gekregen, de besmettingsbron was gebraden rosbief die zij gekocht hadden bij een plaatselijke slager; twintig mensen zijn aan de gevolgen van de infectie overleden. De rosbief was door kruisbesmetting besmet geraakt: na het braden in de slagerij was de rosbief door de slager op een werktafel gelegd waarop hij tevoren rauw vlees had verwerkt.

Tachtig patiënten en dertig personeelsleden van een psychiatrisch ziekenhuis in Canada kregen in 2002 een EHEC-infectie, twee patiënten zijn overleden. De infectie werd veroorzaakt door sla en sandwiches die waren bereid door een keukenmedewerker die zelf een EHEC-infectie had, maar die ondanks zijn diarree in de keuken was blijven werken.

Entero-adherente E. coli (EAEC)

Pathogenese: de entero-adherente E. coli hecht zich, evenals de entero-pathogene E. coli, aan het slijmvlies van de dunne darm en beschadigt daar de microvilli. Sommige stammen kunnen een hittestabiel enterotoxine (EA-ST) vormen.

Ziekteverschijnselen: door de infectie kan, vooral bij kinderen, een langdurige waterdunne diarree ontstaan; buikpijn en braken komt ook voor. De diarree, die soms met bloed is vermengd, kan een ernstige uitdroging veroorzaken. De ziekteverschijnselen kunnen langer dan twee weken duren.

Overige bijzonderheden: de entero-adherente E. coli wordt ook wel aangeduid als de *entero-aggregatieve E. coli (EAggEC)* omdat de bacteriën zich in een kenmerkende aggregatie (samenvoeging), namelijk als een 'stapeltje bakstenen', aan het darmepitheel hechten. Over de EAEC is nog maar weinig bekend.

Yersinia

Het geslacht *Yersinia* bestaat uit elf soorten, waarvan voor de mens pathogeen zijn: *Yersinia enterocolitica, Yersinia pseudotuberculosis* en *Yersinia pestis* (vroeger *Pasteurella pestis* genoemd) de beruchte pestbacterie. De eerstgenoemde soort is al sinds 1964 bekend als verwekker van een voedselinfectie, in de afgelopen jaren zijn echter ook een paar voedselinfecties bekend geworden die door *Yersinia pseudotuberculosis* veroorzaakt waren.

Yersinia enterocolitica

Kenmerken: *Yersinia enterocolitica* is een Gram-negatieve, facultatief anaërobe, psychrotrofe, staafvormige of coccoïde bacterie die bij een temperatuur lager dan 30 °C mobiel is door peritriche flagellen, bij een hogere temperatuur is de bacterie echter immobiel. De optimumtemperatuur is 24 tot 28 °C, maar bij een temperatuur van 0 tot 2 °C kan *Yersinia enterocolitica* zich nog vermeerderen.

Voorkomen en verspreiding: *Yersinia enterocolitica* komt wijdverspreid in de natuur voor, deze bacterie wordt aangetroffen bij vele diersoorten en in water dat fecaal besmet is en daardoor ook op groentes en fruit die met dit water besproeid of gewassen zijn. Serotypen die voor de mens pathogeen zijn, komen met name voor in de mond- en keelholte (op de tong en de amandelen) en in het darmkanaal van varkens, soms worden zij ook aangetroffen bij runderen. In 1998 is *Yersina enterocolitica* aangetroffen op 22% van de amandelen en in 6% van de feces van varkens, varkensvlees was voor 3% besmet.

Door een verandering in de wijze van slachten van varkens, waarbij de tong en de amandelen voorzichtig worden verwijderd, is het aantal gevallen van yersiniose in Nederland sinds 1990 aanzienlijk gedaald, momenteel komen er per jaar een honderdtal gevallen van yersiniose voor.

Besmettingsbron: voedingsmiddelen die een voedselinfectie hebben veroorzaakt, zijn onder andere varkensvlees, (rauwe) melk en ijs.

Pathogenese: *Yersinia enterocolitica* veroorzaakt in het terminale gedeelte van de dunne darm (vlak bij de appendix) een ontsteking van het darmslijmvlies, de bacteriën dringen tevens de epitheelcellen binnen maar zij komen niet terecht in de bloedbaan. Vooral kinderen en jonge volwassenen zijn vatbaar voor een *Yersinia*-infectie.

Ziekteverschijnselen: de symptomen van een **yersiniose** bij jonge kinderen zijn koorts, buikkrampen in de onderbuik en in veel gevallen een waterige diarree, soms met bloed. Bij oudere kinderen en jonge volwassenen ontstaat vaak een hevige pijn in de onderbuik die gelijkenis vertoont met een appendicitis (blindedarmontsteking). De duur van de ziekte varieert van enkele dagen tot enkele weken, als complicatie kan daarna soms een reactieve artritis (een gewrichtsontsteking) ontstaan; de incubatietijd van een yersiniose bedraagt twee tot zes dagen.

Incidenten: in New York zijn in 1976 ruim tweehonderd schoolkinderen geïnfecteerd met *Yersinia enterocolitica* nadat zij op een schoolfeest chocolademelk hadden gedronken. Vanwege de hevige buikkrampen die zij hadden, is toen bij zestien kinderen per abuis een blindedarmoperatie uitgevoerd. In 1981 kregen honderdzestig kinderen die in de Verenigde Staten op een schoolkamp waren, een yersiniose; vijf kinderen werden aan hun blindedarm geopereerd. De besmettingsbron was kalkoenvlees dat besmet was door een kok die zelf met *Yersinia* was geïnfecteerd.

Yersinia pseudotuberculosis

Kenmerken: zie bij *Yersinia enterocolitica*.

Voorkomen en verspreiding: *Yersinia pseudotuberculosis* wordt voornamelijk aangetroffen bij warmbloedige dieren.

Besmettingsbron: deze bacterie staat niet bekend als de verwekker van een voedselinfectie, maar in de afgelopen jaren zijn een aantal voedselinfecties ontstaan die veroorzaakt waren door groentes die besmet waren door de feces van dieren.

Ziekteverschijnselen: zijn vrijwel gelijk aan de symptomen die bij *Yersinia enterocolitica* staan vermeld.

Incidenten: in 1998 zijn circa vijftig mensen in Finland met deze bacterie besmet nadat zij ijsbergsla hadden geconsumeerd, één persoon is aan de infectie overleden; in 2004 veroorzaakten, eveneens in Finland, wortels een aantal voedselinfecties. Sla heeft in 2005 ruim dertig kinderen in Rusland met *Yersinia pseudotuberculosis* geïnfecteerd. De mogelijke besmettingsbron van deze infecties waren wilde dieren (herten en knaagdieren) die met hun uitwerpselen de sla en wortels hadden besmet.

Enterobacter sakazakii (nieuwe naam: Cronobacter spp.)

Kenmerken: *Enterobacter sakazakii* is een Gram-negatieve, facultatief anaërobe, mesofiele, staafvormige bacterie die mobiel is door peritriche flagellen. Deze bacterie is zeer thermotolerant, zowel bij een lage temperatuur (3,6 °C) als bij een hoge temperatuur (47 °C) kan groei optreden. *Enterobacter sakazakii* is ook thermoresistent, in tegenstelling tot de andere *Enterobacteriaceae* wordt hij niet door pasteurisatie gedood.

Voorkomen en verspreiding: de natuurlijke bron is niet bekend, maar *Enterobacter sakazakii* wordt geregeld aangetroffen op droge en warme plekken in de voedingsmiddelenindustrie, alsmede in keukens en op keukengerei; de bacterie kan daar enige weken in leven blijven.

Besmettingsbron: er zijn een aantal voedselinfecties bekend die veroorzaakt waren door besmet melkpoeder.

Pathogenese: *Enterobacter sakazakii* kan een necrotiserende enterocolitis veroorzaken, dit is een ontsteking van het slijmvlies van de dunne en dikke darm, er ontstaan perforaties in de darmwand en het weefsel sterft plaatselijk af; hierdoor ontstaat een bloederige diarree. Vanuit het darmkanaal komen de bacteriën in de bloedbaan terecht en veroorzaken een sepsis (bloedvergiftiging), de bacteriën worden via de bloedbaan verder vervoerd en hierdoor kan een meningitis (hersenvliesontsteking) ontstaan. Door sommige stammen kan een enterotoxine gevormd worden.

Overige bijzonderheden: voedselinfecties die veroorzaakt werden door *Enterobacter sakazakii* zijn alleen voorgekomen bij zuigelingen en kinderen van enkele jaren oud; vooral bij pasgeborenen en prematuren is de sterfte hoog, het sterftepercentage varieert van 20% tot 50%. Na een meningitis kunnen ernstige blijvende neurologische complicaties optreden, alsmede een stoornis in de geestelijke en lichamelijke ontwikkeling.

Alle bekende infecties zijn ontstaan door (zuigelingen)voeding die bereid was met melkpoeder. De infectueuze dosis van *Enterobacter sakazakii* bedraagt vermoedelijk 10^5, deze dosis kan bereikt worden indien zuigelingenvoeding enige uren door middel van een flesverwarmer op temperatuur wordt gehouden (zie 3.4.4).

Incidenten: in een ziekenhuis op IJsland zijn in 1986 drie zuigelingen geïnfecteerd met *Enterobacter sakazakii*, één baby overleed aan een meningitis, de twee andere baby's hielden aan de infectie een hersenbeschadiging over. Uit onderzoek is gebleken dat de melkpoeder die voor de zuigelingenvoeding werd gebruikt, maar licht was besmet. Doordat de voeding echter een aantal uren op 37 °C was warmgehouden, kon het geringe aantal bacteriën uitgroeien tot een groter aantal. In 1998 kregen twaalf pasgeboren baby's op de intensive-careafdeling van een ziekenhuis in Brussel een necrotiserende enterocolitis, twee baby's zijn overleden. De bron van besmetting was een partij melkpoeder die voor de zuigelingenvoeding was gebruikt.

Vier baby's werden in 1988 in Memphis (VS) geïnfecteerd met *Enterobacter sakazakii*, drie baby's kregen een sepsis. Ditmaal was de besmetting niet afkomstig van melkpoeder, maar van een mixer die bij de bereiding van de zuigelingenvoeding was gebruikt. Een besmette mixer was in 2002 eveneens de oorzaak van een infectie bij vijf pasgeborenen in een ziekenhuis in Jeruzalem, twee baby's hadden een sepsis en één baby kreeg meningitis.

Voedselinfecties door andere Enterobacteriaceae

De overige geslachten van de *Enterobacteriaceae*, namelijk: *Citrobacter, Edwarsiella, Erwinia, Hafnia, Klebsiella, Morganella, Pantoea, Proteus, Providencia* en *Serratia* staan niet bekend als veroorzakers van voedselinfecties.

Er zijn evenwel een paar gevallen van een voedselinfectie voorgekomen die veroorzaakt waren door **Citrobacter freundii**. In 1983 is een voedselinfectie ontstaan door Franse brie die besmet was met deze bacterie en in 1995 heeft *Citrobacter freundii* enkele voedselinfecties veroorzaakt bij pasgeborenen, vermoedelijk via besmette zuigelingenvoeding.

Door *Citrobacter freundii* kan een thermostabiel enterotoxine, dat overeenkomst vertoont met het Stx-toxine van de enterohemorragische *E. coli*, gevormd worden. Dit Stx-toxine kan ook gevormd worden door sommige stammen van **Enterobacter cloacae** en **Klebsiella pneumoniae**, het is echter (nog) onbekend of door deze bacteriën een voedselinfectie veroorzaakt kan worden.

Door *Enterobacter aerogenes, Hafnia alvei, Klebsiella pneumoniae* en *Morganella morganii* (*Proteus morganii*) kan een voedselvergiftiging ontstaan die bekendstaat als de **scombroïd-vergiftiging** of het **biogene aminensyndroom** (zie pagina 218).

4.2.2 Voedselinfecties veroorzaakt door Vibrionaceae

Tot de familie van de *Vibrionaceae* behoren vier geslachten, hiervan zijn de geslachten *Vibrio, Aeromonas*[1] en *Plesiomonas* voor de mens pathogeen.

Vibrionaceae zijn Gram-negatief en zijn mobiel door middel van monotriche of lofotriche flagellatie, zij worden aangetroffen in zoet en/of zout oppervlaktewater.

Vibrio

Kenmerken: *Vibrio*'s zijn Gram-negatieve, facultatief anaërobe, mesofiele, kommavormige, actief beweeglijke bacteriën die één polaire flagel hebben. De meeste vibrio's zijn alkalofiele bacteriën, zij vermeerderen zich nog bij een pH van 9 à 10.

Voorkomen en verspreiding: de soorten van het geslacht *Vibrio* worden aangetroffen in zoet oppervlaktewater en in zout water dat voorkomt langs de kusten en estuaria in Azië, Afrika en in Zuid- en Midden-Amerika, beneden een watertemperatuur van circa 10 °C is er doorgaans geen vermeerdering.

---

[1]   Het geslacht *Aeromonas* wordt tegenwoordig ook wel geplaatst in de nieuwe familie *Aeromonadaceae*.

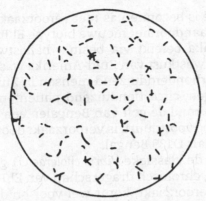

Afb. 4-3 *Microscopisch beeld van* Vibrio cholerae *(1000 ×)*.

Vibrio cholerae

Voorkomen en verspreiding: *Vibrio cholerae* (afbeelding 4-3) komt wijd-verspreid voor in zoet oppervlaktewater en in brak water van riviermon-dingen.

Besmettingsbron: in gebieden met een gebrekkige hygiëne is de besmettingsbron fecaal besmet drinkwater (ijs en ijsblokjes kunnen besmet zijn) of voedsel (zoals rauwe groenten en vruchten) dat met dit water in aanraking is geweest. Vissen en schaal- en schelpdieren die in fecaal verontreinigd water leven, zijn vaak besmet.

Pathogenese: *Vibrio cholerae* vermenigvuldigt zich in het lumen van de dunne darm zeer snel, maar penetreert de epitheelcellen niet. In de dunne darm wordt een thermolabiel enterotoxine uitgescheiden, door dit cholera-toxine (CT) wordt de vochtregulatie in de dunne darm verstoord (zie pagina 133), het gevolg is een overvloedige waterdunne diarree.

Ziekteverschijnselen: *Vibrio cholerae* is de verwekker van **cholera**. De ziekte begint met braken, buikpijn en er ontstaat plotseling een heftige, waterdunne en vlokkige diarree ('rijstwater'). Er kan een vochtverlies van tien tot vijftien liter per etmaal zijn, daardoor ontstaat een ernstige dehy-dratie die binnen een dag een dodelijke afloop kan hebben. De ziektever-schijnselen duren, mits er voldoende vocht en elektrolyten worden toege-diend, circa vijf dagen; de incubatietijd varieert van een halve dag tot vijf dagen, maar is gewoonlijk twee à drie dagen.

Overige bijzonderheden: de minimale infectueuze dosis van *Vibrio cholerae* is hoog (10^8 tot 10^9), dit komt doordat *Vibrio cholerae* een alkali-fiele bacterie is die niet bestand is tegen de lage pH van de maag. Een groot deel van de opgenomen bacteriën wordt door het maagsap gedood, slechts een klein aantal bacteriën overleeft de barrière van de maag. De bacteriën die evenwel in de dunne darm zijn aangekomen, kunnen zich daar in een korte tijd tot een zeer groot aantal vermeerde-ren.

Sinds 1816 zijn er al zeven cholera-pandemieën geweest waarbij vele honderdduizenden mensen zijn omgekomen. De zevende pandemie die in 1961 in Indonesië is begonnen, is niet veroorzaakt door de klassieke *Vibrio cholerae* O1, maar door het nieuwe biotype El Tor. Dit biotype heeft in 1991 Zuid-Amerika bereikt via besmet ballastwater dat door een vrachtschip voor de westkust van Zuid-Amerika was geloosd. Tussen de driehonderd- en vierhonderdduizend mensen in Zuid-Amerika hebben toen cholera gekregen, circa tienduizend patiënten zijn overleden. In 1992 is in de landen rond de golf van Bengalen een endemie ontstaan, deze endemie die nog voortduurt, is veroorzaakt door een nieuw serotype dat bekend staat als O139 Bengal.

Dragerschap van de klassieke *Vibrio cholerae* O1 gebeurt maar gedurende een korte tijd, chronisch dragerschap van El Tor, dat een mildere vorm van cholera veroorzaakt, komt wel voor en dit biotype kan ook beter in voedingsmiddelen overleven dan de klassieke *Vibrio cholerae* O1.

Incident: in 1998 hebben tachtig mensen in Italië cholera gekregen, de bron van besmetting was een vissalade die onder andere bestond uit mosselen, garnalen en inktvis.

Vibrio parahaemolyticus

Voorkomen en verspreiding: *Vibrio parahaemolyticus* (afbeelding 4-4) komt voor in zeewater langs de kust en in brak water van riviermondingen, hij is met name in Azië wijdverspreid.

Besmettingsbron: vissen, schaal- en schelpdieren worden door deze bacterie besmet, in Japan (waar veel rauwe vis wordt gegeten) is *Vibrio parahaemolyticus* de oorzaak van 60% tot 70% van de voedselinfecties. De besmettingsbron wordt gevormd door vis, garnalen, kreeft, krab en oesters. Aangezien deze zeedieren ook in Nederland geïmporteerd worden, kan het nuttigen van bijvoorbeeld een krab- of garnalencocktail een voedselinfectie tot gevolg hebben.

Pathogenese: *Vibrio parahaemolyticus* hecht zich aan de epitheelcellen van de dunne darm en scheidt daar een enterotoxine uit.

Ziekteverschijnselen: er ontstaan buikkrampen, een waterige diarree die soms met bloed is vermengd, misselijkheid, soms braken en lichte koorts. De ziekte duurt meestal enkele dagen, de incubatietijd varieert van een halve dag tot vier dagen.

Overige bijzonderheden: sinds enige jaren wordt *Vibrio parahaemolyticus* aangetroffen in de Middellandse Zee en als de watertemperatuur hoger dan 14 °C is ook in de Noordzee, zodat zeevisserijproducten uit deze gebieden besmet kunnen zijn. Uit een onderzoek in 1999 van de WVA/Keuringsdienst van Waren is gebleken dat *Vibrio parahaemolyticus* voorkwam bij 5% van de onderzochte oesters, bij 21% van de kokkels en bij 51% van de mosselen.

Incidenten: door het eten van gekookte krab zijn in 1996 zevenhonderd mensen in Japan met *Vibrio parahaemolyticus* geïnfecteerd. Deze bacterie kan met name in krab een warmtebehandeling goed doorstaan, na tien minuten koken van krab kan de bacterie nog in leven zijn.

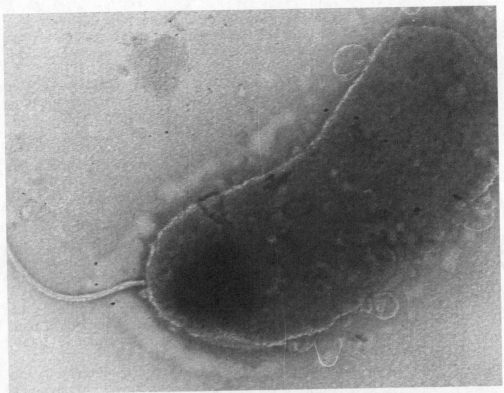

Afb. 4-4 *Vibrio parahaemolyticus, links is een klein gedeelte van de flagel te zien* (50.000 ×).

In de Verenigde Staten zijn enkele explosies geweest die telkens veroorzaakt waren door het eten van rauwe oesters: in 1997 zijn ruim tweehonderd mensen geïnfecteerd, één patiënt is aan de gevolgen van de infectie overleden; het jaar daarop kregen driehonderd mensen in Texas een infectie met *Vibrio parahaemolyticus*, men vermoedt echter dat naast de ziektegevallen die bekend zijn geworden, nog eens tweehonderdduizend mensen door het eten van oesters een (lichte) infectie hebben gekregen.

Vibrio vulnificus

Voorkomen en verspreiding: *Vibrio vulnificus* komt veel voor in het zeewater van landen waar de golfstroom langsstroomt.

Besmettingsbron: vooral oesters, mosselen en kokkels kunnen besmet zijn.

Pathogenese: *Vibrio vulnificus* is een erg virulente en invasieve bacterie, hij penetreert de slijmlaag van de dunne darm en komt terecht in de bloedbaan waardoor een sepsis ontstaat.

Ziekteverschijnselen: koorts, koude rillingen, braken, meestal geen diarree. Vooral bij mensen die een leveraandoening hebben, kan *Vibrio vulnificus* een ernstige infectie veroorzaken, het sterftepercentage kan dan 50% zijn. De incubatie tijd is ongeveer twee dagen.

Overige bijzonderheden: wanneer de watertemperatuur hoger dan 18 °C is, kan *Vibrio vulnificus* ook voorkomen in de Noordzee. Tijdens de warme zomer van 1994 is deze bacterie aangetroffen in de Noordzee bij Denemarken.

Incident: in 1996 zijn in Los Angeles zestien mensen geïnfecteerd met *Vibrio vulnificus* nadat zij rauwe oesters hadden gegeten, drie personen zijn overleden.

Andere Vibrio-soorten

Als verwekkers van een voedselinfectie zijn ook bekend: **Vibrio flu-vialis, Vibrio furnissii, Vibrio hollisae** en **Vibrio mimicus**. Deze soorten worden aangetroffen in zeevis en in schaal- en schelpdieren die gevangen zijn in het Caribische gebied en langs de kust van Azië.

Aeromonas

Kenmerken: *Aeromonas*-soorten zijn Gram-negatieve, facultatief anaërobe, psychrotrofe, korte staafvormige bacteriën die meestal mobiel zijn door middel van één polaire flagel. De optimumtemperatuur is 28 à 30 °C, maar zij vermeerderen zich ook nog bij een temperatuur van 4 à 5 °C en daardoor kunnen zij, soms in een grote hoeveelheid, voorkomen in voedingsmiddelen die in vacuüm of onder een beschermende atmosfeer zijn verpakt en die gekoeld worden bewaard.

Voorkomen en verspreiding: *Aeromonas*-soorten komen van nature voor in zoet en zout oppervlaktewater, maar ook in waterbronnen. Zij zijn verscheidene malen in het drinkwater aangetroffen, in Nederland onder andere in het drinkwaternet van Den Haag, Leiden, Terschelling en Zeeland.

Besmettingsbron: *Aeromonas*-soorten zijn in tal van voedingsmiddelen gevonden, onder meer in mineraalwater, vis, garnalen, rauw vlees, kip, gesneden groenten, bami, nasi, macaroni, rauwe melk, kaas en ijs.

Pathogenese: *Aeromonas caviae*, *Aeromonas hydrophila* en *Aeromonas sobria* zijn, vooral voor baby's en bejaarden en voor andere mensen met een verlaagde weerstand, pathogeen doordat zij enterotoxinen kunnen vormen. *Aeromonas hydrophila* is de meest virulente soort, deze soort vormt twee thermolabiele enterotoxinen, het ene enterotoxine (het Asao-toxine) vertoont gelijkenis met het enterotoxine van *Vibrio cholerae*. De bacteriën hechten zich aan de slijmlaag van het darmepitheel, scheiden het enterotoxine uit en penetreren in een aantal gevallen de epitheelcellen.

Ziekteverschijnselen: bij een *Aeromonas*-infectie ontstaat een, soms cholera-achtige, enteritis. De symptomen zijn een heftige, dikwijls waterdunne diarree die met bloed en slijm vermengd kan zijn, in een aantal gevallen komen ook buikkrampen en een lichte koorts voor. De diarree kan een week kan duren, de incubatietijd is mogelijk een dag.

Overige bijzonderheden: het merendeel van de infecties wordt veroorzaakt door *Aeromonas hydrophila* en *Aeromonas sobria*; het minst virulent is *Aeromonas caviae*. De bacteriën zijn resistent tegen verschillende antibiotica en desinfectantia, zij zijn ook bestand tegen chlorering van het drinkwater. De meeste infecties komen tot uiting bij mensen met een verzwakt afweersysteem of bij patiënten die met antibiotica worden behandeld, gezonde mensen ondervinden meestal geen hinder van een *Aeromonas*-besmetting. Over het aantal infecties in Nederland is weinig bekend, maar vermoedelijk is het aantal niet groot.

Incident: in 1993 zijn in de Verenigde Staten een aantal mensen met *Aeromonas hydrophila* geïnfecteerd nadat zij een eiersalade hadden geconsumeerd. Uit onderzoek is gebleken dat de eieren, na het koken en pellen, enige tijd bewaard waren in een gootsteen met water. Deze gootsteen bleek ernstig besmet te zijn met *Aeromonas hydrophila*.

Plesiomonas shigelloides

Kenmerken: *Plesiomonas shigelloides* is een Gram-negatieve, facultatief anaërobe, mesofiele, staafvormige bacterie die mobiel is door lofotriche flagellatie.

Voorkomen en verspreiding: *Plesiomonas shigelloides* komt voor in het oppervlaktewater en in de bodem. Deze bacterie is aangetroffen bij schaal- en schelpdieren, bij vissen en bij landbouwhuisdieren.

Besmettingsbron: de besmetting kan overgebracht worden door schaal- en schelpdieren, door vis en door besmet oppervlaktewater.

Pathogenese: *Plesiomonas shigelloides* kan een thermostabiel enterotoxine vormen.

Ziekteverschijnselen: de symptomen van een *Plesiomonas*-infectie lijken wat op een infectie met een entero-invasieve E. coli (EIEC) of op een shigellose: misselijkheid, buikkrampen en een waterige diarree die meestal is vermengd met bloed en slijm; koorts, hoofdpijn en braken kan ook voorkomen. De ziekteverschijnselen houden enkele dagen aan, de incubatietijd varieert van een dag tot drie dagen.

Overige bijzonderheden: een besmetting kan opgelopen worden in het buitenland, vooral in het Verre Oosten, waar voedingsmiddelen door fecaal verontreinigd water besmet kunnen zijn. In Thailand komt bij circa 5% van de bevolking dragerschap voor.

Incidenten: In de Verenigde Staten en in Japan hebben besmette oesters, makreel en inktvis enkele malen een voedselinfectie met *Plesiomonas shigelloides* veroorzaakt. In de zomer van 1990 zijn in Nederland enkele kinderen met deze bacterie geïnfecteerd. De bron van besmetting was het water van een recreatieplas.

4.2.3 Voedselinfecties veroorzaakt door andere Gram-negatieve bacteriën

Arcobacter

In dit nieuwe geslacht dat in 1991 is gevormd, zijn enkele soorten ondergebracht die voordien tot het geslacht *Campylobacter* behoorden. Het geslacht *Campylobacter* omvat micro-aërofiele en thermotrofe soorten, deze soorten hebben voor hun vermeerdering een verlaagde zuurstofspanning nodig en zij vermeerderen zich enkel bij een temperatuur die hoger is dan 30 °C.

De soorten die tot het geslacht *Arcobacter* behoren, zijn daarentegen aërotolerant. Onder *aërotolerant* wordt verstaan dat de bacteriën na een eerste isolatie in een micro-aërofiele omgeving (bij een verlaagde zuurstofspanning van 3% tot 15%), verder gekweekt kunnen worden onder de normale atmosferische zuurstofspanning van 21%. Een tweede verschil is dat *Arcobacter*-soorten psychrotroof tot mesofiel zijn, zij kunnen zich, in tegenstelling tot *Campylobacter*-soorten, ook vermeerderen bij een temperatuur die lager is dan 30 °C.

Kenmerken: *Arcobacter*-soorten zijn Gram-negatieve, aërotolerante, psychrotrofe tot mesofiele, kleine kommavormige of spiraalvormige bacteriën, zij zijn zeer beweeglijk en hebben aan één pool of aan beide polen een flagel. De bacteriën vertonen een goede groei bij een temperatuur van 15 tot 42 °C.

Voorkomen en verspreiding: *Arcobacter butzleri* komt voor in de feces van runderen en varkens en in het afvalwater van slachterijen, de natuurlijke bron is (nog) niet bekend.

Besmettingsbron: *Arcobacter butzleri* is aangetroffen in rauwe vleeswaren, in melk die afkomstig was van koeien met mastitis (uierontsteking) en in vervuild water. De karkassen van kippen zijn vaak in hoge mate besmet, maar *Arcobacter butzleri* is niet aangetroffen in de feces van pluimvee. De besmetting van de pluimveekarkassen gebeurt daarom vermoedelijk in de slachterij door verontreinigde slachtapparatuur en besmet water.

Ziekteverschijnselen: er ontstaat in het algemeen een langdurige diarree, daarnaast hebben de geïnfecteerden soms last van bloed en slijm in de ontlasting, van buikpijn, braken en van koorts. De ziekteverschijnselen kunnen meer dan een maand duren.

Overige bijzonderheden: *Arcobacter butzleri* is enige malen geïsoleerd uit de feces van mensen die een langdurige diarree hadden. Over de mogelijke pathogeniteit van de andere *Arcobacter*-soorten, zoals **Arcobacter cryaerophila** en **Arcobacter skirrowii**, bestaat nog geen duidelijkheid.

Campylobacter

De bacteriesoorten die behoren tot het geslacht *Campylobacter*, waren aanvankelijk ingedeeld bij het geslacht *Vibrio* of het geslacht *Spirillum*. In 1963 is het nieuwe geslacht *Campylobacter* gecreëerd, maar een aantal soorten bleek, op grond van afwijkende eigenschappen, ook in dit geslacht niet goed thuis te horen. Daarom is in 1989 de naam van *Campylobacter pylori*, die wordt aangetroffen bij mensen met een maagzweer en die de veroorzaker is van maagzweren, gewijzigd in *Helicobacter pylori*. In 1991 zijn een paar aërotolerante *Campylobacter*-soorten ondergebracht in het nieuwe geslacht *Arcobacter* (zie pagina 159).

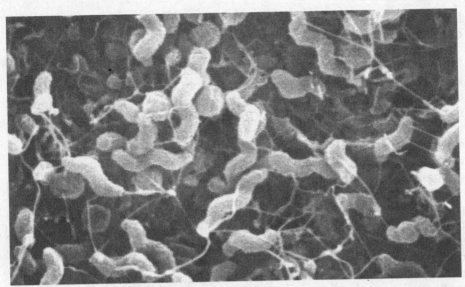

Afb. 4-5 *Campylobacter jejuni* (15.000 ×).

Van de soorten die in het geslacht *Campylobacter* zijn overgebleven, zijn met name *Campylobacter jejuni*, *Campylobacter coli* en *Campylobacter lari* voor de mens enteropathogeen.

Campylobacter jejuni

Kenmerken: *Campylobacter jejuni* (zie afbeelding 4-5 en afbeelding 2-6 op pagina 35) is een Gram-negatieve, kleine spiraalvormige bacterie die zeer beweeglijk is door monotriche of amfitriche flagellatie. *Campylobacter jejuni* is micro-aërofiel (vermeerdert zich enkel bij een zuurstofspanning van circa 6%) en thermotroof, de optimumtemperatuur is 42 tot 43 °C. Er is geen vermeerdering onder de normale atmosferische zuurstofspanning (van 21%) of bij een temperatuur die lager is dan 30 °C. Door deze eigenschappen werd *Campylobacter jejuni* vroeger niet aangetroffen bij gewoon fecesonderzoek, sinds 1978 let men bij het onderzoek van feces echter ook op de aanwezigheid van deze bacterie.

Indien de omstandigheden ongunstig worden of wanneer *Campylobacter jejuni* aan de lucht wordt blootgesteld, gaat de spiraalvormige bacterie over in een niet-beweeglijke coccoïde vorm. Uit een recent onderzoek is gebleken dat deze coccoïde vorm, die in vitro niet kweekbaar is, zich wel aan het darmepitheel kan hechten maar (vermoedelijk) geen infectie veroorzaakt.

Voorkomen en verspreiding: *Campylobacter jejuni* komt bij een grote verscheidenheid van landbouwhuisdieren voor: kippen, eenden, ganzen, kalkoenen, varkens, schapen en runderen; ook bij (jonge) katten en honden is deze bacterie aangetroffen. Een natuurlijk reservoir van *Campylobacter jejuni* vormen in het wild levende knaagdieren (muizen en ratten), insecten en vooral vogels (fazanten, parelhoenders, duiven, meeuwen, spreeuwen, kraaien en kauwen), vogels hebben een lichaamstemperatuur van 42 °C die voor *Campylobacter jejuni* ideaal is.

Besmettingsbron: de belangrijkste besmettingsbron voor de mens is het vlees van kippen en in mindere mate het vlees van runderen en varkens. Schaal- en schelpdieren (zoals oesters en mosselen) die in fecaal verontreinigd water leven, kunnen besmet zijn en ook bij champignons is deze bacterie aangetroffen. Groenten kunnen incidenteel besmet worden door de uitwerpselen van vogels. Een besmetting kan ook ontstaan door het drinken van rauwe melk en door contact met (huis)dieren, in Nederland is bij circa 7% van het melkvee *Campylobacter jejuni* aangetroffen.

Pathogenese: door *Campylobacter jejuni* wordt in de dunne darm een thermolabiel enterotoxine (CJT) dat gelijkenis vertoont met het enterotoxine van *Vibrio cholerae* en van de enterotoxigene *E. coli* (ETEC), uitgescheiden; dit toxine veroorzaakt een hevige, waterdunne diarree. Soms ontstaat een colitis (een ontsteking van het slijmvlies van de dikke darm), de diarree is in dat geval met bloed en slijm gemengd.

Sommige stammen van *Campylobacter jejuni* zijn invasief, de infectie wordt dan via de bloedbaan naar andere delen van het lichaam vervoerd. Hierdoor kunnen een aantal complicaties optreden, zoals het hemolytisch uremisch syndroom (HUS)[1] dat ook door de enterohemorragische *E. coli* (EHEC) veroorzaakt kan worden, of een reactieve artritis (een gewrichtsontsteking). Een *Campylobacter*-infectie kan tevens de oorzaak zijn van het syndroom van Guillain-Barré (zie hierna).

Ziekteverschijnselen: een *campylobacteriose* komt vooral voor bij kinderen onder de vijf jaar en bij jonge volwassenen (met name vrouwen). De verschijnselen kunnen per individu verschillen, soms is er alleen maar een griepachtig gevoel of een dunne diarree.

De ziekte begint in het algemeen met de symptomen van een griep: hoofdpijn, spierpijn, buikpijn (vooral rond de navel), koude rillingen, een slap gevoel en meestal hoge koorts (39-40 °C). Na enige dagen wordt men misselijk en ontstaat er een hevige, krampachtige pijn in de bovenbuik. Ten slotte krijgt de patiënt een waterdunne, somtijds kwalijk riekende, diarree die vaak met bloed of slijm is vermengd. De ziekteverschijnselen houden ongeveer een week aan, daarna treedt meestal een natuurlijk herstel op. De incubatietijd varieert van een dag tot anderhalve week, maar is gemiddeld twee tot drie dagen.

Aan de ziekte kan men nog wel gedurende een lange tijd een voortdurende buikpijn (vooral ter hoogte van de navel) of een chronische diarree overhouden. Met de ontlasting kunnen nog enkele weken tot meer dan twee maanden na het herstel campylobacters uitgescheiden worden.

---

[1]   Het hemolytisch uremisch syndroom is een ontsteking van de nieren, hierdoor ontstaat een storing in de nierwerking. De afvalstoffen in het bloed worden nu niet meer via de nieren aan de urine afgegeven, maar blijven in het bloed circuleren; er kan een blijvende nierinsufficiëntie ontstaan.

Het syndroom van Guillain-Barré

Omstreeks 1984 waren er vermoedens dat *Campylobacter jejuni* de verwekker zou kunnen zijn van een ernstige acute neurologische aandoening die bekendstaat als het *syndroom van Guillain-Barré* (GBS), in 1993 werden deze vermoedens bevestigd. Circa 30% van de aandoeningen wordt veroorzaakt door *Campylobacter jejuni*, in de overige gevallen gaat het meestal om een infectie veroorzaakt door *Mycoplasma pneumoniae* of door een virus (o.a. het *Epstein-Barr* virus en het *Cytomegalo*-virus).

Pathogenese: de pathogenese is nog niet geheel opgehelderd, maar het syndroom van Guillain-Barré kan opgevat worden als een auto-immunologische reactie die ontstaat door een 'moleculaire mimicry'. Gebleken is dat een bepaald lipo-sacharide in de celwand van *Campylobacter* een sterke chemische overeenkomst vertoont met de gangliosiden die voorkomen in de myelineschede van de perifere zenuwen.

De antistoffen die door een *Campylobacter*-infectie in het lichaam worden opgewekt en die gericht zijn tegen de binnendringende bacteriën, tasten nu echter ook de myelineschede aan en hierdoor ontstaat een demyelinisering van de zenuwen. De impulsgeleiding via de zenuwen kan daardoor niet meer verlopen en er ontstaan spierverlammingen.

Ziekteverschijnselen: er bestaan een aantal varianten van het syndroom van Guillain-Barré en daarnaast variëren de ziekteverschijnselen tevens met de conditie van de patiënt, bij bejaarden en zieken heeft de ziekte meestal een ernstiger verloop dan bij jonge en gezonde mensen.

Enkele dagen tot enige weken na een doorstane infectie begint de ziekte met een plotselinge verlamming (parese) van de benen, de patiënt zakt door zijn benen, daarna volgt een progressieve verlamming van de rest van het lichaam. Bij de ernstige *Landry-variant* kan de patiënt binnen een etmaal totaal zijn verlamd, hij kan niet meer spreken en omdat ook de ademhalingsmusculatuur niet meer functioneert, is een kunstmatige beademing noodzakelijk.

Na een behandeling met γ-globuline kunnen na enkele weken tot maanden de verlammingen afnemen en gaat de eigen ademhaling weer functioneren. In gunstige gevallen kan de patiënt grotendeels genezen, al blijven er bijna altijd restverschijnselen (zoals tintelingen in de handen en voeten en problemen met het lopen) over, bij circa 20% van de ziektegevallen blijven de benen van de patiënt echter verlamd. Voor patiënten die langdurig kunstmatig beademd zijn, kan de ziekte een fataal gevolg hebben doordat als gevolg van de beademing een longontsteking is ontstaan.

In Nederland krijgen jaarlijks zestig tot honderd mensen een infectie die tot het syndroom van Guillain-Barré leidt, circa 5% van hen overlijdt aan de gevolgen van de ziekte.

Overige bijzonderheden

Campylobacter jejuni kan zich door zijn specifieke groeivoorwaarden (een lage zuurstofspanning, een minimumtemperatuur van 30 °C en een hoge a$_w$) niet vermeerderen in voedingsmiddelen, maar hij blijft hierin wel in leven. Ook in gekoelde en ingevroren producten kan deze bacterie zich handhaven, uit een onderzoek is gebleken dat *Campylobacter jejuni* een bewaring bij 1 °C gedurende negen dagen kan overleven. In gedroogde levensmiddelen en in levensmiddelen met een lage a_w sterft *Campylobacter jejuni* echter af, evenals bij een temperatuur die hoger is dan 48 °C.

De belangrijkste besmettingsbron voor de mens is het vlees van kippen, in 2004 was 39,5% van de koppels vleeskuikens met *Campylobacter* gekoloniseerd (*zie* tabel 3-3 op pagina 99) en in 2005 was 22,1% van de kipproducten (dit zijn delen, zoals poten en vleugels, van een geslachte kip) besmet (*zie* tabel 3-5 op pagina 104 en 105).

Ofschoon bij ongeveer 45% van de vleesvarkens en bij 58% van de vleeskalveren *Campylobacter* aanwezig is in het maag-darmkanaal, is het vlees van deze dieren in veel mindere mate besmet. In 2004 was 1% van het varkensvlees, 1,8% van het kalfsvlees, 0,4% van het rundvlees en 2,9% van het lamsvlees en schapenvlees besmet (*zie* tabel 3-4 op pagina 100). De verklaring hiervoor is het feit dat *Campylobacter jejuni* zeer gevoelig is voor uitdroging. De karkassen van varkens en runderen worden na het slachten langdurig gekoeld door een geforceerde luchtventilatie, door de uitdrogende werking van deze ventilatie sterft *Campylobacter* op de karkassen af.

De karkassen van kippen worden echter meestal gekoeld met behulp van water of vochtige lucht en maar gedurende een korte tijd, daarom drogen deze karkassen niet in voldoende mate. Op de huid van een geslachte kip kunnen 10^6 tot 10^8 campylobacters per cm^2 aanwezig zijn.

Incidenten

Hoewel in Nederland jaarlijks zo'n dertigduizend tot tachtigduizend mensen een campylobacteriose krijgen, is het aantal personen dat tegelijk betrokken is bij een *Campylobacter*-infectie doorgaans maar gering. Dit komt doordat de besmetting meestal in de huiselijke kring plaatsvindt. Een enkele maal is rundvlees de oorzaak van een campylobacteriose, zo is in 1980 in een Nederlandse legerplaats een grote *Campylobacter*-explosie voorgekomen nadat de militairen rauwe tartaar hadden gegeten, de tartaar was mogelijk vermengd met pluimveevlees.

In het buitenland zijn enige grote explosies ontstaan die veroorzaakt waren door rauwe melk of door besmet drinkwater. In Engeland en Wales, waar geen verplichting bestaat consumptiemelk te pasteuriseren, hebben in 1981 bijna vierduizend mensen een campylobacteriose opgelopen nadat zij rauwe melk hadden gedronken. Zeventig mensen in Wisconsin (VS) hebben in 2001 een campylobacteriose gekregen, de bron van besmetting was rauwe melk die zij bij een plaatselijke boerderij hadden gekocht. Doordat men gebruik had gemaakt van drinkwater dat niet in voldoende mate was gechloreerd, is een aantal jaren geleden 20% van de inwoners van een plaats in de Verenigde Staten met *Campylobacter jejuni* geïnfecteerd.

Door een curieuze besmetting zijn in 1990 verscheidene inwoners van een dorpje in Engeland na het drinken van gepasteuriseerde melk met *Campylobacter* geïnfecteerd. Doordat eksters en kauwen met hun snavel in de capsules van de flessen met melk die 's morgens vroeg door een melkboer bij de voordeur van de huizen waren neergezet, hadden gepikt, werd de melk met campylobacters besmet.

Preventie van campylobacterioses

De kosten van de voedselinfecties die veroorzaakt worden door *Campylobacter* zijn begroot op circa honderd miljoen euro per jaar. Hoewel er in de verschillende bedrijfstakken tal van beheersmaatregelen zijn genomen om de kolonisatie van de landbouwhuisdieren te verminderen, is dit slechts ten dele gelukt (zie 3.4.3). Daarom zal de preventie voornamelijk plaats moeten vinden door het toepassen van een goede keukenhygiëne bij het bereiden van voedingsmiddelen die mogelijk besmet zijn.

In Nederland ontstaat circa 40% van de campylobacterioses na het consumeren van kippenvlees dat inwendig onvoldoende is verhit of door een kruisbesmetting waardoor een bereid gerecht, via keukengerei of de handen van de voedselbereider, besmet wordt met de bacteriën die afkomstig zijn van een rauw product.

De piek van de campylobacteriosen ligt in de zomermaanden, dit is mogelijk voor een deel te verklaren door de vele barbecues die dan worden gehouden (10% van de campylobacterioses ontstaat door een barbecue). Bij een barbecue wordt het vlees doorgaans niet voldoende inwendig verhit en ook ontstaat er door onzorgvuldig hygiënisch handelen vaak een kruisbesmetting. Daarom is het wenselijk kippenvlees voor een barbecue tevoren eerst te koken of gebruik te maken van rundvlees (de kans op een salmonellose is dan tevens kleiner). Bij het hanteren van rauw kippenvlees kunnen de handen besmet raken, hierdoor kan een kruisbesmetting veroorzaakt worden. Ook het drip (dooiwater) van een diepvrieskip is vaak een ernstige bron van besmetting, zowel voor een campylobacteriose als voor een salmonellose (zie 6.2.3).

Campylobacter coli en Campylobacter lari

Een campylobacteriose kan ook veroorzaakt worden door *Campylobacter coli* of *Campylobacter lari* die nauw verwant zijn aan *Campylobacter jejuni*. Volgens een schatting zou 5% tot 10% van het totale aantal campylobacterioses worden veroorzaakt door *Campylobacter coli* (die vooral bij varkens wordt aangetroffen) en ongeveer 1% door *Campylobacter lari* die veel voorkomt bij oesters en mosselen.

Uit een onderzoek dat door de VWA/Keuringsdienst van Waren in de winter van 2000/2001 is gedaan, is gebleken dat 42% van de onderzochte partijen Nederlandse mosselen besmet was met *Campylobacter*. Ruim 78% van de gevonden campylobacters was *Campylobacter lari*, deze bacterie was ook aanwezig in 4% van de onderzochte oesters.

De besmetting van de schelpdieren ontstaat vermoedelijk doordat het water waarin de oesters en mosselen verwaterd worden, besmet wordt door de uitwerpselen van meeuwen. Deze vogels zijn vaak drager van *Campylobacter lari* (larus = meeuw). Het rauw nuttigen van schelpdieren (zoals met oesters gebeurt) kan derhalve een campylobacteriose tot gevolg hebben.

Incident: in 1992 is een groot aantal mensen in Canada via het drinkwater met *Campylobacter lari* geïnfecteerd, dit drinkwater was afkomstig uit een meer dat verontreinigd was door de uitwerpselen van meeuwen.

Brucella

Kenmerken: *Brucellae* zijn Gram-negatieve, obligaat aërobe, mesofiele, kleine staafvormige tot coccoïde bacteriën die immobiel zijn.

Voorkomen en verspreiding: *Brucellae* komen wereldwijd voor bij zoogdieren, zoals koeien, schapen en geiten. De landbouwhuisdieren in Nederland zijn echter sinds 1996 officieel vrij van *Brucella*.

Besmettingsbron: de mens kan geïnfecteerd worden door het consumeren van rauwe melk en kaas die van rauwe melk is gemaakt, in deze voedingsmiddelen kunnen de bacteriën enige maanden in leven blijven.

Pathogenese: de bacteriën zijn sterk invasief, via de bloedbaan verspreiden zij zich door het lichaam en infecteren de lever, de milt, de lymfeklieren en het botweefsel.

Ziekteverschijnselen: de symptomen van een **brucellose** zijn een ziek gevoel, koorts met een kenmerkend golvend temperatuurverloop, hoofdpijn, pijn in de ledematen, koude rillingen en nachtelijk transpireren. De ziekte kan een lange tijd aanhouden en wordt soms chronisch; de incubatietijd varieert van enkele weken tot enkele maanden.

Brucella abortus

Deze bacterie, die bij runderen de oorzaak is van *abortus Bang*, is soms aanwezig in rauwe melk die afkomstig is van geïnfecteerde dieren. Jonge kaas die gemaakt is van rauwe melk, kan met *Brucella abortus* besmet zijn; in oude kaas worden de bacteriën door het rijpingsproces van de kaas gedood. In Nederland komt *brucellose* enkele malen per jaar voor, de infectie is dan meestal in het buitenland opgelopen of is veroorzaakt door zuivelproducten die zijn gekocht in het buitenland.

Brucella melitensis

Bij schapen en geiten in landen rond de Middellandse Zee wordt deze bacterie, die de verwekker is van de *Maltakoorts*, nog veelvuldig aangetroffen. De mens kan een infectie oplopen door het consumeren van geitenmelk en verse schapen- of geitenkaas.

Incident: in 1997 is een groepje van acht Nederlanders geïnfecteerd met *Brucella melitensis*. De infectie was ontstaan doordat zij tijdens een reis door China rauwe melk van een yak hadden gedronken.

Francisella tularensis (Pasteurella tularensis)

Kenmerken: *Francisella tularensis* is een Gram-negatieve, obligaat aërobe, mesofiele, zeer kleine staafvormige tot coccoïde bacterie die immobiel is.

Voorkomen en verspreiding: deze bacterie wordt soms aangetroffen bij wilde zoogdieren (onder andere hazen, konijnen en herten), bij vogels en bij teken.

Besmettingsbron: een infectie bij de mens kan optreden door direct contact met een besmet dier of door het eten van vlees dat niet voldoende is verhit.

Ziekteverschijnselen: de symptomen van *tularemie* vertonen overeenkomst met de verschijnselen van tyfus: koorts, soms diarree, koude rillingen, pijn in de ledematen en een algehele malaise. Doordat de bacterie in de bloedbaan kan komen, ontstaat een sepsis en worden de milt, de lever en ander organen geïnfecteerd.

De minimale infectueuze dosis is zeer laag indien de bacterie wordt ingeademd, vijftig tot honderd bacteriën zijn dan voldoende om een infectie te veroorzaken, maar bij het consumeren van een besmet voedingsmiddel bedraagt de minimale infectueuze dosis circa 10^7 bacteriën. De incubatietijd bedraagt ongeveer drie dagen.

Overige bijzonderheden: in Nederland komt tularemie niet meer voor, in het verleden zijn mensen wel geïnfecteerd nadat zij het vlees van een haas dat onvoldoende was gebraden, hadden geconsumeerd. In Scandinavië, in Midden- en Zuid-Europa, Canada en de Verenigde Staten wordt *Francisella tularensis* echter nog wel aangetroffen.

Incident: in 2003 hebben ruim honderd mensen in Zweden tularemie gekregen, de besmettingsbron kon echter niet worden vastgesteld.

4.2.4 Voedselinfecties veroorzaakt door Gram-positieve bacteriën

Bacillus cereus

Door *Bacillus cereus* kan zowel een voedselinfectie als een voedselvergiftiging veroorzaakt worden.

De voedselinfectie ontstaat door een thermolabiel enterotoxine dat door *Bacillus cereus* in de dunne darm wordt gevormd, de ziekteverschijnselen van deze voedselinfectie lijken sterk op een voedselinfectie verwekt door *Clostridium perfringens*.

Een voedselvergiftiging vindt plaats indien *Bacillus cereus* in het voedsel een thermostabiel exotoxine heeft gevormd, deze voedselvergiftiging vertoont een grote overeenkomst met een voedselvergiftiging die door *Staphylococcus aureus* is veroorzaakt. Op pagina 209 wordt *Bacillus cereus* nader beschreven.

Clostridium perfringens

Kenmerken: *Clostridium perfringens* is een Gram-positieve, thermotrofe (de optimumtemperatuur is 45 °C), staafvormige, immobiele bacterie die thermoresistente sporen vormt. *Clostridium perfringens* is anaëroob, maar hij kan zich nog vermeerderen bij een lage zuurstofspanning.

Op grond van serologische en biochemische eigenschappen worden zes verschillende typen (A t/m F) onderscheiden; door alle zes typen worden toxinen gevormd, maar alleen type A (in sommige gevallen ook type C) is de verwekker van een voedselinfectie.

Voorkomen en verspreiding: *Clostridium perfringens* behoort tot de normale darmflora van de mens en van veel dieren, de bacteriën en sporen komen wijdverspreid in de natuur voor, in stof, in de grond, in oppervlaktewater en aan de poten van vliegen.

Besmettingsbron: de bacteriën en sporen kunnen in tal van voedingsmiddelen, vooral vleeswaren en kipproducten, aanwezig zijn.

Pathogenese: de bacteriën die met het voedsel zijn opgenomen, vormen in de dunne darm sporen. Tijdens de vorming van de spore wordt in de bacteriecel een enterotoxine gevormd, bij het vrijkomen van de sporen uit de bacteriecellen komt tevens dit enterotoxine in de dunne darm vrij. Het enterotoxine gaat een binding aan met een receptor op de darmepitheelcellen, hierdoor verandert de permeabiliteit van de celmembraan en er ontstaat een darmaandoening.

Ziekteverschijnselen: hevige buikkrampen en een waterdunne diarree, in veel gevallen misselijkheid maar meestal geen braken of koorts. Na twee tot drie dagen is de ziekte weer over, de incubatietijd varieert van zes tot twintig uur.

Overige bijzonderheden: de vegetatieve bacteriecellen van *Clostridium perfringens* die in voedsel (vlees, soep, sausen) aanwezig zijn, worden bij het koken of braden van het voedsel gedood, maar de bacteriesporen zijn tegen de verhitting bestand (zij kunnen een verhitting van 100 °C gedurende een uur doorstaan). Door de temperatuur van de culinaire verhitting (tien minuten bij 80 °C is reeds voldoende) vindt een activatie van de sporen plaats.

Als het voedsel na de bereiding enige tijd op een lauwe temperatuur (< 60 °C) wordt gehouden, zoals in de horeca en in instellingen soms gebeurt, gaan de geactiveerde sporen in het voedsel ontkiemen. Voor de ontkieming is tevens een zuurstofarme omgeving nodig en zo'n omgeving ontstaat door het kookproces in veel voedingsmiddelen. Dit is bijvoorbeeld het geval bij rollade, slavinken en blinde vinken (waar de uitwendige besmetting inwendig is gekomen) en bij vleesgerechten zoals ragout en hachee, maar ook bij macaroni, soepen en sausen.

De bacteriën die in het voedsel uit de sporen zijn ontstaan, vermeerderen zich bij de lauwe temperatuur snel tot een groot aantal, bij 45 °C heeft *Clostridium perfringens* een delingstijd van slechts zeven minuten. Indien het aantal bacteriën dat met het voedsel wordt opgenomen, hoog genoeg is (10^5 tot 10^8 per gram voedsel) ontstaat een darmaandoening door het enterotoxine dat in de dunne darm is gevormd. In het voedsel zelf wordt doorgaans niet voldoende enterotoxine gevormd om een voedselinfectie te veroorzaken.

Deze voedselinfectie is te voorkomen door bereid voedsel warm te houden bij een temperatuur > 65 °C of door het voedsel snel (binnen twee à drie uur) af te koelen tot 10 °C.

Incident: in 1984 zijn honderdtien bewoners van een bejaardencentrum in Balen (België) met *Clostridium perfringens* geïnfecteerd, zeven bewoners zijn als gevolg van de hevige diarree aan uitdroging overleden. De bron van besmetting was een saus met gehaktballetjes, de gehaktballetjes waren de dag tevoren gekookt en daarna had de kok de balletjes een nacht bij kamertemperatuur laten staan. Gedurende de nacht zijn uit de sporen die door het kookproces waren geactiveerd, vegetatieve bacteriecellen ontstaan. De volgende dag werden de koude gehaktballetjes in de saus gedaan, die daarna nog wat werd opgewarmd. Door het opwarmen van de saus kon het aantal bacteriën uitgroeien tot een zeer groot aantal.

Listeria monocytogenes

Kenmerken: *Listeria monocytogenes* is een Gram-positieve, facultatief anaërobe, psychrotrofe, kleine staafvormige tot coccoïde bacterie; de optimumtemperatuur is 30 tot 37 °C, maar *Listeria monocytogenes* kan zich ook nog bij een lage temperatuur (1 à 4 °C) vermeerderen.

De bacterie is bij een temperatuur tot 25 °C beweeglijk door het bezit van een aantal peritriche flagellen, deze flagellen ontbreken echter indien *Listeria monocytogenes* bij een hogere temperatuur wordt gekweekt, de bacterie is dan immobiel en vormt vaak korte ketens.

Voorkomen en verspreiding: *Listeria monocytogenes* komt wijdverspreid in de natuur voor, in de bodem, op (afstervende) gewassen, in het oppervlaktewater, in rioolwater en in het darmkanaal van dieren (runderen, schapen, geiten, varkens en pluimvee). De mens kan een tijdelijke drager zijn (volgens een schatting komt *Listeria monocytogenes* bij 5% tot 20% van de mensen in de feces voor), bij vrouwen kan *Listeria* aanwezig zijn in het geboortekanaal. Daarnaast wordt deze bacterie veelvuldig aangetroffen op vochtige en koude plaatsen in slachterijen, in de levensmiddelenindustrie en in huishoudens.

Besmettingsbron: groenten en andere gewassen worden bij het bemesten en irrigeren besmet met *Listeria monocytogenes*, koeien en schapen worden veelal geïnfecteerd door het veevoer. *Listeria monocytogenes* komt in melk terecht door een fecale besmetting bij het melken, maar een koe met mastitis (uierontsteking) is eveneens een bron van besmetting. In Nederland is de rauwe melk, door de goede hygiëne bij het melken, vrijwel niet besmet, maar in andere landen is soms tot 45% van de rauwe melk besmet. Zachte kaas die gemaakt is van rauwe melk, kan daardoor besmet worden.

Bij het slachten van dieren en bij de industriële fabricage van voedingsmiddelen treedt geregeld vanuit de bedrijfsomgeving een (na)besmetting op.

Pathogenese: bij mensen die een zwak of verzwakt afweersysteem hebben (zuigelingen, bejaarden, zwangere vrouwen, zieken, diabetici, aids- en kankerpatiënten, alcoholisten)[1] gedraagt *Listeria monocytogenes* zich als een intracellulaire parasiet doordat deze bacterie veel organen kan infecteren, hierdoor kunnen ernstige infecties ontstaan.

De bacteriën die met het voedsel in het darmkanaal komen, dringen de epitheelcellen van de darmwand binnen en verplaatsen zich vervolgens met behulp van speciale enzymen naar andere cellen. Tevens worden zij opgenomen door macrofagen (gespecialiseerde witte bloedlichaampjes), de bacteriën blijven in de macrofagen in leven en kunnen zich daarin zelfs vermeerderen. Met de macrofagen komen de listeria's in de lever en in de milt terecht, maar *Listeria monocytogenes* is ook in staat macrofagen te vernietigen en komt zo vrij in de bloedbaan voor, hierdoor ontstaat een sepsis (bloedvergiftiging). Via de bloedbaan infecteren de bacteriën de lever, de milt, het centrale zenuwstelsel en andere organen, bij zwangere vrouwen wordt de placenta en de vrucht geïnfecteerd.

Ziekteverschijnselen: de symptomen van een *listeriose* zijn bij gezonde mensen doorgaans niet ernstig, zij hebben een griepachtig gevoel (koorts, rillingen, hoofdpijn of nekpijn) en krijgen soms een milde vorm van een gastro-enteritis (braken of diarree). Indien zij een goede cellulaire afweer hebben, zijn deze personen na de infectie immuun geworden.

Bij mensen die tot de risicogroepen behoren, kan *Listeria monocytogenes* echter de verwekker zijn van een ernstige meningitis (hersenvliesontsteking) of encefalitis (ontsteking van de hersenen).

Een gezonde zwangere vrouw krijgt doorgaans alleen een griepachtig gevoel, maar zij kan, omdat *Listeria monocytogenes* in staat is de foetus te infecteren, een miskraam of een doodgeboren kind krijgen. Het kind kan ook kort voor de geboorte of tijdens de passage door het geboortekanaal geïnfecteerd worden, binnen enkele dagen tot enige weken ontstaat dan een neonatale meningitis die in veel gevallen voor het kind dodelijk is of waardoor ernstige neurologische afwijkingen ontstaan.

Het sterftepercentage door een *Listeria*-infectie is bij gezonde mensen minder dan 3%, maar bij mensen die tot de risicogroepen behoren bedraagt het sterftepercentage 15-30%; voor pasgeborenen kan het sterftepercentage oplopen tot 50%. Mensen die tot de risicogroepen behoren, kunnen al door een infectiedosis van 10^2 tot 10^4 een *Listeria*-infectie krijgen, voor gezonde mensen bedraagt de minimale infectueuze dosis 10^6 tot 10^7. De incubatietijd van een listeriose varieert van een dag tot twee à drie maanden, maar is gemiddeld twee tot zeven dagen.

Overige bijzonderheden

Al sinds 1926 stond *Listeria monocytogenes* bekend als een micro-organisme dat bij koeien en schapen een meningitis of abortus kan veroorzaken, maar dat ook pathogeen kan zijn voor de mens (een *Listeria*-infectie is een beroepsziekte bij dierenartsen, veehouders en het personeel van

---

[1]   Deze groep mensen wordt wel aangeduid met de term 'YOPI' (Young, Old, Pregnant, Immunodeficient).

slachthuizen). In 1981 zijn in Canada echter achttien mensen (waaronder vijftien baby's) aan een Listeria-infectie overleden, hierdoor werd bekend dat door deze bacterie een ernstige, en in een aantal gevallen een dodelijke, voedselinfectie veroorzaakt kan worden.

Vlees kan tijdens het slachtproces besmet worden met listeria's die in de feces van het slachtdier aanwezig zijn, rundvlees en schapenvlees zijn vaker besmet dan varkensvlees. Dit komt doordat varkens die gepelleteerd voer krijgen, in mindere mate met listeria's zijn gekoloniseerd dan runderen die door hun veevoer (hooi, ingekuild gras, voederbieten) of door het grazen in de wei met Listeria worden besmet.

In de uitsnijlijn van slachterijen wordt Listeria monocytogenes vaak aangetroffen; in de vochtige en koude atmosfeer die daar heerst, kan Listeria goed overleven. Het gereedschap en de binnenkant van transportbanden zijn soms voor honderd procent besmet, tijdens het uitsnijden wordt deze besmetting overgebracht op de deelstukken. Aangezien ook het condensvocht van koelsystemen dikwijls is besmet, kan het vlees door condensdruppels met Listeria besmet worden. In het afvalwater van slachterijen zijn listeria's vaak in een grote hoeveelheid aanwezig.

In de levensmiddelenindustrie is Listeria monocytogenes aangetroffen in en op procesapparatuur, op muren en op vloeren, daardoor kunnen levensmiddelen tijdens of na het productieproces besmet worden. De bacteriën hechten zich gemakkelijk aan roestvrijstalen oppervlakken en vormen daar een biofilm. Aangezien listeria's tevens een resistentie kunnen ontwikkelen tegen bepaalde desinfectantia, zoals quaternaire ammoniumverbindingen, zijn zij vaak moeilijk te verwijderen. In veel levensmiddelenbedrijven is Listeria monocytogenes een zogenaamde 'huiskiem' geworden.

Bij een onderzoek in huishoudens zijn listeria's in 47% van de particuliere keukens gevonden, zij waren aanwezig in koelkasten en in afvalemmers, in gootstenen en in huishoudelijk afvalwater, maar deze bacteriën kwamen ook voor op vaatdoeken, afwasborstels en tandenborstels.

Listeria monocytogenes kan een lange tijd in leven blijven in levensmiddelen die een lage pH of wateractiviteit hebben en die gekoeld worden bewaard, ook in diepvriesproducten blijft de bacterie in leven. Zodra de omstandigheden gunstiger worden, kunnen de listeria's in deze producten uitgroeien tot een groot aantal. Listeria monocytogenes is tevens bestand tegen nitriet en een hoge zoutconcentratie, de bacterie kan overleven in een zoutconcentratie tot 20%.

In de Verenigde Staten worden jaarlijks tweeduizend tot drieduizend mensen met Listeria monocytogenes geïnfecteerd, circa vijfhonderd van hen overlijden aan de gevolgen van de infectie. Het aantal bekende Listeria-infecties in Nederland bedraagt enkele tientallen per jaar (zie tabel 4-2 op pagina 130 en 131).

Listerioses door voedingsmiddelen

Melk: hoewel Listeria monocytogenes wordt gedood door een verhitting tot 70 à 80 °C, wordt de bacterie soms toch aangetroffen in gepasteuriseerde melk. Een mogelijke verklaring hiervoor is dat *Listeria* in melk die afkomstig is van een koe met mastitis, meestal niet vrij aanwezig is, maar opgesloten zit in macrofagen; onder deze omstandigheden kan *Listeria* de pasteurisatie overleven. Ook bij melk die een zeer groot aantal listeria's bevat, is de pasteurisatie niet altijd afdoende om alle bacteriën te doden. Een derde mogelijkheid is een nabesmetting vanuit de bedrijfsomgeving tijdens het afvullen van de gepasteuriseerde melk.

In 1983 zijn vijftig mensen in Boston (Massachusetts, VS) geïnfecteerd met *Listeria monocytogenes* nadat zij gepasteuriseerde melk hadden gedronken. Aan de gevolgen van de infectie zijn twaalf mensen overleden, twee zwangere vrouwen hebben een miskraam gekregen.

Boter: achttien mensen in Finland hebben in 1999 door boter een *Listeria*-infectie gekregen, vier personen zijn overleden.

Kaas: zachte kaas met een oppervlakterijping (zoals brie en camembert) die zowel van rauwe als van gepasteuriseerde melk gemaakt kan worden, bevat soms een zeer groot aantal listeria's; de besmetting ontstaat vermoedelijk bij het productieproces van de kaas vanuit de bedrijfsomgeving. Tijdens het rijpen en bewaren van de kaas gedurende enige weken bij een lage temperatuur, diffunderen de basische stofwisselingsproducten van de schimmel die aan de oppervlakte groeit, in de kaas. De pH van de kaas die aanvankelijk laag is, stijgt hierdoor tot pH 7,2 à 7,6; bij deze pH kan een kleine *Listeria*-besmetting uitgroeien tot een zeer groot aantal bacteriën.

In harde kaassoorten, zoals Edammer en Goudse kaas, blijft de pH tijdens het rijpingsproces laag (pH 5,2 à 5,5), daardoor vindt bij deze kaassoorten geen vermeerdering van *Listeria monocytogenes* plaats. De vermeerdering van listeria's wordt tevens geremd door de lage wateractiviteit van harde kazen, zachte kazen hebben een hogere wateractiviteit.

Uit een onderzoek naar de besmetting van zachte en halfharde buitenlandse kazen dat de VWA/Keuringsdienst van Waren in 1994 heeft verricht, is gebleken dat bijna 5% van de rauwmelkse ('au lait cru') kazen besmet was met *Listeria monocytogenes*; vooral Brie de Meaux, Coulommiers en Reblochon waren vaak besmet. Van de kazen die van gepasteuriseerde melk waren gemaakt, was 1,6% besmet.

In de jaren 1983-1987 heeft Vacherin Mont d'Or (een zogenaamde rauwmelkse 'Rotschmier' kaas) 122 mensen in het kanton Vaud (Zwitserland) geïnfecteerd met *Listeria monocytogenes*, 34 mensen, waaronder een aantal pasgeboren baby's, zijn aan de gevolgen van de infectie overleden.

Het consumeren van Jalisco-kaas (een zachte Mexicaanse kaas die van ongepasteuriseerde melk wordt gemaakt) heeft in 1985 ruim honderdveertig mensen in Los Angeles (Californië) een listeriose bezorgd, achttien volwassen mensen zijn overleden en dertig zwangere vrouwen hebben een abortus of een doodgeboren kind gekregen.

Brie de Meaux (een zachte rauwmelkse kaas) was in 1995 in Frankrijk de oorzaak van listeriose bij 33 mensen, drie vrouwen hebben daardoor een miskraam gekregen en twee kinderen zijn kort na de geboorte overleden.

In 2005 zijn in het kanton Neuenberg (Zwitserland) een aantal mensen met *Listeria monocytogenes* geïnfecteerd nadat zij Neuenbergse Tomme-kaas (een zachte rauwmelkse kaas) hadden geconsumeerd. Twee patiënten zijn overleden en twee zwangere vrouwen hebben een abortus gekregen.

Vlees: vleeswaren die een verhitting hebben ondergaan (bijvoorbeeld paté) worden nogal eens door een nabesmetting met *Listeria* besmet. De nabesmetting van paté gebeurt meestal door de gelatinelaag of door de garnering (groenten, plakken vlees of vis) die na de bereiding op de paté is aangebracht. Een kleine besmetting kan uitgroeien tot een groot aantal bacteriën indien de vleeswaren een lange tijd bij een matige koeling worden bewaard. Uit een onderzoek dat door de VWA/Keuringsdienst van Waren in 1990 is gedaan, is gebleken dat toen 11% van de onderzochte paté's met *Listeria monocytogenes* was besmet.

Verschillende vleeswaren, onder andere Belgische paté, hebben in 1988 een listeriose verwekt bij ruim driehonderd mensen in Engeland en Wales, vijftig mensen zijn overleden en elf zwangere vrouwen hebben een miskraam gekregen. Bij een Engels onderzoek in 1989 is bij 35% van de onderzochte paté's *Listeria monocytogenes* aangetroffen.

In 1990 hebben zes zwangere vrouwen in Perth (Australië) een dood-geboren kind gekregen. De bron van besmetting was paté die ter deco-ratie was belegd met plakken gerookte zalm.

Een aantal ernstige incidenten zijn in Frankrijk voorgekomen. In 1992 zijn 279 mensen met *Listeria monocytogenes* geïnfecteerd, 59 van hen zijn overleden, 22 vrouwen hebben een miskraam gekregen en er waren zeven dodelijke gevallen van een neonatale meningitis; de besmettings-bron was varkenstong in aspic (gelei). Varkensrillettes (een soort paté) hebben in 1993 een veertigtal mensen met *Listeria* geïnfecteerd, acht vrouwen kregen een miskraam en vier personen, waaronder een pasge-boren baby, zijn overleden. Door varkensrillettes hebben in 1999 en 2000 wederom een aantal mensen een listeriose gekregen, zes volwassenen en een pasgeboren baby zijn overleden.

In de Verenigde Staten hebben in 1998 en 1999 hotdogs met kalkoen-vlees ruim honderd mensen met *Listeria* geïnfecteerd, circa twintig patiënten zijn overleden.

Vissen, schaal- en schelpdieren: *Listeria monocytogenes* is geregeld aan-getroffen op forel, op koud gerookte zalm, op gepelde en gekookte garna-len, op zeekreeft en in mosselen. Het koud roken van zalm gebeurt bij 30 °C, *Listeria monocytogenes* is bestand tegen dit proces en kan zich op gerookte zalm goed vermeerderen, mogelijk ook doordat de concurreren-de bacterieflora voor een deel bij het roken afsterft. Bij de gepelde en gekookte garnalen is vermoedelijk een nabesmetting de oorzaak. Door de VWA/Keuringsdienst van Waren werd in 2002 bij ruim 20% van de onder-zochte monsters verpakte koud gerookte zalm *Listeria* aangetroffen.

Bijna zestienhonderd scholieren in Italië hebben in 1997 een *Listeria*-infectie gekregen nadat zij een tonijnsalade hadden geconsumeerd, de ziekte bleef echter beperkt tot een gastro-enteritis.

Groenten: *Listeria monocytogenes* gedijt goed op afstervende planten en omdat deze bacterie zich ook bij een lage temperatuur vermeerdert, kan een kleine besmetting op gesneden groenten die in de koelkast worden bewaard, uitgroeien tot een groot aantal bacteriën.

Groenten en vruchten waarop *Listeria monocytogenes* is aangetroffen, zijn: komkommers, radijsjes, selderie, sla, tomaten en ontkiemde zaden (zoals taugé en alfalfa), ook aardappelen en champignons kunnen besmet zijn.

In 1981 zijn in Nova Scotia (Canada) 41 mensen met *Listeria* geïnfecteerd nadat zij koolsla hadden gegeten. Onder de patiënten waren 34 zwangere vrouwen, negen vrouwen kregen een abortus en van zes andere vrouwen overleed de baby kort na de geboorte, drie volwassen patiënten zijn aan meningitis overleden. De besmette koolsla was afkomstig van een akker die met schapenmest was bemest; een paar van de schapen zijn eveneens aan een *Listeria*-infectie overleden.

Preventie van listerioses

Door veranderingen in de productieprocessen en door het minder toedienen van conserveermiddelen, alsmede door het verlengen van de koelketen, wordt de kans op een *Listeria*-infectie steeds groter. De preventie van een listeriose berust daarom in de eerste plaats bij de levensmiddelenindustrie, de besmetting van levensmiddelen met *Listeria monocytogenes* kan verhinderd of verminderd worden indien bij het fabricageproces een goede hygiëne wordt toegepast.

De consument moet er rekening mee houden dat in producten die (langdurig) gekoeld worden bewaard, een vermeerdering van *Listeria monocytogenes* kan plaatsvinden. Deze producten, zoals kant-en-klaar maaltijden, verpakte vleeswaren, verpakte gesneden groenten en rauwkostsalades, dienen daarom niet meer na de uiterste consumptiedatum geconsumeerd te worden. Voedingsmiddelen en kant-en-klaar maaltijden die enige tijd gekoeld zijn bewaard, moeten voor de consumptie goed worden verhit. De verhitting van voedsel in een magnetronoven is, omdat de warmte niet gelijkmatig verdeeld wordt, niet altijd afdoende voor het doden van *Listeria monocytogenes* en andere bacteriën.

Waarschuwing: *aan zwangere vrouwen en aan andere personen die tot de risicogroepen behoren (jonge kinderen, zieken en bejaarden) wordt, in verband met een mogelijke besmetting met Listeria monocytogenes, het nuttigen van zachte rauwmelkse kazen (zoals Brie en Camembert) met klem ontraden. Om dezelfde reden dienen zij geen voedingsmiddelen die rauw worden geconsumeerd en die enige tijd bij een lage temperatuur zijn bewaard (zoals verpakte gesneden groenten of een rauwkostsalade) te nuttigen; hetzelfde geldt voor gerechten (zoals pâté) die geen warmtebehandeling meer ondergaan.*

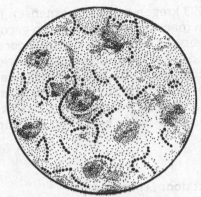

Afb. 4-6 *Microscopisch beeld van Streptococcus pyogenes* (1000 ×).

Mycobacterium bovis

Kenmerken: *Mycobacterium bovis* is een Gram-positieve, aërobe tot micro-aërofiele, mesofiele, staafvormige bacterie die immobiel is.

Besmettingsbron: rauwe melk kan besmet zijn.

Ziekteverschijnselen: indien *Mycobacterium bovis* met voedsel wordt opgenomen, kan *darmtuberculose* ontstaan.

Overige bijzonderheden: *Mycobacterium bovis* veroorzaakt bij runderen *bovine tuberculose*, de bacterie wordt door pasteurisatie van voedingsmiddelen echter geheel onschadelijk gemaakt. Door voedsel overgebrachte tuberculose komt in ons land door de verplichte pasteurisatie van de melk en door het sinds 1956 tuberculose-vrij zijn van de veestapel bijna niet meer voor. In sommige landen kan men echter nog wel geïnfecteerd worden wanneer men producten die van rauwe melk gemaakt zijn, consumeert.

Streptococcus pyogenes

Kenmerken: *Streptococcus pyogenes* is een Gram-positieve, facultatief anaërobe, mesofiele, cocvormige, immobiele bacterie; de cellen blijven na een celdeling vaak aan elkaar zitten en vormen daardoor een kétting (zie afbeelding 4-6). *Streptococcus pyogenes* behoort tot de Groep A-Streptococcen (GAS).

Voorkomen en verspreiding: *Streptococcus pyogenes* komt bij de mens voor in de neus, de mond en in de keelholte, de handen kunnen daardoor ook besmet zijn.

Besmettingsbron: de besmetting van spijzen die niet (meer) verhit worden, zoals groentes die rauw worden geconsumeerd en salades, kan worden voorkomen door niet te niezen, te hoesten of veel te spreken in de omgeving van voedsel. Deze bacterie wordt meestal door een goede culinaire verhitting van het voedsel gedood.

Ziekteverschijnselen: streptococcen die door voedsel worden overgebracht, veroorzaken gewoonlijk angina, maar soms kan een gastro-enteritis ontstaan.

Incidenten: in 1993 kregen een aantal mensen in Italië een keelont-steking nadat zij een macaronischotel hadden geconsumeerd, de maca-roni was besmet door een kok die een streptococcen-infectie aan een vinger had. Bij honderdvijftig studenten in Griekenland ontstond in 1999 eveneens een keelinfectie nadat zij in het restaurant van de univer-siteit hadden gegeten. De bron van besmetting was mayonaise die door een kok van het restaurant was vervaardigd. De kok die zelf last had van angina, had de mayonaise na de bereiding een dag bij kamertempera-tuur laten staan.

4.2.5 Infecties veroorzaakt door Legionella

Hoewel Legionella in drinkwater kan voorkomen, wordt door deze bacterie geen voedselinfectie veroorzaakt. Legionella-infecties behoren daarom niet tot het terrein van de levensmiddelenhygiëne, in verband met de actualiteit worden Legionella-infecties hier toch besproken.

Legionella

Van het geslacht *Legionella*, dat in 1976 is ontdekt, zijn inmiddels 43 soorten en 65 serotypen beschreven, de meest beruchte soort is *Legionel-la pneumophila* die de verwekker is van *legionellose*. Van deze ziekte bestaat zowel een ernstige vorm, de **veteranenziekte** (*legionnaires' disease*), als een mildere variant die bekend is als de **Pontiac-koorts** (*Pontiac fever*). Pontiac-koorts kan ook door andere *Legionella*-soorten worden veroor-zaakt.

Legionella pneumophila

Kenmerken: *Legionella pneumophila* is een Gram-negatieve, obligaat aërobe, mesofiele, staafvormige bacterie die mobiel is door één of meer polaire of laterale flagellen.

Voorkomen en verspreiding: *Legionella pneumophila* komt in de natuur wijdverspreid voor in oppervlaktewater, in grondwater en in bronwater, daarnaast wordt deze bacterie veel aangetroffen in drinkwaterinstalla-ties, in warmwaterreservoirs, in watervernevelaars, in koeltorens, in bevochtigers en in het koelwater van airconditioningsystemen.

Besmettingsbron: de mens wordt geïnfecteerd door het inademen van aërosolen (microscopisch kleine vochtdruppeltjes) die besmet zijn met *Legionella pneumophila*, deze aërosolen ontstaan wanneer water ver-neveld wordt, zoals gebeurt bij bubbelbaden ('whirlpools'), douches, fon-teinen, watervernevelaars en bij sommige airconditioningsystemen. Besmette aërosolen kunnen zich tot een kilometer van de bron versprei-den.

Pathogenese: de legionella's die met aërosolen zijn ingeademd, komen terecht in de longalveoli (longblaasjes). Daar worden zij opgeno-men door macrofagen (gespecialiseerde witte bloedlichaampjes), de bac-teriën blijven in de macrofagen in leven en kunnen zich daarin zelfs vermeerderen. Uiteindelijk vernietigen de legionella's de macrofagen, uit de macrofagen komen veel nieuwe bacteriën vrij die een ontsteking van de longalveoli veroorzaken, daardoor sterven longcellen af. Via de bloedbaan kunnen ook andere organen door *Legionella* geïnfecteerd worden.

Ziekteverschijnselen: de *veteranenziekte* begint met vermoeidheid, spierpijn en hoofdpijn, soms misselijkheid, buikpijn en braken of diarree, vervolgens krijgt de patiënt plotseling een droge hoest en koude rillingen, gevolgd door een longontsteking met hoge koorts (39 à 40 °C). De patiënt is vaak verward of versufd, gevoelloos en er kan een coördinatiestoornis van de spieren (ataxia) zijn, soms raakt de patiënt in coma.

De ziekte komt vooral voor bij mensen van middelbare leeftijd en ouder (mannen zijn vatbaarder voor de infectie dan vrouwen), bij chronische rokers en bij mensen die een verminderd afweersysteem hebben. Het herstel gaat langzaam, vaak blijven er nog restverschijnselen, zoals vermoeidheid, concentratiestoornissen, long- en darmklachten, over. De incubatietijd varieert van twee tot tien (soms tot twintig) dagen.

De symptomen van de *Pontiac-koorts*, die voorkomt bij gezonde volwassenen, zijn minder ernstig, in het algemeen ontstaat een griepachtig gevoel met spierpijn en/of hoofdpijn en een verhoogde temperatuur; er ontstaat geen longontsteking. Na enkele dagen treedt een natuurlijk herstel op, de incubatietijd bedraagt één tot twee dagen.

In Nederland komen jaarlijks circa achthonderd gevallen van een *Legionella*-infectie voor, in tweehonderd tot driehonderd gevallen gaat het om de veteranenziekte; ongeveer de helft van de infecties is opgelopen tijdens een verblijf in het buitenland. Het sterftepercentage bedraagt 15 tot 20%, de minimale infectueuze dosis is vermoedelijk 10^4 tot 10^6 bacteriën.

Opmerkingen: een *Legionella*-infectie ontstaat, voor zover bekend is, niet indien de bacterie via besmet voedsel of drinkwater in het maagdarmkanaal terechtkomt, de aanwezigheid van *Legionella pneumophila* in drinkwater of in mineraalwater leidt dus niet tot een voedselinfectie. De infectie ontstaat enkel indien *Legionella* via aërosolen wordt ingeademd en zo terechtkomt in de longen.

Legionella pneumophila vermeerdert zich bij een watertemperatuur van 20 °C tot 46 °C (de optimumtemperatuur is 36 °C), daarom kan *Legionella* zich goed handhaven in warmwaterinstallaties en warmwaterreservoirs (boilers) waar het water op een temperatuur lager dan 60 °C wordt gehouden en waar geen voldoende doorstroming van water is. *Legionella* nestelt zich vaak in de biofilm en de kalkaanslag die aan de binnenkant van leidingen aanwezig is. Bij een watertemperatuur van 60 à 65 °C sterft circa 90% van de legionella's binnen enkele minuten af.

Incidenten: in 1976 kregen in de Verenigde Staten 221 mensen een mysterieuze longontsteking, 34 van hen overleden aan de gevolgen van de longontsteking. Tot de patiënten behoorden 149 Korea-veteranen die hadden deelgenomen aan een reünie van het 'American Legion's Pennsylvania Chapter' in een hotel in Philadelphia (Pennsylvania), de overige 72 patiënten waren eveneens in hetzelfde hotel geweest. Na obductie kon uit een van de overleden patiënten uiteindelijk de verwekker van de longontsteking, een bacterie die tot dusverre onbekend was, geïsoleerd worden, deze bacterie werd naar de veteranen *Legionella* genoemd. De besmettingsbron was de airconditioning van het hotel.

Later kon worden aangetoond dat deze bacterie in 1968 ook de oorzaak was geweest van een griepachtige ziekte die 144 bezoekers en medewerkers van het gebouw van de *'Public Health Service'* in Pontiac (Michigan) had getroffen. Deze griepachtige ziekte heeft naar de plaats de naam *Pontiac-koorts* gekregen.

De veteranenziekte is in 1999 in Nederland algemeen bekend geworden toen 242 bezoekers van de Westfriese Flora in Bovenkarspel door aërosolen die verspreid waren door een bubbelbad, met *Legionella pneumophila* waren geïnfecteerd, 32 patiënten zijn overleden.

4.3 VOEDSELINFECTIES VEROORZAAKT DOOR RICKETTSIËN

Coxiella burnetii (Rickettsia burneti)

Kenmerken: *Coxiella burnetii* is een Gram-negatief, mesofiel, klein coccoïd of staafvormig, immobiel micro-organisme dat als intracellulaire parasiet leeft, voor de vermeerdering is een gastheercel nodig. *Coxiella burnetii* is de verwekker van de **Q-koorts**.

Voorkomen en verspreiding: *Coxiella burnetii* komt in Nederland voor bij geiten in fokkerijen en soms bij runderen en schapen; in Zuid-Europa ook bij schapen en geiten die in het wild leven.

Besmettingsbron: rauwe melk en de producten die daarvan worden gemaakt, in Zuid-Europa jonge schapen- en geitenkaas. *Coxiella burnetii* is ook aangetroffen in moedermelk.

In ingedroogde dierlijke uitscheidingsproducten (feces, urine, vruchtwater) en de nageboorte die in agrarische gebieden tot het stof gaan behoren, kan dit micro-organisme zich een lange tijd handhaven, contact met of inhalatie van dit stof kan tot een infectie leiden.

Ziekteverschijnselen: het merendeel van de infecties heeft een licht verloop, er is enkel een griepachtig gevoel, soms gepaard met misselijkheid en braken of een waterdunne diarree. Na één tot drie weken treedt een natuurlijk herstel op.

Als de infectie ernstiger verloopt, ontstaan koude rillingen, transpireren en hoge koorts (39 à 40 °C) die tot drie weken kan aanhouden. In een aantal gevallen ontstaat een longaandoening die gepaard gaat met een droge hoest en hoofdpijn of spierpijn, soms komt een gestoorde leverfunctie voor. De incubatietijd varieert van twee tot vier (soms zes) weken.

Bij ongeveer 5% van de patiënten blijft de infectie chronisch, dit kan uiteindelijk (zelfs vijf tot tien jaar later) leiden tot endocarditis (ontsteking van de binnenwand van het hart) met een aandoening van de hartkleppen.

Overige bijzonderheden: Q-koorts is een beroepsrisico voor boeren, dierenartsen en medewerkers in slachthuizen. Q-koorts is voor het eerst in 1937 waargenomen bij personeel van een abattoir in Australië. Omdat de oorzaak van de hoge koorts die het personeel had, niet bekend was, werd gesproken over Q(uery) fever.

Gedurende de Tweede Wereldoorlog kwam onder militairen in Midden- en Zuid-Europa een ziekte voor die aanvankelijk werd aangeduid als de 'Balkan-griep', later is gebleken dat deze ziekte eveneens veroorzaakt was door *Coxiella burnetii*.

Over de incidentie in Nederland bestaat geen duidelijkheid, Q-koorts is een aangifteplichtige infectieziekte (vroeger categorie B, tegenwoordig categorie C). Bij de Inspectie voor de Gezondheidszorg (IGZ) werden jaarlijks een twintigtal gevallen aangegeven, maar dit aantal is sinds 2006 aanzienlijk toegenomen.

Coxiella burnetii sterft af bij een verhitting gedurende vijftien seconden bij 73 °C of gedurende dertig minuten bij 63 °C, daarom komt dit micro-organisme in gepasteuriseerde melk(producten) niet voor.

4.4 Voedselinfecties veroorzaakt door protozoën

Cryptosporidium parvum

Kenmerken: *Cryptosporidium parvum* is een onbeweeglijke darmparasiet. Door een geslachtelijk proces dat plaatsvindt in de darm van de gastheer, wordt een **oöcyste** (een ingekapselde, bevruchte eicel) gevormd. De oöcysten, die met de feces worden uitgescheiden, zijn bestand tegen de meeste desinfectantia, de chlorering van drinkwater heeft geen effect en oöcysten worden niet tegengehouden door de filters van een zuiveringsinstallatie voor drinkwater. De oöcysten zijn echter niet bestand tegen verhitting, zij worden door pasteurisatie gedood.

Er zijn twee subtypen: *Cryptosporidium parvum parvum* die zowel bij de mens als bij dieren voorkomt en *Cryptosporidium parvum hominis* die alleen bij de mens wordt aangetroffen.

Voorkomen en verspreiding: deze darmparasiet komt veel voor bij landbouwhuisdieren (vooral bij kalveren en jonge geiten), vogels en reptielen; in Groot-Brittannië is ongeveer 30% van het melkvee geïnfecteerd. De mens kan een symptoomloos drager zijn, dit is nogal eens het geval bij jonge kinderen die in een kinderdagverblijf komen.

Besmettingsbron: de mens wordt geïnfecteerd door het opnemen van oöcysten die aanwezig zijn in fecaal verontreinigd (drink)water, rauwe melk en in voedingsmiddelen die met besmet water in aanraking zijn gekomen of die besmet zijn door een *Cryptosporidium*-drager.

Pathogenese: uit een opgenomen oöcyste ontstaan in de dunne darm vier nieuwe protozoën die zich in de microvilli (borstelzoom) van de epitheelcellen van de darmwand nestelen, daar vermeerderen de protozoën zich en er worden opnieuw oöcysten gevormd.

Ziekteverschijnselen: de symptomen van *cryptosporidiose* zijn een griepachtig gevoel, koude rillingen, lichte koorts, buikkrampen, een (soms heftige) waterige diarree, braken en een gebrek aan eetlust. Bij mensen met een verzwakt afweersysteem, zoals aidspatiënten, wordt de infectie vaak chronisch, er ontstaat dan soms een cholera-achtige diarree die tot een dodelijke uitdroging kan leiden.

De ziekte kan enkele dagen maar ook twee tot vier weken duren, de incubatietijd varieert van drie dagen tot twee weken. De minimale infectueuze dosis bedraagt tien tot honderd oöcysten.

Overige bijzonderheden: in Nederland worden jaarlijks enkele tientallen gevallen van cryptosporidiose bekend.

Incidenten: vierhonderdduizend mensen in Milwaukee (Wisconsin, VS) zijn in 1993 ziek geworden doordat het drinkwater besmet was met *Cryptosporidium parvum*, bijna vijfduizend mensen moesten in het ziekenhuis worden opgenomen en meer dan honderd personen (meestal mensen die een verzwakt afweersysteem hadden) zijn aan de gevolgen van de infectie overleden.

In 1994 hebben achthonderd scholieren in de Verenigde Staten een cryptosporidiose gekregen nadat zij op een schoolfeest vers geperst appelsap hadden gedronken, de appelsap was besmet door een symptoomloze *Cryptosporidium*-drager.

Drinkwater dat fecaal besmet was, heeft in 1995 bijna zeshonderd inwoners van Devon (Groot-Brittannië) geïnfecteerd met *Cryptosporidium parvum*.

Cyclospora cayetanensis

Kenmerken: *Cyclospora cayetanensis* is een onbeweeglijke darmparasiet. Door een geslachtelijk proces dat plaatsvindt in de darm van de gastheer, wordt een **oöcyste** (een ingekapselde, bevruchte eicel) gevormd. De oöcysten, die met de feces worden uitgescheiden, worden niet gedood door de chlorering van drinkwater, maar zij zijn niet bestand tegen uitdroging.

Voorkomen en verspreiding: *Cyclospora cayetanensis* komt voornamelijk in (sub)tropische landen voor, maar is ook aangetroffen op sla die in Italië was geteeld. Vermoedelijk is alleen de mens de gastheer van deze darmparasiet.

Besmettingsbron: de mens wordt geïnfecteerd door het opnemen van oöcysten die aanwezig zijn in fecaal verontreinigd (drink)water en in voedingsmiddelen die met besmet water in aanraking zijn gekomen of die besmet zijn door een *Cyclospora*-drager. Infecties zijn ontstaan na het consumeren van zacht fruit (aardbeien, frambozen, zwarte bessen), basilicum, sla en peultjes.

Pathogenese: in de dunne darm ontstaan uit een opgenomen oöcyste vier nieuwe protozoën die zich in de microvilli van het darmepitheel nestelen, daar vermeerderen de protozoën zich en er worden opnieuw oöcysten gevormd.

Ziekteverschijnselen: de symptomen van **cyclosporiose** zijn een ver-moeid en ziek gevoel, gebrek aan eetlust, buikkrampen, een opgeblazen gevoel, gewichtsverlies en een waterdunne diarree die, vooral bij aidspa-tiënten, voor veel vochtverlies kan zorgen. De duur van de ziekteverschijnselen is gemiddeld twee weken, bij mensen met een verzwakt afweersysteem, zoals aidspatiënten, kunnen de ziekteverschijnselen tot drie maanden duren. De incubatietijd bedraagt twee tot veertien dagen, de minimale infectueuze dosis is niet bekend, maar zal vermoedelijk een honderdtal oöcysten zijn.

Overige bijzonderheden: *Cyclospora cayetanensis* is pas in 1985 voor het eerst beschreven, er is nog veel onbekend over het voorkomen en de verspreiding van dit protozoön. De pathogenese vertoont veel overeen-komsten met de pathogenese van *Cryptosporidium parvum*.

Incidenten: in 1996, 1997 en 1998 zijn in de Verenigde Staten en in Canada verscheidene malen mensen, ongeveer tweeduizend in totaal, geïnfecteerd met *Cyclospora cayetanensis* nadat zij aardbeien of frambo-zen die afkomstig waren uit Guatemala, hadden geconsumeerd. Uit onderzoek is gebleken dat de mensen die in Guatemala betrokken zijn bij de pluk van aardbeien en frambozen soms *Cyclospora*-drager zijn.

Door een dessert met zwarte bessen hebben in 1999 ruim honderd inwoners van Ontario (Canada) een cyclosporiose gekregen, de zwarte bessen waren afkomstig uit Guatemala.

Rauwe peultjes die verwerkt waren in salades, waren de infectiebron waardoor een vijftigtal mensen in Pennsylvania (VS) in 2004 met *Cyclo-spora cayetanensis* zijn geïnfecteerd, ook de peultjes waren uit Guatema-la geïmporteerd.

Een kerstdiner heeft in 2000 veertig mensen in Baden-Würtemberg een *Cyclospora*-infectie bezorgd, de besmettingsbron was vermoedelijk sla die afkomstig was uit Italië.

Entamoeba histolytica

Kenmerken: *Entamoeba histolytica* is een anaërobe, maar aërotoleran-te, amoebe die alleen de mens als gastheer heeft. In de darm van de gastheer kapselt de amoebe zich in tot een **cyste** (de rustvorm), de cyste wordt met de feces uitgescheiden. De cysten zijn gevoelig voor uitdro-ging maar kunnen op een vochtige plaats enige weken tot maanden in de natuur overleven.

Voorkomen en verspreiding: naar schatting is 10% van de wereldbe-volking geïnfecteerd met *Entamoeba histolytica*, de infecties komen voor-namelijk voor in gebieden waar de sanitaire omstandigheden slecht zijn. In endemische gebieden kan 50% van de bevolking drager zijn.

Besmettingsbron: in de (sub)tropen zijn groenten en fruit die geïrri-geerd of gewassen zijn met fecaal verontreinigd water, vaak besmet met de cysten van *Entamoeba histolytica*. De cysten kunnen ook door onhygië-nisch handelen van een *Entamoeba*-drager of door vliegen en kakkerlak-ken op voedingsmiddelen worden overgebracht.

Pathogenese: in het laatste deel van de dunne darm ontstaan uit een opgenomen cyste acht kleine amoeben (de *minuta*), deze kleine amoeben verplaatsen zich naar het lumen van de dikke darm. Nadat zij daar enige tijd hebben geleefd, kapselen de minuta's zich in het lumen van de darm in tot cysten die met de feces worden uitgescheiden. Uit een minuta kan echter ook een grote invasieve amoebe ontstaan, deze penetreert het epitheel van de dikke darm. Er ontstaat een ontsteking van de mucosa en plaatselijk sterft het darmepitheel af. Soms komen de amoeben in de bloedbaan terecht, de lever wordt dan geïnfecteerd.

Ziekteverschijnselen: de symptomen van *amoebiase* of *amoeben-dysenterie* (zo genoemd ter onderscheiding van de *bacillaire* dysenterie die door *Shigella dysenteriae* wordt veroorzaakt) zijn buikkrampen, braken en een frequente, brijige diarree die vermengd is met bloed en slijm. De diarree, die een onaangename visgeur heeft, kan met tussenpozen enkele dagen tot een paar maanden duren, hierdoor kan een ernstig gewichtsverlies ontstaan. De incubatietijd varieert van enkele weken tot enige maanden, de minimale infectueuze dosis is niet bekend.

Overige bijzonderheden: een geïnfecteerde kan nog jarenlang drager blijven van *Entamoeba histolytica*, met de feces worden dan per dag enige miljoenen cysten uitgescheiden.

In Nederland komen jaarlijks enkele tientallen gevallen van amoeben-dysenterie voor, de infectie is meestal in het buitenland opgelopen.

Giardia lamblia

Kenmerken: *Giardia lamblia* (synoniemen: *Giardia duodenalis*, *Giardia intestinalis* en *Lamblia intestinalis*) is een flagellaire darmparasiet. In de darm van de gastheer wordt door de **trofozoïde** (de vegetatieve vorm) een **cyste** (de rustvorm) gevormd. De cysten, die met de feces worden uitgescheiden, zijn bestand tegen het chloreren van drinkwater, echter niet tegen verhitting. Op vochtige plaatsen kunnen de cysten gedurende enige maanden overleven.

Voorkomen en verspreiding: *Giardia lamblia* komt wereldwijd voor in het darmkanaal van zoogdieren (onder andere muskusratten), vogels, reptielen en amfibieën. De cysten worden aangetroffen in het oppervlaktewater en in het drinkwater van landen waar de sanitaire omstandigheden minder gunstig zijn, zij zijn echter ook enige malen in de Verenigde Staten en in Europa in het drinkwater gevonden.

Besmettingsbron: de mens wordt geïnfecteerd door het opnemen van cysten die aanwezig zijn in fecaal verontreinigd (drink)water en voedsel dat met dit water in aanraking is gekomen; voedsel kan ook direct besmet worden met de cysten van een *Giardia*-drager. Als besmette voedingsmiddelen zijn sla, salades, fruit en ijs bekend.

Pathogenese: onder invloed van de lage pH van de maag en de spijsverteringsenzymen ontwikkelt een opgenomen cyste zich weer tot een trofozoïde, deze hecht zich in de dunne darm met behulp van een soort zuignap aan de microvilli van het darmepitheel. Daar vermeerderen de trofozoïden zich door een tweedeling, het aantal trofozoïden in de dunne darm kan hierdoor snel toenemen. Na ongeveer twee weken kapselen sommige trofozoïden zich in en er worden cysten gevormd.

Ziekteverschijnselen: de symptomen van een *giardiasis* (*lambliasis*) zijn buikkrampen, vermoeidheid, gewichtsverlies en een kwalijk riekende, vettige en brijige diarree. Door de beschadiging van het darmepitheel wordt de resorptie van vetten, in vet oplosbare vitamines, koolhydraten en ijzer verstoord, hierdoor kan ondervoeding en bloedarmoede ontstaan.

Bij sommige geïnfecteerde mensen ontstaat alleen maar een lichte diarree, door deze symptoomloze dragers kunnen nog wel gedurende een lange tijd vele miljoenen cysten per dag met de feces worden uitgescheiden.

De duur van de ziekteverschijnselen varieert van enkele weken tot meer dan een jaar, vaak wordt een periode met diarree gevolgd door een periode zonder diarree. De incubatietijd van giardiasis is één tot drie weken, de minimale infectueuze dosis bedraagt slechts enkele cysten.

Overige bijzonderheden: de cysten van *Giardia lamblia* zijn in 1681 door ANTONI VAN LEEUWENHOEK ontdekt in zijn eigen ontlasting. Giardiasis is de meest voorkomende protozoaire infectie in de wereld; in Nederland komen jaarlijks enige honderden gevallen van giardiasis voor, maar de infectie is meestal in het buitenland opgelopen.

Incidenten: een aantal jaren geleden zijn in New Jersey (VS) tien mensen met *Giardia lamblia* geïnfecteerd. De besmetting was op het voedsel overgebracht door een vrouw die eerst haar baby een schone luier had omgedaan en daarna een fruitsalade had bereid. De baby was een symptoomloos drager van *Giardia lamblia*, de cysten waren aanwezig in de ontlasting van de baby.

In 2004 zijn ongeveer vierhonderd inwoners van Bergen (Noorwegen) met *Giardia lamblia* geïnfecteerd, de infecties zijn veroorzaakt door een besmetting van het drinkwater van de stad.

Toxoplasma gondii

Kenmerken: *Toxoplasma gondii* (synoniem *Isospora gondii*) is een onbeweeglijke darmparasiet die zich zowel door een geslachtelijk als door een ongeslachtelijk proces kan vermeerderen. De geslachtelijke vermeerdering vindt enkel plaats in de kat die de eindgastheer is, de ongeslachtelijke vermeerdering gebeurt zowel in de kat als in een tussengastheer. Als tussengastheer kunnen landbouwhuisdieren (varkens, schapen, runderen), muizen, vogels, ongewervelde dieren (onder andere slakken en kakkerlakken) maar ook de mens fungeren.

Door een geslachtelijk proces worden in de epitheelcellen van de dunne darm van (voornamelijk) jonge katten **oöcysten** (ingekapselde, bevruchte eicellen) gevormd die met de feces worden uitgescheiden. In de natuur, vooral op vochtige plekken en in de grond, kunnen de oöcysten tot anderhalf jaar in leven blijven.

In de kat of in een tussengastheer worden na enige tijd *weefselcysten* gevormd, een weefselcyste bevat enkele honderden protozoën die omgeven zijn door een dikke gemeenschappelijke wand.

Voorkomen en verspreiding: *Toxoplasma gondii* komt wereldwijd voor, in Nederland is naar schatting 50% van de mensen tot 30 jaar en 80% van de mensen van 65 jaar en ouder geïnfecteerd of geïnfecteerd geweest.

Besmettingsbron: de mens wordt geïnfecteerd door het consumeren van rauwe voedingsmiddelen (zoals bladgroente) die besmet zijn met oöcysten of door vlees (vooral varkens- en schapenvlees) dat weefselcysten bevat en dat niet of onvoldoende is verhit. Daarnaast kan de mens direct geïnfecteerd worden door contact met een geïnfecteerd dier of met besmette grond. Bij zwangere vrouwen wordt het embryo of de foetus via de moeder geïnfecteerd.

Pathogenese: de wand van een opgenomen oöcyste wordt door het maagsap en de spijsverteringsenzymen aangetast, in het darmkanaal ontstaan daarna uit één oöcyste acht nieuwe protozoën. Bij een opgenomen weefselcyste wordt de wand eveneens door het maagsap en de spijsverteringsenzymen aangetast, de vele protozoën die in de weefselcyste zaten, komen hierdoor vrij.

De protozoën die afkomstig zijn uit een oöcyste of een weefselcyste penetreren de epitheelcellen van de darm en vermeerderen zich daar. Via de bloedbaan verspreiden de protozoën zich door het hele lichaam en infecteren verschillende organen; in deze organen vermeerderen zij zich eveneens, hierdoor sterven de cellen van de organen af. Als de ogen of de hersenen zijn geïnfecteerd, kan de infectie, vooral bij een embryo of een foetus, blijvende schade aanrichten. In andere organen of weefsels ontstaat na enige tijd een weefselcyste doordat enkele honderden protozoën zich door een gemeenschappelijke wand omgeven.

Een weefselcyste (die een afmeting van circa 0,2 mm heeft) blijft levenslang aanwezig, de (tussen)gastheer is inmiddels immuun geworden. Bij mensen met een verzwakt afweersysteem, zoals aidspatiënten en mensen bij wie de afweer door medicijnen is onderdrukt, kan een aanwezige weefselcyste openbarsten en de vrijgekomen protozoën veroorzaken een nieuwe en ernstige infectie.

Ziekteverschijnselen: meestal heeft *toxoplasmose* een licht verloop, namelijk een griepachtig gevoel, temperatuurverhoging en een geringe zwelling van de lymfeklieren. Bij zwangere vrouwen kan het embryo of de foetus geïnfecteerd worden, de infectie kan dan leiden tot een ernstige oogaandoening of tot neurologische afwijkingen bij het kind, zoals encefalitis (hersenontsteking) of hydrocefalitis (waterhoofd), of tot een abortus. De gevolgen van deze *congenitale* toxoplasmose worden soms pas na enige jaren merkbaar bij het kind.

De incubatietijd van toxoplasmose varieert van één week tot drie weken, de minimale infectueuze dosis bedraagt één weefselcyste of een honderdtal oöcysten.

Overige bijzonderheden: besmetting met *Toxoplasma gondii* komt bij de mens geregeld voor, maar er ontstaat slechts zelden een ernstige ziekte. Risicogroepen zijn zwangere vrouwen (schade aan de vrucht) en mensen met een verminderde immuniteit, zij moeten uit voorzorg geen rauw vlees of vlees dat onvoldoende is verhit (zoals tartaar en filet americain) consumeren. Per jaar sterven in Nederland enkele mensen aan de gevolgen van toxoplasmose, het aantal ziektegevallen bedraagt enige honderden.

4.5 VOEDSELINFECTIES VEROORZAAKT DOOR WORMEN

Anisakis marina (Anisakis simplex)

Kenmerken: *Anisakis marina* (de haringworm) is een parasitaire mariene nematode (rondworm).

Voorkomen en verspreiding: de larven van *Anisakis marina* komen veelvuldig en in een groot aantal voor in sommige soorten zeevis, zoals kabeljauw, makreel en met name haring, 80% tot 100% van de haring is geïnfecteerd.

Besmettingsbron: de mens wordt geïnfecteerd door het consumeren van rauwe vis ('groene haring') waarin levende larven aanwezig zijn.

Pathogenese: de larven kunnen de wand van de maag of van de darm doorboren, plaatselijk ontstaat dan een ontsteking.

Ziekteverschijnselen: bij *anisakiasis* (*haringwormziekte*) ontstaan hevige buikkrampen, de symptomen lijken soms op een appendicitis (blindedarmontsteking). De incubatietijd is drie tot zes uur.

Overige bijzonderheden: de larven worden door verhitten en bevriezen gemakkelijk gedood. Sinds 1968 zijn de Nederlandse haringvissers verplicht de haring een etmaal bij -20 °C te bewaren. Daarom wordt anisakiasis in Nederland vrijwel niet meer aangetroffen, maar in landen (zoals Japan) waar veel rauwe vis wordt gegeten, komt anisakiasis nog veelvuldig voor. In Japan worden jaarlijks tweeduizend tot drieduizend mensen geïnfecteerd.

Echinococcus granulosus

Kenmerken: *Echinococcus granulosus* (de hondenlintworm) is een kleine lintworm (5 tot 9 mm lang) die de hond als eindgastheer heeft, een aantal andere zoogdieren, waaronder de mens, fungeren als tussengastheer. In de ontlasting van een geïnfecteerd dier zijn vele duizenden eieren aanwezig.

Voorkomen en verspreiding: vooral schapen en in mindere mate varkens kunnen als tussengastheer geïnfecteerd zijn.

Besmettingsbron: de mens wordt geïnfecteerd via voedsel (schapenvlees en met name bladgroente die rauw wordt geconsumeerd) dat door een fecale besmetting eieren van deze lintworm bevat.

Pathogenese: in de dunne darm komt onder invloed van de spijsverteringsenzymen uit een opgenomen ei de larve vrij. De larve doorboort de darmwand en komt via de bloedbaan in de lever of in de longen terecht. Hier ontwikkelt de larve zich tot een *blaasworm* (*hydatide*) die bestaat uit een blaasje waarbinnen talrijke broedblaasjes worden gevormd, in de broedblaasjes ontstaat aan een instulping de embryonale kop van de lintworm. Om de blaasworm die steeds groter wordt (de groei kan een centimeter per jaar zijn), wordt door de gastheer een stevig kapsel gevormd. De cyste die zo is ontstaan, kan tien centimeter groot zijn.

Ziekteverschijnselen: de symptomen van *echinococcosis* (*hydatidosis*) variëren, vaak is er alleen wat pijn in de streek van de lever of kortademigheid. In veel gevallen zijn er geen symptomen merkbaar totdat de blaasworm openscheurt, bijvoorbeeld als gevolg van een ongeval waarbij druk op de blaasworm werd uitgeoefend. Door het vrijkomen van de inhoud van de blaasworm kunnen ernstige allergische reacties ontstaan.

Overige bijzonderheden: in landen waar veel schapen worden gehouden, zoals in de landen rond de Middellandse Zee, kan echinococcosis endemisch zijn. In Nederland komen jaarlijks dertig tot veertig gevallen van echinococcosis voor.

Echinococcus multilocularis

Kenmerken: *Echinococcus multilocularis* (de vossenlintworm) is een kleine lintworm (2 tot 6 mm lang) die de vos en de wolf als eindgastheer heeft, een aantal andere zoogdieren fungeren als tussengastheer.

Voorkomen en verspreiding: kleine knaagdieren (muizen, ratten, eekhoorns) fungeren als tussengastheer, ook de mens kan tussengastheer zijn. Sinds 1997 is *Echinococcus multilocularis* aangetroffen bij vossen in Nederland, in andere Europese landen kan de infectie van vossen met deze lintworm endemisch zijn, dit is onder andere het geval in de Pyreneeën en de Alpen.

Besmettingsbron: de mens kan geïnfecteerd worden door het consumeren van wilde bosvruchten (bramen, frambozen, bosbessen) en valfruit. De vruchten kunnen door regen of wind besmet zijn met de eitjes van deze lintworm.

Pathogenese: in het darmkanaal komt uit een opgenomen ei de larve vrij die via de bloedbaan in de lever en van daaruit ook in andere organen kan terechtkomen. De larve ontwikkelt zich in een geïnfecteerd orgaan tot een *blaasworm* (*hydatide*) die bestaat uit een blaasje waarbinnen talrijke broedblaasjes worden gevormd, in de broedblaasjes ontstaat aan een instulping de embryonale kop van de lintworm. Om de blaasworm wordt echter door de gastheer geen kapsel gevormd, zoals bij *Echinococcus granulosus* gebeurt, de blaasworm kan daarom doorgroeien en er worden tevens een aantal dochterblazen gevormd. Een geïnfecteerde lever krijgt door de vele blazen een 'alveolair' (gevuld met holten) aanzien, het leverweefsel gaat enigszins lijken op longweefsel; de functie van de lever wordt hierdoor ernstig gestoord.

Ziekteverschijnselen: de symptomen van *alveolaire echinococcosis*, die pas jaren na de besmetting ontstaan, zijn aanvankelijk buikpijn, kortademigheid en/of geelzucht. Doordat de functie van de lever steeds verder wordt gestoord, kan de infectie uiteindelijk een dodelijke afloop hebben; het sterftepercentage bedraagt circa 70%.

Overige bijzonderheden: het aantal vossen in Nederland dat geïnfecteerd is, neemt toe. Uit een onderzoek dat door het Rijksinstituut voor Volksgezondheid & Milieu in 2002 en 2003 is gedaan naar de besmetting van vossen in Zuid-Limburg, is gebleken dat 13% van de onderzochte vossen was geïnfecteerd. Bij een eerder onderzoek in 2000 was al gevonden dat in Groningen ongeveer 9% van de vossen was geïnfecteerd.

Taenia saginata

Kenmerken: *Taenia saginata* (de ongewapende lintworm) heeft de mens als eindgastheer, het rund is de tussengastheer; de lintworm kan bij de mens vijf tot tien meter lang worden.

Voorkomen en verspreiding: de eieren van *Taenia saginata* komen voor in rioolwater en in oppervlaktewater dat fecaal is besmet. In een geïnfecteerd rund ontstaan in het spierweefsel **blaaswormen** die ongeveer een centimeter groot zijn, dit komt voor bij circa 2% van de runderen in Nederland.

Besmettingsbron: de belangrijkste oorzaak van besmetting is het consumeren van rauw of niet voldoende verhit rundvlees (zoals biefstuk, filet americain, tartaar en het vlees van een barbecue) waarin blaaswormen aanwezig zijn.

Pathogenese: in de maag komt uit de opgenomen blaasworm de kop (*scolex*) van de lintworm vrij, deze hecht zich met behulp van een aantal zuignappen aan de wand van de dunne darm vast. Aan de kop worden geledingen (*proglottiden*) gevormd die vol zitten met eieren. Rijpe proglottiden, die vele tienduizenden eieren bevatten, worden met de feces uitgescheiden.

Ziekteverschijnselen: de symptomen van **taeniasis** (*lintwormziekte*) zijn niet ernstig, misselijkheid, braken, hoofdpijn of buikpijn, soms een hongerig gevoel en gewichtsverlies, rond de anus kan jeuk ontstaan.

Overige bijzonderheden: taeniasis komt in Nederland nog steeds vrij frequent voor. De blaaswormen in vlees worden gedood door invriezen of door een verhitting boven 60 °C.

Trichinella spiralis

Kenmerken: *Trichinella spiralis* (de trichine of haarworm) is een zeer kleine (1,5 tot 4 mm lang) parasitaire nematode (rondworm).

Voorkomen en verspreiding: de larven van *Trichinella spiralis* komen wereldwijd voor bij gedomesticeerde dieren (varkens en paarden) en bij wilde dieren (onder andere vossen en wilde zwijnen).

Besmettingsbron: de mens wordt geïnfecteerd door het consumeren van rauw of onvoldoende verhit varkensvlees, paardenvlees of het vlees van wilde dieren dat besmet is met larven.

Pathogenese: in de mucosa van de dunne darm ontwikkelen de larven zich tot volwassen mannelijke en vrouwelijke trichinen. Een bevruchte vrouwelijke trichine boort zich in de darmwand, hier worden de larven geboren. Via de bloedbaan verspreiden de larven zich door het lichaam en penetreren het spierweefsel van onder andere het middenrif, de ribben, de tong en de ogen. In het spierweefsel worden de larven omgeven door een bindweefselkapsel dat gevormd wordt door de gastheer.

Ziekteverschijnselen: een kleine infectie kan vrijwel symptoomloos verlopen, maar bij een grotere infectie ontstaat na enkele dagen, als de trichinen zich in de darmwand boren en de larven worden geboren, lichte buikpijn en soms diarree.

De ziekteverschijnselen van *trichinellosis* (*trichinosis*) worden ernstiger wanneer de larven zich in het spierweefsel nestelen, er ontstaat dan koorts, hevige spierpijn, oedeem (voornamelijk in de hals) en problemen met de ademhaling. De ziekteverschijnselen nemen weer af wanneer de larven, drie tot vier weken na het begin van de infectie, worden ingekapseld. De infectie kan echter een dodelijke afloop hebben als larven zich in de hersenen of in het spierweefsel van het hart of van de longen hebben genesteld.

Overige bijzonderheden: door de zeer lage besmettingsgraad van de varkens en de strenge vleeskeuring komt trichinellosis in Nederland vrijwel niet meer voor, per jaar zijn er minder dan tien gevallen van trichinellosis; de infectie is dan meestal in het buitenland opgelopen.

Bij vossen en wilde zwijnen komt *Trichinella spiralis* echter steeds meer voor. In 1985 werd *Trichinella spiralis* op de Veluwe aangetroffen bij 4% van de onderzochte vossen, in 1998 was dit bij 14% het geval. In 1999 was 7% en in 2003 was 10% van de onderzochte wilde zwijnen in Nederland geïnfecteerd. De kans bestaat dat de infectie van de wilde dieren wordt overgebracht op landbouwhuisdieren.

De larven van *Trichinella spiralis* die in vlees aanwezig zijn, kunnen gedood worden door het vlees gedurende minimaal drie weken te bewaren bij -15 °C of door het goed te verhitten.

Incidenten: in 1998 zijn bijna zeshonderd mensen in Frankrijk met *Trichinella spiralis* geïnfecteerd nadat zij besmet paardenvlees hadden geconsumeerd, het paardenvlees was afkomstig uit Oost-Europa; in Oost-Europese landen komt *Trichinella spiralis* endemisch onder het vee voor. Varkensworst die tijdens een oogstfeest onvoldoende was gebraden, heeft in 2001 ruim vierhonderd mensen in Rusland een trichinellosis bezorgd.

4.6 VOEDSELINFECTIES VEROORZAAKT DOOR VIRUSSEN

4.6.1 Virale gastro-enteritis

In veel gevallen van '*buikgriep*' gaat het om een gastro-enteritis die door een virus wordt veroorzaakt. Het aantonen van een virus in voedingsmiddelen is echter niet gemakkelijk aangezien virussen, omdat het intracellulaire parasieten zijn, zich niet in voedingsmiddelen vermeerderen. Het aantal virusdeeltjes in besmette voedingsmiddelen is daarom meestal maar gering, daarnaast is het niet mogelijk om virussen, in tegenstelling tot andere micro-organismen, uit het voedsel te isoleren en vervolgens op een voedingsbodem te kweken. In de meeste gevallen is een serologisch bloedonderzoek of een fecesonderzoek van de patiënt nodig. Bij een fecesonderzoek kunnen de virusdeeltjes dan met behulp van een elektronenmicroscoop zichtbaar worden gemaakt. Sinds een aantal jaren is het echter ook mogelijk sommige virussen met immunologische of met moleculair-biologische detectiemethoden, zoals ELISA en PCR (zie 7.4.8 en 7.4.9), aan te tonen.

Voorkomen en verspreiding: de overdracht van een virus kan plaatsvinden via besmette voedingsmiddelen, via aërosolen (microscopisch kleine vochtdruppeltjes) of via direct fecaal-oraal contact (met fecaal bezoedelde handen eten of voedingsmiddelen bereiden).

Virusdeeltjes zijn aanwezig in het braaksel van een geïnfecteerde, braaksel kan meer dan een miljoen virusdeeltjes per ml bevatten. Bij het braken ontstaan tevens besmette aërosolen waardoor grote aantallen virusdeeltjes in de omgeving verspreid worden. Gebeurt dit in een keuken, dan slaan de virusdeeltjes neer op aanrechten en op voedingsmiddelen die niet zijn afgedekt. Virusdeeltjes die met aërosolen ergens zijn neergeslagen, kunnen daar een lange tijd hun activiteit behouden. Daardoor kunnen ook later nog voedingsmiddelen en mensen vanuit de omgeving met een virus geïnfecteerd worden.

Virusdeeltjes zijn ook aanwezig in de ontlasting van een geïnfecteerde, gedurende enkele dagen tot soms drie weken na het begin van de ziekteverschijnselen worden virusdeeltjes met de ontlasting uitgescheiden. Een geïnfecteerd persoon kan zijn handen met fecale virusdeeltjes besmetten indien de handen na toiletgebruik niet afdoende worden gereinigd, de virusdeeltjes blijven op de handen enige uren stabiel.

Besmettingsbron: voedingsmiddelen zijn soms al van oorsprong met een virus besmet, schelpdieren (zoals kokkels, mosselen en oesters, zie tabel 3-9 op pagina 110) staan hierom bekend, groenten en zacht fruit (aardbeien, bessen en frambozen) kunnen besmet worden door irrigatie of door besproeiing met fecaal verontreinigd oppervlaktewater.

Voedsel kan echter ook tijdens of na de bereiding door onhygiënisch handelen van een virusdrager besmet worden. Virusdeeltjes die, hetzij via aërosolen, hetzij via besmette handen, zijn terechtgekomen in voedingsmiddelen die geen culinaire verhitting (meer) ondergaan (zoals fruit, salades, gebak, broodjes, een koud buffet), infecteren de consument van het voedsel. In 2001 zijn op het nieuwjaarsbuffet van het ministerie van Binnenlandse Zaken in Den Haag meer dan tweehonderd ambtenaren met een *Noro*-virus geïnfecteerd, de bron van de besmetting waren sandwiches die door een cateringbedrijf waren geleverd.

Ziekteverschijnselen: een virale gastro-enteritis veroorzaakt braken en/of diarree en gaat doorgaans gepaard met (lichte) koorts. Bij gezonde mensen is de ziekte meestal na twee dagen weer over, maar bij mensen die tot de risicogroepen behoren, zoals zieken en bejaarden, kan de ziekte langer duren. Omdat virusinfecties veel in het koude jaargetijde voorkomen, spreekt men wel over de *'winter vomiting disease'*. De incubatietijd varieert van een halve dag tot drie dagen, de minimale infectueuze dosis bedraagt slechts een gering aantal virusdeeltjes.

Overige bijzonderheden: veel virussen zijn bestand tegen een temperatuur van 60 °C gedurende dertig minuten, maar worden geïnactiveerd bij een verhitting van 90 °C gedurende enkele minuten. Het gekoeld bewaren of invriezen van besmette voedingsmiddelen vermindert de activiteit van virussen niet, door het wassen van zacht fruit (zoals aardbeien en frambozen) worden virussen niet verwijderd. Diepgevroren frambozen die afkomstig waren uit Polen, hebben in 2005 ruim veertienhonderd mensen in Denemarken met een *Noro*-virus geïnfecteerd.

De onderstaande virussen staan bekend als verwekker van een virale gastroenteritis.

- **Adeno-virussen**, deze virussen infecteren vooral zuigelingen en jonge kinderen (meestal jonger dan twee jaar); de ziekteverschijnselen zijn braken en diarree gedurende vijf tot tien dagen.
- **Astro-virussen**, bij kinderen en volwassenen veroorzaken deze virussen een waterige diarree gedurende één of twee dagen.
- **Calici-virussen**, hiertoe behoren de **Noro-virussen** (*Norwalk-like virussen*, NLV) en de **Sapo-virussen** (*Sapporo-like virussen*, SLV).
  De *Noro-virussen* veroorzaken hoofdpijn, misselijkheid, buikkrampen, heftig braken en diarree gedurende één tot drie dagen.
  De *Sapo-virussen* komen voornamelijk bij zuigelingen en jonge kinderen voor, zij veroorzaken braken en een waterige diarree gedurende ongeveer een week.
- **Rota-virussen**, zuigelingen en jonge kinderen (jonger dan vijf jaar, meestal tussen de zes maanden en twee à drie jaar) worden vaak geïnfecteerd door deze virussen die vooral in de wintermaanden zeer actief zijn. De ziekteverschijnselen zijn braken en een, vaak ernstige, waterige diarree die ongeveer een week kan duren. Een infectie met een *Rota*-virus kan voor zuigelingen en jonge kinderen soms dodelijk zijn, want door de waterige diarree kan een ernstige uitdroging ontstaan.

Incidentie

In Nederland komen jaarlijks ruim 800.000 gevallen van een gastroenteritis voor die veroorzaakt is door een virus. Naar schatting wordt circa 20% tot 30% hiervan veroorzaakt door voedsel dat besmet is met een virus. Infecties met een *Noro*-virus komen het meest frequent voor, door *Noro*-virussen worden soms epidemieën veroorzaakt onder oudere kinderen en volwassenen.

Voor de incidentie van de verschillende virussen die betrokken zijn bij een virale voedselinfectie, bestaan geen betrouwbare cijfers omdat in de meeste gevallen de patiënt na enkele dagen weer is hersteld en de huisarts niet heeft geconsulteerd. Vermoedelijk zijn de *Noro*-virussen jaarlijks de oorzaak van 80.000 tot 200.000 voedselinfecties en de *Rota*-virussen zouden jaarlijks 20.000 tot 40.000 voedselinfecties veroorzaken. Voedselinfecties die veroorzaakt worden door de *Sapo*-virussen, de *Adeno*-virussen en de *Astro*-virussen komen minder vaak voor.

Noro-virussen

In 1968 ontstond in Norwalk (Ohio, VS) een gastro-enteritis onder een groot aantal leerlingen en personeelsleden van een lagere school. Met behulp van een elektronenmicroscoop konden in de feces van de patiënten virusdeeltjes worden waargenomen, dit virus werd naar de plaats het **Norwalk-virus** genoemd. Later werden meer van soortgelijke virussen ontdekt, daarom noemde men deze groep virussen de *Norwalk-like virussen*. Naar hun structuur werden zij ook wel aangeduid met de term *Small-Round-Structured-Viruses* (SRSV). Enkele jaren geleden is de naam van de *Norwalk*-like virussen veranderd in *Noro-virussen*, deze virussen behoren tot de familie van de *Calici-virussen*.

Bij een *Noro*-infectie kan plotseling een heftig en krachtig braken ('projectielbraken') ontstaan, de virusdeeltjes die hierbij vrijkomen besmetten de omgeving en eventuele voedingsmiddelen die daar aanwezig zijn. De *Noro*-virussen zijn uiterst infectueus, door minder dan tien virusdeeltjes kan al een infectie ontstaan. Deze virussen zijn zeer bestand tegen de meeste desinfectiemiddelen, zij worden pas geïnactiveerd door een hoge dosering van een chloorbevattend desinfectans.

Door *Noro*-virussen worden vaak grote groepen mensen in zorginstellingen, zoals bejaardenhuizen, geïnfecteerd, de besmettingsbron is dan dikwijls een medewerker van de voedingsdienst die geïnfecteerd is met het virus. De bewoners die door een besmette maaltijd zijn geïnfecteerd, besmetten op hun beurt weer andere bewoners. Personeelsleden kunnen bijvoorbeeld ook geïnfecteerd worden bij het verschonen van de bedden van patiënten.

Bij mensen met een goede gezondheid heeft een infectie met een *Noro*-virus in de regel een mild verloop, maar bij mensen met een verminderde weerstand, zoals zieken en bejaarden, kan door de overvloedige en waterige diarree een ernstige uitdroging ontstaan; een *Noro*-infectie kan daardoor fataal verlopen.

Incidenten

Noro-virussen kunnen een lange tijd (enige maanden) een omgeving besmet houden, dat hebben de passagiers aan boord van het cruiseschip de 'Amsterdam' van de Holland-America Cruiseline in 2002 aan den lijve ervaren. Gedurende een aantal achtereenvolgende cruises zijn ruim vijfhonderd passagiers met een *Noro*-virus dat zich aan boord had verschanst, geïnfecteerd. De 'Amsterdam' moest tijdelijk uit de vaart worden genomen zodat het gehele schip gedesinfecteerd kon worden.

Hetzelfde moest in 2002 en 2003 ook gebeuren met vier cruiseschepen van andere maatschappijen die eveneens een virus aan boord bleken te hebben, op deze schepen zijn in totaal meer dan duizend mensen ziek geworden. De desinfectie van een van deze schepen had echter niet het gewenste resultaat, want op de eerstvolgende cruise werden opnieuw passagiers ziek. De besmetting van de schepen is vermoedelijk ontstaan door een passagier of door iemand van de bemanning die al bij het aan boord gaan met het virus was geïnfecteerd.

De overdracht van een virus kan soms op een merkwaardige wijze gebeuren: in 2000 moest een student van een universiteit in de Verenigde Staten tijdens een rugbywedstrijd plotseling braken, hierdoor werd zijn kleding en ook de bal besmet met virusdeeltjes. Niet alleen de andere leden van het team, maar ook alle tegenstanders werden de volgende dag ziek. De oorspronkelijke besmettingsbron waren sandwiches met kalkoen die de zieke student een dag voor de wedstrijd had gegeten, deze sandwiches waren besmet met een *Noro*-virus. Tijdens de wedstrijd werd het virus via de kleding van de zieke student en de bal overgebracht op alle andere spelers.

De volgende twee incidenten laten zien dat één geïnfecteerde in staat is een zeer groot aantal mensen te besmetten.

In 1987 begon een kok die werkzaam was in de 'koude' keuken van een hotel in Groot-Brittannië, plotseling in het personeelstoilet te braken. Daarna ging hij verder met het bereiden van koude gerechten, zoals salades, sandwiches en schotels met gerookte forel. Toen de kok na zijn werkzaamheden thuiskwam, kreeg hij last van diarree. De volgende dag braakte een afwashulp van het hotel in een afvalbak die buiten de keuken stond, nog een dag later moesten twee andere koks tijdens hun werkzaamheden plotseling in de keuken braken.

In de loop van de week zijn in totaal veertig personeelsleden (zowel keukenpersoneel, als bedienend personeel) en honderddertig gasten ziek geworden, zij allen hadden gerechten gegeten die door de kok van de koude keuken waren bereid. Ook twee kamermeisjes die geen maaltijd van het hotel hadden gegeten, maar die de kamers van zieke gasten hadden verschoond, zijn ziek geworden.

Bij gewoon microbiologisch onderzoek van de feces van de kok van de koude keuken en van een aantal andere zieke personeelsleden werden geen pathogene bacteriën of protozoën gevonden. Daarop werd de feces onderzocht met behulp van een elektronenmicroscoop, dit onderzoek heeft aangetoond dat in de ontlasting van de kok en de personeelsleden een *Noro*-virus aanwezig was.

Cakes die met suikerglazuur geglaceerd waren, hebben in 1982 drieduizend mensen met een *Noro*-virus geïnfecteerd; alle cakes waren afkomstig van een bakkerij in Minneapolis.

Een medewerker van de bakkerij had tijdens zijn werkzaamheden tweemaal moeten braken, hij had tevens last van diarree. Desondanks was hij doorgegaan met zijn werk dat onder andere bestond uit het vervaardigen van een grote hoeveelheid suikerglazuur en het glaceren van cakes met dit glazuur. De cakes werden in de winkel van de bakkerij verkocht, maar een aantal werd ook geleverd aan een restaurant voor twee recepties en een examenfeest.

In de daarop volgende dagen kregen tien andere medewerkers van de bakkerij last van maag-darmklachten, tevens kwamen bij de plaatselijke gezondheidsdienst meldingen binnen over het voorkomen van 'buikgriep' bij mensen die de recepties of het examenfeest hadden bezocht. Na een mededeling in de plaatselijke nieuwsmedia over de buikgriep, hebben zich nog veel zieke mensen gemeld; alle mensen met buikgriep hadden een geglaceerde cake bij de bewuste bakkerij gekocht. Serologisch onderzoek heeft aangetoond dat de bakker die het suikerglazuur had bereid, geïnfecteerd was met een *Noro*-virus. Hierdoor is gebleken dat de bakker door zijn onhygiënische werkwijze het suikerglazuur met het *Noro*-virus heeft besmet.

4.6.2 Virale hepatitis

Een virale hepatitis (leverontsteking) ontstaat doordat de lever geïnfecteerd wordt door een virus dat zich in het leverweefsel vermeerdert. In de meeste gevallen ontstaat een hepatitis als het virus wordt overgebracht door bloedcontact of door seksueel contact, via de bloedbaan bereikt het virus vervolgens de lever. Op deze wijze wordt bijvoorbeeld het *Hepatitis* B-virus overgedragen.

Het *Hepatitis* A-virus en het *Hepatitis* E-virus worden echter overgebracht via besmet water of voedsel, deze virussen vermeerderen zich eerst in de darmmucosa en komen daarna via de bloedbaan in de lever.

Hepatitis A-virus

Voorkomen en verspreiding: alleen de mens en enkele soorten apen staan bekend als drager van het *Hepatitis* A-virus, de virusdeeltjes worden door een geïnfecteerde, vanaf een week voordat de ziekteverschijnselen merkbaar zijn tot een week na het begin van de ziekte, uitgescheiden met de ontlasting. De handen van een virusdrager raken besmet met het virus wanneer de handen na toiletgebruik niet afdoende worden gereinigd, deze besmetting kan vervolgens overgebracht worden op voedingsmiddelen.

Besmettingsbron: hepatitis A (infectueuze geelzucht) wordt, behalve door direct fecaal-oraal contact, overgebracht via fecaal verontreinigd water en voedsel. De consument van besmet voedsel wordt geïnfecteerd wanneer de besmette voedingsmiddelen geen culinaire verhitting (meer) hebben ondergaan.

Groenten en zacht fruit (zoals aardbeien en frambozen) kunnen met het virus besmet worden door irrigatie of door besproeiing met fecaal verontreinigd water. In 1997 hebben ingevroren aardbeien die in een dessert waren verwerkt, een groot aantal schoolkinderen in de Verenigde Staten met het *Hepatitis* A-virus geïnfecteerd. Vermoedelijk zijn de aardbeien die uit Mexico waren geïmporteerd, door irrigatie met fecaal besmet water of tijdens de pluk met het virus besmet.

Een andere bron van besmetting zijn garnalen en schelpdieren (bijvoorbeeld oesters en mosselen) die in fecaal verontreinigd water leven, deze schelpdieren kunnen het *Hepatitis* A-virus in een hoge concentratie bevatten. Wanneer de schelpdieren rauw worden geconsumeerd (zoals met oesters gebeurt), kan de mens met het virus geïnfecteerd worden. In 1988 zijn bijna driehonderdduizend mensen in Shanghai met het *Hepatitis* A-virus geïnfecteerd doordat zij besmette oesters hadden gegeten.

Ziekteverschijnselen: de symptomen van *hepatitis* A zijn een algehele malaise, gebrek aan eetlust, hoofdpijn, koorts, misselijkheid en braken, buikpijn, soms diarree, de urine is donker gekleurd. Eén of twee weken na het begin van de ziekte ontstaat geelzucht en de ontlasting krijgt een stopverfkleur. De ziekteverschijnselen duren vier tot zes weken, daarna volgt een natuurlijk herstel dat verscheidene maanden kan duren, de patiënt blijft vaak vermoeid. De incubatietijd varieert van twee weken tot twee maanden.

Bij jonge kinderen (jonger dan vijf jaar) verloopt een infectie meestal symptoomloos, maar in de ontlasting van een geïnfecteerd kind zijn de virusdeeltjes wel aanwezig. Bij een onvoldoende hygiëne is daardoor overdracht van het virus binnen een gezin mogelijk.

Overige bijzonderheden: het *Hepatitis* A-virus kan in water drie tot tien maanden zijn activiteit behouden, in een droge omgeving wordt het virus bij kamertemperatuur na enige weken inactief. Het *Hepatitis* A-virus, dat in 2004 ook is aangetroffen in het water van de Maas, is bestand tegen de chlorering van drinkwater, maar het wordt door verhitting (enkele minuten bij 85 à 90 °C is afdoende) wel geïnactiveerd.

In Nederland worden jaarlijks tussen de vierhonderd en zevenhonderd gevallen van hepatitis A aangegeven, meestal is de infectie opgelopen tijdens een verblijf in het buitenland (in de landen rond de Middellandse Zee is hepatitis A een endemische ziekte) of is ontstaan door de consumptie van geïmporteerde besmette voedingsmiddelen.

Incidenten

In verband met de lange incubatietijd van het *Hepatitis* A-virus, is het vaak moeilijk om de bron van besmetting te vinden. Alleen als een grote groep mensen is geïnfecteerd, lukt het nog wel eens om het besmette voedingsmiddel te achterhalen.

Tussen de driehonderd en vierhonderd toeristen uit verschillende landen (onder andere negen personen uit Nederland) zijn in de loop van de zomer van 2004 met het *Hepatitis* A-virus geïnfecteerd. Een vakantieganger uit Oostenrijk die een cateringbedrijf had, heeft na zijn terugkeer in zijn woonplaats weer een aantal andere mensen met het virus geïnfecteerd. Gebleken is dat alle toeristen enige tijd in een hotel in Egypte hadden gelogeerd en uiteindelijk heeft men de besmettingsbron kunnen traceren: het sinaasappelsap dat de gasten bij het ontbijt hadden gedronken. In de sapfabriek was het sinaasappelsap besmet met het *Hepatitis* A-virus en doordat het sap door een technische storing in de fabriek niet goed werd gepasteuriseerd, is het virus niet geïnactiveerd.

In de Verenigde Staten zijn in 2003 ruim zevenhonderd mensen met het *Hepatitis* A-virus geïnfecteerd, een aantal van hen moest in een ziekenhuis worden opgenomen en drie patiënten zijn aan de gevolgen van de infectie overleden. Uit een uitgebreid onderzoek is gebleken dat zij allen in verschillende restaurants sjalotjes hadden gegeten. De sjalotjes die uit Mexico waren geïmporteerd, zijn waarschijnlijk tijdens de oogst met het virus besmet.

Hepatitis E-virus

Voorkomen en verspreiding: het *Hepatitis* E-virus, dat in 1975 tijdens een epidemie in India is geïsoleerd maar pas in 1990 de huidige naam heeft gekregen, komt voornamelijk voor bij de bevolking van niet-westerse landen. In delen van Afrika, in het Midden-Oosten, in China, India, Pakistan en in Mexico heeft dit virus dat via water wordt overgebracht, een aantal grote epidemieën veroorzaakt onder mensen die besmet water hadden gedronken.

Besmettingsbron: de besmetting vindt plaats door (drink)water dat fecaal is verontreinigd, onder slechte hygiënische omstandigheden komt ook een fecaal-orale overdracht voor.

Ziekteverschijnselen: de symptomen van *hepatitis* E vertonen overeenkomst met hepatitis A, maar er kan ook een acute leverontsteking ontstaan. Bij zwangere vrouwen kan dit leiden tot ernstige complicaties, het sterftepercentage bedraagt dan circa 20%.

De infectie begint in het algemeen met misselijkheid, gebrek aan eetlust, koorts, buikpijn, daarna kan geelzucht en een leververgroting ontstaan. Een *Hepatitis* E-infectie komt het meest voor bij adolescenten en jonge volwassenen (leeftijd tussen de vijftien en veertig jaar), het sterftepercentage is 0,5 tot 4%. De infectie verloopt bij jonge kinderen meestal symptoomloos, de incubatietijd bedraagt twee tot tien weken.

Overige bijzonderheden: er is altijd verondersteld dat de overdracht van het *Hepatitis* E-virus alleen gebeurt door besmet water, een overdracht via voedingsmiddelen was niet bekend. Sinds een aantal jaren is evenwel een type *Hepatitis* E-virus dat nauw verwant is aan het virus dat bij mensen voorkomt, aangetroffen bij varkens en bij bepaalde knaagdieren. In Nederland is dit virus aangetoond bij 22% van de varkens, maar het is nog niet duidelijk in hoeverre een overdracht van dier naar mens mogelijk is. In 2004 zijn echter elf mensen in Japan met het *Hepatitis* E-virus geïnfecteerd nadat zij het vlees van een everzwijn hadden gegeten.

4.7 VOEDSELINFECTIES VEROORZAAKT DOOR PRIONEN

4.7.1 Historie van de spongiforme encefalopathie

Spongiforme encefalopathie is een dodelijke degeneratie van de hersenen die gepaard gaat met ernstige gedragsstoornissen, storingen in de motoriek en verlammingen. Bij autopsie blijkt dat in het hersenweefsel grote holten zitten, het hersenweefsel heeft daardoor een sponsachtige structuur gekregen.

De ziekte is bekend geworden onder de namen *scrapie, de ziekte van Creutzfeldt-Jakob, Kuru* en BSE (de gekke-koeienziekte).

Scrapie

Deze ziekte (*to scrape* = schuren) die voorkomt bij schapen en geiten, is voor het eerst in 1732 beschreven bij schapen in Engeland. De zieke dieren hebben een droge vacht en huid, zij vermageren en schuren zich voortdurend langs allerlei obstakels, vervolgens ontstaan verlammingen die uiteindelijk, enkele weken tot maanden na het begin van de ziekte, tot de dood leiden.

In 1936 kon aangetoond worden dat de ziekte zowel verticaal (van het ooi naar het lam) als horizontaal (tussen schapen onderling) kan worden overgedragen. De incubatietijd van scrapie bedraagt meer dan twee jaar, in veel gevallen zijn de schapen voor die tijd al geslacht zodat de ziekteverschijnselen niet tot uiting komen. Behalve bij schapen en geiten is scrapie ook aangetroffen bij andere herkauwers, zoals antilopen en hertachtigen.

De ziekte van Creutzfeldt-Jakob (CJD)

Door de zenuwarts HANS-GERHARD CREUTZFELDT, die werkzaam was in de kliniek van de neuroloog Alzheimer te Breslau, werd in 1920 de ziektegeschiedenis van de non Bertha beschreven. Aanvankelijk had hij bij de non, die voedsel weigerde en meende dat zij door de duivel was bezeten, aan schizofrenie gedacht, maar na haar dood ontdekte hij opvallende sponsachtige gaten in haar hersenweefsel. In hetzelfde jaar werd door de Hamburgse zenuwarts ALONS JAKOB bij een drietal patiënten soortgelijke ziekteverschijnselen geconstateerd, sindsdien staat deze dementerende ziekte, waarbij de hersenen een sponsachtige structuur vertonen, bekend als *de ziekte van Creutzfeldt-Jakob* (CJD, D=*disease*).

De ziekteverschijnselen zijn in het algemeen een snelle dementie en motorische storingen, binnen een half jaar tot een jaar na het begin van de ziekteverschijnselen overlijdt de patiënt.

Kuru

In de jaren vijftig van de vorige eeuw is door de Australische arts VINCENT ZIGAS en de Amerikaanse neuroloog CARLETON GAJDUSEK op oostelijk Nieuw-Guinea een andere vorm van humane spongiforme encefalopathie ontdekt. Deze dodelijke aandoening kwam voor bij de vrouwen en kinderen van de Foré (een Papoea-stam) die de gewoonte hadden de hersenen van hun gestorven familieleden op te eten. De mannen van de Foré-stam (die enkel het spiervlees van de overledene aten) en leden van andere Papoea-stammen die niet aan kannibalisme deden, kregen de ziekte niet. De eerste ziekteverschijnselen waren loopstoornissen, beven en rillen, later werden de patiënten dement en konden onbedaarlijke lachbuien krijgen. Binnen negen maanden na het begin van de ziekteverschijnselen waren de patiënten overleden. Door de inheemse bevolking werd de ziekte *Kuru* (dat beven of rillen betekent) genoemd, de ziekte is door ZIGAS, naar de lachbuien die aan het eind van de ziekte ontstonden, beschreven als '*de lachende dood*'.

Uit onderzoek van het hersenweefsel van overledenen door GAJDUSEK, aan wie in 1976 de Nobelprijs voor de Geneeskunde is toegekend, is gebleken dat de hersenen een sponsachtige structuur hadden. Kuru, waaraan meer dan duizend leden van de Foré-stam zijn overleden, is geleidelijk aan verdwenen nadat het kannibalisme in 1957 door de overheid was verboden.

Bovine Spongiforme Encefalopathie (BSE)

In 1985 werd bij een aantal runderen in Groot-Brittannië een nieuwe vorm van spongiforme encefalopathie ontdekt, deze ziekte werd *Bovine Spongiforme Encefalopathie* (BSE) genoemd en kreeg de bijnaam van de 'gekke-koeienziekte' ('*mad cow disease*'). De zieke runderen waren angstig of agressief en hadden bewegingsstoornissen.

Het is gebleken dat BSE overgedragen kan worden op de mens, de humane vorm van BSE wordt beschouwd als een nieuwe variant van de ziekte van Creutzfeldt-Jakob.

4.7.2 Prionen

Uit experimenten is gebleken dat scrapie bij sommige diersoorten overgebracht kon worden door de dieren met besmet materiaal te voederen, andere diersoorten konden alleen geïnfecteerd worden wanneer besmet zenuwweefsel in de bloedbaan of direct in de hersenen werd ingespoten. Het was echter een wetenschappelijk raadsel waardoor de ziekte veroorzaakt werd, want een virus of een ander pathogeen micro-organisme kon niet worden aangetoond. Ook werden er in het bloed van een geïnfecteerd dier geen antistoffen tegen een infectueus micro-organisme gevonden. Bovendien was het ziekmakende agens buitengewoon resistent (meer dan bacteriesporen) tegen verhitting en tegen desinfectantia, pas door een stoomsterilisatie gedurende twintig minuten bij 133 °C kon het onwerkzaam worden gemaakt.

In 1982 kwam de Amerikaanse neuroloog STANLEY PRUSINER, die voor zijn onderzoek in 1997 de Nobelprijs voor Geneeskunde heeft ontvangen, met de hypothese dat de verwekker van scrapie een infectueus eiwit zou zijn. Aan dit infectueuze eiwit werd door hem de naam *prion* (het acroniem voor '*proteinaceous infectious* particle') gegeven.

Prionen bestaan uit een enkel eiwit dat wordt aangeduid als het PrP^{Sc}-eiwit (Prion Protein; sc=scrapie, maar deze afkorting wordt ook gebruikt voor andere afwijkende PrP-eiwitten). Dit eiwit is opgebouwd uit 209 aminozuren en het heeft dezelfde aminozuurvolgorde als een eiwit dat bij zoogdieren normaal voorkomt in de membraan van zenuwcellen. De ruimtelijke structuur van het PrP^{Sc}-eiwit wijkt echter sterk af van de ruimtelijke structuur van het normale PrP^{C}-eiwit (c=cellulair). Een tweede verschil is dat het PrP^{C}-eiwit door eiwitsplitsende enzymen wordt afgebroken, bij het PrP^{Sc}-eiwit gebeurt dit echter niet of slechts gedeeltelijk.

De functie van het PrP^{C}-eiwit is (nog) onbekend, maar volgens Japanse onderzoekers zou dit eiwit een beschermende functie in zenuwweefsel hebben, namelijk het in stand houden van de cellen van Purkinje. De cellen van Purkinje zijn grote zenuwcellen die in de schors van het cerebellum (de kleine hersenen) liggen, als deze zenuwcellen afsterven ontstaan motorische storingen.

Prionen kunnen door een besmetting in zenuwweefsel zijn terechtgekomen, maar zij kunnen ook door een spontane of een erfelijke mutatie van het PrP-gen zijn ontstaan. Door een onbekende oorzaak gaat het PrP^{Sc}-eiwit een binding aan met het normale PrP^{C}-eiwit, dit eiwit krijgt daardoor nu eveneens de afwijkende ruimtelijke structuur van het PrP^{Sc}-eiwit. Vervolgens ontstaat een kettingreactie waarbij de ruimtelijke structuur van het PrP^{Sc}-eiwit telkens als een soort matrijs fungeert, geleidelijk aan wordt steeds meer PrP^{C}-eiwit omgevormd waardoor aggregaten van PrP^{Sc}-eiwitten ontstaan.

Door de intracellulaire afbraak met lysosomen (blaasjes met afbrekende enzymen) kunnen de PrP^{Sc}-eiwitten niet afgebroken worden, daardoor stapelen deze eiwitten zich op in de lysosomen van de zenuwcellen. De lysosomen zwellen op en barsten open, de zenuwcellen sterven af en in het hersenweefsel ontstaat vacuolen, de hersenen krijgen daardoor een sponsachtige structuur. Dit hele proces vergt een aantal jaren, daarom heeft spongiforme encefalopathie een lange incubatietijd.

Niet elke diersoort is gevoelig voor de besmetting met een prion van een andere diersoort, er is een soort-barrière. De mens bijvoorbeeld kan wel geïnfecteerd worden door het prion dat de gekke-koeienziekte veroorzaakt, maar niet door het prion dat de veroorzaker is van scrapie. Vermoedelijk bestaan er van het PrP^{Sc}-eiwit een twintigtal typen die een verschillende ruimtelijke structuur hebben.

4.7.3 De gekke-koeienziekte (BSE)

In 1985 werden bij zes koeien op een boerderij in Sussex (Groot-Brittannië) gedragsstoornissen en coördinatieverlies geconstateerd, twee maanden later waren de koeien overleden. Bij autopsie bleek dat de hersenen van de dode dieren een sponsachtige structuur hadden, die gelijkenis vertoonde met scrapie. Het gedrag van de zieke koeien had echter niet op scrapie geleken, daarom werd de ziekte *Bovine Spongiforme Encefalopathie* (de gekke-koeienziekte) genoemd. In 1987 werd in het hersenweefsel van koeien die aan BSE waren overleden, een PrP-eiwit gevonden waarvan de ruimtelijke structuur afweek van die van het PrP^{Sc}-eiwit dat bekend was van scrapie. Hierdoor kon aangetoond worden dat BSE eveneens een prionziekte is, maar dat het door een ander type prion wordt veroorzaakt.

Het is gebleken dat de koeien via krachtvoer met de prionen waren besmet. Sinds het begin van de vorige eeuw bevat dit krachtvoer onder andere diermeel dat gemaakt wordt uit slachtafval, zoals hersenweefsel, van schapen en runderen. Rond 1980 is om economische redenen echter een andere ontsmettingsmethode ingevoerd bij de fabricage van het diermeel, daardoor worden de prionen niet meer geïnactiveerd. Aangezien gebleken is dat het scrapie-prion, vanwege de soort-barrière, niet overgedragen kan worden op runderen, wordt verondersteld dat het BSE-prion is ontstaan door een spontane mutatie van het PrP-gen bij een koe en dat het slachtafval van deze koe tot diermeel is verwerkt.

De Britse regering verkeerde echter in de veronderstelling dat BSE, evenals scrapie, geen gevaar voor de volksgezondheid zou vormen. Maar in 1990 stierven in Britse dierentuinen een aantal katachtige roofdieren aan BSE en ook bij gewone katten werd de ziekte vastgesteld, deze aandoening wordt *Feline Spongiforme Encefalopathie* (FSE) genoemd (aan FSE zijn tot nu toe een honderdtal katten overleden). Aangezien de roofdieren gevoederd waren met de kadavers van runderen en omdat in het voer voor katten slachtafval wordt verwerkt, begon men in te zien dat het BSE-prion ook overgebracht kon worden op niet-herkauwers en dat dus ook de mens mogelijk besmet zou kunnen worden. De Britse minister van landbouw was evenwel van mening dat het Britse rundvlees volkomen veilig is en daarom gaf hij tijdens een televisie-uitzending zijn vierjarige dochtertje een hamburger te eten.

Pas toen in 1996 bij tien jonge mensen een hersenaandoening geconstateerd werd die beschouwd moest worden als een humane vorm van BSE (zie 4.7.5), zag de Britse regering de ernst van de situatie in.

Het hoogtepunt van de BSE-epidemie was in 1992, in dat jaar zijn ruim 37.000 runderen in Groot-Brittannië aan BSE overleden. In het jaar daarop werd het 100.000ste geval van BSE sinds het begin van de epidemie vastgesteld, daarna is het aantal BSE-gevallen sterk gedaald.

Tot begin 2006 is BSE voorgekomen in 24 landen bij circa 200.000 runderen, de meeste gevallen, ongeveer 190.000 runderen, kwamen voor in Groot-Brittannië en Ierland. In Nederland zijn tot nu toe 81 koeien aan BSE overleden, het eerste geval van BSE werd in 1997 ontdekt op een boerderij in Wilp (Gelderland) waar Anja 3 het slachtoffer was. Daarbij komen nog de vele miljoenen runderen die in verschillende landen zijn geruimd omdat zij mogelijk gevoederd waren met veevoer dat besmet was met BSE.

Aangezien BSE voornamelijk voorkomt bij runderen die drie tot zeven jaar oud zijn, neemt men aan dat de incubatietijd van BSE drie tot vijf jaar is. Pas dertig maanden na de besmetting zou het BSE-prion in de hersenen van runderen infectueus worden. Bij een orale besmetting wordt bij schapen het scrapie-prion eerst aangetroffen in het darmweefsel en in lymfoïde organen, zoals de keelamandelen, en pas daarna in het zenuwweefsel. De orale besmetting bij runderen zou echter een ander verloop hebben, het BSE-prion zou van de darm via zenuwbanen direct terechtkomen in het hersenweefsel.

Maatregelen

Zowel door de verschillende nationale overheden als door de Europese Commissie zijn verschillende maatregelingen getroffen om de verspreiding van BSE te beperken en het risico voor de volksgezondheid te verminderen. Een paar van die maatregelen zijn:

- Er is een verbod ingesteld op het voederen van runderen met diermeel waarin slachtafval van herkauwers is verwerkt, dit diermeel mocht nog wel gebruikt worden in voer dat bestemd is voor varkens en voor pluimvee. Omdat gebleken is dat het rundervoer bij de productie in de veevoederindustrie of bij het vervoer in bulk besmet kan worden met restanten van varkens- of pluimveevoer, en dat het dus ook met diermeel besmet kan worden, is later een algeheel verbod ingesteld op het gebruik van diermeel in alle veevoeders. Dit verbod zal pas weer worden opgeheven indien de veevoederindustrie kan garanderen dat er geen kruisbesmetting zal optreden tussen rundervoer en voer dat bestemd is voor niet-herkauwers.
- Alle runderen die ouder dan dertig maanden zijn en zieke runderen die voor een noodslachting worden aangeboden, moeten bij de slacht op BSE worden gecontroleerd. Dieren die positief zijn, mogen niet verder worden verwerkt. Bij runderen die jonger dan dertig maanden zijn, wordt de kans op overdracht van de besmetting afwezig geacht.
- Alle risicomaterialen moeten bij de slacht zorgvuldig worden verwijderd. Aanvankelijk werden alleen de hersenen en het zenuwweefsel van de wervelkolom als risicomateriaal beschouwd, later is dit ook gaan gelden voor het darmweefsel, de milt en de keelamandelen.

4.7.4 Prionziekten bij de mens

Er zijn vier prionziekten bekend die bij de mens kunnen voorkomen. Behalve de eerder genoemde Kuru (die niet meer voorkomt) en de ziekte van Creutzfeldt-Jakob, zijn dat *het syndroom van Gerstmann-Sträussler-Scheinker* en de *Fatal Familial Insomnia* (FFI). De laatste twee ziekten zijn zeer zeldzaam, zij zijn erfelijk bepaald en worden alleen in bepaalde families aangetroffen.

De ziekte van Creutzfeldt-Jakob komt over de gehele wereld voor en heeft een incidentie van één ziektegeval per één à twee miljoen inwoners per jaar. Deze ziekte kan zowel erfelijk bepaald zijn, als door infectie met een prion ontstaan. De ziekteverschijnselen zijn een combinatie van psychische stoornissen, angstgevoelens, slapeloosheid, gebrek aan eetlust, spierschokken en een verlies van de controle over bewegingen. De patiënten, die meestal van middelbare leeftijd (vijftig tot zestig jaar oud) zijn, overlijden binnen enkele maanden tot een jaar na het ontstaan van de symptomen.

De incubatietijd van CJD kan zeer lang zijn, in 2002 is een Nederlandse man overleden die 38 jaar daarvoor besmet is geraakt doordat hij met menselijk groeihormoon, dat gemaakt was van de hypophyse van overledenen, was behandeld. Om deze besmetting met prionen te voorkomen, wordt sinds 1985 alleen nog maar groeihormoon toegepast dat via biotechnologie is geproduceerd.

4.7.5 De nieuwe variant van de ziekte van Creutzfeldt-Jakob

Sinds de ontdekking van de BSE komt een nieuwe variant van de ziekte van Creutzfeldt-Jakob voor, deze variant wordt aangeduid als vCJD. De verschillen met de klassieke CJD zijn dat de patiënten jonger zijn (de gemiddelde leeftijd bedraagt 29 jaar en de jongste patiënt was 14 jaar, maar in 1999 is ook een man van 74 jaar aan vCJD overleden) en dat de duur van de ziekte langer is, de patiënten overlijden pas na één à twee jaar.

Het hersenweefsel van de overleden patiënten vertoont niet het beeld van de klassieke CJD, er zijn 'floride plaques' (bloemachtige structuren) die gevormd worden door een opvallende aggregaat van eiwitten dat omgeven is door een krans van holten. Omdat bij de overleden patiënten het BSE-prion is aangetroffen, kon daardoor bewezen worden dat de nieuwe variant van CJD is veroorzaakt door het consumeren van vlees dat afkomstig was van runderen die met BSE waren geïnfecteerd.

In Nederland is in 2005 bij een 26-jarige vrouw de nieuwe variant van CJD vastgesteld. Sinds 1995 tot begin 2006 zijn er in totaal 188 mensen aan vCJD overleden; de verdeling was: 159 in Groot-Brittannië, 15 in Frankrijk, 4 in Ierland, 2 in de Verenigde Staten en 1 in Canada, Italië, Japan, Nederland, Portugal, Spanje, Saoedi-Arabië en Tsjechië. Inmiddels (medio 2006) is in Nederland een tweede geval van vCJD aangetroffen.

Vooruitzichten

Over het verdere verloop zijn al wel een paar voorspellingen gedaan, maar men kan met geen enkele zekerheid zeggen of het aantal slachtoffers beperkt zal blijven of nog fors zal toenemen.

Het is onbekend hoeveel materiaal dat mogelijk met BSE was besmet in de voedselketen is terecht gekomen, volgens een schatting zou het gaan om het vlees en de organen van meer dan een miljoen runderen. Het is evenmin bekend hoelang de incubatietijd van vCJD is; bij de klassieke CJD kan die tot 38 jaar bedragen, maar dit gegeven berust op een man die met een besmet groeihormoon was behandeld en het is de vraag of deze vorm van besmetting vergeleken kan worden met een orale besmetting. Doordat in 1998 een jonge vrouw die al twaalf jaar vegetariër was, aan vCJD is overleden, weet men dat de incubatietijd ten minste twaalf jaar kan zijn.

Bij mensen kan op een bepaalde plaats in het PrP-gen het aminozuur methionine of valine aanwezig zijn. Tot nu toe is gebleken dat vCJD alleen is voorgekomen bij mensen die op beide chromosomen methionine in het PrP-gen hadden, dit is het geval bij 38% tot 45% van de bevolking. De andere mensen, die valine-homozygoot of heterozygoot methionine/valine zijn, zijn blijkbaar ongevoelig voor het BSE-prion.

Hoe ernstig de BSE-crisis ook moge zijn, het aantal slachtoffers dat jaarlijks valt door een infectie met andere voedselpathogenen, zoals *Campylobacter* en *Salmonella*, is vele malen groter. Daarbij moet bedacht worden dat de mens de BSE-crisis zelf heeft veroorzaakt: runderen zijn herbivoren, doordat zij gevoederd werden met diermeel dat gemaakt was van de restanten van hun soortgenoten, heeft de mens van runderen kannibalen gemaakt.

Kuru is verdwenen toen het kannibalisme bij de Foré-stam op Nieuw-Guinea werd afgeschaft, maar BSE is verschenen toen bij runderen het kannibalisme werd ingevoerd.

5 Voedselvergiftigingen

5.1 INLEIDING

Een *voedselvergiftiging* (in microbiologische zin) is een aandoening die ontstaat wanneer een giftige stof die door micro-organismen in voedsel is gevormd, met het voedsel door de mens wordt opgenomen. De giftige stoffen die door micro-organismen tijdens hun vermeerdering in voedingsmiddelen zijn gevormd, worden in het algemeen *exotoxinen* genoemd. De exotoxinen die door schimmels worden gevormd, noemt men *mycotoxinen* (zie 5.3).

Sommige exotoxinen zijn vernoemd naar het micro-organisme waar zij door gemaakt worden, bijvoorbeeld:

- het *stafylotoxine*, wordt gevormd door <u>Staphylo</u>coccus aureus,
- het *cereulide*, wordt gevormd door Bacillus <u>cereus</u>,
- het *botuline*, wordt gevormd door Clostridium <u>botulinum</u>,
- het *aflatoxine* (een mycotoxine), gevormd door <u>A</u>spergillus <u>flavus</u>,
- het *ochratoxine* (een mycotoxine), gevormd door Aspergillus <u>ochraceus</u>,
- het *fumonisine* (een mycotoxine), gevormd door <u>Fu</u>sarium <u>moni</u>liforme,
- het *patuline* (een mycotoxine), gevormd door Penicillium <u>patulum</u>.

Het stafylotoxine en de meeste mycotoxinen zijn *thermostabiel*, dit betekent dat zij door een culinaire verhitting niet onwerkzaam gemaakt kunnen worden. Het is niet mogelijk te constateren of er in een voedingsmiddel exotoxinen aanwezig zijn, omdat de organoleptische eigenschappen (kleur, geur en smaak) van het voedingsmiddel door een exotoxine niet veranderd worden.

Bij een voedselvergiftiging is het, in tegenstelling tot een voedselinfectie, niet belangrijk of er met het voedsel *levende* micro-organismen worden opgenomen, want de micro-organismen die in voedsel exotoxinen vormen doen dit niet in de darm en zij kunnen zich doorgaans in de darm niet handhaven. Het merendeel van de voedselvergiftigingen ontstaat door een slechte hygiëne van de voedselbereider bij de bereiding van voedsel en door een verkeerde bewaartemperatuur van het voedsel.

5.1.1 Besmettingsbron

Een van de belangrijkste verwekkers van een voedselvergiftiging is *Staphylococcus aureus*, de belangrijkste veroorzaker is evenwel *de mens*, want veel gezonde mensen zijn (onbewust) drager van *Staphylococcus aureus*. Deze bacterie komt vooral voor in de neus en kan zich vanuit de neus, bijvoorbeeld bij het snuiten van de neus, verspreiden over de huid en het haar. Met huidschilfers of met aërosolen (microscopisch kleine vochtdruppeltjes die onder andere ontstaan bij niezen) komen de stafylococcen in de lucht en in het stof terecht. Op de huid kan *Staphylococcus aureus* een haarzakje infecteren en zo een steenpuist veroorzaken. Daarom kan het voedsel tijdens de bereiding besmet worden met stafylococcen die afkomstig zijn van de voedselbereider.

Door een verhitting van het voedsel binnen een korte tijd na de besmetting, worden de bacteriën gedood voordat zij een exotoxine in het voedsel hebben kunnen vormen. Blijft het voedsel na de besmetting echter enige uren bij kamertemperatuur staan, dan is in die tijd wel een stafylotoxine in het voedsel gevormd. Het gevormde stafylotoxine wordt, omdat het thermostabiel is, door de verhitting van het voedsel op een later tijdstip niet onwerkzaam gemaakt en een voedselvergiftiging is het resultaat. Hetzelfde geldt als een maaltijd na de culinaire verhitting wordt besmet met stafylococcen. Er is nog geen stafylotoxine gevormd indien de maaltijd binnen een korte tijd na de besmetting genuttigd wordt, maar het toxine wordt wel gevormd wanneer het voedsel enige uren lauw/warm wordt gehouden.

De vorming van het stafylotoxine en van andere exotoxinen kan worden voorkomen door het voedsel totdat het geconsumeerd wordt, goed warm te houden (> 65 °C) of, indien het niet bestemd is voor directe consumptie, te bewaren bij een lage temperatuur (< 7 °C).

5.1.2 Symptomen

De symptomen van een voedselvergiftiging hangen af van het exotoxine dat is gevormd:

- Het **stafylotoxine** en het **cereulide** veroorzaken een *gastro-enteritis* (maag-darmaandoening), de symptomen hiervan zijn braken en soms diarree. De exotoxinen die deze verschijnselen teweegbrengen, noemt men ook wel **enterotoxinen** omdat zij (evenals de toxinen die in de darm door enterotoxigene bacteriën worden gevormd, zie 4.1.7) hun werking uitoefenen in het maag-darmkanaal. Dit type voedselvergiftiging heeft echter een veel kortere incubatietijd dan een voedselinfectie, de incubatietijd bedraagt gewoonlijk slechts één tot zes uur. Door deze korte incubatietijd kan men al tijdens de maaltijd onwel worden, een voedselvergiftiging die door *Staphylococcus aureus* is verwekt, staat derhalve wel bekend als '*la maladie des banquets*'.
- Het **botuline** werkt in op het perifere zenuwstelsel, de prikkeloverdracht naar de spieren wordt geblokkeerd en daardoor ontstaan ver-

lammingen die dodelijk kunnen zijn. Het botuline wordt daarom naar de werking ook wel een *neurotoxine* genoemd. Deze voedselvergiftiging (*botulisme*) heeft een incubatietijd van enige dagen.

- De *mycotoxinen* hebben indien zij in een kleine hoeveelheid worden opgenomen op de mens geen direct schadelijk effect, maar op den duur kunnen zij wel een ziekte veroorzaken. Meestal hebben zij een carcinogene werking op de lever en de nieren, ook kan de immunologische afweer verminderd worden. Door sommige mycotoxinen kan acuut een ziekte ontstaan, mycotoxinen zijn bijvoorbeeld de oorzaak van de zogenaamde 'Alimentary Toxic Aleukia' (ATA), deze bloedziekte wordt gekenmerkt door een sterk tekort aan leukocyten. De ziekte kan soms binnen een dag beginnen en heeft meestal een langdurig verloop dat tot de dood kan leiden (zie pagina 220 en pagina 225).

5.2 VOEDSELVERGIFTIGINGEN VEROORZAAKT DOOR BACTERIËN

Staphylococcus aureus

Kenmerken: *Staphylococcus aureus* is een Gram-positieve, facultatief anaërobe, mesofiele, cocvormige, immobiele bacterie, de cellen zijn vaak geclusterd tot een druiventros (zie afbeelding 5-1 en afbeelding 2-3 op pagina 34).

Toxinevorming: door 50% tot 85% van de stammen van *Staphylococcus aureus*[1] worden, als de omstandigheden gunstig zijn, in (vooral eiwitrijke) voedingsmiddelen één of meer exotoxinen gevormd. Er zijn inmiddels dertien verschillende *stafylotoxinen* bekend, zij worden aangegeven met de letters A t/m L (stafylotoxine C is opgedeeld in C_1, C_2 en C_3,, stafylotoxine F veroorzaakt geen voedselvergiftiging). De meeste voedselvergiftigingen worden veroorzaakt door stafylotoxine A (circa 75% van het totaal) en stafylotoxine D. De stafylotoxinen zijn zeer thermostabiel: na een verhitting tot 100 °C gedurende een half uur kunnen de toxinen nog werkzaam zijn. Stafylotoxinen die door een hoge en lange verhitting (gedeeltelijk) geïnactiveerd zijn, kunnen weer werkzaam worden nadat zij een dag bij kamertemperatuur hebben verkeerd. De stafylotoxinen worden enkel gevormd als *Staphylococcus aureus* zich kan vermeerderen, daarom worden bij een temperatuur < 7 °C of > 45 °C, bij een pH < 4,5 of een a_w < 0,86 geen stafylotoxinen gevormd.

Voorkomen en verspreiding: *Staphylococcus aureus* kan bij de mens aanwezig zijn in de neus, in de keelholte, in huidplooien, onder de

---

[1] Een bekende *Staphylococcus aureus*-stam is de beruchte *ziekenhuisbacterie* die wordt aangeduid als MRSA = multi-resistente *Staphylococcus aureus* of methicilline-resistente *Staphylococcus aureus*. Deze bacterie is resistent tegen de meeste antibiotica en kan daarom bij een (wond)infectie moeilijk of soms helemaal niet gedood worden. Het is niet bekend in hoeverre de MRSA een rol speelt bij voedselvergiftigingen.

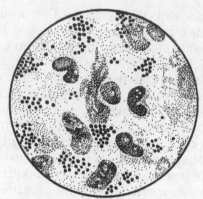

Afb. 5-1 *Microscopisch beeld van* Staphylococcus aureus *in pus* (1000 ×).

oksels, in de liezen, rond de anus en op het perineum. *Staphylococcus aureus* is bij 25% van de gezonde mensen permanent aanwezig op het neusslijmvlies, deze mensen worden *persisterende* of *permanente dragers* genoemd. Bij 40% tot 60% van de mensen (en zelfs tot 80% van de medewerkers in ziekenhuizen) wordt deze bacterie de ene keer wel en de andere keer niet in de neus aangetroffen, deze mensen zijn de *intermitterende* of *tijdelijke dragers*. Vanuit de neus kan *Staphylococcus aureus* terechtkomen op de handen. In puistjes en met name steenpuisten komt deze bacterie in grote aantallen voor: een gram pus uit een steenpuist bevat circa tien miljard *Staphylococcus aureus*.

Besmettingsbron: voedingsmiddelen kunnen besmet worden door **stafylococcen-strooiers**, dat zijn mensen die stafylococcen vanuit de neus of met huidschilfers in de omgeving brengen. Hoewel ook dieren *Staphylococcus aureus* in hun neus of op hun huid kunnen hebben, zijn de meeste besmettingen van humane afkomst.

De belangrijkste voedingsmiddelen waarin de stafylotoxinen gevormd kunnen worden, zijn vlees en vleeswaren die vele behandelingen hebben ondergaan, zoals gehakt, gesneden ham, ragout en pasteitjes. Daarnaast kunnen toxinen aanwezig zijn in salades, nat gebak (vooral met slagroom of gele room), ijs, vla, pudding, sausen, nasi, bami, macaroni en kroketten.

Een koe, schaap of geit met mastitis (uierontsteking) kan de melk met *Staphylococcus aureus* besmetten. In gepasteuriseerde melk is *Staphylococcus aureus* wel gedood, maar de eventueel aanwezige toxinen zijn door de pasteurisatie niet geïnactiveerd. In kaas die van besmette rauwe of gepasteuriseerde melk is gemaakt, kunnen de stafylotoxinen wel drie jaar werkzaam blijven.

Pathogenese: de werking van de stafylotoxinen is nog niet geheel opgehelderd. Vermoedelijk prikkelt stafylotoxine A zenuwcentra in de dunne darm, deze zenuwcentra stimuleren vervolgens het braakcentrum in de hersenen. Diarree ontstaat doordat de stafylotoxinen de microvilli van de dunne darm beschadigen, deze beschadiging verdwijnt weer na een korte tijd. Ook wordt de darmperistaltiek door de stafylo-toxinen verhoogd. Sommige toxinen kunnen via het maag-darmkanaal in de bloedbaan terechtkomen, er kan dan een shock ontstaan.

Ziekteverschijnselen: misselijkheid en een gevoel van slapte, heftig braken, soms buikkrampen en diarree; meestal is er geen koorts, maar er kan wel een temperatuurverlaging zijn. Na één tot twee dagen is men weer hersteld van de gastro-enteritis, de incubatietijd varieert van een half uur tot acht uur.

Opmerking: bij een onderzoek naar de aanwezigheid van *Staphylococcus aureus* op een selectieve voedingsbodem wordt ter bevestiging de *coagulase-test* uitgevoerd (zie pagina 266). Als de coagulase-test positief is, wordt verondersteld dat de betreffende bacterie *Staphylococcus aureus* is. Er is echter geen correlatie tussen het coagulase-positief zijn en het al dan niet kunnen produceren van een enterotoxine; door sommige coagulase-positieve stammen worden geen stafylotoxinen gevormd, terwijl er ook coagulase-negatieve *Staphylococcus*-soorten zijn die wel in staat zijn een enterotoxine te produceren.

Incidenten

De eerste voedselvergiftiging door *Staphylococcus aureus* die bekend is geworden, dateert uit 1884 toen in Michigan (VS) enige honderden mensen ziek werden nadat zij Cheddar-kaas hadden gegeten.

Een bekend incident heeft in 1976 plaatsgevonden in een vliegtuig van Japan Air Lines dat op weg was van Tokyo naar Kopenhagen. In Anchorage (Alaska) werd voedsel (onder andere ham-omeletten) voor het ontbijt aan boord genomen. Kort na het opstijgen werd het ontbijt geserveerd, de ham-omeletten waren tevoren in een oven in de pantry van het vliegtuig opgewarmd. Enkele uren later moesten bijna tweehonderd van de driehonderd passagiers heftig braken, sommige passagiers hadden tevens last van buikkrampen en diarree. De veroorzaker van deze voedselvergiftiging was een kok van het vliegveld in Anchorage. Deze kok die de ham-omeletten had bereid, had aan een van zijn vingers een klein wondje. De plakken ham waren door hem met de hand op de omeletten gelegd en door deze handeling werden de plakken ham besmet met *Staphylococcus aureus*. Daarna bleven de bakken met de ham-omeletten zes uur in de keuken staan, pas hierna werden zij in de koeling geplaatst. In die tijd zijn door *Staphylococcus aureus* in de omeletten toxinen gevormd, door het opwarmen van de ham-omeletten in de pantry werden de stafylotoxinen niet geïnactiveerd. Sindsdien is het in de luchtvaart verplicht gesteld dat de piloot en de copiloot niet dezelfde soort maaltijd mogen consumeren, zodat bij een eventuele voedselvergiftiging ten minste één piloot gezond blijft.

De wijze van besmetting is soms moeilijk te achterhalen, het volgende voorval illustreert dit. In Californië werden in 1983 ruim driehonderd schoolkinderen, die met Pasen gekleurde eieren hadden gegeten, ziek. De eieren waren door een schoolkok enige dagen tevoren gekookt en daarna, toen de eieren nog warm waren, in een bakje met koude waterverf gekleurd. De gekleurde eieren werden bij kamertemperatuur tot Pasen bewaard. Na minutieus speurwerk is men erachter gekomen hoe de besmetting van de eieren had plaatsgevonden: het bakje met waterverf was door de kok, die een steenpuist in zijn nek had, besmet met *Staphylococcus aureus*. Bij het kleuren en 'schrikken' van de warme eieren in de koude waterverf werd door de eieren een minuscuul beet- je waterverf opgezogen en zo kwam *Staphylococcus aureus* in de paasei- eren terecht. Aangezien de eieren niet in de koeling maar bij kamer- temperatuur waren bewaard, kon het stafylotoxine in de eieren gevormd worden.

Door de slechte hygiëne in een melkfabriek hebben in 2000 bijna vijf- tienduizend mensen in Japan een voedselvergiftiging gekregen die veroor- zaakt was door besmette melk. In 2003 liepen tien mensen in Friesland een voedselvergiftiging op nadat zij schapenkaas hadden geconsumeerd. De kaas die gemaakt was van gepasteuriseerde schapenmelk, was afkomstig van een schaap dat een uierontsteking had; in de kaas is het stafylotoxine aangetroffen.

Preventie

Een voedselvergiftiging met *Staphylococcus aureus* kan worden voor- komen door een uiterst hygiënische behandeling van het voedsel, dat wil zeggen: voedingsmiddelen zo min mogelijk met de handen aanra- ken en niet hoesten of niezen boven bereid voedsel. De meeste voedsel- vergiftigingen zijn ontstaan door *nabesmetting* van een bereid product met stafylococcen die afkomstig zijn van de mens.

Op rauwe voedingsmiddelen groeit *Staphylococcus aureus* meestal maar matig, dit komt doordat deze bacterie concurrentie ondervindt van andere, competitieve bacteriesoorten die zich daar sneller kunnen vermeerderen. Na een culinaire verhitting zijn de meeste bacteriën gedood, indien het voedsel vervolgens, bijvoorbeeld door onhygiënisch handelen van een keukenmedewerker, besmet wordt met *Staphylococcus aureus*, dan ondervindt deze bacterie geen concurrentie van andere bac- teriesoorten. Er kunnen daarom zeer veel toxinen gevormd worden als het besmette voedsel enige uren bij kamertemperatuur wordt bewaard of wanneer het nog warme voedsel in een koelkast wordt geplaatst, zodat het slechts langzaam afkoelt en het centrale gedeelte lang lauw/warm blijft.

Stafylotoxinen die in voedsel zijn gevormd, kunnen niet meer onwerkzaam gemaakt worden vanwege hun thermostabiliteit. Daarom moet voedsel totdat het geconsumeerd wordt, altijd goed worden warm gehouden, bijvoorbeeld in bain-marie-bakken, bij een temperatuur > 65 °C of het moet snel (binnen vijf uur) worden afgekoeld tot < 7 °C. Een snel- le afkoeling wordt verkregen door een pan met voedsel eerst te koelen met koud water of door de pan in een bak met ijsblokjes te zetten, pas daarna kan de pan met voedsel in de koelkast gezet worden.

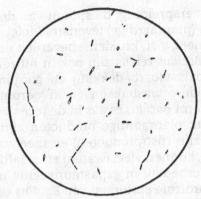

Afb. 5-2 *Microscopisch beeld van Bacillus cereus* (1000 ×).

Bacillus

Kenmerken: tot het geslacht *Bacillus* behoren Gram-positieve, aërobe of facultatief anaërobe, sporevormende, mesofiele of thermofiele, staafvormige bacteriën; zij zijn mobiel door peritriche flagellen of immobiel.

Voorkomen en verspreiding: *Bacillus*-soorten vormen thermoresistente sporen die wijdverspreid in de natuur voorkomen, hierdoor bevatten veel plantaardige voedingsmiddelen de sporen.

Besmettingsbron: onder gunstige omstandigheden ontkiemen de sporen in het voedingsmiddel (zoals rijst, graan en specerijen) en vormen nieuwe bacteriën.

Preventie: het ontkiemen van de sporen van *Bacillus*-soorten kan verhinderd worden door voedsel na de culinaire verhitting warm te houden bij een temperatuur boven 65 °C of door het voedsel snel af te koelen en goed gekoeld (< 4 °C) te bewaren.

Bacillus cereus

Kenmerken: *Bacillus cereus* (zie afbeelding 5-2 en afbeelding 2-4 op pagina 34) is een aërobe tot facultatief anaërobe, mesofiele bacterie die een optimumtemperatuur van 30 à 35 °C en een minimumtemperatuur van 10 °C heeft, maar er zijn ook psychrotrofe stammen van *Bacillus cereus* bekend.

Toxinevorming: *Bacillus cereus* staat al sinds 1950 bekend als verwekker van een voedselinfectie, maar in 1971 werd ontdekt dat deze bacterie ook de oorzaak kan zijn van een voedselvergiftiging.

Door *Bacillus cereus* kunnen twee verschillende soorten toxinen gevormd worden, namelijk het *thermostabiele* **cereulide** (het *braak-toxine*) dat een voedselvergiftiging veroorzaakt en *thermolabiele* **enterotoxinen** (de *diarree-toxinen*) die de oorzaak zijn van een voedselinfectie. Sommige stammen van *Bacillus cereus* kunnen beide soorten toxinen vormen, andere stammen vormen of het ene of het andere toxine. Een voedselvergiftiging die door *Bacillus cereus* is veroorzaakt, wordt vaker waargenomen dan een voedselinfectie.

Voorkomen en verspreiding: de sporen van deze bacterie zijn in de grond en in tal van (plantaardige) levensmiddelen en grondstoffen aanwezig, zoals rijst, meel, gist, kruiden, specerijen en melk(producten).

De sporen van *Bacillus cereus* zijn ook in huizen gevonden zowel op droge plaatsen (zoals vloerbedekking en gordijnen), als op vochtige plekken (onder andere wasbakken en afvoerputjes). Bij 15% van de gezonde mensen komt *Bacillus cereus* in de feces voor.

Besmettingsbron: plantaardige producten zijn van nature besmet, het meest besmet zijn rijst(producten) en meelwaren. Door grondstoffen die besmet zijn, kunnen vlees(waren) en maaltijden besmet worden.

Overige bijzonderheden: in gepasteuriseerde melk(producten) worden geregeld psychrotrofe stammen van *Bacillus cereus* aangetroffen, de sporen overleven de pasteurisatie en ontkiemen zelfs indien de melk gekoeld wordt bewaard. Uit een onderzoek is gebleken dat de melk van koeien die in de weide grazen, meer is besmet (23% van de onderzochte monsters) dan de melk van koeien die op stal staan (hiervan was 3% besmet). Aangezien de sporen zich makkelijk hechten aan procesapparatuur, kan melk ook in de fabriek besmet worden. In melk die te lang en/of niet voldoende gekoeld wordt bewaard, is *Bacillus cereus* vaak de veroorzaker van melkbederf. Wanneer melk gekoeld (< 7 °C) wordt bewaard, zal er geen cereulide (het braak-toxine) worden gevormd. Indien er voldoende bacteriën (>10^5/ml) in de melk aanwezig zijn, kan er wel een voedselinfectie veroorzaakt worden. De kans hierop is echter gering omdat de melk dan meestal al waarneembaar bedorven is en om die reden niet geconsumeerd zal worden.

Voedselvergiftiging

Een voedselvergiftiging wordt veroorzaakt door een **thermostabiel** exo-toxine, het *cereulide* of *braak-toxine*, dat in het voedsel is gevormd.

Pathogenese: het cereulide hecht zich aan het darmepitheel van de dunne darm en prikkelt, evenals het stafylotoxine van *Staphylococcus aureus* doet, zenuwcentra die in verbinding staan met het braakcentrum in de hersenen.

Ziekteverschijnselen: de symptomen vertonen overeenkomsten met een voedselvergiftiging die door *Staphylococcus aureus* is veroorzaakt: misselijkheid, braken en een ziek gevoel. Na een halve tot een hele dag is men meestal weer hersteld, er is een **korte incubatietijd** van een half uur tot zes uur. Het aantal bacteriën dat in het voedsel aanwezig moet zijn om een voedselvergiftiging te veroorzaken, is 10^5 tot 10^9 per gram voedsel.

Overige bijzonderheden: een voedselvergiftiging ontstaat voornamelijk na het eten van zetmeelrijke Chinees-Indische gerechten (rijst, nasi) die in een restaurant zijn bereid, daarom heeft *Bacillus cereus* wel de bijnaam van de 'loempiabacterie' gekregen. In Chinese restaurants wordt de rijst meestal in een grote hoeveelheid gekookt en daarna laat men de rijst een dag drogen bij kamertemperatuur. De volgende dag wordt de rijst voor het serveren even opgewarmd of opgebakken. Door het koken van de rijst worden de sporen van Bacillus cereus, die vaak in een grote hoeveelheid in rijst aanwezig zijn, niet gedood, maar geactiveerd. Tijdens het drogen van de rijst bij kamertemperatuur ontkiemen de geactiveerde sporen tot nieuwe bacteriën en deze bacteriën scheiden in de rijst het cereulide uit. Aangezien het cereulide zeer thermostabiel is (na een verhitting tot 126 °C gedurende negentig minuten is het toxine nog werkzaam), wordt het cereulide bij het opwarmen of opbakken van de rijst niet geïnactiveerd.

Hoewel de meeste voedselvergiftigingen ontstaan na het consumeren van rijst, kan Bacillus cereus ook in andere voedingsmiddelen het cereulide vormen. Zo is enkele jaren geleden een voedselvergiftiging ontstaan bij een aantal personen die pannenkoeken hadden gegeten. Het meel dat voor het beslag was gebruikt, was besmet met Bacillus cereus. Nadat het beslag was gemaakt, werd het een dag bij kamertemperatuur bewaard en pas de volgende dag werden de pannenkoeken gebakken. Ondertussen had Bacillus cereus al veel toxine in het beslag gevormd en omdat het cereulide thermostabiel is, werd het bij het bakken van de pannenkoeken niet geïnactiveerd.

Incident: honderdtwintig studenten die in 2000 deelnamen aan een introductiekamp in Almere, kregen een voedselvergiftiging nadat zij nasi hadden gegeten. In de nasi, die door een cateringbedrijf niet gekoeld was aangeleverd en in het kamp was opgewarmd, werd Bacillus cereus aangetroffen.

Voedselinfectie

Een voedselinfectie ontstaat door **thermolabiele** enterotoxinen (de diarree-toxinen) die in de dunne darm worden gevormd. Voor zover nu bekend is, kunnen er drie verschillende enterotoxinen gevormd worden: het haemolysine-BL-enterotoxine (HBL), het non-haemolysine-enterotoxine (NHE) en het cytotoxine-K (CytK). Het haemolysine-BL-enterotoxine, dat het meest voorkomt, bestaat uit drie subeenheden (B, L_1 en L_2); het complex is hemolytisch (breekt erythrocyten af). Het non-haemolysine enterotoxine is eveneens een complex van drie subeenheden, het heeft een cytotoxische (celdodende) werking. Het cytotoxine-K is een enkelvoudig eiwit, dit enterotoxine geeft de heftigste ziekteverschijnselen.

Pathogenese: het werkingsmechanisme is nog niet geheel opgehelderd, maar waarschijnlijk moeten de vegetatieve cellen of de sporen van Bacillus cereus die met het voedsel zijn opgenomen, zich in de dunne darm eerst aan de epitheelcellen van de darmwand hechten. Hier ontkiemen de sporen tot vegetatieve cellen die vervolgens een enterotoxine vormen. Door het enterotoxine wordt de celmembraan aangetast, hierdoor verandert de permeabiliteit van de celmembraan en er ontstaat vochtverlies uit de epitheelcellen naar het darmlumen. Enterotoxine dat eventueel door vegetatieve cellen in het darmlumen is gevormd, heeft geen effect omdat het door de spijsverteringsenzymen wordt afgebroken.

Ziekteverschijnselen: de symptomen lijken op de ziekteverschijnselen van een voedselinfectie die veroorzaakt wordt door *Clostridium perfringens*: buikkrampen, misselijkheid en een waterdunne diarree, maar doorgaans geen braken. De ziekteverschijnselen duren meestal één à twee dagen, er is een *lange incubatietijd* van acht tot achttien uur. De minimale infectueuze dosis bedraagt 10^5 tot 10^7 bacteriën.

Overige bijzonderheden: de voedselinfectie treedt op na het consumeren van 'Hollandse' gerechten, zoals vla, pudding, pap, soep (vermicelli), gebak, aardappelpuree en stamppot, alsmede vleesgerechten en sauzen waaraan specerijen (knoflookpoeder, paprikapoeder, peper) zijn toegevoegd. De voedselinfectie ontstaat doordat voedsel dat gekookt is, na het koken een tijd bij een lauw/warme temperatuur wordt bewaard. Het enterotoxine kan door *Bacillus cereus* ook in voedingsmiddelen gevormd worden, maar dit toxine veroorzaakt dan meestal geen last aangezien het door de spijsverteringsenzymen (onder andere trypsine) onwerkzaam wordt gemaakt.

Opmerking: het haemolysine-BL-enterotoxine en het non-haemolysine-enterotoxine kunnen ook gevormd worden door *Bacillus thuringiensis* en *Bacillus mycoides*, deze twee soorten zijn nauw verwant aan *Bacillus cereus*. Bij een gewone determinatie kan er tussen *Bacillus thuringiensis* en *Bacillus cereus* geen onderscheid gemaakt worden, *Bacillus mycoides* heeft echter een afwijkende kolonievorm en een lager temperatuurmaximum (zie hierna). Mogelijk zijn een aantal voedselinfecties die toegeschreven waren aan *Bacillus cereus* in werkelijkheid veroorzaakt door *Bacillus thuringiensis* of *Bacillus mycoides*.

De hierna volgende Bacillus-soorten zijn minder vaak de oorzaak van een voedselinfectie of een voedselvergiftiging. De symptomen vertonen veel overeenkomst met een voedselinfectie of een voedselvergiftiging die door Bacillus cereus is verwekt.

Bacillus mycoides

Kenmerken: *Bacillus mycoides* is nauw verwant aan *Bacillus cereus*, maar de meeste stammen hebben een maximumtemperatuur van 30 à 32 °C (bij 37 °C is er geen groei). Op een vaste voedingsbodem vormt *Bacillus mycoides* kenmerkende rhizoïde (veervormige) kolonies die het hele oppervlak van de voedingsbodem kunnen bedekken.

Voorkomen en verspreiding: de sporen van *Bacillus mycoides* komen wijdverspreid voor, op sedimentatieplaten (zie pagina 274) worden de rhizoïde kolonies veelvuldig aangetroffen.

Overige bijzonderheden: *Bacillus mycoides* kan, evenals *Bacillus cereus*, het haemolysine-BL-enterotoxine en het non-haemolysine-enterotoxine vormen, maar het is niet bekend of *Bacillus mycoides* ook in staat is een braaktoxine te vormen.

Bacillus subtilis

Besmettingsbron: rijst, gebak en bakkerswaren zijn vaak besmet met *Bacillus subtilis*, maar deze bacterie is ook aangetroffen in varkensvlees, lamsvlees en kip(producten).

Ziekteverschijnselen: heftig braken, vaak gevolgd door diarree, soms hoofdpijn en transpireren. In het braaksel is een groot aantal *Bacillus subtilis* (tot 10^7 per gram braaksel) aanwezig. Na enkele uren zijn de ziekteverschijnselen weer over, er is een incubatietijd die varieert van een kwartier tot veertien uur (meestal één tot vijf uur).

Overige bijzonderheden: deze bacterie is tevens de oorzaak van **leng** in brood (zie ook pagina 63). Door het bakproces zijn de sporen van *Bacillus subtilis* die veel voorkomen in meel, niet gedood, maar geactiveerd. De geactiveerde sporen groeien uit tot nieuwe bacteriën als het brood (zowel witbrood, bruinbrood als roggebrood) enige dagen op een vochtige en warme plaats (> 22 °C) is bewaard. Bij leng ontstaan in het brood geel/bruine kleffe plekken; wanneer deze plekken worden doorgebroken of doorgesneden, worden lange slijmdraden zichtbaar. Het brood heeft een onaangename geur en een bittere smaak.

Bacillus licheniformis

Besmettingsbron: *Bacillus licheniformis* is aangetroffen in groenten en in gekookt varkensvlees.

Ziekteverschijnselen: buikkrampen, diarree en in veel gevallen braken. Meestal is men binnen een dag weer hersteld, er is een incubatietijd van twee tot veertien uur (meestal zes tot tien uur).

Bacillus pumilus

Besmettingsbron: deze bacterie is een enkele maal gevonden in een vleesgerecht.

Ziekteverschijnselen: diarree en braken. De incubatietijd varieert van een half uur tot tien uur.

Clostridium botulinum

Kenmerken: *Clostridium botulinum* (zie afbeelding 5-3 en afbeelding 2-5 op pagina 35) is een Gram-positieve, obligaat anaërobe, sporevormende, mesofiele, staafvormige bacterie die mobiel is door peritriche flagellen.

Toxinevorming: *Clostridium botulinum*, de veroorzaker van **botulisme**, is van de micro-organismen die exotoxinen vormen het gevaarlijkst, want het gevormde **botuline**[1] (een neurotoxine) is uiterst giftig; dit botuline veroorzaakt een ernstige aandoening van het perifere zenuwstelsel. Van *Clostridium botulinum* zijn zeven verschillende typen (A t/m G)

---

[1] Bij cosmetische behandelingen wordt het botuline in een sterk verdunde vorm, onder de naam *Botox*, gebruikt om rimpels die veroorzaakt worden door spiersamentrekkingen in het gelaat te verwijderen. Door de toediening van *Botox* verslappen de spieren, de behandeling is echter niet geheel zonder risico's.

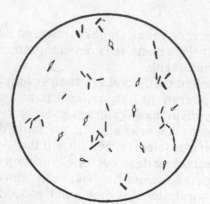

Afb. 5-3 *Microscopisch beeld van Clostridium botulinum* (1000 ×).

bekend, type A en type B, en in mindere mate type E en type F, zijn voor de mens gevaarlijk. Type A vormt het giftigste toxine (een van de zwaarste vergiften ter wereld): één gram botuline type A zou de dood van circa een miljoen mensen kunnen veroorzaken.

Voorkomen en verspreiding: de thermoresistente sporen worden over de hele wereld in de bodem, in het water, in stof alsmede in het darmkanaal van warmbloedige dieren en vissen aangetroffen, maar zij komen niet zo talrijk voor als de sporen van *Clostridium perfringens* of van *Bacillus cereus*.

Clostridium botulinum type A komt voornamelijk voor in het oosten van de Verenigde Staten, in Zuid-Amerika en in Azië. In Europa en in het westen van de Verenigde Staten zijn type B en type C (dat meestal de oorzaak is van botulisme bij eenden en andere watervogels, voor de mens is dit type niet gevaarlijk) het meest verspreid. Type D komt voor in Australië en Zuid-Afrika en veroorzaakt daar botulisme bij het vee. Type E (dat alleen bij vissen en bij andere waterdieren wordt aangetroffen) heeft zijn verspreidingsgebied in het oppervlaktewater van noordelijke streken: Alaska, Canada, Groenland, Scandinavië, Rusland (de Oostzee heeft de hoogste concentratie type E van de wereld) en Japan. Type G* is gevonden in Argentinië en de Verenigde Staten, type F (dat voorkomt in oppervlaktewater) wordt het minst aangetroffen.

Besmettingsbron: in gepasteuriseerde of gekookte levensmiddelen die in vacuüm zijn verpakt en die niet goed gekoeld worden bewaard, kunnen de sporen ontkiemen tot vegetatieve bacteriecellen die het botuline uitscheiden. Dit kan ook gebeuren bij kant-en-klare maaltijden die 'sous vide' zijn bereid.

Pathogenese: in de dunne darm wordt het botuline, dat een complex eiwit is, geactiveerd doordat het door spijsverteringsenzymen (onder andere trypsine) wordt afgebroken, hierdoor komt het werkzame neuro-

---

* *Clostridium botulinum* type G wordt tegenwoordig als een aparte soort beschouwd: *Clostridium argentinense*.

toxine vrij. Het neurotoxine wordt door het darmepitheel geresorbeerd en via de bloedbaan wordt het vervoerd naar de vrije zenuwuiteinden van het perifere zenuwstelsel. Hier blokkeert het neurotoxine het vrijkomen van acetylcholine, daardoor is er geen prikkeloverdracht van de zenuwen naar de spieren meer mogelijk en er ontstaan spierverlammingen die beginnen in het gelaat en vervolgens afdalen naar de thorax en de ledematen.

Ziekteverschijnselen: enkele uren tot enige dagen nadat vergiftigd voedsel is geconsumeerd, beginnen de ziekteverschijnselen die bestaan uit misselijkheid, braken en een droge mond; door een verlamming van de aangezichtszenuwen ontstaan spraakstoornissen, dubbelzien en verlies van controle over de oogleden, er is geen koorts. Indien niet tijdig wordt ingegrepen door het geven van botuline-antitoxine, ontstaat een verlamming van de ademhalingsmusculatuur die (zeven tot tien dagen na het begin van de vergiftiging) de dood tot gevolg heeft. De incubatietijd varieert van een halve dag tot drie dagen (soms nog enkele dagen langer), het sterftepercentage bedraagt 10% tot 30%.

Overige bijzonderheden

In voedsel dat goed is verhit, komt botulisme vrijwel niet voor, dit komt doordat de botulinen niet thermostabiel zijn: een verhitting van tien tot twintig minuten bij 80 °C of enkele minuten bij 100 °C is voldoende om de toxinen onwerkzaam te maken. De kans op botulisme bestaat bij geconserveerde (zowel plantaardige als dierlijke) voedingsmiddelen, bijvoorbeeld in blik of in glas, die na het conserveringsproces niet meer of nauwelijks worden verhit voordat zij geconsumeerd worden.

Clostridium botulinum type A en de meeste stammen van type B en type F zijn *proteolytisch* (breken eiwiten af), type E en sommige stammen van type B en type F zijn *niet-proteolytisch*. De sporen van de proteolytische typen zijn zeer thermoresistent, zij overleven een verhitting van 100 °C; de sporen van de niet-proteolytische typen zijn minder thermoresistent, deze sporen worden bij een verhitting tot 90 à 100 °C geïnactiveerd.

Aangezien *Clostridium botulinum* strikt anaëroob is, kan deze bacterie zich niet ontwikkelen als er zuurstof aanwezig is. Andere factoren die van invloed zijn op de vorming van de botulinen, zijn de bewaartemperatuur en de bewaartijd. De sporen van de niet-proteolytische stammen van type B en type E kunnen reeds bij 3 °C ontkiemen, bij de proteolytische stammen van type A en type B gebeurt dit pas bij een temperatuur van 10 °C. Daarnaast is de tijdsduur van het bewaren belangrijk, bij kamertemperatuur worden de botulinen reeds enige dagen na de ontkieming van de sporen gevormd. Ook de wateractiviteit en de pH van het voedingsmiddel hebben effect, een $a_w < 0,94$ of een pH < 4,5 verhindert de vorming van de botulinen.

Wanneer voedsel wordt ingeblikt of wordt geweckt, ontstaat in het product een anaërobe omgeving doordat de lucht wordt verwijderd. Als de temperatuur van het conserveringsproces niet hoog genoeg is (en dit is bij wecken het geval) worden de sporen van proteolytische stammen niet gedood. Bewaardt men vervolgens het product na de verhitting bij kamertemperatuur, dan ontkiemen de sporen, die door de verhitting zijn geactiveerd, tot vegetatieve cellen die in het product toxinen uit- scheiden. Ook gerookte en in vacuüm verpakte vis- en vleesproducten kunnen de sporen van *Clostridium botulinum* bevatten. In deze voedings- middelen worden eveneens toxinen gevormd wanneer de omstandighe- den voor het ontkiemen van de sporen gunstig zijn.

De ontwikkeling van de proteolytische stammen van *Clostridium botu- linum* in sommige soorten voedsel wordt gekenmerkt door een afwijken- de of een bedorven geur, bij de niet-proteolytische stammen wordt hier- van bijna of in het geheel niets gemerkt. Daarom dient al het voedsel in blik of glas dat op enigerlei wijze bederf of een verandering in geur en uiterlijk vertoont, vernietigd te worden. Ook *bombage* (het bolstaan van blikken door gasontwikkeling) of het losgaan van de deksels van weck- flessen kan wijzen op de aanwezigheid van *Clostridium botulinum*.

Door de huidige betrouwbare fabricageprocessen ('botulinum *cook*') in de levensmiddelenindustrie, komt botulisme in commercieel gesterili- seerde glas- of blikconserven niet meer voor. Bij het huishoudelijk con- serveren door wecken kan botulisme echter wel optreden. In Oost-Euro- pese landen, zoals Polen, Rusland en Georgië, waar het thuis wecken nog veel wordt gedaan, ontstaan geregeld gevallen van botulisme die zijn veroorzaakt door het wecken van groenten. In Rusland sterven per jaar circa vijftig mensen aan de gevolgen van botulisme.

Bij gepasteuriseerde vleeswaren die in vacuüm zijn verpakt, bestaat de mogelijkheid dat sporen van *Clostridium botulinum* ontkiemen. Daar- om wordt aan deze levensmiddelen een conserveermiddel (meestal een combinatie van nitriet en zout) toegevoegd, hierdoor wordt het ontkie- men van de sporen verhinderd. De kans op botulisme bestaat eveneens bij kant-en-klaar maaltijden die '*sous vide*' zijn bereid (zie pagina 74). Deze maaltijden bevatten geen conserveermiddelen en de hittebehan- deling die zij hebben ondergaan, is alleen afdoende om het merendeel van de sporen van de niet-proteolytische stammen van *Clostridium botu- linum* te doden. Het ontkiemen van de sporen van de proteolytische stammen kan enkel verhinderd worden door deze maaltijden gekoeld (< 7 °C) te bewaren.

Incidenten

De eerste beschrijving van botulisme dateert uit 1785 toen zes mensen zijn overleden nadat zij bloedworst hadden gegeten. Men sprak daarom over 'worstvergiftiging' (botulus = worst) want de werkelijke oorzaak was niet bekend. In 1896 zijn in Ellezelles (België) drie leden van een orkest aan 'worstvergiftiging' overleden, de vermoedelijke besmettingsbron was rauwe ham. De Belgische arts VAN ERMENGEM is er toen in geslaagd om zowel uit de rauwe ham, als uit de maaginhoud en de milt van één van de overleden musici een sporevormende bacterie (die later *Clostridium botulinum* is genoemd) te isoleren. Hij heeft ook aangetoond dat door deze bacterie een dodelijk toxine gevormd kan worden.

Een curieus geval van botulisme heeft zich in 2001 voorgedaan in Alaska. De autochtone bevolking heeft daar de gewoonte om een deel van hun vangst, zoals zeehonden, vis en beverstaarten, te fermenteren door de vangst in een gat in de grond te doen. Het gat wordt afgedekt met vegetatie, zoals mos en gras, er ontstaat zo een aëroob fermentatieproces. Wanneer het vel van het dier heeft losgelaten, wordt het vlees rauw geconsumeerd. Tegenwoordig wordt de vangst echter vaak in een plastic zak gedaan en daarna in de grond gestopt, door de plastic zak ontstaat evenwel een anaëroob milieu. Dertien Inuit hebben botulisme gekregen nadat zij de staart van een bever, die in een plastic zak was gefermenteerd, hadden geconsumeerd. In de beverstaart is botuline E aangetroffen, de sporen van *Clostridrium botulinum* type E ontkiemen al bij een temperatuur van 3 °C.

Botulisme bij zuigelingen

Zuigelingenbotulisme (*infantiel botulisme*) ontstaat doordat sporen van *Clostridium botulinum* die met het voedsel of op een andere wijze in het maag-darmkanaal van een zuigeling zijn gekomen, in de darm ontkiemen tot vegetatieve bacteriecellen die vervolgens de darm gaan koloniseren. Het neurotoxine dat in de darm wordt gevormd, kan voor de zuigeling dodelijk zijn. Bij volwassenen wordt het ontkiemen van sporen en de kolonisatie van de darm verhinderd door de aanwezige darmflora, maar bij zuigelingen (tot een leeftijd van circa twaalf maanden) is er nog geen volwaardige darmflora ontwikkeld.

Ziekteverschijnselen: de baby wil niet meer zuigen en drinken, is suf en slap, huilt zachtjes met een hoog geluid, heeft geen ontlasting.

Overige bijzonderheden: in de Verenigde Staten zijn sinds 1976 verscheidene malen zuigelingen aan botulisme overleden nadat zij een fopspeen die in honing was gedrenkt, hadden gekregen. Het is bekend dat in honing de sporen van *Clostridium botulinum* aanwezig kunnen zijn. Ook een aantal gevallen van *wiegendood* (*sudden infant death syndrome*) bij zuigelingen die flesvoeding kregen, zijn veroorzaakt door zuigelingenbotulisme. Circa 70% van alle gevallen van botulisme in de Verenigde Staten heeft betrekking op deze vorm van botulisme.

Sinds 2000 is in Nederland zuigelingenbotulisme driemaal voorgekomen. Hoewel aan de baby's, die van allochtone afkomst waren, honing was gegeven, kon *Clostridium botulinum* niet in de honing worden aangetoond. Aangezien de sporen ook in huishoudelijk stof voorkomen, kunnen de baby's ook hierdoor zijn besmet. In 2001 heeft in Engeland babyvoeding die gemaakt was van melkpoeder, zuigelingenbotulisme veroorzaakt.

Burkholderia cocovenenans (*Pseudomonas cocovenenans*)

Kenmerken: *Burkholderia cocovenenans* is een Gram-negatieve, obligaat aërobe, psychrotrofe, staafvormige bacterie die mobiel is door één of meer polaire flagellen.

Toxinevorming: door *Burkholderia cocovenenans* worden twee toxinen, het toxoflavine en het bongkrekzuur, gevormd.

Voorkomen en verspreiding: *Burkholderia cocovenenans* komt voor in de grond, in het water en op verschillende gewassen zoals granen, rijst en cocosnoten.

Besmettingsbron: bongkrek en gefermenteerde graan- en rijstproducten.

Pathogenese: het bongkrekzuur remt de oxidatieve fosforylering in de mitochondria.

Ziekteverschijnselen: de *bongkrekziekte* begint met misselijkheid, braken en diarree; later komen er ernstiger ziekteverschijnselen, zoals leververgroting, geelzucht, ophoping van vocht in de buikholte, onderhuidse bloedingen en bloed in de urine. Het sterftepercentage is hoog, het kan 40% tot 50% zijn.

Overige bijzonderheden: in Indonesië werd waargenomen dat bij de fermentatie van kokosnoten met behulp van een schimmel van het geslacht *Rhizopus* tot bongkrek (een bepaald gerecht) soms stoffen ontstaan die bij opneming door de mens ernstige ziekteverschijnselen kunnen veroorzaken. De verwekker van de ziekteverschijnselen bleek *Burkholderia cocovenenans* te zijn.

Ook in China komt deze ziekte voor, van 1953 tot 1994 zijn ruim veertienhonderd mensen aan bongkrekziekte overleden nadat zij gefermenteerde graan- of rijstproducten hadden geconsumeerd.

Scombroid-vergiftiging[1] (*Histaminevergiftiging*)

Soms leidt het consumeren van bepaalde vissoorten of sommige soorten kaas zeer acuut tot ziekteverschijnselen. De oorzaak van deze ziekteverschijnselen zijn *biogene aminen* die door bacteriën in de vis of kaas zijn gevormd. Biogene aminen zijn aminen die door een biochemisch proces in voedingsmiddelen worden gevormd en die een fysiologische werking hebben op het menselijk lichaam. Daarom staat deze voedselvergiftiging ook wel bekend als *het biogene aminensyndroom.*

Toxinevorming: de biogene aminen worden door bepaalde soorten bacteriën, met name *Enterobacteriaceae* en melkzuurbacteriën, gevormd door decarboxylering van vrije aminozuren die in voedingsmiddelen aanwezig zijn. Het gaat voornamelijk om de omzetting van het aminozuur histidine in histamine, daarnaast kan nog voorkomen de omzetting van tyrosine in tyramine, van lysine in cadaverine en van ornithine in putrescine.

---

[1]   Deze voedselvergiftiging is vernoemd naar de *Scombridae*, de makreelachtigen.

Besmettingsbron: vissoorten, zoals ansjovis, botervis (botermakreel), haring, sardines, tonijn, makreel en zwaardvis, alsmede blauwe schimmelkazen, zoals Danish blue, roquefort en gorgonzola.

Pathogenese: in het menselijk lichaam worden kleine hoeveelheden biogene aminen gevormd, zij zijn betrokken bij de regulatie van specifieke lichaamsprocessen. Biogene aminen worden in het lichaam ook weer onwerkzaam gemaakt, maar door een te grote hoeveelheid biogene aminen worden verschillende lichaamsprocessen verstoord. Histamine bijvoorbeeld werkt vaatverwijdend, hierdoor kunnen de kleine bloedvaten vocht verliezen en er kan oedeem ontstaan; histamine veroorzaakt ook een samentrekking van de gladde spieren, hierdoor ontstaat onder andere een vernauwing van de luchtwegen met als gevolg benauwdheid. Sommige mensen zijn intolerant voor biogene aminen, een kleine hoeveelheid kan bij hen al een sterke allergische reactie opwekken.

Ziekteverschijnselen: misselijkheid, een brandend gevoel in de mond, braken, diarree, transpireren, benauwdheid, hoofdpijn, hartkloppingen, een verhoogde of een verlaagde bloeddruk en netelroos (galbulten). Deze verschijnselen doen zich vooral voor bij personen die gevoelig zijn voor biogene aminen, zoals histamine en tyramine. De ziekteverschijnselen, die slechts zelden tegelijk voorkomen, zijn meestal na toedoening van een anti-histaminicum weer snel over; de incubatietijd varieert van vijf minuten tot enkele uren.

Overige bijzonderheden: biogene aminen komen in een kleine hoeveelheid van nature voor in eiwitrijke voedingsmiddelen, bedorven producten bevatten vaak zeer grote hoeveelheden. In voedingsmiddelen kunnen biogene aminen gevormd worden door bacteriën die het decarboxylase-enzym bezitten, dit zijn onder andere *Enterobacter aerogenes*, *Hafnia alvei*, *Klebsiella pneumoniae*, *Morganella morganii* (*Proteus morganii*), *Clostridium perfringens* en melkzuurbacteriën, zoals *Lactobacillus brevis* en *Lactobacillus buchneri*. Vooral bij visserijproducten worden vaak biogene aminen door bacteriën gevormd, de oorzaak is dan onvoldoende hygiëne bij de vangst en verwerking, alsmede een te hoge temperatuur bij de opslag en distributie.

Biogene aminen zijn thermostabiel, daarom worden zij soms aangetroffen in gesteriliseerde visconserven. Behalve in de genoemde vis- en kaassoorten kunnen biogene aminen ook aanwezig zijn in gefermenteerde producten, zoals bier (vooral bier op basis van tarwe, zoals het Belgische geuzebier en kriekbier), rode wijn, port, sherry, zuurkool en droge worst.

Een histaminegehalte van 10 mg per 100 gram voedsel kan al een lichte allergische reactie opwekken, een ernstige allergische reactie ontstaat indien het histaminegehalte meer dan 50 tot 100 mg per 100 gram voedsel is. Daarom mag volgens een Richtlijn van de Europese Unie (Richtlijn 91/493/EEG) het gehalte aan histamine in vis niet hoger zijn dan 200 mg per kg vis.

5.3   Voedselvergiftigingen veroorzaakt door schimmels

5.3.1 Mycotoxicosen

Voedselvergiftigingen die door schimmels worden veroorzaakt (*mycotoxicosen*) treden minder op de voorgrond dan bacteriële voedselvergiftigingen. Dit komt doordat de *mycotoxinen* die door schimmels worden gevormd, dikwijls maar in een kleine hoeveelheid in voedingsmiddelen aanwezig zijn, er is dan geen direct schadelijk effect voor de mens. Aangezien mycotoxinen in het lichaam van de mens of van het dier niet worden afgebroken maar worden opgeslagen, kunnen mycotoxinen indien zij gedurende een lange tijd zijn opgenomen op den duur wel een ziekte veroorzaken. Het is dan evenwel vaak moeilijk een verband te leggen tussen de ziekte en de oorzaak van de ziekte.

Door sommige mycotoxinen of wanneer voedsel een hoog gehalte aan mycotoxinen bevat, kan echter een acute ziekte ontstaan. Een aantal keren is een voorval bekend geworden van een mycotoxicose die optrad bij een grote groep mensen of dieren, hierdoor kon uiteindelijk de oorzaak van de ziekte worden opgespoord. De onderstaande incidenten hebben hieraan bijgedragen.

Reeds rond het jaar 1000 was het *Sint Antoniusvuur* of *ergotisme* bekend, in 943 zijn in Frankrijk meer dan veertigduizend mensen aan ergotisme overleden. De oorzaak van deze ziekte is een aantasting van granen (vooral rogge) door *Claviceps purpurea*. Door deze schimmel wordt in de aren van rogge als rustlichaam een purperkleurig staafje (dat een lengte van 2 tot 4 cm heeft) gevormd, dit rustlichaam wordt *moederkoorn* of *ergot* genoemd. Bij het dorsen en malen van het graan komt het moederkoorn in het meel terecht. Het moederkoorn bevat giftige alkaloïden (uit een van de bestanddelen wordt LSD gemaakt) die op het zenuwstelsel inwerken en een langdurige contractie van het gladde spierweefsel veroorzaken. Er ontstaan toevallen, hallucinaties, krampen en vernauwingen van de bloedvaten waardoor weefselversterf optreedt, zwangere vrouwen kunnen een abortus krijgen. In de afgelopen eeuwen heeft deze mycotoxicose in Europa tal van slachtoffers gevergd, maar ook in de twintigste eeuw is moederkoornvergiftiging nog verscheidene malen (onder andere in Frankrijk) voorgekomen.

Door de Japanner SAKAKI is in 1887 de '*gele-rijstziekte*' (een leveraandoening) beschreven. De mensen die ziek waren geworden, hadden gedurende een lange tijd rijst geconsumeerd die beschimmeld was met *Penicillium islandicum*. Veel later is het mycotoxine *luteoskyrine* (*islanditoxine*) dat door deze schimmel wordt gevormd, geïsoleerd.

Tijdens de Tweede Wereldoorlog kregen grote groepen mensen in Rusland een acute bloedziekte ('*Alimentary Toxic Aleukia*'), deze ziekte werd gekenmerkt door een groot tekort aan witte bloedlichaampjes. De ziekte was ontstaan doordat men brood had gegeten dat gebakken was van beschimmeld graan. Door de oorlogsomstandigheden kon de graanoogst

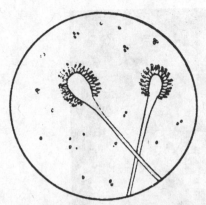

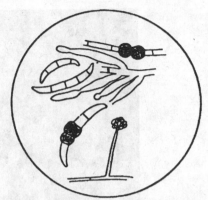

Afb. 5-4 *Microscopisch beeld van Asper-*
gillus flavus (250 ×).

Afb. 5-5 *Microscopisch beeld van een*
schimmel van het geslacht
Fusarium (600 ×).

niet tijdig worden binnengehaald en daardoor bleef het graan op het veld liggen, gedurende de winter was het graan geïnfecteerd met *Fusarium sporotrichioides*. Ook in 1992 en 1993 is deze ziekte, door de toenmalige onstabiele politieke toestand, weer in Rusland voorgekomen.

In 1960 trad in Engeland een massale sterfte van kerstkalkoenen op, meer dan honderdduizend dieren kwamen om. Uit onderzoek is gebleken dat de mysterieuze sterfte veroorzaakt was doordat de kalkoenen gevoederd waren met mengvoer dat onder andere uit pindaschroot bestond. Het pindaschroot was doorwoekerd met de schimmel *Aspergillus flavus* (zie afbeelding 5-4 en afbeelding 5-6). Deze '*Turkey X-disease*' heeft geleid tot de ontdekking van de *aflatoxinen*.

5.3.2 Mycotoxinen

Momenteel zijn ongeveer vierhonderd mycotoxinen bekend die in voedingsmiddelen kunnen voorkomen, van een aantal is aangetoond dat zij schadelijk kunnen zijn voor de gezondheid van de mens. Mycotoxinen zijn secundaire metabolieten (stofwisselingsproducten), zij worden door een schimmel pas aan het eind van de exponentiële groeifase gevormd.

Een bepaald mycotoxine kan door verschillende schimmels worden gevormd, ook zijn er schimmels die meer dan één mycotoxine vormen. De meeste mycotoxinen worden gevormd door de geslachten **Aspergillus**, **Penicillium** en **Fusarium**. Het laatstgenoemde schimmelgeslacht is een veldschimmel, vooral na langdurige regen worden de gewassen die op het veld staan door *Fusarium* geïnfecteerd. *Aspergillus* en *Penicillium* infecteren gewassen en voedingsmiddelen voornamelijk tijdens de opslag.

Mycotoxinen worden gevormd op granen, op oliehoudende zaden en noten (zoals pinda's) en op bepaalde vruchten en specerijen. De oorzaak is meestal dat de landbouwproducten niet voldoende gedroogd worden of bij een te hoge vochtigheid en temperatuur worden opgeslagen. In

Afb. 5-6 *Conidiofoor van Aspergillus flavus* (2200 ×).

gewassen en producten zijn de mycotoxinen doorgaans niet homogeen verdeeld, dit betekent dat bijvoorbeeld van een partij pinda's vaak maar een gering aantal pinda's is besmet. In de besmette pinda's kan echter wel een zeer hoge concentratie mycotoxinen aanwezig zijn.

De mycotoxinen diffunderen in enkele dagen vanuit de schimmeldraden in de voedingsmiddelen en omdat de meeste mycotoxinen zeer thermostabiel zijn, kunnen zij door een verhitting van voedingsmiddelen niet onschadelijk worden gemaakt.

Aflatoxinen

Tot de aflatoxinen, die zowel door *Aspergillus flavus* als door *Aspergillus parasiticus* gevormd worden, behoren een aantal mycotoxinen die chemisch nauw verwant zijn, het meest bekend is aflatoxine B_1. Koeien die gevoederd worden met veevoer waarin aflatoxine B_1 aanwezig is, zetten het mycotoxine om in aflatoxine M_1 dat in de melk wordt uitgescheiden. Aangezien het mycotoxine thermostabiel is, wordt aflatoxine M_1 door de pasteurisatie van melk niet onwerkzaam gemaakt.

Besmettingsbron: aflatoxinen komen voor in aardnoten (pinda's), peulvruchten, granen, maïs, rijst, gedroogde vijgen en veevoeder.

In 1988 en 1989 zijn in Nederland verscheidene partijen gedroogde Turkse vijgen uit de handel genomen omdat in de vijgen een te hoog gehalte aflatoxine B_1 aanwezig was; om dezelfde reden is in 1991 bijna vierduizend kilo Iraanse pistachenoten in beslag genomen. In 1992 en 1993 is aflatoxine B_1 aangetroffen in cayennepeper en chilipoeder, ook deze producten zijn uit de handel genomen. Door de Europese Unie werd in 1997 een tijdelijk verbod ingesteld op de import van pistachenoten uit Iran aangezien de pistachenoten uit dit land telkens een te hoog gehalte aan aflatoxine B_1 hadden.

Pathogeniteit: de aflatoxinen zijn voor veel diersoorten acuut dodelijk, maar over de schadelijke werking bij de mens zijn de meningen verdeeld. Aflatoxine B_1 kan bij de mens het DNA in de celkern beschadigen, hierdoor wordt de kans op leverkanker vergroot, vooral als men tevens met het *Hepatitis* B-virus geïnfecteerd is. Wanneer de mens echter via het voedsel een zeer grote hoeveelheid aflatoxine B_1 opneemt, kan deze dosis binnen enkele dagen dodelijk zijn. De andere aflatoxinen, zoals aflatoxine B_2, B_3, G_1, G_2, M_1 en M_2, hebben een minder sterke werking dan aflatoxine B_1.

Vermoedelijk spelen de aflatoxinen tevens een rol bij het ontstaan van *kwashiorkor*, een eiwitondervoeding die voorkomt bij jonge kinderen in Afrika en Azië.

Incident: in 2004 zijn ruim tachtig mensen in Kenia overleden nadat zij rijst hadden gegeten die besmet was met aflatoxine B_1.

Fumonisinen

In 1988 is de groep van de fumonisinen ontdekt, hiertoe behoren vijftien verschillende mycotoxinen. Het fumonisine B_1 of *macrofusine*, dat onder andere gevormd wordt door *Fusarium moniliforme* en *Fusarium proliferatum*, is na aflatoxine B_1 het giftigste mycotoxine dat bekend is.

Besmettingsbron: fumonisine B_1 wordt voornamelijk aangetroffen in maïs en in maïsproducten, zoals veevoeder, maar het kan ook voorkomen in bepaalde biersoorten die van maïs worden gebrouwen. Bij een onderzoek in 1996 en 1997 is bij 98% van de maïs die in Nederland wordt ingevoerd voor menselijke consumptie, in mindere of meerdere mate fumonisine B_1 gevonden.

Pathogeniteit: fumonisine B_1 veroorzaakt bij paarden het 'Hole in the head-syndrome' (*equine leuko-encefalomalacia*), een dodelijke ziekte die gekenmerkt wordt door hersenverweking en motorische stoornissen, varkens krijgen longoedeem. Bij mensen wordt fumonisine B_1 in verband gebracht met leverkanker en slokdarmkanker, deze ziekten komen veel voor in Transkei, Iran en China bij bevolkingsgroepen die voedsel eten dat voornamelijk uit maïs bestaat.

Ochratoxinen

Door *Aspergillus ochraceus*, *Aspergillus niger* en *Penicillium verrucosum* worden de ochratoxinen gevormd.

Besmettingsbron: ochratoxinen komen voor in maïs, tarwe, gerst, sojabonen, koffiebonen, gedroogd fruit, druiven, krenten en rozijnen, noten, specerijen, peulvruchten, pinda's en in de producten die van deze grondstoffen worden gemaakt, zoals meelproducten (brood), bier, veevoeder, (oplos)koffie, druivensap en wijn. Ochratoxinen zijn tevens aangetroffen in harde kaassoorten en in varkensvlees (met name in bepaalde worstsoorten waarin varkensbloed of varkensplasma is verwerkt) dat afkomstig was van varkens die gevoederd waren met besmet voer.

Pathogeniteit: het ochratoxine A, dat in 1965 voor het eerst is geïsoleerd, is de oorzaak van de 'Balkan Endemic Nephropathy', een ziekte die bij de mens wordt gekenmerkt door een verschrompeling van de nieren en door tumoren aan de urinewegen. Ochratoxine A is enkele malen in moedermelk aangetroffen; bij dieren die met besmet veevoeder waren gevoederd, is ochratoxine A in het bloed, in de lever en in de nieren gevonden.

Patuline

Patuline kan in aangetast fruit (zoals appels, ananas, bananen, peren, perziken) en granen, maar ook in brood en worst worden gevormd door *Aspergillus clavatus*, *Aspergillus terreus*, *Byssochlamys fulva* en *Byssochlamys nivea*, alsmede door *Penicillium patulum* en *Penicillium expansum* die de oorzaak zijn van 'bruinrot' in appels en peren.

Besmettingsbron: aangezien het patuline thermostabiel is, wordt het soms in gesteriliseerd of gepasteuriseerd appelsap, appelmoes en appelstroop aangetroffen.

Pathogeniteit: door patuline kunnen chromosomale afwijkingen ontstaan. Daarnaast veroorzaakt het inwendige bloedingen, vermindert het mogelijk de immunologische afweer en bij zwangere vrouwen remt patuline de groei van de foetus.

Sterigmatocystinen

Deze mycotoxinen die chemisch verwant zijn aan de aflatoxinen, worden gevormd door *Aspergillus nidulans* en *Aspergillus versicolor*.

Besmettingsbron: sterigmatocystinen komen niet vaak in voedingsmiddelen voor, zij worden soms gevonden in tarwe, haver en koffiebonen. Sterigmatocystinen zijn tevens een aantal malen aangetroffen op de buitenkant van harde kaassoorten.

Pathogeniteit: het opnemen van sterigmatocystinen leidt vermoedelijk tot leverkanker.

Trichothecenen

De trichothecenen kunnen door verschillende *Fusarium*-soorten worden gevormd. Bekende trichothecenen zijn **nivalenol** en **deoxynivalenol** (DON) die door *Fusarium culmorum* en *Fusarium graminearum* worden gevormd. Deoxynivalenol staat ook wel bekend als *vomitoxine* omdat het braken veroorzaakt, het wordt geregeld in granen (tarwe) aangetroffen. Door *Fusarium poae* en *Fusarium sporotrichioides* worden de **T-2 toxinen** gevormd, dit zijn zeer giftige mycotoxinen die voor de mens dodelijk kunnen zijn; de T-2 toxinen komen echter slechts zelden in voedingsmiddelen voor.

Besmettingsbron: trichothecenen komen vooral voor in maïs en in andere granen, met name in tarwe en tarwebevattende producten zoals brood en pap. In Nederland is 1% tot 3% van de tarwe geïnfecteerd met een *Fusarium*-soort. Doordat de trichothecenen thermostabiel zijn, worden zij bij het bakken van brood niet geïnactiveerd.

Pathogeniteit: de trichothecenen remmen de eiwitsynthese en de aanmaak van witte bloedlichaampjes.

Het opnemen van lage concentraties deoxynivalenol (DON) veroorzaakt een gebrek aan eetlust, braken, huidontstekingen, bloedingen en een aantasting van het zenuwstelsel. Op den duur leidt het chronisch consumeren van kleine hoeveelheden deoxynivalenol tot groeistoornissen en een verminderde immuniteit, hierdoor worden mensen en dieren vatbaarder voor infecties.

De T-2 toxinen hebben op de mens een directe werking, een geringe hoeveelheid doet een soort gastro-enteritis ontstaan, maar deze mycotoxinen kunnen dodelijk zijn indien zij in een grotere hoeveelheid worden opgenomen. De eerdergenoemde 'Alimentary Toxic Aleukia' (ATA), een bloedziekte die gekenmerkt wordt door een sterk tekort aan leukocyten, wordt veroorzaakt door de T-2 toxinen. De ziekte kan acuut, soms binnen een dag, beginnen en heeft meestal een langdurig verloop; het sterftepercentage van 'Alimentary Toxic Aleukia' is hoog (tot 60%).

Zearalenonen

Deze mycotoxinen, er zijn vijf verschillende, worden gevormd door *Fusarium graminearum (Fusarium roseum)* en *Fusarium tricinctum*.

Besmettingsbron: maïs en andere granen (onder andere tarwe, gerst, haver) worden, vooral na langdurige regenval, met *Fusarium*-soorten geïnfecteerd, de zearalenonen worden gevormd wanneer de gewassen niet voldoende kunnen drogen. De zearalenonen zijn thermostabiel, bij het bakken van brood worden zij niet geïnactiveerd.

Pathogeniteit: de zearalenonen hebben een carcinogene en oestrogene werking.

5.3.3 Preventie

De preventie van mycotoxicosen berust bij de landbouw, de veevoederindustrie en de levensmiddelenindustrie. Het beschimmelen van granen, noten, peulvruchten en andere landbouwproducten kan verhinderd worden door een juiste wijze van opslag. De veevoederindustrie en de levensmiddelenindustrie moeten de grondstoffen controleren op schimmelgroei en op de aanwezigheid van mycotoxinen.

De verantwoordelijkheid van de consument bestaat uit het niet kopen van beschimmelde voedingsmiddelen en het niet consumeren van voedsel dat schimmelgroei vertoont. De mycotoxinen diffunderen in enkele dagen vanuit de schimmeldraden in de voedingsmiddelen, daarom is het niet voldoende om (bijvoorbeeld bij kaas en vleeswaren) alleen het gedeelte te verwijderen dat zichtbaar is beschimmeld. Uit voorzorg is het verstandig het hele product niet meer te consumeren of anders moet de beschimmelde plek ruim worden weggesneden. Daarnaast zijn de meeste mycotoxinen zeer thermostabiel, dit betekent dat deze mycotoxinen door een verhitting van voedingsmiddelen niet onschadelijk worden gemaakt.

De vraag of in schimmelkazen ook mycotoxinen voorkomen, is voor de hand liggend. Bij de bereiding van schimmelkazen worden echter uitsluitend schimmelstammen gebruikt die niet in staat zijn om mycotoxinen te vormen.

Detoxificatie (ontgiftiging) van granen die besmet zijn met trichothecenen, is mogelijk door een behandeling met natriumbisulfiet. Veevoeder dat aflatoxinen bevat kan gedetoxificeerd worden met ammoniumfosfaat of natriumhypochloriet. Uit proefnemingen die gedaan zijn door TNO-Voeding te Zeist, is gebleken dat detoxificatie ook op een natuurlijke wijze mogelijk is: door grondstoffen die besmet waren met aflatoxinen te beënten met een andere schimmel, werd het aflatoxinegehalte met 85% verminderd. Ook door de melkzuurbacterie *Lactococcus lactis* (*Streptococcus lactis*) kan de vorming van aflatoxine geremd worden en kan reeds gevormd aflatoxine afgebroken worden. Het Centrum voor Plantenveredelings- en Reproductie-onderzoek te Wageningen is bezig met het ontwikkelen van tarwerassen die resistent zijn tegen een aantasting door *Fusarium*-soorten.

Sommige schimmels ontwikkelen een resistentie tegen conserveermiddelen, zo kan *Penicillium roqueforti* (die vaak voorkomt op roggebrood) resistent zijn tegen sorbinezuur. Ook door bepaalde conserveermethoden worden schimmels niet geremd in hun ontwikkeling, een voorbeeld hiervan is de zogenaamde 'krijtschimmel'. Deze 'krijtschimmel' (in werkelijkheid worden de op krijt lijkende, witte plekken veroorzaakt door de groei van de gisten *Endomyces fibuligera*, *Hyphopichia burtonii* en *Zygosaccharomyces bailii*) komt veelvuldig voor op voorgebakken broodproducten, zoals stokbrood en saucijzenbroodjes, die onder een gemodificeerde atmosfeer ('in gas') zijn verpakt.

6 Hygiënebewaking rond de spijslijn

6.1 INLEIDING

Het gezegde 'Een keten is zo sterk als de zwakste schakel' is zeer zeker van toepassing op de hygiënebewaking rond de spijslijn. Deze hygiënebewaking begint bij de inkoop van voedingsmiddelen en eindigt pas op het moment dat het voedsel door de consument of de patiënt genuttigd wordt. Tussen het tijdstip van de inkoop en de consumptie verstrijkt een bepaalde tijd. Soms bedraagt deze tijd enige uren, maar vaker gaat het om enige dagen. In deze tussentijd ondergaan de voedingsmiddelen meestal verschillende behandelingen. Bij elke behandeling kan een besmetting optreden of kan de oorspronkelijke besmetting groter worden doordat de micro-organismen zich gaan vermeerderen.

Besmetting van voedingsmiddelen kan worden voorkomen door uiterst hygiënisch te werken, dit betekent dat voedingsmiddelen uitsluitend met schoon keukengerei gehanteerd mogen worden en zo min mogelijk met de handen aangeraakt moeten worden. Tevens moet er een strenge scheiding gehandhaafd worden tussen 'besmet' en 'niet-besmet'. Dit geldt niet alleen voor rauwe (besmette) en verhitte (niet meer besmette) voedingsmiddelen, maar ook voor werkbladen, keukengerei en keukenapparatuur. Het is dus verkeerd om een bereide maaltijd fijn te malen in een gehaktmolen die eerder gebruikt is voor het malen van rauw vlees, of om een rollade te snijden op een snijmachine waarop ook kaas is gesneden.

Vermeerdering van micro-organismen kan verhinderd worden door telkens te letten op de relatie tussen temperatuur en tijd. Als de temperatuur voor micro-organismen gunstig is, dan kunnen zij zich in een korte tijd tot een zeer groot aantal vermeerderen (zie 2.5.1). Is de temperatuur voor de vermeerdering van micro-organismen minder gunstig, dan vergt de vermeerdering meer tijd; het eindresultaat kan evenwel hetzelfde zijn.

In het algemeen vermeerderen de micro-organismen die een voedsel-infectie of een voedselvergiftiging veroorzaken, zich tussen 5 °C en 55 °C; de vermeerdering gaat het snelst tussen circa 15 °C en 45 °C. Tijdens het voedselverzorgingsproces ligt de temperatuur van de voedingsmiddelen herhaaldelijk binnen het genoemde temperatuurtraject. Daarom is het noodzakelijk dat dit temperatuurtraject zo snel mogelijk wordt doorlo-pen, dat betekent: snel verhitten, snel afkoelen en voedingsmiddelen niet bij kamertemperatuur laten staan.

In het onderstaande wordt de hele keten van het voedselverzorgings-proces besproken.

6.2   De spijslijn

6.2.1 Inkoop van voedingsmiddelen

Het is belangrijk dat de voedingsmiddelen uitsluitend van betrouwba-re leveranciers worden betrokken. Indien geregeld blijkt dat een leveran-cier zich niet houdt aan afspraken over de kwaliteit van de producten of over het tijdstip van aflevering, dan is het verstandig (als het indienen van een klacht geen effect heeft gehad) een andere leverancier te nemen.

Bij de *aflevering* van de voedingsmiddelen dient gelet te worden op de volgende punten:
- *groenten en fruit* moeten er fris uitzien. Verlepte groenten en rot of beschimmeld fruit moeten niet geaccepteerd worden.
- *brood* behoort hygiënisch aangeleverd te worden. De broden moeten of verpakt zijn of worden geleverd in plastic containers die er schoon uitzien.
- de *verpakking* van verpakte voedingsmiddelen mag niet beschadigd zijn. Roestige, gedeukte of bolstaande[1] blikken moeten worden geweigerd. Producten die in vacuüm zijn verpakt, dienen gecontro-leerd te worden op mogelijke schimmelgroei en bombage[1].
- bij *zuivelproducten* mag de uiterste consumptiedatum niet zijn ver-streken; producten waarvan de uiterste consumptiedatum wel is ver-streken, dienen geretourneerd te worden. Kaas mag geen beschim-meling vertonen.
- *gekoelde voedingsmiddelen*, zoals melk(producten) en vleeswaren, moeten bij de ontvangst koel aanvoelen. De temperatuur mag niet

---

[1]   Het bol staan van een conservenblik of van een verpakking van kunststof heet *bombage*. *Microbiële bombage* treedt op wanneer de sporen van anaërobe of van facultatief anaërobe bacte-riën door het verhittingsproces niet zijn gedood. De sporen ontkiemen tot nieuwe bacteriën die in het product kooldioxidegas vormen, door de hoge gasdruk gaat de verpakking bol staan. *Chemische bombage* kan voorkomen bij blikken die een zuur product bevatten. Het beschermen-de tinlaagje, waar het blik aan de binnenkant mee is bekleed, wordt door de zure inhoud aange-tast. Door een chemische reactie van de zuren met het ijzer van de verpakking wordt waterstof-gas gevormd, ook hierdoor gaat de verpakking bol staan.

hoger dan 7 °C zijn, bij pluimvee(delen) moet de temperatuur lager dan 4 °C zijn.

- *diepvriesproducten* behoren koud en hard aan te voelen, de temperatuur in de kern van het product moet lager dan -18 °C zijn. Bij verpakte diepvriesproducten mogen niet te veel ijskristallen tussen de verpakking en het product aanwezig zijn. De aanwezigheid van veel ijskristallen wijst erop dat het product geheel of gedeeltelijk ontdooid is geweest en daarna opnieuw werd ingevroren. In de tussentijd kunnen micro-organismen zich in het product vermeerderd hebben.

Na de *ontvangst* behoren de voedingsmiddelen zo vlug mogelijk naar de plaats van bestemming gebracht te worden: producten die direct gebruikt worden naar de keuken(s), de andere producten naar de opslag. Gekoelde of ingevroren voedingsmiddelen mogen niet langer dan een half uur bij kamertemperatuur blijven staan. Het is verstandig om op producten die nog enige tijd bewaard worden, de datum van ontvangst te zetten.

6.2.2 Bewaren van voedingsmiddelen

De *opslagruimten* voor het bewaren van voedingsmiddelen dienen aan onderstaande eisen te voldoen:

- er behoren voldoende *rekken* te zijn, zodat voedingsmiddelen niet op de grond geplaatst hoeven te worden; anders wordt een goede reiniging van de vloer belemmerd. Draadrekken van roestvrij staal (zie afbeelding 6-1 op pagina 230) verdienen de voorkeur boven rekken van ander materiaal, omdat zij gemakkelijk zijn schoon te houden en een goede ventilatie mogelijk maken.
- er moet een *overzichtelijke opslag* van de voedingsmiddelen zijn. De producten die het laatst zijn binnengekomen, behoren achter de producten die reeds aanwezig zijn, geplaatst te worden. Door deze wijze van opslag ('*eerst in, eerst uit*') worden de oudste producten het eerst van de schappen gehaald en verbruikt.
- de *reiniging* van de opslagruimten moet goed kunnen gebeuren. De onderste schappen dienen op 15 à 20 cm hoogte van de vloer te zijn aangebracht, zodat de vloer ook onder deze schappen gereinigd kan worden.
- de *verlichting* moet zodanig zijn, dat de inspectie van de producten zonder problemen kan geschieden.
- de *ventilatieroosters* behoren afgeschermd te zijn, zodat muizen, ratten en insecten niet in de opslagruimten kunnen komen.
- er mogen geen *schoonmaakartikelen* in opslagruimten voor voedingsmiddelen worden bewaard.

Afb. 6-1 *Draadrek van roestvrij staal.*

De **temperatuur** die in de opslagruimten moet heersen, is afhankelijk van de voedingsmiddelen die er bewaard worden:
- *levensmiddelenmagazijn:* 15-18 °C
- *opslag voor aardappelen, groenten en fruit:* 6-10 °C
- *koelcel:* < 7 °C (bij voorkeur 2-3 °C)
- *diepvriescel:* -20 °C.

Om de lage temperatuur te kunnen handhaven, is het noodzakelijk dat de deuren van de opslagruimten, vooral van de koelcellen en diep-vriescellen, zo min mogelijk en zo kort mogelijk geopend worden. Men dient erop bedacht te zijn, dat de temperatuur vlug kan oplopen als nieuwe voedingsmiddelen in de opslagruimten geplaatst worden. Koel-cellen en diepvriescellen moeten niet te vol worden gezet, omdat anders een goede luchtcirculatie, die nodig is om de producten op de vereiste temperatuur te houden, belemmerd wordt.

Het is zeer gewenst dat de verschillende opslagruimten zijn voorzien van thermometers, bij voorkeur thermometers die aan de buitenkant van de opslagruimte afgelezen kunnen worden, zodat de temperatuur gemakkelijk gecontroleerd kan worden. De temperatuur moet worden gemeten op de warmste plaats, dat is bovenin de opslagruimte. In een

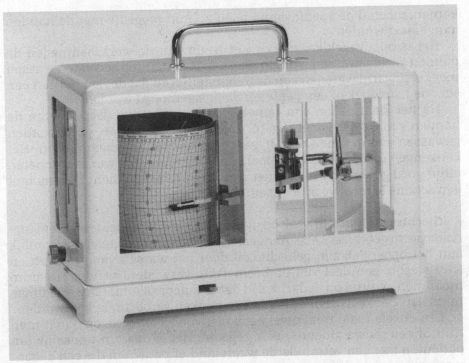

Afb. 6-2 *Thermograaf.*

koelcel of een diepvriescel met een geforceerde luchtkoeling, moet de voeler van de thermometer bevestigd zijn op de plaats waar de warme lucht door de ventilator van de verdamper wordt aangezogen.

Het verdient aanbeveling de thermometers tweemaal per dag te controleren. De eerste keer voordat nieuwe voedingsmiddelen in de opslagruimten zijn geplaatst, de tweede keer circa een uur na de plaatsing. Wanneer de resultaten schriftelijk worden vastgelegd, verkrijgt men een overzicht van het temperatuurverloop. Als men de beschikking heeft over een *thermograaf* (een zelfregistrerende thermometer, *zie* afbeelding 6-2), kan een betrouwbare indruk over het temperatuurverloop gedurende een bepaalde periode verkregen worden.

Voor dit doel kan men ook gebruikmaken van een zogenaamde *minimum-maximumthermometer*, die voor een gering bedrag in de handel verkrijgbaar is. Het is belangrijk dat men zich realiseert dat het niet gaat om de *gemiddelde* temperatuur, maar om de temperatuur die *maximaal* in de opslagruimte heerst. Wordt de maximumtemperatuur te hoog, dan moet de koelcapaciteit aangepast worden.

6.2.3 Bereiding van voedsel

Aan de bereiding van het voedsel dienen hoge hygiënische eisen gesteld te worden. Om besmetting tijdens het bereidingsproces te voorkomen, moeten de voedingsmiddelen zo min mogelijk met de handen aangeraakt worden.

Het is noodzakelijk dat voor het begin van de werkzaamheden de handen goed gewassen worden (dat houdt in: twintig seconden wassen met zeep, warm water en een nagelborsteltje) en dat de handen aan een schone handdoek of een papieren doekje gedroogd worden.

Na het klaarmaken van rauwe groenten of rauw vlees moeten de handen om kruisbesmetting te voorkomen, wederom goed worden gewassen voordat men verder gaat met andere werkzaamheden. Het keukengerei en de keukenapparatuur die gebruikt worden, moeten altijd goed gereinigd en ontsmet zijn. Het afproeven dient telkens met een schone lepel of vork te gebeuren.

Groenten en *fruit* zijn vaak besmet met *Enterobacteriaceae* en met *Listeria monocytogenes* (zie 3.4.2). Aangezien de micro-organismen gewoonlijk aan het oppervlak zijn gehecht, zal door het wassen van groenten en fruit slechts een deel van de besmetting verwijderd worden. Daarom moet men er altijd op bedacht zijn dat ook door plantaardige voedingsmiddelen een kruisbesmetting in een keuken veroorzaakt kan worden.

Een enkele maal treedt wel eens een voedselinfectie op nadat men fruit of een rauwe groente heeft gegeten. Het is daarom wenselijk om patiënten met een verminderde weerstand of patiënten die een decontaminatie van de darm ondergaan, geen rauwkost te geven.

Ingevroren vlees en *gevogelte* moeten een dag tevoren in de koelcel ontdooid worden. Als het ontdooien te laat gebeurt, bestaat de kans dat het vlees of gevogelte van binnen nog bevroren is. Bij de culinaire verhitting dringt de warmte dan niet voldoende door tot het binnenste van het vlees of gevogelte. Het ontdooien kan ook kort voor de bereiding met behulp van een magnetronoven gebeuren. Langdurig ontdooien bij kamertemperatuur is niet aan te bevelen, omdat de bacteriën die aan de buitenkant van het vlees of gevogelte aanwezig zijn, zich dan gaan vermeerderen. Het vlees of gevogelte moet bij het ontdooien altijd op een bord of in een bak worden gelegd zodat het dooivocht (drip) goed opgevangen kan worden. Het dooivocht, vooral van gevogelte zoals kip, kan een ernstige bron van besmetting met *Salmonella* en *Campylobacter* zijn. Het dooiwater moet met heet water in een gootsteen weggespoeld worden, het bord of de opvangbak moet eveneens goed worden omgespoeld met heet water.

Vlees dat in stukken of in lapjes verwerkt wordt, heeft alleen aan de buitenkant een besmetting. Door een culinaire verhitting (koken, bakken, braden en grilleren) worden de micro-organismen aan de buitenkant van het vlees voldoende gedood, daarom is het toegestaan dat rundvlees (zoals biefstuk) dat gewoonlijk minder besmet is dan varkensvlees, van binnen nog wat rauw blijft. Omdat rundvlees besmet kan zijn met E. coli O157, wordt het afgeraden om rauw rundvlees (zoals carpaccio, rosbief, tartaar, filet americain en ossenworst) aan mensen die tot de risicogroepen behoren, te verstrekken.

Varkensvlees moet altijd goed door-en-door verhit worden, omdat in dit vlees mogelijk *Trichinella spiralis* of weefselcysten van *Toxoplasma gondii* aanwezig kunnen zijn.

Gehakt of *gemalen vlees*, of vlees dat uit lapjes bestaat die om elkaar zijn gewikkeld (zoals rollade, slavinken en blinde vinken) moet goed door-en-door verhit worden. In de kern van het vlees behoort een temperatuur van ten minste 75 °C bereikt te worden. Bij deze vleessoorten is immers de besmetting die aanvankelijk alleen aan de buitenkant aanwezig was, door de bewerking ook inwendig gekomen.

Vla moet bij voorkeur pas op de dag van de consumptie bereid worden, het bereiden behoort te gebeuren in een ketel met roerwerk die door water gekoeld kan worden. Vla die op dezelfde dag geconsumeerd wordt, moet na de bereiding in vier uur geforceerd teruggekoeld worden (met het roerwerk van de ketel in beweging) tot 10 °C. Bij vla die bestemd is voor consumptie op een volgende dag, moet de temperatuur binnen twee uur teruggebracht zijn tot 10 °C en binnen vijf uur tot onder 7 °C. Indien aan deze eis niet voldaan kan worden, verdient het aanbeveling om over te gaan op het gebruik van commercieel verkrijgbare vla.

Voor de *warme maaltijd* geldt in het algemeen dat:
- het voedsel snel op kooktemperatuur gebracht moet worden.
- het portioneren en distribueren zo vlug mogelijk na het kookproces behoort te gebeuren, opdat de temperatuur van het voedsel tot het moment van de consumptie gehandhaafd blijft op 70 à 80 °C (zie afbeelding 6-3). Het is gewenst dat het keukenpersoneel bij het portioneren handschoenen draagt. Bij het *ontkoppelde voedselverzorgingssysteem* worden de geportioneerde maaltijden pas later gedistribueerd, de maaltijden moeten bij dit systeem na het portioneren direct geforceerd gekoeld worden (zie 6.2.4) en kort voor het distribueren verhit worden tot circa 80 °C. Het gebruik van een convectie-oven of een magnetronoven is hierbij gewenst.
- koude gerechten, zoals rauwkostsalade, compote en toespijzen, pas kort voor het distribueren uit de koeling gehaald mogen worden. Koude gerechten mogen niet langer dan een half uur bij kamertemperatuur blijven staan

Voor de *broodmaaltijd* is het belangrijk dat:
- de maaltijd pas kort voor de consumptie wordt klaargemaakt, het is gewenst dat het personeel hierbij handschoenen draagt. Gebeurt dit geruime tijd tevoren, dan moet de maaltijd afgedekt worden en in de koeling worden bewaard tot het tijdstip van distributie en consumptie.

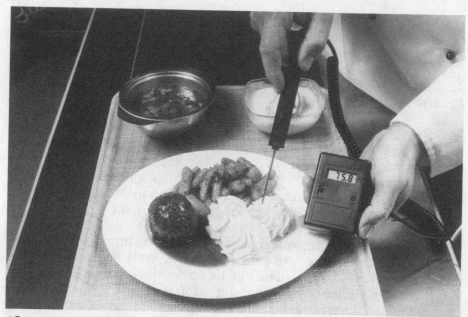

Afb. 6-3 *Het voedsel moet direct na het portioneren een temperatuur van 70 à 80 °C hebben; de thermometer wijst 75,8 °C aan.*

- broodbeleg (kaas en vleeswaren) met een vork of een tang verdeeld wordt.
- om kruisbesmetting te voorkomen verschillende snijmachines gebruikt worden voor het snijden van brood, kaas en vleeswaren. Indien men echter de beschikking heeft over slechts één snijmachine, dan moet de volgorde van snijden zijn: eerst brood, dan gepasteuriseerde of gekookte vleeswaren (zoals gekookte schouderham en boterhamworst), vervolgens gefermenteerde vleeswaren (bijvoorbeeld cervelaatworst en boerenmetworst) en kaas, ten slotte rauwe vleeswaren (zoals rauwe achterham en Ardenner ham).

6.2.4 Bewaren van bereid voedsel

Veel maaltijden worden, om praktische redenen, geruime tijd voor de consumptie bereid. Door de culinaire verhitting zijn de meeste micro-organismen, met uitzondering van bacteriesporen, gedood. Als bereid voedsel echter enige uren bij kamertemperatuur blijft staan, kan het weer veel micro-organismen bevatten. Deze micro-organismen kunnen door een nabesmetting (zie 3.3.2) in het voedsel zijn gekomen. Een nabesmetting vanuit de lucht kan worden voorkomen door bereid voedsel altijd afgedekt te bewaren (zie afbeelding 6-4). In het voedsel kunnen echter ook bacteriën zijn ontstaan uit sporen, deze sporen werden door de culinaire verhitting geactiveerd en zijn daarna ontkiemd tot vegetatieve cellen. Om het ontkiemen van bacteriesporen te beletten en de

Afb. 6-4 *Bereid voedsel moet altijd afgedekt bewaard worden. De schaaltjes op het bovenste plateau zijn afgedekt met folie, de andere schaaltjes worden beschermd door het plateau dat op hen is geplaatst.*

vermeerdering van bacteriën tegen te gaan, moet bereid voedsel worden warm gehouden bij een temperatuur boven 65 °C[1] of gekoeld worden bewaard bij een temperatuur van 2 à 3 °C.

Bij het **warm houden** van voedsel in bain-marie-bakken of op verwarmde plateaus moet het voedsel een temperatuur van 80 à 85 °C hebben. Dit warm houden kan slechts gedurende een korte tijd (circa een uur) gebeuren, anders gaat de kwaliteit van het voedsel te veel achteruit. Voedsel dat enige uren of langer bewaard moet worden, dient daarom gekoeld of ingevroren te worden.

Het **koelen** van warm voedsel moet altijd *geforceerd* gebeuren: binnen twee uur moet de temperatuur zijn teruggebracht tot 10 °C en binnen vijf uur tot < 7 °C. Het voedsel dient binnen vierentwintig uur een temperatuur van 2 à 3 °C te hebben. Als het voedsel slechts langzaam afkoelt, blijft de temperatuur van het voedsel een lange tijd in de gevarenzone van 55 °C tot 5 °C en in die tijd kunnen bacteriën zich vermeerderen en sporen gaan ontkiemen.

---

1   Volgens de Warenwet (Besluit *'Bereiding en behandeling van levensmiddelen'*) moeten bereide voedingsmiddelen bewaard worden bij een temperatuur > 60 °C (dit geldt ook voor snacks, zoals kroketten en saucijzenbroodjes in een automaat) of bewaard worden bij een temperatuur < 7 °C (dit geldt tevens voor slaatjes en gebak in een koelvitrine). Uit microbiologisch oogpunt bezien, onder andere met het oog op het ontkiemen van bacteriesporen, zijn deze eisen echter te mild.

Geforceerde koeling kan het beste, tenzij men de beschikking heeft over een speciale snelkoeltunnel of een zogenaamde 'blast-chiller' (een apparaat dat koude lucht blaast), met water gebeuren omdat water een beter warmtegeleidend vermogen dan lucht heeft. Het gemakkelijkst gaat dit in een ketel die een terugkoelsysteem heeft. Pannen kunnen afgekoeld worden in een wasbak met koud stromend water. Het voedsel dient geregeld omgeroerd te worden, aangezien anders het centrale gedeelte niet voldoende afkoelt. Het afkoelen van bulkproducten kan bevorderd worden door deze producten over te gieten in kleinere containers of platte bakken.

Als het voedsel is afgekoeld tot circa 20 °C, kan het in een voorkoelruimte verder afgekoeld worden tot een temperatuur < 7 °C; pas daarna mag het in de koelcel geplaatst worden. Zet men voedsel met een te hoge temperatuur direct in de koelcel, dan stijgt de temperatuur van de koelcel meestal tot boven 7 °C. De koelcapaciteit van de meeste koelcellen is niet toereikend om het voedsel direct te koelen tot de vereiste 2 à 3 °C.

In de koelcel mogen de gesloten bakken, containers of schalen niet te dicht op elkaar gezet worden, aangezien anders een goede luchtcirculatie verhinderd wordt. Tevens dienen de bereide voedingsmiddelen gescheiden gehouden te worden van rauwe voedingsmiddelen. Indien in een koelcel zowel rauwe als bereide voedingsmiddelen worden bewaard, dan moeten de bereide voedingsmiddelen altijd op een rek boven de rauwe voedingsmiddelen worden geplaatst. Op deze wijze kan een bereid voedingsmiddel niet, bijvoorbeeld door condensvocht, besmet worden door een rauw voedingsmiddel. Gemorst voedsel behoort direct opgeruimd te worden, omdat dit anders in de koelcel een reservoir van psychrotrofe micro-organismen (zoals *Listeria monocytogenes*) kan worden.

Het is raadzaam om producten die enige tijd bewaard worden, te voorzien van de bereidingsdatum.

6.2.5 Controle van de temperatuur

Het is zeer gewenst om, teneinde enig inzicht te verkrijgen in het temperatuurverloop bij het bereiden en bewaren van voedsel, geregeld de temperatuur van het voedsel te meten. Kwikthermometers mogen, in verband met hun kwetsbaarheid, hiervoor niet gebruikt worden. In de handel zijn voor een gering bedrag insteekthermometers van bimetaal te verkrijgen die voor dit doel geschikt zijn. De nauwkeurigheid van deze thermometers vertoont soms wat variatie, doorgaans is de afwijking circa 2 °C. Nog doelmatiger zijn de digitale, elektronische thermometers (zie afbeelding 6-5 en afbeelding 6-3 op pagina 234) die tegenwoordig in veel uitvoeringen verkrijgbaar zijn. Zowel de nauwkeurigheid als het temperatuurbereik van deze thermometers is veel groter.

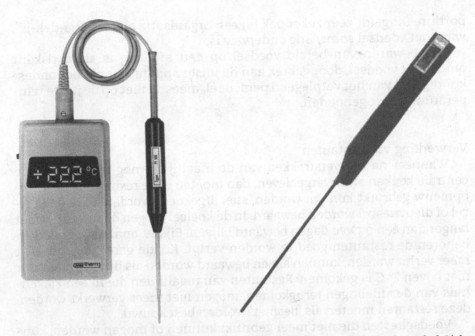

Afb. 6-5 *Elektronische thermometers die geschikt zijn voor temperatuurmeting in voedsel. Links een exemplaar met een losse sonde, rechts een compact zakmodel.*

6.2.6 Transport van bereid voedsel

Het transport van bereid voedsel dient zo snel mogelijk te gebeuren om te voorkomen dat het voedsel, in microbiologische zin, ondeugdelijk wordt. Het voedsel behoort altijd goed afgedekt te worden vervoerd en de transportlijnen moeten zo kort mogelijk zijn. Voedsel dat direct na de bereiding en het portioneren verstrekt wordt, dient tijdens het transport goed warm gehouden te worden, zodat de temperatuur niet daalt tot beneden 70 °C. De temperatuur van gerechten die koud geconsumeerd worden, moet tijdens het transport gehandhaafd worden op 7 à 12 °C.

Bij een *ontkoppeld voedselverzorgingssysteem* zijn de maaltijden na de bereiding gekoeld bewaard. Kort voor het transport worden deze maaltijden in de centrale keuken verhit tot 75 à 80 °C, tijdens het transport moet deze temperatuur gehandhaafd blijven. Een andere mogelijkheid is, dat de maaltijden pas in de afdelingskeuken op temperatuur gebracht worden. In dit geval worden de maaltijden gekoeld getransporteerd, de temperatuur mag dan niet boven 7 °C komen. Zowel voor het verwarmd, als voor het gekoeld transport zijn verschillende systemen ontwikkeld, waarbij de maaltijden goed op de vereiste temperatuur gehouden kunnen worden.

Veel voedselinfecties of voedselvergiftigingen ontstaan doordat het transport van bereid voedsel te lang duurt en het voedsel niet op de juiste temperatuur blijft. Het is daarom zinvol geregeld temperatuurmetingen te verrichten, zowel aan het begin als aan het eind van een transportlijn. Dit geldt zeer zeker ook bij een organisatie als 'Tafeltje-dek-je', waar het voedsel soms lang onderweg is.

Het bewaren van bereid voedsel op een afdeling is altijd riskant omdat het voedsel, door gebrek aan de juiste apparatuur of door ondeskundigheid van het verplegend personeel, meestal niet op de juiste temperatuur wordt gehouden.

6.2.7 Verwerking van restanten

Wanneer na het verstrekken van de maaltijden nog restanten in de centrale keuken zijn overgebleven, dan moeten deze restanten, indien zij opnieuw gebruikt kunnen worden, snel afgekoeld worden en in de koelcel of diepvriescel worden bewaard. In de koelcel mogen de restanten niet langer dan één à twee dagen bewaard blijven. Bij het opnieuw verwerken behoren de restanten goed te worden verhit. Koude gerechten, die niet meer verhit worden, kunnen alleen bewaard worden als hun temperatuur niet boven 7° C is gekomen. Restanten van maaltijden die in een ziekenhuis van de afdelingen terugkomen, mogen niet meer verwerkt worden, deze restanten moeten als 'besmet' worden beschouwd.

Voedselresten die niet meer gebruikt kunnen of mogen worden, kunnen verwijderd worden via een voedselvernietiger die in verbinding staat met de riolering. Een voedselvernietiger moet opgesteld staan in de afwaskeuken of op de plaats waar de afvalbakken staan. Het verwijderen van voedselresten en keukenafval dient zo spoedig mogelijk te gebeuren, omdat anders ongedierte wordt aangetrokken. Daarom ook moeten afvalbakken en afvalcontainers altijd goed worden gesloten.

6.3 HET PERSONEEL VAN DE SPIJSLIJN

Tijdens het hele voedselverzorgingsproces kan het voedsel op velerlei wijzen besmet worden door het personeel dat betrokken is bij dit proces. De besmetting kan direct gebeuren door micro-organismen die van de mens afkomstig zijn (zie 3.4.5) of indirect door een onjuiste handeling van de mens (zie 3.3). Daarom is het noodzakelijk dat het personeel duidelijke instructies krijgt, niet alleen voor een goede persoonlijke hygiëne, maar ook voor de hygiëne van de werkomgeving en de manier van werken. Degene die belast is met het bewaken van de hygiëne, dient hierin uiteraard het 'schone' voorbeeld te geven.

Bij het aanstellen van keukenpersoneel moet bij de medische keuring navraag gedaan worden naar eventuele huidaandoeningen en darmstoornissen. Een fecesonderzoek kan aantonen of pathogene darmbacteriën aanwezig zijn. Als dit het geval is, dan kan de sollicitant (voorlopig) niet aangenomen worden voor de voedingsdienst. Bij huidaandoeningen moet een dermatoloog uitsluitsel geven over de mogelijke risico's voor de besmetting van voedsel.

6.3.1 Persoonlijke hygiëne

Het is belangrijk dat alle personeelsleden die betrokken zijn bij het bereiden en verstrekken van voedsel, een goede persoonlijke hygiëne in acht nemen. Aangezien vooral via de handen veel micro-organismen op het voedsel worden overgedragen, is een goede *handenhygiëne* een eerste vereiste. Dit houdt onder meer in, dat de handen telkens goed en zorgvuldig gewassen moeten worden:

- *voor de aanvang van de werkzaamheden,*
- *na het wassen en schoonmaken van groenten[1],*
- *na het verwerken van rauw vlees[1],*
- *na het reinigen van vuil materiaal[1],*
- *na het snuiten van de neus,*
- *na het gebruik van het toilet.*

Om een goed resultaat te verkrijgen, moeten de handen gedurende minimaal twintig seconden gewassen worden met zeep (bij voorkeur uit een dispenser met elleboogbediening, zie pagina 243), warm water en een nagelborsteltje. Eventuele sieraden moeten voor het wassen van de handen zijn afgedaan. Om een kruisbesmetting te voorkomen, is een mengkraan met elleboog- of voetbediening gewenst. Voor het afdrogen van de handen kan het beste gebruik worden gemaakt van eenmalige papieren handdoekjes of van een rolhanddoekautomaat. Een optimaal resultaat wordt verkregen indien na het wassen van de handen een handdesinfectans (zie 6.5.3) wordt gebruikt.

Een goede handenhygiëne heeft enkel effect als de vingers ook onder de nagels goed worden gereinigd, uiteraard moeten de nagels kort gehouden worden. Daarnaast is het nodig dat het haar (ook van snor en baard) goed verzorgd is. Het hoofdhaar dient tijdens het bereiden en portioneren van voedsel bedekt te zijn, lang haar moet worden opgebonden.

Elke dag behoort schone werkkleding (bij voorkeur wit) en muts of haarnet gedragen te worden. De *koksdoek* mag niet gebruikt worden als handdoek of als werkdoek, hiervoor kan een keukenrol gebruikt worden, koksdoeken zijn vaak rijke reservoirs van bacteriën.

Personeelsleden die verkouden zijn, die een huidontsteking hebben of die last hebben van een maag-darmstoornis, behoren dit te melden aan het hoofd van de voedingsdienst. Om besmetting van voedsel te voorkomen mag het personeelslid, totdat het weer geheel hersteld is, niet deelnemen aan het voedselverzorgingsproces. In overleg met de bedrijfsarts kunnen maatregelen genomen worden, zowel in het belang van de consumenten van het voedsel als in het belang van het personeelslid zelf. Bij langdurige diarree, ook als deze heeft plaatsgevonden tijdens een vakantie, is een fecesonderzoek noodzakelijk om na te gaan of er mogelijk pathogene darmbacteriën, zoals *Campylobacter*, *Salmonella* of *Shigella*, aanwezig zijn.

---

[1] Het verdient aanbeveling om bij deze werkzaamheden (eenmalige) handschoenen te dragen, het wassen van de handen kan dan beperkt worden.

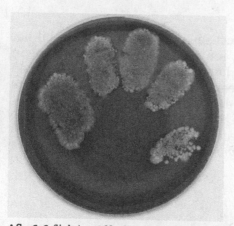 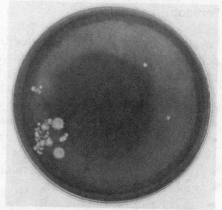

Afb. 6-6 (links)   *Afdruk van een hand na het draaien van een gehaktbal.* Links de afdruk van de duim, rechts de afdruk van de pink.

Afb. 6-7 (rechts)   *Afdruk van dezelfde hand na desinfectie.* De duim is niet goed gedesinfecteerd, want op de afdruk van de duim (links) zijn nog een aantal aantal bacteriekolonies te zien.

6.3.2 Instructie en voorlichting

Het keukenpersoneel behoort duidelijke instructies te krijgen over de hygiëne die bij het bereiden en verstrekken van voedsel in acht genomen moet worden. Maar enkel het geven van instructies leidt meestal niet tot een gemotiveerd hygiënegedrag, daarom is het even gewenst dat het personeel voldoende kennis wordt bijgebracht over het nut en het doel van de hygiënevoorschriften. Om de theorie aanschouwelijk te maken, is het zinvol het een en ander met behulp van microbiologische methoden (zie hoofdstuk 7) zichtbaar te maken.

Belastingsproef

Het nut en het effect van het reinigen van de handen kan gedemonstreerd worden met een *belastingsproef*, hiervoor kan het rauwe gehakt dienen dat gebruikt wordt om de werking van de afwasmachine te controleren (zie pagina 246). Deze belastingsproef kan als volgt worden uitgevoerd:

- Van een personeelslid wordt een handafdruk (zoals beschreven staat in 7.5.2) van de werkhand (meestal de rechter) gemaakt op een petrischaal met VRBG voor het aantonen van *Enterobacteriaceae* en op een petrischaal met Baird-Parker voor het aantonen van *Staphylococcus aureus*.
- Vervolgens drukt hetzelfde personeelslid de vingertoppen in het rauwe gehakt. Daarna wordt wederom een handafdruk gemaakt op VRBG en op Baird-Parker.
- Ten slotte worden de handen goed gewassen en ook van de gewassen werkhand wordt een handafdruk op VRBG en op Baird-Parker gemaakt.

Na het bebroeden van de petrischalen wordt het resultaat van het aanraken van het rauwe gehakt en het wassen van de handen zichtbaar. De eerste twee handafdrukken geven het uitgangsniveau weer en laten zien of er op de 'schone' handen *Enterobacteriaceae* en *Staphylococcus aureus* aanwezig waren. De volgende twee handafdrukken tonen aan in hoeverre de handen zijn besmet met *Enterobacteriaceae* en *Staphylococcus aureus* uit het gehakt (zie afbeelding 6-6). Het effect van het handen wassen wordt weergegeven door de laatste twee handafdrukken.

De proef kan in duplo uitgevoerd worden; als men een tweede personeelslid de handen na het wassen laat desinfecteren, kan tevens het resultaat van de desinfectie getoond worden (zie afbeelding 6-7).

6.3.3 Instanties die voorlichting en advies geven

Een aantal instanties en adviesbureaus kan behulpzaam zijn bij het geven van voorlichting aan het keukenpersoneel of bij het adviseren omtrent de hygiënevoorschriften. De adressen van de ondergenoemde instanties staan vermeld op pagina 302 en 307.

Door het *Voedingscentrum* zijn een aantal brochures op het gebied van de keukenhygiëne uitgegeven, onder andere:
* '*Bacteriewijzer*',
* '*Bewaarwijzer*',
* '*Veilig in de winkel, veilig thuis*',
* '*Hygiënecode voor de privé-huishouding*',
* '*Hygiëne in de voedingsverzorging, richtlijnen voor hygiënisch handelen*',
* '*Hygiënecode voor de voedingsverzorging in zorginstellingen*',
* '*Hygiënecode voor de voedingsverzorging in woonunits, kinderdagverblijven*', *dienstencentra en bij uitbrengmaaltijden*',
* '*Wat heeft hygiëne met voedselveiligheid te maken?*'

Met behulp van de 'Hygiënecodes' die gebaseerd zijn op de HACCP-methode (zie 3.5.2), kunnen handelingen en situaties waardoor een besmetting van voedsel of een vermeerdering van micro-organismen in voedingsmiddelen kan optreden, opgespoord worden.

Door de *Werkgroep Infectie Preventie (WIP)* zijn voorschriften opgesteld die betrekking hebben op het voorkomen van voedselinfecties en voedselvergiftigingen, de Werkgroep beschikt ook over een documentatiecentrum waar men literatuur kan raadplegen. Enkele WIP-voorschriften zijn:
* '*Handenreiniging en handendesinfectie*',
* '*Persoonlijke hygiëne medewerkers*' ,
* '*Preventie van voedselinfecties en voedselintoxicaties*',
* '*Preventie van voedselinfecties en voedselintoxicaties op zorgafdelingen*',
* '*Reiniging, desinfectie en sterilisatie in verpleeghuizen*'.

Sinds het van kracht worden in 1989 van de Wet 'Collectieve Preventie Volksgezondheid' is de hygiënebegeleiding eveneens een taak van de Gemeentelijke/Gemeenschappelijke Gezondheidsdiensten geworden. In een aantal plaatsen of regio's is bij de GGD een sociaal-verpleegkundige of een hygiënist met de hygiënebegeleiding belast, maar dit is nog niet bij elke GGD gebeurd. Op initiatief van de GGD of op verzoek van een instelling wordt aan de hand van een controlelijst een onderzoek gedaan naar de keukenhygiëne, tevens kan aan het keukenpersoneel hygiënevoorlichting gegeven worden.

Door de gezamenlijke GGD'en is het Landelijk Centrum Hygiëne & Veiligheid opgericht, door dit centrum, dat nog in een proefstadium verkeert, worden hygiënerichtlijnen opgesteld voor verschillende doelgroepen.

Een aantal commerciële adviesbureaus geeft adviezen voor een integrale hygiënebewaking en het opstellen van een HACCP-plan. Met behulp van microbiologische methoden kan een onderzoek gedaan worden naar de hygiëne bij het voedselverzorgingsproces, ook kunnen voedingsmiddelen microbiologisch onderzocht worden; daarnaast worden temperatuurmetingen verricht. Voor het beoordelen van de kwaliteit van het schoonmaakonderhoud wordt vaak gebruikgemaakt van de ATP-detectiemethode (zie 7.4.7).

6.4 DE KEUKEN

6.4.1 Bouw en inrichting

Bij de bouw en de inrichting van het keukencomplex behoort veel aandacht te worden besteed aan het voorkomen van besmetting met micro-organismen, dit betekent dat er geen dode plekken die slecht gereinigd kunnen worden, aanwezig mogen zijn. Deze dode plekken kunnen een reservoir van micro-organismen worden waaruit gemakkelijk een besmetting kan optreden.

Er dient gelet te worden op de volgende punten:
- zowel de vloer als de wanden behoren betegeld te zijn, op de overgang van de vloer naar de wanden moet een holronde plint (een zogenaamde sanitairplint) zijn aangebracht. Ook de hoeken tussen de wanden behoren bij voorkeur rond te verlopen.
- de plaatsen waar leidingen uit de grond of uit de muren komen, moeten goed afgewerkt zijn; er mogen geen openingen aanwezig zijn.
- de afvoergoten en schrobputten in de vloer moeten voorzien zijn van losse roosters die gemakkelijk te reinigen zijn.
- aanrechten en werkbanken behoren een glad oppervlak zonder naden te hebben, de werkbladen dienen van roestvrij staal of van een geschikte kunststof (zoals melamine-formaldehyde) vervaardigd te zijn.

- werkbladen van hout moeten vermeden worden, daar zij slecht zijn te reinigen. Voor snijden of hakken kan gebruik worden gemaakt van losse snijplanken die in de afwasmachine gereinigd kunnen worden.
- indien een aanrecht of een werkbank tegen de muur is geplaatst, moet de betegeling doorlopen tot op het werkblad.
- het is nodig dat de ruimte onder de keukenapparatuur goed gereinigd kan worden, daarom moet de apparatuur op poten van 15 à 20 cm lengte of op gesloten sokkels, die voorzien zijn van een sanitairplint, zijn geplaatst. Kleine keukenapparatuur kan aan de muur worden opgehangen.
- pannen en keukengerei, zoals lepels, moeten bij voorkeur van roestvrij staal zijn gemaakt. Materiaal van aluminium kan snel beschadigd worden of chemisch worden aangetast, er ontstaat dan een oneffen oppervlak dat niet afdoende gereinigd kan worden.
- ventilatieroosters en ramen die geopend kunnen worden, dienen goed afgeschermd te zijn zodat er geen ongedierte naar binnen kan komen.
- zonwering behoort aan de buitenkant van de ramen bevestigd te zijn.

Voor een goede *handenhygiëne* is het nodig dat op verschillende plaatsen in de keuken een handenwasgelegenheid met warm en koud water is. Om kruisbesmetting te voorkomen, is bij de wasbak een mengkraan met elleboog- of voetbediening gewenst. Door zeep in een bakje of door een gemeenschappelijke handdoek kan eveneens een kruisbesmetting veroorzaakt worden. Vloeibare zeep in een dispenser, bij voorkeur met elleboogbediening, en eenmalige papieren handdoeken of een rolhanddoekautomaat verdienen de voorkeur. Aangezien zeep de handen wel reinigt maar niet desinfecteert, is het raadzaam tevens een dispenser met een handdesinfectans op alcoholbasis (zie 6.5.3) bij de wasgelegenheid aan te brengen.

6.4.2 Indeling

Het is noodzakelijk dat in het keukencomplex een strikte scheiding aanwezig is tussen 'besmet' en 'niet-besmet', met andere woorden: een scheiding tussen rauwe en bereide voedingsmiddelen en een scheiding tussen vuil en schoon materiaal. Zodra de wegen van besmet en niet-besmet elkaar kruisen, kan een besmetting optreden.

Het is *belangrijk* dat:
- er een aparte afleveringsruimte is waar de leveranciers hun producten kunnen afleveren, leveranciers behoren niet met hun waar in de keuken te komen. Aan de afleveringsruimte moeten de opbergruimten (magazijn, koelcellen en diepvriescellen) grenzen.
- er een aparte koude keuken is waar de rauwe voedingsmiddelen (aardappelen, groenten en vlees) worden behandeld.

- de afwas in een aparte afwaskeuken wordt gedaan, op deze plaats moet men de schone en de vuile vaat goed gescheiden houden. Om kruisbesmetting te voorkomen, behoort de afwasmachine door *twee* personen te worden bediend: de ene plaatst de vuile vaat in de afwasmachine, de andere haalt de schone vaat eruit. Als een afwasmachine van het bandmodel aanwezig is, verdient het de voorkeur dat de vuile kant en de schone kant van de machine door een muur zijn gescheiden.

6.5   REINIGING EN ONTSMETTING

Reinigen en ontsmetten zijn twee verschillende handelingen. Onder *reinigen* wordt verstaan het verwijderen van zichtbaar vuil, zoals etensresten; *ontsmetten* is het verlagen van het besmettingsniveau, dus het verminderen van het aantal levende micro-organismen. Het ontsmetten kan op een *thermische* (met warmte) of op een *chemische* wijze plaatsvinden, als voor het ontsmetten een chemisch middel wordt gebruikt, spreekt men over *desinfecteren*.

De reiniging moet altijd aan de ontsmetting voorafgaan, omdat anders het effect van de ontsmetting te gering is. Het reinigen heeft alleen maar zin als gebruik gemaakt wordt van *schone* schoonmaakartikelen, zoals borstels, luiwagens, pads, moppen, dweilen en doeken. Dit schoonmaakmateriaal moet na gebruik goed ontsmet worden, daar het anders als een bron van kruisbesmetting gaat fungeren. Moppen, dweilen, vaatdoeken en handdoeken dienen in een wasmachine bij 90 °C gewassen te worden en daarna goed gedroogd te worden. Borstels van kunststof kunnen in de afwasmachine gereinigd worden, schuursponsjes moeten dagelijks worden vernieuwd want schuursponsjes zijn, evenals vaatdoekjes, vaak in hoge mate besmet met bacteriën, zoals *Enterobacteriaceae*, *Listeria monocytogenes* en *Staphylococcus aureus*.

Het is wenselijk dat er een *vast reinigingsschema* wordt gehanteerd, veel voorwerpen (zoals blikopeners, bestekbakken, weegschalen en grepen van laden, koelcellen en diepvriescellen) worden, indien er geen reinigingsschema is, maar al te vaak overgeslagen.

In veel gevallen kan *heet water* (75 à 85 °C) een effectief ontsmettingsmiddel zijn. Als na de reiniging goed nagespoeld wordt met heet water, kan daardoor al een goede ontsmetting zijn verkregen. Pas als een hoge besmettingsgraad aanwezig is (bijvoorbeeld bij vleesmolens, cutters, snijmachines, snijplanken, werkbladen en schoonmaakartikelen), is het zinvol een desinfectiemiddel (zie 6.5.3) te gebruiken. Het effect van de reiniging en van de ontsmetting kan gecontroleerd worden met behulp van microbiologische methoden (zie 7.4 en 7.5.1) of met de ATP-detectiemethode (zie 7.4.7).

6.5.1 Apparatuur

Voor een goede reiniging is het noodzakelijk dat keukenapparatuur (zoals snijmachines, cutters, mixers en vleesmolens) voor zover als mogelijk is, gedemonteerd wordt. De losse onderdelen kunnen meestal wel in de afwasmachine gereinigd worden. Kookketels moet men eerst een tijdje laten weken met lauw water (circa 40 °C), zodat de voedselresten makkelijk loslaten. Speciale aandacht dient besteed te worden aan de aftapkranen, zij behoren met een tuitenrager goed schoon geborsteld te worden. Na de reiniging moeten de ketels doorgespoeld worden met heet water.

6.5.2 Borden, schalen en bestek

De afwasmachine

Borden en schalen moeten eerst ontkliekt en voorgespoeld worden, bestek kan men laten weken in een bak met warm water. Daarna kan alles in de afwasmachine geplaatst worden. Er zijn twee typen continu werkende afwasmachines: de *bandafwasmachine* die een wastunnel heeft en de *snelwasser* met een doorschuifsysteem.

Het vaatwerk wordt bij de bandafwasmachine in korven of bakken op een lopende band geplaatst, in de wastunnel vinden achtereenvolgens de verschillende wasgangen plaats. Het voorspoelen gebeurt met water van 40 à 45 °C, bij de hoofdwas moet het water een temperatuur van circa 60 °C hebben. Als de watertemperatuur lager dan 60 °C is, smelten de vetten niet en bij een hogere watertemperatuur gaan de eiwitten coaguleren (vastkleven). Ten slotte wordt nagespoeld met heet water (90 à 95 °C), het vaatwerk wordt door dit hete water tevens ontsmet.

Bij de snelwassers met een doorschuifsysteem (zie afbeelding 6-8) moet het voorspoelen met de hand gebeuren met behulp van een spoeldouche, daarna wordt het vaatwerk in een bak in de machine geplaatst. Uit een reservoir wordt het warme water voor de hoofdwas rondgepompt, dit water vloeit terug in het reservoir en wordt weer voor een volgende charge gebruikt. Het naspoelen gebeurt met schoon heet water uit een boiler, dit water vloeit eveneens terug in het reservoir. Via een overloop wordt een deel van het vervuilde water uit het reservoir afgevoerd, het reservoir dat het water voor de hoofdwas bevat, wordt dus telkens aangevuld met naspoelwater. Na een aantal charges is het water van het reservoir vervuild en dan moet het reservoir opnieuw geheel gevuld worden met schoon water.

Voor het bedienen van een afwasmachine zijn, om kruisbesmetting via de handen te voorkomen, altijd *twee* personen nodig. De ene persoon laadt de vuile vaat in de afwasmachine, de andere (die handschoenen moet dragen of anders de handen tevoren goed gereinigd moet hebben) haalt de schone vaat uit de machine. Bij een snelwasser kan de beugel

Afb. 6-8 *Snelwasser met een doorschuifsysteem. Rechts van de machine hangt de spoeldouche die gebruikt wordt voor het voorspoelen van de vuile vaat.*

waar de kap mee naar beneden of naar boven wordt getrokken, zorgen voor een kruisbesmetting. Daarom moet deze beugel *niet* aangeraakt worden door het personeelslid dat de schone vaat uit de machine haalt. Uit voorzorg is het gewenst dat bij een bandafwasmachine met een rechte wasstraat de vuile en de schone kant van de afwasmachine door een muur gescheiden zijn.

Belastingsproef

Controle op de werking van de afwasmachine kan gebeuren met behulp van de *belastingsproef met rauw gehakt*. Deze proef houdt het volgende in: op een bord wordt rauw gehakt (varkensgehakt of half-om-half) vermengd met eidooier, het mengsel wordt vervolgens aangedrukt zodat het goed contact maakt met het bord. Daarna wordt er wat water over het gehakt gesprenkeld en wordt het bord afgedekt met folie of een plastic zak. Het bord wordt nu een halve dag weggezet op een warme plaats (30 à 40 °C). Hierna wordt het gehakt verwijderd en het bord wordt in de afwasmachine afgewassen, na het afwassen moet het bord op het oog volkomen schoon zijn. Vervolgens wordt een afdruk gemaakt met een Rodacje met VRBG voor het aantonen van *Enterobacteriaceae* en met een Rodacje met Baird-Parker voor het aantonen van *Staphylococcus aureus* (zie 7.4.1). Na het bebroeden van de Rodacjes mogen geen kolonies van *Enterobacteriaceae* of *Staphylococcus aureus* aanwezig zijn.

6.5.3 Desinfectantia

Desinfecteren is het verminderen van het aantal levende micro-organismen met behulp van een desinfectiemiddel. Desinfectiemiddelen zijn chemische verbindingen die gebruikt worden voor het bestrijden of afweren van (micro-)organismen in of op gebouwen, materialen, apparaten, gebruiksvoorwerpen en de huid.

Desinfecteren is alleen maar zinvol als het met verstand en met deskundigheid gebeurt. Desinfectantia moeten enkel gebruikt worden als uit een microbiologisch onderzoek is gebleken dat ontsmetten met heet water niet afdoende werkt. Het is echter weinig zinvol om bijvoorbeeld een keukenvloer te desinfecteren, het effect van de desinfectie is verdwenen zodra de vloer weer belopen wordt. Een goede reiniging van de vloer met heet water en *schone* schoonmaakartikelen is voldoende. Schoonmaakartikelen zijn vaak een bron van kruisbesmetting, daarom is het zinvol deze artikelen na het gebruik goed te reinigen en vervolgens te desinfecteren bijvoorbeeld met een chloorbevattend desinfectiemiddel.

De handen van een keukenmedewerker die rauw vlees of rauwe groenten heeft klaargemaakt, zijn altijd ernstig besmet met bacteriën. Het wassen van de handen met water en zeep is dan meestal niet afdoende om de handen te ontsmetten, het desinfecteren van de handen (na het gewone handen wassen) met een handdesinfectans op basis van alcohol is in dit geval beslist zinvol.

Er bestaat een zeer grote verscheidenheid aan desinfectiemiddelen, maar niet elk middel is voor elk doel geschikt. Sommige desinfectantia werken snel, andere hebben een langere inwerkingstijd nodig. Desinfectantia hebben soms een *selectieve* werking, dat betekent dat alleen bepaalde micro-organismen gevoelig zijn voor het middel. Bacteriesporen en virussen worden door de meeste desinfectantia niet gedood. Ook de aard van het toepassingsgebied is belangrijk: een agressief desinfectiemiddel is niet geschikt voor de desinfectie van de huid. Als een bepaald desinfectiemiddel gedurende een lange tijd wordt gebruikt, bestaat de kans dat micro-organismen tegen dit desinfectiemiddel resistent worden. Om dit te voorkomen is het beter van tijd tot tijd te wisselen van type desinfectiemiddel.

De meeste desinfectantia worden onwerkzaam gemaakt door eiwitten (van voedselresten) en door reinigingsmiddelen. Het is daarom noodzakelijk voor de desinfectie eerst goed te reinigen en de resten van het reinigingsmiddel weg te spoelen met schoon water, anders heeft het desinfecteren geen enkel nut. Bij het gebruik van een desinfectiemiddel dient de gebruiksaanwijzing van de fabrikant stipt opgevolgd te worden. Desinfectantia laten altijd residuen achter, daarom moeten gedesinfecteerde oppervlakken of voorwerpen die in aanraking kunnen komen met voedingsmiddelen, goed worden nagespoeld met schoon water. Indien men dit verzuimt, kan een *chemische* voedselvergiftiging ontstaan.

Toelating van desinfectantia

Desinfectantia worden beschouwd als bestrijdingsmiddelen, vroeger vielen zij onder de '*Bestrijdingsmiddelenwet*' van 1962. Deze wet is in 2006 vervangen door de Wet '*Gewasbeschermingsmiddelen en Biociden*', in de nieuwe wet is de Europese '*Biociden Richtlijn*' van 1998 geïmplementeerd.

In Nederland mogen volgens de wet alleen *toegelaten* desinfectiemiddelen worden gebruikt, de toelating wordt verstrekt door het *College voor de Toelating van Bestrijdingsmiddelen* te Wageningen. Bij de aanvraag voor de toelating moet de producent of leverancier van het desinfectiemiddel een dossier overleggen waarin onder andere vermeld staat voor welk toepassingsgebied de toelating wordt aangevraagd, wat de werkzame stof is en in welke concentratie het middel gebruikt moet worden. Tevens moet het dossier de resultaten van een beproevingstest vermelden.

Desinfectiemiddelen worden beproefd volgens de **Europese Suspensie Test (EST)**, deze test stond vroeger bekend als de *vijf-vijf-vijf-test*. De levensmiddelenvariant van de EST-test houdt het volgende in:
- de werking van het desinfectiemiddel wordt getest op *vijf* verschillende testorganismen:
  - *Staphylococcus aureus* (Gram-positief),
  - *Enterococcus faecium* (Gram-positief),
  - *Pseudomonas aeruginosa* (Gram-negatief),
  - *Proteus mirabilis* (Gram-negatief),
  - *Saccharomyces cerevisiae* (een gist).
- elk testorganisme wordt gedurende *vijf* minuten blootgesteld aan het desinfectiemiddel in de voorgeschreven concentratie bij 20 °C.
- het kiemgetal van elk testorganisme moet daarna een decimale reductie van ten minste *vijf* hebben ondergaan. Deze decimale reductie wil zeggen dat het kiemgetal bijvoorbeeld van 10^8 gedaald is tot 10^3, dit betekent dat effectief 99,999% van de micro-organismen door het desinfectiemiddel is gedood.

Afhankelijk van het toepassingsgebied waarvoor het desinfectiemiddel is bestemd, kunnen ook andere testorganismen worden gebruikt. Zo bestaan er aparte tests om de werking tegen schimmels, bacteriesporen of virussen te beproeven. Een desinfectiemiddel dat toegepast wordt in de levensmiddelensector moet ten minste voldoende effectief zijn tegen bacteriën en gisten.

Een toegelaten desinfectiemiddel is voorzien van een **toelatingsnummer**, dat bestaat uit vier of vijf cijfers gevolgd door de letter **N** (Nederland). Op het etiket van een toegelaten desinfectiemiddel moet onder meer het wettelijk gebruiksvoorschrift, het toepassingsgebied, de gebruiksaanwijzing en de werkzame stof(fen) zijn vermeld. Aangezien een desinfectiemiddel stoffen kan bevatten die voor de consument schadelijk zijn, is niet elk desinfectiemiddel toegelaten voor apparatuur of oppervlakken die in aanraking kunnen komen met voedingsmiddelen. In de regel zijn alleen chloorbevattende desinfectantia en quater-

Tabel 6-1 *Effectiviteit van verschillende soorten desinfectantia*

	Alcoholen	Aldehyden	Fenolen	Halogenen	Peroxiden	Quats
Gram –	++	++	++	++	++	+
Gram +	++	++	++	++	++	++
Sporen	–	±	–	+	+	–
Gisten	+	+	+	+	+	++
Schimmels	+	+	+	+	++	++
Virussen	±	+	±	+	+	±

naire ammoniumverbindingen (quats) toegelaten voor gebruik in keukens. Ook bij toegelaten desinfectantia is naspoelen met schoon water altijd vereist om de residuen te verwijderen.

Handdesinfectantia

Handdesinfectantia waren vroeger niet voorzien van een toelatingsnummer omdat er voor deze producten geen wetgeving bestond, maar sinds 2006 vallen zij ook onder de nieuwe Wet 'Gewasbeschermingsmiddelen en Biociden' en volgens deze wet moeten zij nu eveneens voorzien zijn van een toelatingsnummer.

Bepaalde handdesinfectantia worden echter beschouwd als een geneesmiddel voor wondinfectie of worden gebruikt bij een chirurgische huiddesinfectie, deze desinfectantia vallen daarom onder het Besluit 'Bereiding en Aflevering van Farmaceutische producten'; zij moeten voorzien zijn van een RVG-nummer[1]

Desinfectantia op basis van alcohol of (alleen voor medische doeleinden) jodium zijn geschikt voor het desinfecteren van de huid. Deze handdesinfectantia bevatten meestal ook bepaalde cosmetische bestanddelen zodat de huid niet aangetast wordt.

Onderstaand volgt een overzicht van de verschillende groepen desinfectantia.

Alcoholen

Alcoholen, zoals *ethanol* 70-80% en *isopropanol* 60-70%, zijn zeer geschikt voor de desinfectie van de huid, zij hebben maar een inwerkingstijd van enkele minuten nodig. Zowel bacteriën als schimmels worden gedood evenals sommige virussen, maar op bacteriesporen hebben alcoholen geen effect. Aan alcoholen wordt dikwijls *chloorhexidine* toegevoegd, hierdoor wordt de microbicidische werking van de alcoholen versterkt. Alcoholen beschadigen de celmembraan van microorganismen doordat zij de lipiden in de celmembraan oplossen, tevens

---

[1] Het RVG = Registratie Verpakte Geneesmiddelen

denatureren zij eiwitten waardoor de enzymen van micro-organismen onwerkzaam worden.

Een goede werking is alleen maar mogelijk als de micro-organismen voldoende vocht bevatten. Daarom heeft ethanol 70% op ingedroogde micro-organismen (bijvoorbeeld op een werktafel of op medische instrumenten) een beter effect dan ethanol 96%; door het hogere water-percentage van ethanol 70% worden ingedroogde micro-organismen bevochtigd. Voor het desinfecteren van de huid zou wel ethanol 96% gebruikt kunnen worden, omdat de micro-organismen die op de huid voorkomen meestal voldoende vocht bevatten, maar het gebruik van dit hogere alcoholpercentage heeft geen enkel extra voordeel.

Isopropanol heeft een wat snellere werking dan ethanol en verdampt minder snel, maar isopropanol werkt ontvettend op de huid. Handdesin-fectantia op basis van isopropanol bevatten daarom meestal een geringe hoeveelheid glycerol om het ontvetten van de huid tegen te gaan.

Naast de vloeibare handdesinfectantia zijn er tevens alcoholprepara-ten in gelvorm verkrijgbaar, de desinfecterende werking van deze gels is soms iets geringer dan de werking van een vloeibaar handdesinfectans.

Veel gebruikte handdesinfectantia zijn onder andere: *Hibisol* (isopro-panol 60% en chloorhexidine 0,5%), *Medicanol* (ethanol 70% en chloor-hexidine 0,5%), *Nedalco Des-G* (ethanol 70% en chloorhexidine 0,5%) en *Sterillium* (isopropanol 45% en propanol 30%).

Aldehyden

Door aldehyden, zoals *formaline* (een 36-40% oplossing van formalde-hyde in water) en *glutaaraldehyde*, worden zowel bacteriën als schim-mels en virussen gedood. Ook sporen van bacteriën kunnen na een inwerkingstijd van enige uren gedood worden. Aldehyden gaan een bin-ding aan met de eiwitten in de celmembraan en remmen de synthese van eiwitten en nucleïnezuren.

Formaline en glutaaraldehyde, dat een sterkere desinfecterende wer-king dan formaline heeft, worden vrijwel uitsluitend toegepast voor het desinfecteren van medische apparatuur, zij mogen niet gebruikt worden in de levensmiddelensector. Formaline en glutaaraldehyde zijn giftig en werken zeer irriterend op de ogen en de slijmvliezen van de neus en de keelholte. Voor het uitgassen van een vertrek werd vroeger formaline verdampt zodat formaldehydegas ontstond. In speciale ontsmettings-ovens werden op deze wijze bedden en beddengoed gedesinfecteerd, maar deze methode wordt tegenwoordig vrijwel niet meer toegepast.

Chloorhexidine

Chloorhexidine (dat bekend is onder de merknaam *Hibitane*) is een bis-biguanidine-verbinding ($C_{22}H_{30}Cl_2N_{10}$), het heeft een zeer goede bac-tericidische werking. Door chloorhexidine wordt de structuur van de celmembraan aangetast, alleen sommige Gram-negatieve bacteriën (zoals *Pseudomonas aeruginosa*) zijn minder gevoelig voor de inwerking.

Chloorhexidine wordt vaak toegevoegd aan vloeibare desinfecterende zepen (zoals *Cefasept* en *Hibiscrub*) en aan handdesinfectantia op basis van alcohol. Door de toevoeging van chloorhexidine wordt het penetrerend vermogen van alcoholen versterkt zodat niet alleen de transiënte huidflora, maar ook een deel van de permanente huidflora (zie pagina 113) wordt gedood.

Fenolen

De Engelse chirurg Joseph Lister was de eerste die de desinfecterende werking van *fenol* (*carbol*) onderkende. Al in 1864 maakte hij gebruik van een fenoloplossing om zijn chirurgische instrumenten te ontsmetten ter voorkoming van wondkoorts bij de patiënten. De fenolen hebben, evenals de aldehyden en de halogenen, een breed werkingsspectrum, alleen bacteriesporen en sommige virussen worden niet gedood. Fenolen beschadigen de celmembraan en veroorzaken een denaturatie van eiwitten, hierdoor worden de enzymen van micro-organismen onwerkzaam gemaakt.

Een waterige oplossing van *cresol* en een vetzure zeep (bekend onder de merknaam *Lysol*) werd vroeger veel gebruikt voor het desinfecteren van vloeren en sanitair. Vanwege de agressieve werking en de onaangename geur (de bekende 'ziekenhuislucht') mag dit middel niet meer gebruikt worden. Ook het gebruik van *orthofenylfenol* (merknaam *Lyorthol*) dat een minder agressieve werking en een zwakkere geur heeft, is sinds 1999 verboden.

Voor het desinfecteren van de huid worden onderstaande derivaten van fenol gebruikt.

Chloorxylenol, een gechloreerd fenolderivaat (bekend onder de merknaam *Dettol*), werd vroeger, onder andere in de kraamzorg, gebruikt voor het ontsmetten van sanitair en van textiel, zoals kussens en beddengoed. Dit middel heeft evenwel geen toelatingsnummer en daarom is het gebruik van chloorxylenol voor deze toepassingen wettelijk verboden.

Een oplossing van 5% chloorxylenol in water wordt wel gebruikt voor het desinfecteren van de huid. Deze oplossing heeft echter alleen een beperkt effect op sommige Gram-positieve bacteriën (zoals *Staphylococcus aureus*), Gram-negatieve bacteriën en virussen zijn ongevoelig. Door hard water wordt de werkzaamheid van de oplossing verminderd. Het gebruik van chloorxylenol wordt, in verband met de beperkte bruikbaarheid, ontraden.

Hexachlorofeen (merknaam *G-11*), een gechloreerd bisfenol, komt voor in bepaalde 'desinfecterende' vaste zepen, maar het nut van deze zepen is gering. Voor een snelle huiddesinfectie zijn zepen die hexachlorofeen bevatten niet geschikt, het resultaat is pas merkbaar als gedurende ongeveer een week uitsluitend gebruik is gemaakt van de desinfecterende zeep. Het tussendoor gebruiken van een gewone zeep doet het effect van een desinfecterende zeep teniet. Door het wassen met een desinfecterende zeep ontstaat een hexachlorofeen bevattende film op de huid, hierdoor worden na enige dagen voornamelijk Grampositieve bacteriën (zoals *Staphylococcus aureus*) gedood. De hexachlorofeen-film verdwijnt echter weer zodra een gewone zeep wordt gebruikt.

Halogenen

Reeds lang is de microbicidische werking van halogenen bekend. Al in 1846 werd door de Hongaarse arts IGNAZ SEMMELWEIS een oplossing van chloorkalk in water gebruikt als ontsmettingsmiddel in een kraamkliniek ter voorkoming van kraamvrouwenkoorts. De halogenen *chloor* en *jodium* hebben een breed werkingsspectrum: bacteriën en schimmels worden gedood, evenals bacteriesporen en bepaalde virussen.

Chloor wordt voornamelijk gebruikt in de vorm van een anorganische of van een organische chloorverbinding. Een voorbeeld van een anorganische chloorverbinding is natriumhypochloriet (bleekwater is een oplossing van 6% natriumhypochloriet in water).

Als organische chloorverbindingen worden para-tolueensulfon-chlooramide-natrium (= tosyl-chlooramide-natrium = chlooramine T) bekend onder de merknaam *Halamid* en het natriumzout van dichloor-isocyanuurzuur veel gebruikt.

In een waterig milieu wordt, zowel door de anorganische als door de organische chloorverbindingen, hypochlorigzuur (HClO) gevormd. Hypochlorigzuur werkt als een sterk oxidatiemiddel waardoor celbestanddelen, eiwitten en nucleïnezuren beschadigd worden.

Chloorgas en anorganische chloorverbindingen worden gebruikt voor het desinfecteren van drinkwater en zwemwater. De anorganische chloorverbindingen zijn instabiel, bij het bewaren neemt het gehalte aan actief chloor af. De organische chloorverbindingen, die goed stabiel zijn, worden veel toegepast als desinfectiemiddel in de levensmiddelenindustrie en in keukens. Een nadeel van chloorverbindingen is, dat zij de huid kunnen irriteren en prikkelend werken op de slijmvliezen van de neus en de keelholte.

Handelspreparaten zijn onder andere: *Actisan*, *Halamid*, *Medicarine* en *Suma Tab D4*.

Jodium is bekend als jodiumtinctuur (een oplossing van jodium en kaliumjodide in ethanol 70%), maar de tinctuur werkt irriterend op de huid en veroorzaakt een bruine verkleuring. Deze nadelen treden veel minder op indien jodium gebonden is aan een jodofoor (een jodiumdrager), zoals polyvinyl-pyrrolidon (afgekort tot povidon of PVP). Povidonjodium (dat bekend is onder de merknaam *Betadine*) wordt veel gebruikt als huiddesinfectans voor medische doeleinden, het is niet toegestaan in de levensmiddelenindustrie en in keukens. De microbicidische werking van jodium berust op het afbreken van eiwitten, enzymen en nucleïnezuren.

Peroxiden

Door peroxiden, zoals *waterstofperoxide* en *perazijnzuur*, worden de membraaneiwitten en enzymen van micro-organismen door oxidatie onwerkzaam gemaakt. Perazijnzuur is een krachtig desinfectans dat ook virussen en bacteriesporen doodt, waterstofperoxide heeft op virussen en sporen meestal minder effect.

Waterstofperoxide (H_2O_2), dat een niet erg stabiele verbinding is (het ontleedt gemakkelijk tot water en zuurstof), wordt in de levensmiddelenindustrie gebruikt voor het desinfecteren van verpakkingen voor zuivelproducten en vruchtensappen. Sinds 2001 mag waterstofperoxide ook als een *decontaminatiemiddel* worden gebruikt om de besmetting met micro-organismen van vissen, schaal- en schelpdieren te verminderen (zie 2.7.1).

Perazijnzuur (CH_3COOOH) wordt, in combinatie met waterstofperoxide, in de levensmiddelenindustrie toegepast voor CIP-desinfectie (*Cleaning In Place*) van apparatuur en leidingen.

Quaternaire ammoniumverbindingen (Quats)

Quaternaire ammoniumverbindingen zijn synthetische detergentia (derivaten van ammoniumbromide of ammoniumchloride) die een desinfecterende werking hebben. Zij tasten de structuur van de celmembraan van micro-organismen aan en vergroten daardoor de permeabiliteit van de celmembraan, tevens inactiveren zij enzymen en nucleïnezuren. Bacteriesporen en bepaalde virussen worden niet gedood door een quat.

De quaternaire ammoniumverbindingen worden veel gebruikt voor het desinfecteren van keukens, maar zij hebben een selectieve werking. Gram-negatieve bacteriën (vooral *Pseudomonas*-soorten) zijn in het algemeen minder gevoelig voor de inwerking van een quat dan Gram-positieve bacteriën, bovendien bestaat de kans dat micro-organismen resistent worden indien een bepaald type quat langdurig wordt gebruikt. Handelspreparaten bestaan daarom meestal uit een combinatie van verschillende quats, of uit een quat en een aldehyde of alcohol. De microbicidische werking is hierdoor verbeterd en tevens wordt de kans op resistentie door micro-organismen verminderd.

Omdat quaternaire ammoniumverbindingen sterk aan een oppervlak hechten, is het belangrijk dat oppervlakken en voorwerpen die in aanraking kunnen komen met voedingsmiddelen, altijd zeer goed nagespoeld worden met schoon water.

7 Microbiologische controle rond de spijslijn

7.1 INLEIDING

Het is zinvol geregeld een microbiologisch onderzoek te doen naar de hygiëne bij het voedselverzorgingsproces. De microbiologische controle van de *kritieke beheerspunten* (CCP's) kan deel uitmaken van een voedselveiligheidssysteem dat gebaseerd is op de HACCP-methode (*zie* 3.5.2).

Men dient echter te bedenken dat een microbiologisch onderzoek altijd *retrospectief* is, want de uitslag van het onderzoek is pas één of twee dagen later bekend. Daardoor kan enkel gezegd worden: toen was er iets niet in orde. Het nut van een microbiologisch onderzoek is tweeledig:

- er kan een *procedurefout* aan het licht komen. Als bijvoorbeeld blijkt dat een schoon bord op het moment van het onderzoek besmet was met bacteriën, kan dit wijzen op het niet goed functioneren van de afwasmachine. Een gereed product dat veel bacteriën bevat, is een indicatie voor een nabesmetting en/of het bewaren bij een verkeerde temperatuur. Met behulp van een microbiologisch onderzoek kan derhalve nagegaan worden of de kritieke beheerspunten inderdaad beheerst worden. Indien dit niet het geval is, moet of de beheersmaatregel of de processtap worden aangepast.
- de resultaten van het onderzoek zijn *illustratief* voor het keukenpersoneel. Door het tonen van bebroede voedingsbodems aan het keukenpersoneel wordt zichtbaar gemaakt dat op voorwerpen die op het oog schoon zijn, toch veel bacteriën aanwezig kunnen zijn. Op deze wijze kunnen bronnen van kruisbesmetting of nabesmetting aangetoond worden, dit kan het keukenpersoneel motiveren tot het verbeteren van de keukenhygiëne.

Een microbiologisch onderzoek heeft een kwantitatief en een kwalitatief aspect. *Kwantitatief* wil zeggen dat een onderzoek wordt verricht naar het *aantal* micro-organismen, *kwalitatief* (of *selectief*) houdt in dat men let op de aanwezigheid van *bepaalde* micro-organismen.

7.2   Indicator- en index-organismen

Bij de microbiologische controle op de levensmiddelenhygiëne en de keukenhygiëne wordt gebruikgemaakt van zogenaamde *indicator-organismen* en *index-organismen*. Dit zijn micro-organismen die wijzen op een ongewenste toestand of op de mogelijke aanwezigheid van pathogene micro-organismen.

7.2.1 Indicator-organismen

De indicator-organismen worden, afhankelijk van het doel waarvoor zij moeten dienen, nader onderscheiden in *proces-indicatoren* en *hygiëneindicatoren*.

Proces-indicatoren

Proces-indicatoren zijn micro-organismen die een indicatie zijn voor een *procedurefout* bij een product of een voorwerp dat een bacteriedodende behandeling heeft ondergaan. De *Enterobacteriaceae* worden veel gebruikt als proces-indicatoren, want deze bacteriën zijn, omdat zij reeds bij een temperatuur van circa 60 °C afsterven, een indicatie voor een onvoldoende verhitting. In een gepasteuriseerd product mogen geen levende *Enterobacteriaceae* voorkomen. Zijn zij toch aanwezig, dan wijst dit op een fout in de procesvoering: de pasteurisatie is niet juist uitgevoerd of er is na de pasteurisatie een besmetting van het product opgetreden. Indien op vaatwerk dat in een afwasmachine is afgewassen *Enterobacteriaceae* worden aangetroffen, is dit een indicatie voor het niet goed functioneren van de afwasmachine of voor een nabesmetting van het vaatwerk.

Hygiëne-indicatoren

Hygiëne-indicatoren zijn micro-organismen die informatie geven over de hygiëne, de aanwezigheid van hygiëne-indicatoren is een aanwijzing voor een slechte hygiënische toestand. De *Enterobacteriaceae* kunnen ook gebruikt worden als hygiëne-indicatoren, want als zij worden aangetroffen op een toiletbril of op de handdoek in een toilet, dan is dit een indicatie voor een onjuiste toilethygiëne. *Staphylococcus aureus* kan eveneens als hygiëne-indicator worden gebruikt omdat deze bacterie voorkomt in de neus en in huidontstekingen van de mens. De aanwezigheid van *Staphylococcus aureus* in een rauw product (bijvoorbeeld gehakt) wijst op een slechte hygiëne bij de bereiding van het product.

7.2.2 Index-organismen

Index-organismen zijn micro-organismen waarvan de aanwezigheid duidt op het *mogelijk* gelijktijdig voorkomen van pathogene micro-organismen, index-organismen zeggen iets over de microbiologische gesteldheid van een medium. Zo wijst de aanwezigheid van E. coli in oppervlaktewater op een fecale besmetting van het water, er kunnen dan *mogelijk* tevens pathogene darmbacteriën, zoals *Salmonella*, in het water aanwezig zijn. Dit water is derhalve niet geschikt als zwemwater of als drinkwater. Indien E. coli op rauwe gerechten of in rauwe schelp-dieren en vis wordt aangetroffen, dan is dit evenzo een aanwijzing voor een fecale besmetting.

In plaats van E. coli is ook vaak de *coli-aerogenes*-groep als index-orga-nisme gebruikt. Tot de *coli-aerogenes*-groep, men spreekt ook wel over de *coliformen*, behoort een aantal *Enterobacteriaceae* (onder andere E. coli en *Enterobacter aerogenes*) die als gezamenlijk biochemisch kenmerk heb-ben dat zij lactose vergisten (zie pagina 263, MacConkey). De aanwezig-heid van deze micro-organismen wijst eveneens op het mogelijk gelijk-tijdig voorkomen van pathogene darmbacteriën.

De voorspellende waarde van index-organismen is echter gering, bovendien is het door de moderne detectiemethoden gemakkelijker geworden om pathogenen direct aan te tonen. Daarom wordt de term index-organisme tegenwoordig nog maar weinig gebruikt, de term index-organisme is nu min of meer synoniem geworden aan hygiëne-indicator.

7.3 VOEDINGSBODEMS

Micro-organismen worden gekweekt in of op voedingsbodems, een voedingsbodem (of cultuurmedium) bevat de voedingsstoffen die de micro-organismen nodig hebben voor hun groei en vermeerdering. Ver-der kan elke voedingsbodem nog specifieke bestanddelen bevatten, afhankelijk van het beoogde gebruik. Meestal is aan een voedingsbodem ook een bepaalde hoeveelheid NaCl toegevoegd, zodat de osmotische waarde van de voedingsbodem gelijk is aan de osmotische waarde van de bacteriecel. Als basisstoffen zijn doorgaans aanwezig:

- *peptonen*, dit zijn enzymatisch afgebroken plantaardige en dierlijke eiwitten; peptonen leveren de benodigde aminozuren.
- *vleesextract*, bevat eiwitten, koolhydraten en vitamines.
- *gistextract*, is rijk aan vitamines van het B-complex.

Wanneer de ingrediënten opgelost worden in gedestilleerd water ontstaat een *vloeibare voedingsbodem* (of bouillon). Om een *vaste voe-dingsbodem* te verkrijgen, moet nog een geleermiddel worden toege-voegd; vroeger werd hiervoor gelatine (een dierlijk eiwit) gebruikt. Gela-tine wordt echter al bij ongeveer 25 °C vloeibaar, bovendien kan gelatine door bepaalde bacteriën worden afgebroken waardoor de voedingsbo-dem gaat vervloeien. Daarom is men later *agar-agar* (een koolhydraat dat afkomstig is uit de celwand van bepaalde Roodwieren) als geleer-middel gaan gebruiken. Agar-agar heeft een veel hogere smelttempera-tuur (circa 80 °C) en kan niet door bacteriën worden afgebroken.

Op een vaste voedingsbodem vormen bacteriën *kolonies*: een kolonie is een groot aantal bacteriën (enige miljarden) dat met het blote oog zichtbaar is. In een vloeibare voedingsbodem wordt de vermeerdering van bacteriën zichtbaar doordat de bouillon troebel wordt.

7.3.1 Algemene voedingsbodems

Op een algemene voedingsbodem groeien alle bacteriën (en veel schimmelsoorten) die geen specifieke voedingsstoffen nodig hebben. De hieronder genoemde vaste voedingsbodems worden veel gebruikt.

Plate Count Agar (PCA)

Gebruiksdoel: deze voedingsbodem, die ook bekendstaat onder de naam *Tryptone Glucose Yeast Agar*, dient voor de bepaling van het alge-meen aëroob kiemgetal van water, vlees(waren), melk en andere zuivel-producten.

Bebroeding: PCA wordt voor de bepaling van het algemeen aëroob kiemgetal in het algemeen twee tot drie dagen bebroed bij 30 à 32 °C.

Opmerking: onder *kiemgetal* verstaat men het aantal levende kie-men, daarmee wordt bedoeld het aantal bacteriën en/of sporen, per ml of gram product. Elke levende kiem groeit op de voedingsbodem uit tot een zichtbare kolonie, wanneer het aantal kolonies op een voedingsbo-dem geteld is, kan dit getal omgerekend worden naar het aantal kiemen per ml of gram product.

In werkelijkheid zijn vaak een aantal bacteriecellen, zoals bijvoor-beeld bij stafylococcen en streptococcen het geval is, aan elkaar gekleefd, daarom kan men beter spreken over *kolonie-vormende eenheid*: een kolonie-vormende eenheid (kve) is een groepje bacteriën dat samen één zichtbare kolonie vormt.

Nutrient Agar (NA)

Gebruiksdoel: Nutrient Agar is wat minder rijk aan voedingsstoffen dan Plate Count Agar, daarom wordt gewoonlijk van deze voedingsbo-dem gebruik gemaakt bij het kweken van micro-organismen die niet al te hoge voedingseisen stellen.

Bebroeding: Nutrient Agar wordt voor algemene doeleinden twee tot drie dagen bebroed bij 30 à 32 °C of één dag bij 37 °C. Bij een reinstrijk wordt Nutrient Agar, afhankelijk van de bacteriesoort, 18 tot 24 uur bebroed bij 30 à 35 °C.

Opmerking: Nutrient Agar wordt veel gebruikt bij het maken van een zogenaamde *reinstrijk* en bij het bewaren van een reinculture op *schuine agar* ('stockculture').

Reinstrijk: op een voedingsbodem ontstaan meestal gemengde kolonies, dit betekent dat verschillende soorten bacteriën (of schimmels) gezamenlijk zijn uitgegroeid tot één kolonie. Om *reine* (zuivere) kolonies die uit één bacteriesoort bestaan, te verkrijgen, moet een *reinstrijk* gemaakt worden. Men neemt hiervoor met behulp van een entnaald een weinig bacteriemateriaal van de kolonie die men wil zuiveren. Vervolgens wordt dit materiaal op een speciale manier op een voedingsbodem uitgestreken, zodat men uiteindelijk losliggende bacteriecellen verkrijgt. Na het bebroeden van de voedingsbodem is elke losliggende bacterie-cel uitgegroeid tot een kolonie die nu uit slechts één bacteriesoort bestaat. Een dergelijke kolonie wordt een *reine* kolonie of een *reinculture* genoemd.

Schuine agar: voor het gedurende een lange tijd bewaren van een reincultu-re, maakt men gebruik van *schuine agar*. Deze agar wordt verkregen door een cul-tuurbuis voor circa een derde te vullen met Nutrient Agar. Na de sterilisatie wordt de cultuurbuis bij het stollen van de voedingsbodem in een schuine stand gezet, op deze wijze ontstaat in de cultuurbuis een groot agaroppervlak. Op dit oppervlak wordt wat materiaal van een reine kolonie met behulp van een ent-naald in een zig-zag uitgestreken. Nadat de schuine agar gedurende een korte tijd is bebroed, kan de aldus verkregen 'stockculture' gedurende één à twee maanden in de koelkast bewaard worden.

Cystine Lactose Electrolyte Deficient-agar (CLED)

Gebruiksdoel: deze voedingsbodem is ontwikkeld voor de bepaling van het algemeen aëroob kiemgetal in urine en komt daarom vaak voor op Dipslides (zie 7.4.4), maar CLED is ook zeer geschikt voor algemene doeleinden.

Bebroeding: CLED kan één dag bebroed worden bij 37 °C of twee dagen bij 30 à 32 °C.

Opmerking: CLED bevat onder andere lactose en broom-thymol-blauw (een pH-indicator), een onbebroede voedingsbodem heeft daar-door een blauwe of grijze kleur.

Bepaalde bacteriesoorten kunnen lactose vergisten tot een zuur, hierdoor daalt de pH van de voedingsbodem. De pH-indicator verandert dan van kleur en wordt geel, een gele kleur om een kolonie betekent dus dat de kolonie bestaat uit lactose-vergisters. Bij bacteriën die geen lac-tose vergisten, wordt de voedingsbodem dikwijls blauw. Dit komt door-dat er dan door de afbraak van peptonen basische stoffen zijn ontstaan, de pH van de voedingsbodem gaat daardoor omhoog en de pH-indicator wordt blauw.

CLED is ook verkrijgbaar in de zogenaamde *Bevis-modificatie*, de pH-indicator hierin is Andrade's indicator (zure fuchsine). Bij deze modifi-catie zijn de kolonies van verschillende bacteriesoorten doorgaans dul-delijker herkenbaar. Om kolonies van lactose-vergisters ontstaat nu een rode kleur en bij een hoge pH krijgt de voedingsbodem een kleur die kan variëren van blauw tot groen.

Count-Tact Agar (CTA)

Gebruiksdoel: Count-Tact Agar[1] is speciaal ontwikkeld voor gebruik bij de microbiologische hygiënecontrole van gereinigde oppervlakken of voorwerpen met behulp van Rodacjes, Dipslides of swabs (zie 7.4).

Bebroeding: Count-Tact Agar kan één dag bij 37 °C of twee tot drie dagen bij 30 à 32 °C bebroed worden.

Opmerking: op een gereinigd oppervlak of voorwerp blijft meestal een residu van het gebruikte reinigingsmiddel of desinfectans achter. Indien dit residu bij de hygiënecontrole op de voedingsbodem terecht-komt, kan hierdoor de uitslag negatief beïnvloed worden. Daarom bevat Count-Tact Agar vier neutraliserende componenten, onder andere leci-thine en Tween 80 (Polysorbaat 80), die residuen van reinigingsmiddelen en desinfectantia (zoals quaternaire ammoniumverbindingen en chloor of jodium bevattende desinfectantia) inactiveren.

Bloedagar (BA)

Gebruiksdoel: Bloedagar is een rijke voedingsbodem die veel wordt gebruikt in ziekenhuizen en in medische laboratoria.

Bebroeding: de bebroedingstijd en de bebroedingstemperatuur van Bloedagar hangt af van het beoogde doel.

Opmerking: op deze voedingsbodem zijn verschillende bacteriesoor-ten te herkennen aan de wijze van hemolyse, dat wil zeggen: de manier waarop rode bloedlichaampjes door bacteriën worden afgebroken. Op Bloedagar ontstaat om hemolytische kolonies een heldere zone.

Maltextract Agar (MA)

Gebruiksdoel: Maltextract Agar wordt als algemene voedingsbodem gebruikt voor het kweken van schimmels en gisten.

Bebroeding: Maltextract Agar wordt drie tot vijf dagen bij 20 à 25 °C (of bij kamertemperatuur) bebroed.

Opmerking: omdat ook bacteriën goed groeien op Maltextract Agar, moet de pH van de voedingsbodem na de sterilisatie met behulp van een melkzuuroplossing verlaagd worden tot pH 3,5. Door deze lage pH wordt de ontwikkeling van de meeste bacteriekolonies geremd.

De Nederlandse naam van deze voedingsbodem is Mout Agar, mout (malt) is ontkiemde gerst. Maltextract Agar is zeer rijk aan koolhydraten (onder andere maltose = moutsuiker), daardoor heeft de voedingsbodem een honingzoete geur.

---

[1]   De voedingsbodem met deze naam is een product van Biokar Diagnostics. Door andere fabrikan-ten wordt onder de naam 'Tryptone Soy Agar with Lecithine and Polysorbate' of 'Contact Plate Medium' een ongeveer vergelijkbare voedingsbodem geproduceerd, deze voedingsbodem bevat echter maar twee neutraliserende componenten die voornamelijk quaternaire ammoniumverbin-dingen inactiveren.

Oxytetracycline Glucose Gistextract Agar (OGGA)

Gebruiksdoel: OGGA dient voor de bepaling van het algemeen kiemgetal van schimmels en gisten in voedingsmiddelen.

Bebroeding: OGGA wordt gewoonlijk drie tot vijf dagen bij 20 à 25 °C (of bij kamertemperatuur) bebroed.

Opmerking: deze voedingsbodem heeft een ongeveer neutrale pH, maar door de toevoeging van het antibioticum oxytetracycline wordt de ontwikkeling van bacteriën goed geremd. Op voedingsbodems (zoals Maltextract Agar) die hun bacterieremmende vermogen ontlenen aan een lage pH, kunnen acidofiele bacteriën (zoals de melkzuurbacteriën) die veel voorkomen in bepaalde voedingsmiddelen, nog wel groeien. Door de toevoeging van oxytetracycline kunnen deze bacteriën echter niet tot ontwikkeling komen.

Voor de bepaling van het kiemgetal van schimmels en gisten in vleeswaren die vaak veel Gram-negatieve bacteriën bevatten, is het nodig nog een tweede antibioticum, namelijk gentamicine, als remstof aan de voedingsbodem toe te voegen. De voedingsbodem met zowel oxytetracycline als gentamicine wordt OGGA-G genoemd.

7.3.2 Selectieve voedingsbodems

Een selectieve voedingsbodem is een voedingsbodem waarop alleen bepaalde bacteriesoorten kunnen groeien. Dit komt doordat een selectieve voedingsbodem *selectieve stoffen* bevat, deze stoffen fungeren als *remstoffen*: zij onderdrukken de groei van de meeste bacteriesoorten. Alleen bacteriën die tegen de remstoffen bestand zijn, kunnen zich op een selectieve voedingsbodem vermeerderen.

In een selectieve voedingsbodem zijn tevens bepaalde *electieve stoffen* aanwezig. Deze electieve stoffen remmen de groei van bacteriën niet, maar zij geven de bacteriekolonies een bepaald aanzien.

Selectieve voedingsbodems worden gebruikt voor het onderzoek naar bepaalde, meestal pathogene, bacteriesoorten. Door de selectieve stoffen worden ongewenste bacteriesoorten geremd en de gezochte bacteriesoort of bacteriesoorten zijn door de electieve componenten duidelijk herkenbaar.

Selectieve stoffen

Een voorbeeld van een selectieve stof is kristalviolet, deze stof remt de groei van Gram-positieve bacteriën. Op een voedingsbodem die kristalviolet bevat, kunnen daardoor enkel Gram-negatieve bacteriën groeien. Andere selectieve stoffen die Gram-positieve bacteriën remmen zijn galzouten en briljantgroen.

Natrium-azide is een voorbeeld van een selectieve stof waardoor Gram-negatieve bacteriën worden geremd.

Electieve stoffen

Als electieve component wordt vaak de combinatie van een koolhydraat met een pH-indicator gebruikt. Wanneer het koolhydraat wordt vergist tot een zuur, daalt de pH en de pH-indicator verandert van kleur. Hierdoor krijgt de voedingsbodem rond kolonies die uit vergisters bestaan een andere kleur dan de kolonies van bacteriën die het koolhydraat niet hebben vergist.

Violet Red Bile Glucose-agar (VRBG)

Gebruiksdoel: deze selectieve voedingsbodem, die ook bekendstaat als *Violet Red Bile Dextrose-agar*, wordt veel gebruikt voor het aantonen van *Enterobacteriaceae*. Een algemeen kenmerk van de *Enterobacteriaceae* is de vorming van zuren uit glucose.

Bebroeding: VRBG kan 18 tot 24 uur bebroed worden bij 37 °C of 36 tot 48 uur bij 30 °C.

Selectieve stoffen: kristalviolet en galzouten (bile), beide stoffen remmen de ontwikkeling van Gram-positieve bacteriën.

Electieve stof: glucose en de pH-indicator neutraalrood. De kleur van de voedingsbodem is bij een lage pH donkerpaars en bij een hoge pH licht geel/bruin; een onbebroede voedingsbodem heeft een licht purperen (roodpaarse) kleur.

Koloniekenmerken: door de zuurvorming daalt de pH van de voedingsbodem, de kleur van de pH-indicator slaat om van purper naar donkerpaars. De kolonies die uit *Enterobacteriaceae* bestaan, krijgen daardoor een paarse kleur. In een zuur milieu kunnen bovendien de galzouten neerslaan en hierdoor ontstaat een paarse precipitaathof (dat wil zeggen een troebele kring) om de kolonies, soms zijn de kolonies wel paars gekleurd maar ontbreekt de precipitaat hof.

Enterobacteriaceae zijn op VRBG derhalve te herkennen aan paarse kolonies die meestal omgeven zijn door een paarse precipitaat hof van neergeslagen galzouten.

Andere Gram-negatieve bacteriën die geen glucose vergisten, kunnen door de afbraak van peptonen de pH doen stijgen; de kleur van de pH-indicator wordt dan licht geel/bruin.

Opmerkingen: VRBG moet bij de bereiding wel gekookt, maar niet gesteriliseerd worden. De sterilisatie is *niet nodig* omdat sporen (die alleen door Gram-positieve bacteriën worden gevormd) door de aanwezigheid van de remstoffen niet op VRBG kunnen ontkiemen. De sterilisatie is tevens *ongewenst* daar bij de hoge sterilisatietemperatuur de galzouten ontleden tot giftige verbindingen, door deze giftige stoffen worden dan ook de *Enterobacteriaceae* geremd.

Bij het interpreteren van de resultaten op VRBG, dient altijd rekening gehouden te worden met het onderstaande:

- Indien VRBG bij 30 °C wordt bebroed, moet men er op bedacht zijn dat bij deze temperatuur ook een aantal psychrotrofe Gram-negatieve bacteriesoorten, zoals *Acinetobacter*, *Aeromonas* en *Pseudomonas*, zich op VRBG kunnen vermeerderen. Aangezien sommige soorten ook glucose vergisten, hebben de kolonies van deze bacteriën dezelfde kenmerken als kolonies van *Enterobacteriaceae*. Men zou dan dus ten onrechte kunnen veronderstellen dat de kenmerkende kolonies uitsluitend *Enterobacteriaceae* zijn.

- Als er op VRBG erg veel bacteriekolonies zijn gevormd, gaat de peptonenafbraak overheersen. Hierdoor wordt de zuurvorming geneutraliseerd en de pH kan zelfs een basische waarde krijgen. Doordat de pH-indicator nu de basische kleur aanneemt, wordt de voedingsbodem licht geel/bruin gekleurd. Ook de kolonies die aanvankelijk paars waren, krijgen deze licht geel/bruine kleur.

- Wanneer VRBG te lang wordt bebroed of wanneer de platen na het bebroeden enige tijd in een koelkast worden bewaard, ontstaat hetzelfde effect als hierboven is vermeld. De voedingsbodem wordt ontkleurd en de paarse kleur van de kolonies verdwijnt, zowel de voedingsbodem als de kolonies krijgen een licht geel/bruine kleur.

MacConkey (MC)[1]

Gebruiksdoel: MacConkey wordt gebruikt voor het aantonen van de zogenaamde *coli-aerogenesgroep*, dit zijn *Enterobacteriaceae* (onder andere *E. coli*) die lactose vergisten tot een zuur (*zie ook 7.2.2*).

Bebroeding: MacConkey moet 18 tot 24 uur bij 37 °C bebroed worden. Voor een onderzoek op *E. coli* kan MacConkey één tot twee dagen bij 44 °C bebroed worden, een purperen (lactose-positieve) kolonie zal dan meestal een *E. coli* zijn.

Selectieve stoffen: MacConkey bevat evenals VRBG kristalviolet en galzouten als remstoffen.

Electieve stof: lactose en de pH-indicator neutraalrood. De voedingsbodem heeft bij een lage pH een purperen (roodpaarse) kleur en bij een hoge pH is de kleur lichtroze tot kleurloos, een onbebroede voedingsbodem heeft een lichte rode tot paarse kleur.

Koloniekenmerken: bij kolonies die door lactose-vergisters zijn gevormd, daalt door de zuurvorming de pH van de voedingsbodem, de kleur van de pH-indicator slaat om naar purper. In een zuur milieu kunnen bovendien de galzouten neerslaan en hierdoor ontstaat een purperen precipitaat hof (dat wil zeggen een troebele kring) om de kolonies.

De *coli-aerogenesgroep* is op MacConkey derhalve te herkennen aan purperen kolonies die meestal omgeven zijn door een purperen precipitaathof van neergeslagen galzouten.

Tot de *Enterobacteriaceae* die geen lactose vergisten, behoren vele pathogene bacteriën zoals *Salmonella* en *Shigella*. Op MacConkey vormen

---

[1]   In plaats van MacConkey kan ook gebruik worden gemaakt van *Violet Red Bile Lactose-agar*, deze voedingsbodem bevat evenals MacConkey geen glucose maar lactose.

zij lichtroze tot kleurloze kolonies; de voedingsbodem om de kolonies wordt eveneens licht van kleur, er is geen neerslag van galzouten. De pH van de voedingsbodem is rond deze kolonies nu niet door zuurvorming gedaald, maar door de afbraak van peptonen tot basische stoffen juist gestegen.

Opmerking: MacConkey moet niet te lang bebroed worden omdat anders de voedingsbodem ontkleurd kan worden, zie de opmerking bij VRBG.

Brilliant Green Agar (BGA) MODIFICATIE VAN EDEL & KAMPELMACHER

Gebruiksdoel: deze voedingsbodem wordt gebruikt voor het onderzoek op *Salmonella*, met uitzondering van *Salmonella* Typhi en *Salmonella* Paratyphi want deze twee serotypen groeien niet goed op BGA.

Bebroeding: de aanbevolen bebroedingstijd voor BGA is 18 tot 20 uur bij 35 à 37 °C.

Selectieve stof: briljantgroen, door deze remstof wordt de ontwikkeling van Gram-positieve bacteriën en van een aantal soorten Gram-negatieve bacteriën (onder andere *Shigella*) geremd.

Electieve stoffen: lactose, sacharose en de pH-indicator fenolrood. De kleur van de voedingsbodem is bij een lage pH geel tot groen en bij een hoge pH rood; een onbebroede voedingsbodem heeft een bruine kleur.

Koloniekenmerken: de pH daalt als lactose en/of saccharose wordt vergist. Hierdoor krijgt de voedingsbodem rond de lactose- en/of sacharose-positieve kolonies een gele tot groene kleur. De lactose-negatieve *Enterobacteriaceae* doen de pH door de afbraak van peptonen stijgen, de pH-indicator fenolrood slaat nu om naar de basische kleur en de voedingsbodem rond de lactose-negatieve kolonies krijgt een rode kleur.

Een rozerode kolonie omgeven door een helder rode hof, is derhalve een indicatie voor een *Salmonella* of een *Proteus*-soort.

Opmerking: op BGA kan, evenals op MacConkey, een onderscheid gemaakt worden tussen de lactose-positieve *coli-aerogenesgroep* en de lactose-negatieve *Enterobacteriaceae* (onder andere *Salmonella* en *Proteus*). Er zijn evenwel *Enterobacteriaceae* die lactose niet binnen 24 uur kunnen vergisten, daardoor vormen zij op MacConkey kleurloze kolonies. Deze zogenaamde *trage lactose-vergisters* kunnen sacharose echter wel binnen 24 uur vergisten. Aangezien BGA zowel lactose als saccharose bevat, kunnen op deze voedingsbodem ook de trage lactose-vergisters herkend worden omdat zij door de vergisting van sacharose eveneens een daling van de pH veroorzaken.

BGA moet niet te lang bebroed worden, want anders kan de zuurvorming van de lactose-positieve en/of sacharose-positieve bacteriën geneutraliseerd worden doordat deze bacteriën eveneens peptonen afbreken. De gele tot groene kleur verdwijnt dan en de voedingsbodem wordt rood.

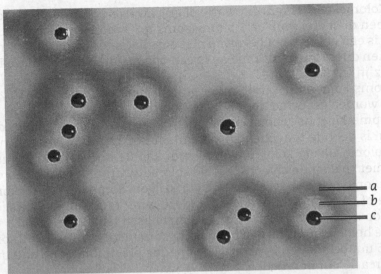

Afb. 7-1 *Kolonies van Staphylococcus aureus op Baird-Parker Medium* (circa 2,5 ×).
a: heldere hof   b: opaque precipitaatzone
c: kolonie van Staphylococcus aureus

Baird-Parker Medium (BP)

Gebruiksdoel: dit medium dient voor het onderzoek naar *Staphylococcus aureus*.

Bebroeding: Baird-Parker moet 24 uur bij 42 °C of 36 tot 48 uur bij 37 °C bebroed worden.

Selectieve stoffen: lithiumchloride en kaliumtelluriet, door deze stoffen worden de meeste bacteriën, met uitzondering van stafylococcen, geremd.

Electieve stoffen: kaliumtelluriet is behalve een remstof ook een electieve stof voor *Staphylococcus aureus*, het wordt door *Staphylococcus aureus* gereduceerd tot metallisch telluur dat neerslaat in de kolonies; hierdoor ontstaan gitzwarte of grijszwarte kolonies.

Als tweede electieve stof bevat Baird-Parker eigeel, het lipovitelline (dat in eigeel aanwezig is) wordt door *Staphylococcus aureus* afgebroken. Door deze afbraak ontstaat in de strokleurige en troebele voedingsbodem om de kolonies een heldere hof, de voedingsbodem is hier doorzichtig geworden.

Staphylococcus aureus bezit tevens het enzym lecithinase, door dit enzym wordt lecithine, dat eveneens aanwezig is in eigeel, afgebroken. Bij deze lecithine-afbraak komen vetzuren vrij die neerslaan binnen de heldere hof. Hierdoor wordt, binnen de heldere hof en direct om de kolonie heen, een opaque (dat betekent een matte, niet-doorzichtige) precipitaatzone van vetzuren gevormd.

Koloniekenmerken: gitzwarte of grijszwarte, gladde en bolle kolonies die een diameter van 1 à 1,5 mm (soms tot 3 mm) hebben. Om de kolonies is een heldere hof gevormd met een diameter van 2 tot 6 mm, waarbinnen direct om de kolonie heen een opaque precipitaatzone aanwezig kan zijn (zie afbeelding 7-1).

Soms komen op Baird-Parker grote bruine kolonies voor, deze kolonies worden gevormd door *Bacillus*-soorten.

Opmerking: het neerslaan van het zwarte metallische telluur dat ontstaan is door de reductie van kaliumtelluriet, begint in het centrum van de kolonie. Als de kolonie groter wordt kan de hoeveelheid kaliumtelluriet niet voldoende zijn om de hele kolonie zwart te kleuren, daarom kan de kolonie ook een grijszwarte kleur krijgen. Soms heeft de kolonie een witte of wat doorschijnende rand (deze witte rand om de kolonies is te zien op afbeelding 7-1), hier is geen metallisch telluur gevormd.

De heldere hof is bij een bebroedingstemperatuur van 37 °C soms pas na 36 uur bebroeden aanwezig, de opaque precipitaatzone ontstaat dan na circa 48 uur bebroeden.

Het is gebruikelijk om ter bevestiging de *coagulase-test* uit te voeren, *Staphylococcus aureus* is coagulase positief.

Coagulase-test: van een kolonie wordt eerst een reinstrijk op Nutrient Agar gemaakt (zie pagina 259). Daarna wordt van een losliggende kolonie een subculture gemaakt in een cultuurbuis met Brain Heart Infusion (een vloeibare voedingsbodem), deze cultuurbuis wordt gedurende 18 tot 24 uur bebroed in een waterbad bij 37 °C. Uit deze subculture worden 1 à 2 druppels toegevoegd aan een buisje met 0,5 ml coagulase-plasma, dit buisje wordt vervolgens gedurende 4 uur in een waterbad bij 37 °C bebroed.

Staphylococcus aureus bezit het enzym coagulase, dit enzym zet het fibrinogeen (dat aanwezig is in het coagulase-plasma) om in fibrine; hierdoor gaat het coagulase-plasma stollen. De coagulase-test is positief indien het coagulase-plasma binnen 4 uur is gestold.

Mannitol Salt Agar (MSA)

Gebruiksdoel: in plaats van Baird-Parker, dat een vrij duur medium is, wordt voor het onderzoek naar *Staphylococcus aureus* ook wel gebruikgemaakt van Mannitol Salt Agar, deze voedingsbodem is echter veel minder selectief dan Baird-Parker en daarom moeten de resultaten met enige voorzichtigheid geïnterpreteerd worden. De referentiewaarden die in tabel 7-1 en 7-2 (op pagina 287) voor Baird-Parker vermeld staan, kunnen daarom beslist niet worden gebruikt voor een onderzoek met MSA.

Bebroeding: 36 tot 48 uur bij 35 à 37 °C.

Selectieve stof: Mannitol Salt Agar bevat als selectieve stof 7,5% NaCl (= 75 gram per liter medium), door de hoge NaCl-concentratie wordt de ontwikkeling van de meeste micro-organismen geremd. Alleen zouttolerante of halofiele bacteriën, zoals stafylococcen, micrococcen, sommige streptococcen, een aantal bacillen en mariene bacteriën (die voorkomen op zeevis) kunnen op MSA groeien.

Electieve stof: mannitol plus de pH-indicator fenolrood. De kleur van de voedingsbodem is bij een lage pH geel en bij een hoge pH cerise (kerskleurig), een onbebroede voedingsbodem heeft een helderrode kleur.

Indien mannitol vergist wordt, ontstaat er om de bacteriekolonie een gele hof in de rode voedingsbodem. Blijft de voedingsbodem rood of is er (door peptonenafbraak) een cerise kleur ontstaan, dan is er geen mannitol vergist.

Koloniekenmerken: op MSA kunnen de volgende typen kolonies onderscheiden worden:

- Kleine, ronde, bolle, glimmende, meestal gele kolonies met een diameter van 1 à 2 mm, omgeven door een gele hof; deze kolonies kunnen gevormd zijn door *Staphylococcus aureus*, maar ook door andere *Staphylococcus*-soorten en *Micrococcus*-soorten.
- Grote, platte, gele kolonies met een onregelmatige rand; deze kolonies worden gevormd door *Staphylococcus*-soorten (maar niet door *Staphylococcus aureus*) en door sommige *Micrococcus*-soorten.
- Grote, vaak hoge, slijmerige gele kolonies, omgeven door een gele hof; deze kolonies bestaan uit *Bacillus*-soorten.
- Zeer kleine kolonies ('pinpoints', diameter < 1 mm), omgeven door een gele hof; dit zijn meestal *Streptococcus*-soorten (de zogenaamde enterococcen).

Opmerking: in de praktijk blijkt MSA goed te voldoen bij het maken van een neusuitstrijk (zie 7.5.2), maar deze voedingsbodem voldoet minder goed indien MSA gebruikt wordt bij een onderzoek naar de keukenhygiëne. Om zekerheid te verkrijgen moeten de kolonies die door *Staphylococcus aureus* gevormd kunnen zijn, bevestigd worden met de coagulase-test (zie Baird-Parker). *Staphylococcus aureus* is coagulase-positief, de andere soorten zijn meestal coagulase-negatief.

De electiviteit van MSA kan vergroot worden door, na de sterilisatie, 5 ml eigeelemulsie[1] per 100 ml medium toe te voegen. Door de hoge NaCl-concentratie van MSA wordt de voedingsbodem met de eigeelemulsie helder, maar rond de kolonies van *Staphylococcus aureus* ontstaat een gele opaque (= een matte, niet doorzichtige) precipitaatzone.

7.4 METHODEN VAN ONDERZOEK

De objecten die onderzocht moeten worden, zijn van velerlei aard: voorwerpen in de keuken en vaste of vloeibare levensmiddelen. Bij het onderzoek naar de keukenhygiëne moet een onderscheid gemaakt worden in voorwerpen met een *recht* oppervlak (bijvoorbeeld een aanrecht) en voorwerpen met een *gebogen* oppervlak (zoals een vork of de knop van een kraan) of met een *moeilijk toegankelijk* oppervlak (een gehaktmo-

---

[1] Bijvoorbeeld Egg Yolk Emulsion SR 47 van Oxoid.

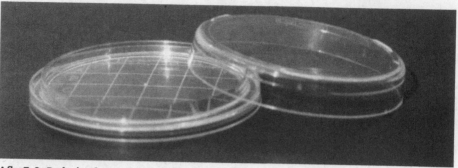

Afb. 7-2 *Rodacje of contactplaatje (niet gevuld met een voedingsbodem).*

len of het mes van een vleessnijmachine bijvoorbeeld). Voor de verschillende objecten bestaan daarom verschillende monstermethoden.

7.4.1 De afdrukmethode met Rodacjes (contactplaatjes)

Een *recht* oppervlak, zoals een aanrecht, een werktafel, een snijplank of een hakblok, kan met behulp van een contactplaatje (afdrukplaatje) bemonsterd worden, deze plaatjes staan in het algemeen bekend als Rodacjes[1] (RODAC = *Replicate Organism Detection And Counting*). Zij bestaan uit een plastic schaaltje dat bedekt wordt door een hoog dekseltje (zie afbeelding 7-2), Rodacjes hebben een bruikbaar agaroppervlak van 25 cm².

De schaaltjes worden gevuld met een vaste algemene of selectieve voedingsbodem totdat een enigszins bol oppervlak is verkregen (de voedingsbodem moet wat uitsteken boven de opstaande rand van het schaaltje). Om een bol oppervlak te verkrijgen, is het noodzakelijk dat de voedingsbodem bij het gieten van de Rodacjes niet al te warm is, de agar moet iets boven het stolpunt zijn. De voedingsbodem moet daarom, na de sterilisatie, zijn afgekoeld tot 44 à 46 °C (vaste agar wordt boven de 80 °C vloeibaar, maar als de agar vloeibaar is stolt zij pas beneden de 42 °C).

Nadat de voedingsbodem in de schaaltjes gestold en gedroogd is, kunnen de Rodacjes gebruikt worden voor het maken van een contactafdruk van een recht oppervlak. Het Rodacje wordt daartoe, zonder dekseltje, met de voedingsbodem op het voorwerp gelegd (zie afbeelding 7-11 op pagina 283). Met drie vingers wordt het Rodacje gedurende tien tot vijftien seconden zachtjes aangedrukt en daarna wordt het schaaltje weer afgedekt met het dekseltje en bebroed.

---

[1]   Rodac is een gedeponeerd handelsmerk van Becton Dickinson.

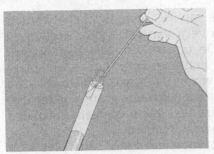
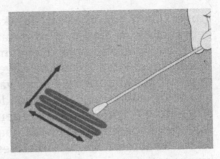

Afb. 7-3 *De afstrijkmethode met behulp van een swab.*

7.4.2 De afstrijkmethode met swabs

Rodacjes zijn alleen geschikt voor het maken van een afdruk van een recht oppervlak. Een voorwerp met een *gebogen* oppervlak (zoals de knop van een kraan of van een fornuis, een vork, de gebogen rand van een pan) of een oppervlak dat *moeilijk toegankelijk* is (bijvoorbeeld een mixer, een gehaktmolen, het mes van een vleessnijmachine) kan bemonsterd worden met behulp van de swabmethode.

Een swab is een houten stokje van ongeveer 15 cm lengte met aan één kant een propje watten. De swab wordt in een cultuurbuis met 1 à 2 ml bevochtigingsvloeistof (die bestaat uit 8,5 gram NaCl p.a. en 1 ml Tween 80 op 1 liter aqua-dest) geplaatst. De cultuurbuis wordt afgesloten met een prop watten of met een metalen cultuurbuiskap en daarna wordt de cultuurbuis met de swab gesteriliseerd.

Voor het bemonsteren van een voorwerp wordt de swab uit de cultuurbuis gehaald en het wattenpropje wordt tegen de binnenkant van de cultuurbuis gedrukt zodat het wattenpropje niet al te veel bevochtigingsvloeistof meer bevat (zie afbeelding 7-3, links). Vervolgens wordt het voorwerp 'afgezwabberd' door de swab twee- of driemaal, in twee richtingen loodrecht op elkaar, over het voorwerp te rollen (zie afbeelding 7-3, rechts). Men moet hierbij de swab tussen de duim en de wijs-

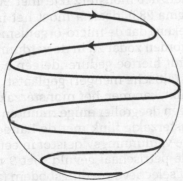

Afb. 7-4 *De afstrijkrichting van een swab op een petrischaal.*

vinger laten rollen zodat alle kanten van het wattenpropje worden gebruikt. De bacteriën die op het voorwerp aanwezig zijn, worden zo door het wattenpropje opgenomen. De oppervlakte die bemonsterd wordt, moet circa 25 cm² bedragen; bij een voorwerp met een kleinere oppervlakte kan men de swab vaker over het voorwerp rollen. Daarna wordt de swab met een rollende beweging in een grote zig-zag (zie afbeelding 7-4) afgestreken op een petrischaal met een algemene of een selectieve voedingsbodem die daarna wordt bebroed.

De swabmethode is enkel geschikt voor *kwalitatief*, dus niet voor kwantitatief, onderzoek. De reden hiervan is dat bacteriën meestal in kleine, onzichtbare groepjes (micro-kolonies) bij elkaar liggen. Met de afdrukmethode met behulp van een Rodacje geeft elke micro-kolonie op de voedingsbodem één zichtbare kolonie, bij de swabmethode worden de micro-kolonies echter door elkaar en uit elkaar gestreken. Eerst bij het afrollen van het voorwerp met de swab en vervolgens als de swab op de petrischaal wordt afgestreken. De bacteriën van één micro-kolonie kunnen daardoor op de petrischaal verscheidene kolonies vormen.

7.4.3 De veegmethode met Sodibox-doekjes

Met een Rodacje of met een swab kan slechts een oppervlakte van circa 25 cm² bemonsterd worden, voor het bemonsteren van een grotere oppervlakte kan een Sodibox®-veegdoekje worden gebruikt. Deze sterie-le veegdoekjes (afmeting 17 × 32 cm) zijn verpakt in een monsterzak met een bevochtigingsvloeistof. De Sodibox-veegdoekjes zijn, evenals swabs, enkel geschikt voor een *kwalitatief* onderzoek.

Om te voorkomen dat de veegdoekjes besmet worden met huidbac-teriën, moet men bij het bemonsteren steriele handschoenen dragen. Nadat het veegdoekje uit de monsterzak is gehaald, wordt het oppervlak dat onderzocht moet worden, bijvoorbeeld een werktafel of keukenap-paratuur, met het veegdoekje afgenomen. Daarna wordt het veegdoekje weer teruggedaan in de monsterzak (zie afbeelding 7-5).

Vervolgens vult men het monsterzakje met 90 ml steriele verdun-ningsvloeistof (zie pagina 283), daarna moet het monster gehomogeni-seerd worden, dit betekent dat de micro-organismen uit het veegdoekje losgemaakt moeten worden zodat zij in de verdunningsvloeistof komen. Het monsterzakje wordt hiertoe gedurende één à twee minuten in een 'stomacher' (een peristaltische menger) geplaatst. Indien men niet over een 'stomacher' beschikt, kan men het monsterzakje op een tafel leggen en er vervolgens met een deegroller enige minuten over heen rollen; een alternatief is het monsterzakje flink met de handen te kneden. Vervol-gens wordt 1 ml van de verdunningsvloeistof in een petrischaal gepipet-teerd, daarna wordt de petrischaal gevuld met 9 ml van een vloeibaar gemaakte algemene of selectieve voedingsbodem (zie pagina 284). Nadat de agar gestold is, kan de voedingsbodem worden bebroed.

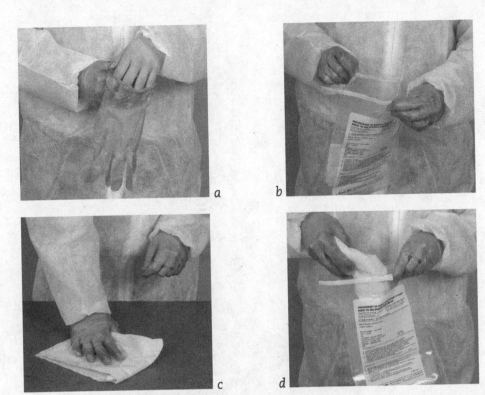

Afb. 7-5 *De Sodibox-veegmethode.*
  a: Trek steriele handschoenen aan.
  b: Open de monsterzak en haal het veegdoekje uit de monsterzak.
  c: Veeg met het veegdoekje over het oppervlak dat bemonsterd moet worden.
  d: Plaats het veegdoekje terug in de monsterzak en sluit de monsterzak.

7.4.4 Dipslides (dompelplaatjes)

Dipslides[1] of dompelplaatjes bestaan uit een langwerpig plastic kokertje dat afgesloten is met een schroefdekseltje of een klemdekseltje. Aan het dekseltje is een plastic plaatje (met een bruikbaar agaroppervlak van circa 10 cm^2) bevestigd dat aan beide zijden een voedingsbodem bevat (zie afbeelding 7-6). Aan de ene zijde van het plastic plaatje zit meestal een algemene voedingsbodem, bijvoorbeeld CLED of Count-Tact Agar, en aan de andere zijde een selectieve voedingsbodem, zoals VRBG of MacConkey, voor het onderzoek op *Enterobacteriaceae*.

De Dipslides zijn oorspronkelijk ontwikkeld voor urineonderzoek, maar ze kunnen tevens worden gebruikt voor het microbiologisch onderzoek van vloeibare levensmiddelen. Het plaatje wordt hiervoor uit het kokertje gehaald en ondergedompeld in de vloeistof. Daarna wordt het plaatje, nadat de vloeistof van de voedingsbodem is gelekt, weer in

---

[1] Dipslide is een gedeponeerd handelsmerk van Dimanco U.K.

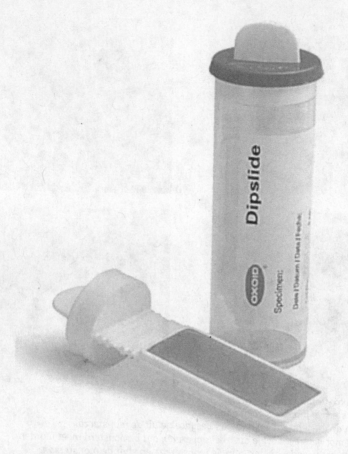

Afb. 7-6 *Dipslide of dompelplaatje.*

het kokertje geplaatst en bebroed. Met behulp van een referentiekaart, die bij de leverancier verkrijgbaar is, kan het kiemgetal per ml vloeistof bepaald worden.

Indien men niet in staat is om zelf Rodacjes te gieten, kunnen de Dipslides, die kant-en-klaar verkrijgbaar zijn, ook als alternatief dienen voor het maken van een contactafdruk van een recht oppervlak. De beide kanten van het plaatje worden daartoe op het oppervlak gedrukt (zie afbeelding 7-10 op pagina 282).

7.4.5 Petrifilm

De Petrifilm[1] bestaat uit een dubbele steriele film (afmeting 8 × 10 cm), tussen de bovenste en de onderste film bevindt zich een 'rehydrateerbare' voedingsbodem met een pH-indicator. Door 1 ml vloeistof op de voe-

---

[1]   Gedeponeerd handelsmerk van 3M–Minesota USA.

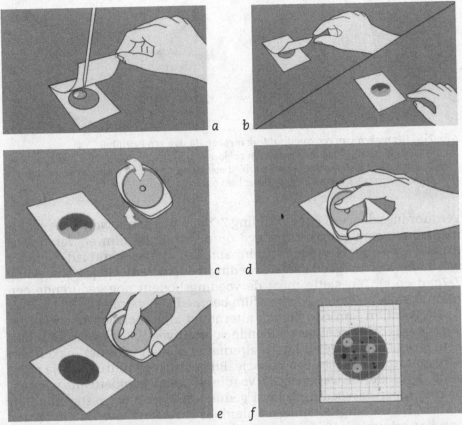

Afb. 7-7 De Petrifilm-methode.
  a: Til het schutblad van de Petrifilm op en pipetteer één ml van het monster op de
      voedingsbodem.
  b: Leg vervolgens het schutblad weer terug.
  c: Plaats de Petrifilm-spreider op het schutblad.
  d: Druk de spreider zacht aan zodat de vloeistof goed wordt verdeeld.
  e: Laat hierna de voedingsbodem nog gedurende een minuut stollen, daarna kan de
      Petrifilm bebroed worden.
  f: Na het bebroeden kunnen de kolonies geteld worden.

dingsbodem tussen de beide films te brengen, ontstaat een gel waarin micro-organismen zich kunnen vermeerderen. De Petrifilm is verkrijgbaar met verschillende soorten voedingsbodems, zowel voor onderzoek op bacteriën als op schimmels en gisten.

De Petrifilm wordt gebruikt voor het microbiologisch onderzoek van vloeibare en vaste levensmiddelen (van vaste levensmiddelen moet eerst een suspensie in een verdunningsvloeistof worden gemaakt, zie 7.5.3). Voor het beënten wordt de Petrifilm op een vlakke ondergrond gelegd, daarna pipetteert men, nadat het schutblad (de bovenste film) is opgelicht, in het midden van de voedingsbodem 1 ml van een vloeibaar levensmiddel of 1 ml van de suspensie van een vast levensmiddel in een

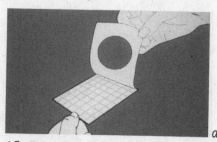

a   b

Afb. 7-8 *Het maken van een contactafdruk met behulp van een Petrifilm.*
a: *Til, wanneer de voedingsbodem voldoende is gestold, het schutblad voorzichtig op.*
b: *Leg de onderkant van het schutblad met de vastgekleefde voedingsbodem op het*
object en druk zacht op de bovenkant van het schutblad.

verdunningsvloeistof (zie afbeelding 7-7a en b). Hierna wordt het schut-blad weer voorzichtig teruggelegd op de onderste film en vervolgens drukt men de bijgeleverde Petrifilm-spreider op het schutblad, hierdoor wordt de vloeistof goed over de voedingsbodem verdeeld (zie afbeelding 7-7c, d en e). Ten slotte moet de voedingsbodem nog gedurende een minuut stollen alvorens de Petrifilm bebroed kan worden.

De Petrifilm kan een handig alternatief zijn voor degenen die niet over petrischalen met verschillende soorten voedingsbodems beschik-ken, tevens kan de Petrifilm als alternatief dienen voor het maken van een contactafdruk met een Rodacje. Bij gebruik als afdrukplaatje moet eerst 1 ml steriel water op de voedingsbodem gepipetteerd worden, daarna moet de voedingsbodem gedurende dertig tot zestig minuten stollen. De voedingsbodem gaat hierdoor vastkleven aan de onderkant van het schutblad. Vervolgens wordt de onderkant van het schutblad (met de vastgekleefde voedingsbodem) op het te bemonsteren object gelegd (zie afbeelding 7-8). Met een paar vingers moet men nu geduren-de tien tot vijftien seconden zachtjes op de bovenkant van het schutblad drukken, zodat de voedingsbodem een goed contact maakt met het object.

7.4.6 Sedimentatieplaten

Met behulp van sedimentatieplaten, deze platen worden ook wel *luchtplaten* of *'fall-out'platen* genoemd, kan de aanwezigheid van micro-organismen in de lucht (zie 3.4.7) aangetoond worden. Het gebruik van sedimentatieplaten is een illustratieve manier om bijvoorbeeld aan keu-kenpersoneel te laten zien dat het noodzakelijk is bereid voedsel af te dekken.

Voor dit doel worden petrischalen met een algemene voedingsbodem (CLED in de Bevismodificatie is hiervoor heel geschikt) op een aantal plaatsen in een vertrek, bijvoorbeeld op de aanrechten en de werktafels in een keuken, neergezet. Nadat het deksel van de petrischalen is verwijderd, laat men de petrischalen twee uur geopend staan. Daarna worden de petrischalen weer met het deksel afgesloten. De sedimentatieplaten moeten drie tot vier dagen bij 28 à 30 °C worden bebroed; bij deze temperatuur komen niet alleen veel bacteriekolonies, maar ook schimmelkolonies tot ontwikkeling.

Voor het specifiek aantonen van *Staphylococcus aureus* of *Enterobacteriaceae* (bijvoorbeeld in een toilet) moeten petrischalen met Baird-Parker of VRBG worden gebruikt. De platen worden bebroed gedurende de tijd die bij 7.3.2 staat aangegeven.

Bij de hierna volgende methoden moet dikwijls gebruik worden gemaakt van kostbare apparatuur, van deze methoden wordt daarom slechts het algemene principe besproken.

7.4.7 Instrumentele detectiemethoden

De ATP-detectiemethode

Dit is een methode waarmee op een snelle wijze (binnen enkele minuten) de aanwezigheid van micro-organismen kan worden aangetoond. De ATP-detectiemethode berust op het feit dat in de cellen van micro-organismen en van hogere organismen ATP (Adenosine-Tri-Fosfaat) voorkomt, de hoeveelheid ATP is in een levende cel vrij constant.

Bij de ATP-detectiemethode wordt de aanwezigheid van ATP aangetoond door middel van bioluminescentie. Aan het ATP wordt hiertoe het enzym-substraatcomplex luciferase/luciferine toegevoegd. Het luciferine wordt met behulp van het enzym luciferase geoxydeerd tot oxyluciferine, tijdens deze reactie wordt ATP ontleed. Bij dit oxidatieproces komt energie vrij in de vorm van licht, dit verschijnsel (dat in de natuur onder andere voorkomt bij glimwormen en vuurvliegjes) staat bekend als bioluminescentie.

Het ATP van micro-organismen en van hogere organismen is chemisch identiek, maar bij de ATP-detectiemethode wordt een onderscheid gemaakt in:

- *microbieel* ATP, dit is het ATP dat aanwezig is in bacteriën, schimmels en gisten.
- *somatisch* of *intrinsiek* ATP (*niet-microbieel* ATP), hiermee wordt het ATP aangeduid dat aanwezig is in plantaardige, dierlijke en menselijke cellen.
- *vrij* of *extra-cellulair* ATP, dit is microbieel en/of somatisch ATP dat vrijgekomen is uit beschadigde cellen van micro-organismen of van hogere organismen.

Het microbiële ATP en het somatische ATP kan met behulp van een 'cel-openbrekend' reagens vrijgemaakt worden uit de cellen. Het reagens dat hiervoor bij micro-organismen wordt gebruikt, heet NRM[1] (Nucle-otide Releasing-reagent for Microbial cells); somatisch ATP wordt vrijgemaakt met behulp van NRS[1] (Nucleotide Releasing-reagent for Somatic cells).

Wanneer aan het vrijgemaakte ATP vervolgens het luciferase/luciferi-ne-complex (dat gewonnen wordt uit de staart van vuurvliegjes) wordt toegevoegd, ontstaat bioluminescentie. De hoeveelheid uitgezonden licht kan met een luminometer (een speciale fotometer) bepaald wor-den, de lichtintensiteit wordt uitgedrukt in RLU (Relative Light Units). De praktische uitvoering van de ATP-detectiemethode gaat als volgt:

- Een steriele swab wordt bevochtigd met een speciale bevochtigings-vloeistof en daarna wordt met de swab een oppervlakte van 25 cm^2 'afgezwabberd'.
- De swab wordt vervolgens in een cuvette met NRM en NRS geplaatst en de cuvette wordt een halve minuut geschud, de cuvette bevat nu microbieel en somatisch ATP dat uit de cellen is vrijgemaakt en even-tueel reeds aanwezig vrij ATP.
- Aan de cuvette wordt het luciferase/luciferine-complex toegevoegd en daarna wordt de cuvette in een luminometer geplaatst. Na enke-le seconden kan op de luminometer de lichtintensiteit, uitgedrukt in RLU, worden afgelezen. Hoe hoger de RLU-waarde is, des te meer ATP was op het bemonsterde oppervlak aanwezig.

Bij deze procedure wordt de totale hoeveelheid microbieel, somatisch en vrij ATP bepaald. Deze bepaling wordt gebruikt als men een indruk wil krijgen van de totale vervuiling, dus de aanwezigheid van micro-organis-men alsmede de resten van plantaardige en dierlijke voedingsmiddelen en van bijvoorbeeld menselijke huidschilfers.

Het is echter ook mogelijk alleen de aanwezigheid van micro-orga-nismen te bepalen, de procedure is dan als volgt:

- De swab waarmee het oppervlak is bemonsterd, wordt geplaatst in een cuvette die alleen NRS bevat. Nadat de cuvette is geschud, wordt Somase[1] (een enzym dat ATP afbreekt) toegevoegd. Zowel het vrijge-maakte somatische ATP als reeds aanwezig vrij ATP wordt door Soma-se in 5 tot 45 minuten (afhankelijk van de aard van het monster) afge-broken.
- Vervolgens wordt aan de oplossing NRM toegevoegd, in de cuvette is dan alleen ATP dat vrijgemaakt is uit de cellen van micro-organismen aanwezig.
- Nadat het luciferase/luciferine-complex is toegediend, wordt de cuvette in de luminometer geplaatst. De RLU-waarde die door de luminometer wordt aangegeven, heeft nu enkel betrekking op de hoeveelheid microbieel ATP.

---

[1] Gedeponeerde handelsmerken van Lumac B.V.

De ATP-detectiemethode is een kwantitatieve methode die zeer geschikt is om op een snelle wijze een indruk te verkrijgen van de aanwezigheid van micro-organismen of van de vervuiling van een oppervlak met organisch materiaal. Met deze methode kan echter niet bepaald worden wèlke micro-organismen aanwezig zijn, hiervoor moeten de klassieke kweekmethoden met selectieve voedingsbodems gebruikt worden.

Impedimetrie (Impedantie-meetmethode)

Een veel gebruikte instrumentele analysemethode berust op het meten van de vermindering van de *impedantie* (de elektrische weerstand) die in een vloeibaar cultuurmedium ontstaat als gevolg van de vermeerdering van micro-organismen. De chemische samenstelling van het cultuurmedium verandert door de toenemende metabolische activiteit van de micro-organismen. De metabolieten die door de micro-organismen zijn gevormd, hebben een hogere *conductie* (elektrische geleidbaarheid) dan het oorspronkelijke substraat en daardoor vermindert de impedantie van het cultuurmedium.

De apparatuur die volgens deze methode werkt, zoals de Bactometer® en de Malthus®, kan worden gebruikt voor het automatisch onderzoeken van analysemonsters, bijvoorbeeld op het totale aërobe kiemgetal of op het kiemgetal van *Enterobacteriaceae*. Het apparaat bestaat uit een aantal kleine broedstoven of waterbaden waarvan de temperatuur individueel instelbaar is. Het analysemonster wordt, nadat het al dan niet is verdund, in een meetcel met een vloeibaar cultuurmedium gebracht die in een van de broedstoven of waterbaden van het apparaat wordt bebroed.

Met behulp van de *detectietijd* (de duur van de bebroedingstijd waarna een vermindering in de impedantie meetbaar is) en een *regressielijn* (die het verband aangeeft tussen een aantal bekende kiemgetallen en de bijbehorende detectietijden) kan het oorspronkelijke kiemgetal van het analysemonster worden bepaald. Hoe korter de gevonden detectietijd is, des te hoger was het oorspronkelijke kiemgetal.

7.4.8 Immunologische detectiemethoden

Sommige moderne analysetechnieken zijn gebaseerd op immunologische methoden, deze methoden berusten op het principe dat *antilichamen* (antistoffen) die door een gastheer worden gevormd als reactie op het binnendringen van een micro-organisme, een binding aangaan met de *antigenen* van het micro-organisme. De antigenen van een microorganisme zijn soort-specifiek, de gevormde antilichamen zijn dit eveneens, zij reageren alleen maar met de antigenen waardoor zij zijn opgewekt.

ELISA-methode

De ELISA-methode (*Enzyme Linked Immuno-Sorbent Assay*) wordt toegepast om in een analysemonster de antigenen van een bepaald gezocht micro-organisme aan te tonen. Bij deze methode wordt gebruikgemaakt van microtiterplaatjes (plaatjes van kunststof) die voorzien zijn van kleine cupjes (holtes), de cupjes zijn gecoat (bedekt) met antilichamen die specifiek zijn voor bepaalde antigenen van het micro-organisme waarvan de aanwezigheid in het monster wordt onderzocht. Het analysemonster wordt in de cupjes van de microtiterplaatjes gebracht en bebroed.

De antigenen van de gezochte micro-organismen verbinden zich, althans indien deze micro-organismen aanwezig zijn, met de antilichamen in de microtiterplaatjes, de gezochte micro-organismen kleven zo vast aan de wand van de cupjes. Andere micro-organismen doen dit niet omdat hun antigenen geen binding kunnen aangaan met de antilichamen. Na de bebroeding wordt het monster gespoeld zodat de micro-organismen die zich niet aan de antilichamen hebben gehecht, worden verwijderd. Vervolgens worden antilichamen die gelabeld zijn met een bepaald enzym toegevoegd.

Gedurende een verdere bebroeding gaan ook deze gelabelde antilichamen een binding aan met de antigenen van het gezochte micro-organisme. Daarna wordt het monster wederom gespoeld zodat eventuele gelabelde antilichamen die zich niet aan de micro-organismen hebben gebonden, worden verwijderd. Vervolgens wordt een substraat met een indicator toegevoegd dat door het enzym van de gelabelde antilichamen wordt omgezet. Hierdoor ontstaat een kleuromslag, de mate van de kleuromslag is een maat voor de hoeveelheid micro-organismen die aan de antilichamen zijn gebonden.

Immuno-magnetische scheiding

Een andere immunologische methode berust op immuno-magnetische scheiding. Bij deze techniek wordt gebruikgemaakt van magnetische bolletjes (Dynabeads®) die met specifieke antilichamen zijn bedekt.

Het analysemonster wordt toegevoegd aan een vloeistof die een aantal magnetische bolletjes bevat. De micro-organismen die een binding aangaan met de antilichamen op de magnetische bolletjes, worden met een magneet uit de vloeistof verwijderd. Op deze wijze kunnen micro-organismen selectief worden geïsoleerd.

Zelfs wanneer in een analysemonster slechts een gering aantal micro-organismen aanwezig is, kunnen de gezochte micro-organismen, zonder dat een voorophoping nodig is, door middel van immuno-magnetische scheiding geïsoleerd worden.

7.4.9 Moleculair-biologische detectiemethoden

Micro-organismen kunnen onderscheiden worden op grond van hun DNA-sequentie (de nucleotidenvolgorde), bij de moleculair-biologische detectiemethoden wordt hiervan gebruikgemaakt. In veel gevallen is de hoeveelheid DNA die in een monster aanwezig is, echter te gering om aangetoond te kunnen worden. Door het DNA van een analysemonster met behulp van een enzym (een DNA-polymerase) in vitro tot een grote hoeveelheid te vermeerderen, kan het wel gedetecteerd worden.

PCR-methode

Bij de PCR-methode (*Polymerase Chain Reaction*) wordt een DNA-amplificatietechniek (vermeerderingstechniek) gebruikt, bij deze techniek wordt op een snelle wijze een specifiek DNA-fragment, het zogenaamde doelwit-DNA (*target-DNA*), van een micro-organisme in vitro vermeerderd. Voor deze vermeerdering wordt gebruikgemaakt van een speciaal thermostabiel DNA-polymerase (het Taq-polymerase, dat afkomstig is uit de thermofiele bacterie *Thermus aquaticus*).

Nadat het DNA uit de micro-organismen is geïsoleerd, wordt het toegevoegd aan een reactiemengsel dat het Taq-polymerase en de losse bouwstenen voor nieuw te vormen DNA, alsmede twee verschillende soorten primers bevat. Een primer is een kort, enkelstrengs DNA-molecuul met een bekende nucleotidenvolgorde die complementair is aan een DNA-gedeelte dat grenst aan het doelwit-DNA. Met behulp van twee verschillende primers kan het doelwit-DNA van het gezochte micro-organisme aan beide zijden afgebakend worden.

Het reactiemengsel met het microbiële DNA wordt in een PCR-incubator (een programmeerbaar verwarmingsblok) achtereenvolgens verhit, afgekoeld en weer verwarmd. Tijdens zo'n amplificatiecyclus wordt het doelwit-DNA vermeerderd, de amplificatiecyclus wordt verscheidene malen (bijvoorbeeld dertig tot vijftig maal, dit is afhankelijk van het gezochte micro-organisme) herhaald.

Een amplificatiecyclus, die enkele minuten duurt, bestaat uit de volgende drie stappen:

- de *denaturatie-stap* (*denaturing step*), bij deze stap wordt het reactiemengsel verhit tot 94 °C teneinde het microbiële dubbelstrengs DNA uit te smelten in twee enkelstrengs DNA-moleculen.
- in de *hybridisatie-stap* (*annealing step*) wordt het reactiemengsel snel afgekoeld tot (afhankelijk van de gebruikte primers) 60 °C of lager, daardoor hechten de primers zich op enige afstand van elkaar aan het complementaire gedeelte van de tegenover elkaar liggende enkelstrengs DNA-moleculen.
- hierna volgt de *synthese-stap* (*extension step*), het reactiemengsel wordt in deze stap vlug opgewarmd tot 72 °C. Bij deze temperatuur worden de losse bouwstenen voor het DNA door het Taq-polymerase aaneengevoegd tot een nieuwe DNA-streng die complementair is aan het doelwit-DNA, hierdoor ontstaat een verdubbeling van het doelwit-DNA.

Na de synthese-stap volgt weer een nieuwe amplificatiecyclus; in elke cyclus vindt theoretisch een verdubbeling van het doelwit-DNA plaats, maar de opbrengst is in de praktijk wat lager. Als de laatste amplificatiecyclus is beëindigd, wordt het reactiemengsel afgekoeld tot circa 4 °C en daarna kan het mengsel, bijvoorbeeld door middel van agarosegel-elektroforese, geanalyseerd worden op het gezochte doelwit-DNA. Op deze wijze kan aangetoond worden of een bepaald micro-organisme al dan niet in het analysemonster aanwezig was, maar er kan geen uitspraak gedaan worden over de hoeveelheid micro-organismen; de PCR-methode is dus enkel een kwalitatieve analysemethode.

Real-time PCR

Een nieuwe ontwikkeling van de PCR-techniek is de real-time PCR, bij deze techniek kan het doelwit-DNA reeds tijdens de vermeerdering in het reactiemengsel aangetoond worden. Tevens kan bepaald worden hoe groot de oorspronkelijke hoeveelheid DNA, en dus het aantal micro-organismen, in het analysemonster was. De real-time PCR is daardoor, in tegenstelling tot de 'gewone' PCR, niet alleen een kwalitatieve maar tevens een kwantitatieve analysemethode.

7.5 OBJECTEN VAN ONDERZOEK

Aangezien veel voedselinfecties veroorzaakt worden door *Enterobacteriaceae* en omdat *Staphylococcus aureus* vaak de oorzaak is van een voedselvergiftiging, is het zinvol elk object tweemaal te bemonsteren. De ene maal met VRBG of MacConkey voor het onderzoek op *Enterobacteriaceae*, de tweede maal met Baird-Parker voor het aantonen van *Staphylococcus aureus*. Onderzoek op andere micro-organismen die een voedselinfectie of een voedselvergiftiging teweegbrengen, is minder eenvoudig.

Voor een onderzoek naar het totale kiemgetal moet een algemene voedingsbodem, zoals PCA, gebruikt worden. Bij het onderzoek naar de keukenhygiëne verkrijgt men met een algemene voedingsbodem een goed inzicht in de algemene hygiëne.

7.5.1 De keuken: werkvlakken, apparatuur en textiel

In een keuken zijn veel objecten die besmet kunnen zijn met micro-organismen en die daardoor zelf een besmettingsbron worden. Aanrechten, werktafels, snijplanken, hakblokken, borden, plateaus en etenswagentjes kunnen met een Rodacje of een Dipslide afgedrukt worden. Rodacjes en Dipslides zijn eveneens te gebruiken voor het maken van een afdruk van textiel, bijvoorbeeld van schorten, koksdoeken, werkdoekjes en handdoeken. Het object wordt hiertoe op een tafel of een andere vlakke ondergrond uitgespreid en daarna kan de contactafdruk gemaakt worden.

Afb. 7-9 *Kleine broedstoof, geschikt voor gebruik bij de controle op de keukenhygiëne.*

Plaatsen die moeilijk toegankelijk zijn, zoals snijmachines, mixers, gehaktmolens, of voorwerpen met een gebogen oppervlak (bestek en keukengerei, het handvat van een deur of koelcel, de knoppen van kranen en fornuizen) moeten worden afgestreken met een swab.

7.5.2 Personeel: handafdruk en neusuitstrijk

De handen van het keukenpersoneel worden door het contact met rauwe voedingsmiddelen veelvuldig besmet met bacteriën. Via de handen kunnen de bacteriën weer overgedragen worden op andere voedingsmiddelen of voorwerpen. Om deze bron van kruisbesmetting aan te tonen kan een *handafdruk* gemaakt worden.

Bij een handafdruk worden de vijf vingertoppen van de dominante hand (meestal de rechterhand) afgedrukt in een petrischaal met een selectieve voedingsbodem. Elke vingertop wordt zodanig tegen de voedingsbodem gedrukt dat de nagel een klein groefje in de agar maakt. Men is er dan zeker van dat ook bacteriën die onder de nagel zitten, op de voedingsbodem zijn afgedrukt. Op de achterkant van de petrischaal kan met een viltstift elke vingerafdruk voorzien worden van een cijfer of een letter. Achteraf is dan gemakkelijk na te gaan welke vinger het meest besmet was (zie afbeelding 6-6 en 6-7 op pagina 240).

Omdat veel mensen, al dan niet permanent, *Staphylococcus aureus* in hun neus herbergen, is het zinvol geregeld een *neusuitstrijk* te maken van het keukenpersoneel dat betrokken is bij de voedselbereiding of voedselverstrekking. Met een swab worden beide neusgaten uitgestre-

Afb. 7-10 *Microbiologisch onderzoek van een worst m.b.v. een Dipslide.*

ken, daarna wordt de swab, op de wijze die in 7.4.2 is vermeld, afgestreken op een petrischaal met Baird-Parker.

7.5.3 Voedingsmiddelen[1]

Vaste voedingsmiddelen die een bacteriegroei aan de oppervlakte hebben, zoals rauw of gebraden vlees, gevogelte en gesneden vleeswaren, kunnen op een eenvoudige wijze onderzocht worden door een contactafdruk met een Rodacje of een Dipslide te maken (zie afbeelding 7-10 en 7-11). Bij dunne vloeibare voedingsmiddelen kan een Dipslide in het voedingsmiddel gedompeld worden.

In veel gevallen kan echter niet volstaan worden met het maken van een contactafdruk van het oppervlak van vaste voedingsmiddelen omdat er ook een *inwendige* bacteriegroei is. Dit is het geval bij voedingsmiddelen die gemalen (bijvoorbeeld gehakt), verkleind (ragout, hachee) of vermengd zijn met andere bestanddelen (zoals nasi, bami, macaroni, salades). Deze voedingsmiddelen moeten eerst een voorbehandeling ondergaan voordat zij microbiologisch onderzocht kunnen worden.

Hetzelfde geldt voor vloeibare voedingsmiddelen die een te dikke consistentie hebben (bijvoorbeeld vla, pap, sondevoeding en zuigelingenvoeding), zodat zij niet met een Dipslide bemonsterd kunnen worden.

Voorbehandeling en verdunningsreeks

De voorbehandeling van vaste voedingsmiddelen houdt in het algemeen het volgende in:

---

[1] In het hierna volgende wordt alleen het basisprincipe van het onderzoek van voedingsmiddelen besproken, voor meer informatie wordt verwezen naar onderstaande boeken:
Mossel & Jacobs-Reitsma *'Microbiologisch Onderzoek van Levensmiddelen'*,
Dijk, Beumer, De Boer c.s. *'Microbiologie van Voedingsmiddelen'*.

Afb. 7-11 *Microbiologisch onderzoek van vleeswaren m.b.v. een Rodacje.*

- 10 gram van het monster wordt in een steriel monsterzakje met 90 ml verdunningsvloeistof gebracht, er ontstaat hierdoor een suspensie van 100 ml. Als verdunningsvloeistof wordt meestal Pepton Fysiologische Zoutoplossing (die bestaat uit 8,5 gram NaCl p.a. en 1 gram pepton in 1 liter aqua-dest) gebruikt.
- Het monsterzakje wordt hierna gedurende één à twee minuten in een 'stomacher' (een peristaltische menger) of een soortgelijk apparaat geplaatst. Het monster wordt hierdoor gehomogeniseerd, dit betekent dat de aanwezige micro-organismen uit het monster worden losgemaakt en in de verdunningsvloeistof komen. De homogenisatie houdt tevens in dat het monster tienmaal is verdund doordat de micro-organismen uit 10 gram monster nu terecht zijn gekomen in een suspensie van 100 ml.
- In veel gevallen kan de suspensie nog niet onderzocht worden omdat er, naar verwachting, te veel micro-organismen in aanwezig zijn. Daarom moet er eerst een *decimale verdunningsreeks* gemaakt worden. Hiervoor wordt 1 ml van de suspensie gepipetteerd in een cultuurbuis met 9 ml verdunningsvloeistof, de suspensie wordt hierdoor tienmaal verdund. Omdat het monster bij het homogeniseren ook al tienmaal was verdund, is er nu een verdunning van 1:100 ontstaan; deze verdunning wordt aangegeven als de 10^{-2} verdunning.
- De verdunning wordt goed gemengd, bijvoorbeeld met een 'vortex' (een excentrisch roterende menger), daarna wordt weer 1 ml gepipetteerd in een cultuurbuis met 9 ml verdunningsvloeistof; hierdoor ontstaat verdunning 10^{-3}.
- De procedure kan nog enkele malen herhaald worden, zo ontstaan de verdunningen 10^{-4}, 10^{-5} enzovoort.

Van dik-vloeibare voedingsmiddelen moet op dezelfde wijze een homogenaat en een verdunningsreeks gemaakt worden. Bij dun-vloeibare voedingsmiddelen (zoals melk) kan direct 1 ml in een cultuurbuis met 9 ml verdunningsvloeistof gepipetteerd worden.

Gietplaat en spatelplaat

Om het kiemgetal van het monster te kunnen bepalen, moet een kleine hoeveelheid van het verdunde analysemonster op een voedingsbodem gebracht worden die vervolgens wordt bebroed. Als het vermoeden bestaat dat in het monster een groot aantal micro-organismen aanwezig is, dan worden de twee verdunningen die als laatste zijn gemaakt, bijvoorbeeld 10^{-4} en 10^{-5}, gebruikt. In andere gevallen kunnen de minder sterke verdunningen worden genomen.

Bij het maken van een *gietplaat* wordt 1 ml uit een verdunning in een lege petrischaal gepipetteerd, de petrischaal wordt vervolgens gevuld met 9 ml van een gesmolten algemene of selectieve voedingsbodem. Daarna wordt de plaat voorzichtig enige malen linksom en rechtsom gezwenkt zodat de verdunningsvloeistof goed met de voedingsbodem wordt gemengd. Van de naastliggende verdunning wordt eveneens een gietplaat gemaakt.

Een *spatelplaat* of *strijkplaat* wordt gemaakt voor micro-organismen die niet bestand zijn tegen de warme agar die bij het gieten van de plaat een temperatuur van circa 48 °C heeft, ook voor strikt aërobe micro-organismen is een gietplaat niet geschikt. In dit geval wordt 0,1 ml uit een verdunning gepipetteerd op een, reeds gegoten, vaste algemene of selectieve cultuurplaat. Vervolgens wordt met een *drigalsky-spatel* (een glazen of metalen staafje dat gebogen is in de vorm van een hockeystick) de verdunningsvloeistof over het agaroppervlak uitgestreken, hetzelfde wordt gedaan met de spatelplaat van de naastliggende verdunning. Met behulp van een *spiraalplaatapparaat* kan de verdunningsvloeistof automatisch over het agaroppervlak verdeeld worden.

Bepaling van het kiemgetal

Nadat de gietplaten en/of de spatelplaten in een broedstoof zijn bebroed, kan het kiemgetal worden berekend. Het kiemgetal wordt uitgedrukt in het aantal KVE (kolonie-vormende-eenheden) per ml of gram van het voedingsmiddel dat onderzocht is.

Wanneer op een gietplaat of spatelplaat te weinig kolonies zijn gegroeid, is de telling onbetrouwbaar; hetzelfde geldt als er te veel kolonies op een plaat aanwezig zijn. Gewoonlijk worden bij een algemene voedingsbodem alleen de platen geteld waarop het aantal kolonies tussen de 15 en 300 ligt, bij selectieve voedingsbodems telt men de platen waarop tussen de 10 en 150 kolonies zijn gegroeid.

Aangezien twee naastliggende verdunningen zijn gebruikt, moet bekeken worden van welke verdunning de plaat geteld kan worden. Indien bijvoorbeeld op een gietplaat die gemaakt is van de 10^{-4} verdunning 54 kolonies aanwezig zijn, dan zal het aantal kolonies op de plaat van de naastliggende 10^{-5} verdunning minder dan 15 bedragen, deze plaat is dan voor de bepaling van het kiemgetal niet betrouwbaar. Voor de berekening van het kiemgetal wordt dus de plaat van de 10^{-4} verdunning gebruikt, het aantal aanwezige kolonies op die plaat is 54. Omdat het monster 10.000 maal was verdund, is het kiemgetal per ml of gram van het onderzochte monster: $54 \times 10.000 = 540.000$, dit wordt weergegeven als $5,4 \times 10^5$ KVE/ml of gram.

Men moet er rekening mee houden dat bij een spatelplaat niet 1 ml maar slechts 0,1 ml van de verdunningsvloeistof is gebruikt, het monster is bij een spatelplaat dus nogmaals tienmaal verdund. Als op een spatelplaat die gemaakt is van de 10^{-4} verdunning bijvoorbeeld 36 kolonies zouden worden geteld, dan bedraagt het kiemgetal in dit geval dus: $36 \times 10.000 \times 10 = 3,6 \times 10^6$ KVE/ml of gram.

7.6 BEOORDELING VAN HET ONDERZOEK

In de inleiding van dit hoofdstuk is reeds opgemerkt dat het nut van het microbiologisch onderzoek naar de keukenhygiëne tweeledig is: het ontdekken van een procedurefout en het motiveren van het keukenpersoneel tot een betere hygiëne. Met dit oogmerk dienen de resultaten van het onderzoek bekeken te worden.

Moet men een keukenmedewerker die een *Staphylococcus aureus* in de neus heeft, direct de toegang tot de keuken ontzeggen? Dan zou wel de helft van het keukenpersoneel naar huis gestuurd kunnen worden! Het zou dan lijken alsof de neus pas gevaarlijk is geworden toen de neusuitstrijk liet zien wat er, mogelijk al jaren, aanwezig was. Het is beter duidelijk te maken wat de risico's zijn en welke maatregelen genomen kunnen worden om de kans op een voedselvergiftiging, veroorzaakt door de *Staphylococcus aureus* uit de neus, zo klein mogelijk te houden. Dat betekent in de praktijk: zorgen voor een goede hygiëne en een juiste behandeling van het voedsel, goed verhitten, goed koelen of warm houden bij een temperatuur boven de 65 °C zijn hier de sleutelwoorden (zie hoofdstuk 6). Daarnaast is het wel nodig om nog eens een neusuitstrijk te laten maken, zodat kan worden nagegaan of het personeelslid een *tijdelijke* of een *permanente* stafylococcendrager is (zie pagina 206) en tevens om advies te vragen aan een bedrijfsarts of een artsmicrobioloog.

Wanneer een *procedurefout* wordt ontdekt, kunnen soms eenvoudige maatregelen ervoor zorgen dat deze fout niet nogmaals wordt gemaakt. Uit het onderzoek kan bijvoorbeeld blijken dat het vaatwerk dat uit de afwasmachine komt, nog veel bacteriën bevat. Welke fout is er dan gemaakt? Mogelijk is de werking van de afwasmachine niet goed. De belastingsproef met rauw gehakt (zie pagina 246) kan hier uitsluitsel over geven. Als de afwasmachine wel goed functioneert, is er blijkbaar een andere fout gemaakt; mogelijk is er dan een nabesmetting opgetreden. Wanneer de afwasmachine door één personeelslid wordt ingepakt en uitgepakt, dan kan de schone vaat nabesmet worden door de handen van dit personeelslid dat immers ook de vuile vaat heeft aangeraakt. Indien men de afwasmachine voortaan laat uitpakken door een tweede personeelslid dat tevoren de handen goed gereinigd heeft, dan zal er geen nabesmetting meer optreden.

Reinigingsmethoden kunnen vaak verbeterd worden, werkdoekjes (en koksdoeken!) worden in de praktijk voor van alles gebruikt. Een afdruk van zo'n doekje kan uiterst onthutsend zijn. Het is ook zeer illustratief om een afdruk te maken van een vuil aanrecht en daarna het aanrecht te reinigen met een doekje 'dat ergens ligt', vervolgens moet op dezelfde plaats weer een afdruk gemaakt worden. Na het bebroeden van de Rodacjes zal blijken dat het 'schone' aanrecht vuiler was dan het 'vuile' aanrecht. Door het schoonmaken met een vuil doekje zijn de vlekken weliswaar verdwenen, maar de bacteriën zijn egaal over het aanrecht verspreid.

7.6.1 Referentiewaarden

Ondanks het bovenvermelde oogmerk wordt in de praktijk toch vaak om referentiewaarden gevraagd, men wil graag een 'cijfer' krijgen of geven voor de keukenhygiëne. In het voorgaande zijn verschillende onderzoeksmethoden besproken, veel methoden zijn echter niet voldoende gestandaardiseerd om referentiewaarden te kunnen geven. Deze methoden, bijvoorbeeld de swabmethode, zijn uitsluitend geschikt om een *kwalitatief* beeld te verkrijgen: bepaalde bacteriën zijn al dan niet aanwezig.

De afdrukmethode met Rodacjes of Dipslides geeft een *semi-kwantitatief* beeld. Uit onderzoek is gebleken dat altijd maar een deel van het totale aantal micro-organismen dat op een oppervlak aanwezig is, met de afdrukmethode wordt opgenomen. Het aantal micro-organismen dat wordt opgenomen, hangt ook sterk af van de aard van het oppervlak: van een glad oppervlak, zoals roestvrij staal of kunststof, worden meer micro-organismen opgenomen dan van een poreus of gekerfd oppervlak. Bij een houten snijplank of hakblok kunnen de micro-organismen die in de kerven aanwezig zijn, niet met de afdrukmethode worden opgenomen; voor deze objecten kan beter de swabmethode worden gebruikt.

Wanneer men zich realiseert dat er geen wetenschappelijk, maar enkel een praktisch onderzoek is uitgevoerd, kan gebruik worden gemaakt van de referentiewaarden die in tabel 7-1 en 7-2 staan vermeld. Deze referentiewaarden die alleen betrekking hebben op de afdrukmethode, zijn gedurende vele jaren in de praktijk uitgetest. Zij dienen niet als een absoluut, maar wel als een *haalbaar* gegeven.

Toelichting

- De referentiewaarden hebben betrekking op schoongemaakte objecten in de keuken of op voedingsmiddelen die een warmtebehandeling hebben ondergaan.
- Voor *Staphylococcus aureus* en de *Enterobacteriaceae* moeten alleen de kenmerkende kolonies geteld worden op respectievelijk Baird-Parker

Tabel 7-1 *Referentiewaarden voor de afdrukmethode m.b.v. Rodacjes*

Aantal kolonies **per 25 cm²** (= oppervlakte Rodacje)

Hygiëne-klasse	Symbool	Staphylococ-cus aureus	Enterobac-teriaceae	Algemeen
0	++	0	0 - 1	0 - 5
1	+	1 - 2	2 - 5	6 - 15
2	±	3 - 5	6 - 10	16 - 50
3	–	6 - 10	11 - 25	51 - 150
4	– –	11 - 25	26 - 50	> 150
5	– – –	> 25	> 50	

Tabel 7-2 *Referentiewaarden voor de afdrukmethode m.b.v. Dipslides*

Aantal kolonies **per 10 cm²** (= oppervlakte Dipslide)

Hygiëne-klasse	Symbool	Staphylococ-cus aureus	Enterobac-teriaceae	Algemeen
0	++	0	0	0 - 2
1	+	1	1 - 2	3 - 6
2	±	2	3 - 4	7 - 20
3	–	3 - 4	5 - 10	21 - 60
4	– –	5 - 10	11 - 20	> 60
5	– – –	> 10	> 20	

en VRBG; bij gebruik van MacConkey dienen zowel de lactose-positieve als lactose-negatieve kolonies geteld te worden.

- Onder 'Algemeen' wordt verstaan: het totale aantal kolonies op een algemene voedingsbodem zoals PCA of CLED.

7.6.2 Beoordeling

Met behulp van tabel 7-1 of 7-2 kan van elk object waarvan een afdruk is gemaakt, afzonderlijk de hygiëneklasse worden bepaald. Indien een object in hygiëneklasse 2 of lager valt, dan is dit *niet acceptabel*.

Om een indruk te verkrijgen van de totale hygiëne in een keuken of een restaurant, is het nodig verscheidene afdrukken te maken en vervolgens (na het bebroeden) van alle afdrukken gezamenlijk het *gemiddelde klassecijfer* te berekenen. Het gemiddelde klassecijfer verkrijgt men door de cijfers van alle hygiëneklassen die gevonden zijn, op te tellen en daarna het totaal te delen door het aantal afdrukken dat gemaakt is.

Tabel 7-3 *Interpretatie*

Gemiddeld klassecijfer	Beoordeling	Te nemen maatregelen
0,0 - 0,5	Zeer goed	Geen
0,6 - 1,0	Goed	Geen
1,1 - 1,5	Redelijk	Heronderzoek, waar nodig verbeteringen invoeren
1,6 - 2,0	Matig	Heronderzoek, waar nodig verbeteringen invoeren
2,1 - 2,5	Onvoldoende	Onmiddellijk maatregelen nemen
2,6 - 3,5	Slecht	Onmiddellijk maatregelen nemen en daarbij deskundige hulp inroepen
3,6 - 5,0	Zeer slecht	

Er is bijvoorbeeld een onderzoek gedaan naar de aanwezigheid van *Staphylococcus aureus* en *Enterobacteriaceae* op de aanrechten en de werktafels in een keuken. Hiervoor zijn twaalf afdrukken gemaakt met Rodacjes met Baird-Parker en eveneens twaalf afdrukken met Rodacjes met VRBG; het resultaat van het onderzoek zou als volgt kunnen luiden:

Staphylococcus aureus op BP		*Enterobacteriaceae* op VRBG	
Aantal afdrukken: 12		**Aantal afdrukken: 12**	
7 × hygiëneklasse 0 =	0	1 × hygiëneklasse 0 =	0
3 × hygiëneklasse 1 =	3	4 × hygiëneklasse 1 =	4
0 × hygiëneklasse 2 =	0	3 × hygiëneklasse 2 =	6
1 × hygiëneklasse 3 =	3	0 × hygiëneklasse 3 =	0
0 × hygiëneklasse 4 =	0	1 × hygiëneklasse 4 =	4
1 × hygiëneklasse 5 =	5	3 × hygiëneklasse 5 =	15
Totaal	**11**	**Totaal**	**29**

Het gemiddelde klassecijfer voor het onderzoek op *Staphylococcus aureus* is dan 11:12 = 0,9. Voor de interpretatie moet tabel 7-3 geraadpleegd worden. De beoordeling voor het onderzoek op *Staphylococcus aureus* luidt: *goed*.

Het gemiddelde klassecijfer voor het onderzoek op de *Enterobacteriaceae* is 29:12 = 2,4 en de beoordeling voor dit onderzoek luidt daarom volgens tabel 7-3: *onvoldoende*.

Uit het onderzoek blijkt dus dat de hygiëne van de aanrechten en de werktafels met betrekking tot de *Enterobacteriaceae* dringend verbetering behoeft. Misschien zijn de aanrechten en de werktafels afgenomen met doeken die niet schoon waren of is voor het reinigen geen heet water gebruikt. Nadat de reinigingsmethode is verbeterd, kan een heronderzoek het resultaat van de nieuwe reinigingsmethode aantonen.

7.7 VOORTZETTING VAN HET ONDERZOEK

Indien de resultaten van het microbiologisch onderzoek naar de keukenhygiëne daar aanleiding toe geven, is het nodig een nieuw onderzoek in te stellen zodat mogelijk de oorzaak van de slechte hygiëne gevonden kan worden. Het zal vaak nodig zijn daarbij de hulp van een deskundige in te roepen. In de medische sector kan men meestal wel een beroep doen op de ziekenhuishygiënist, een arts-microbioloog of een medisch microbioloog. In de praktijk doet zich evenwel het probleem voor dat een ziekenhuishygiënist of een arts-microbioloog wel bekend is met de problemen van ziekenhuisinfecties, maar niet vertrouwd is met het voedselverzorgingsproces en de keukenhygiëne. Daarom kan het verstandig zijn advies te vragen aan een van de instanties die bij 6.3.3. zijn genoemd. Ook verpleeghuizen en bejaardencentra, die meestal niet over een hygiënist beschikken, en horecabedrijven kunnen advies ter verbetering van de keukenhygiëne bij deze instanties inwinnen.

Het is belangrijk dat de keukenmedewerkers altijd goed geïnformeerd worden over het doel, het nut en het resultaat van een microbiologisch onderzoek. Het tonen van de bebroede voedingsbodems zegt meestal meer dan alleen maar een mondelinge uiteenzetting. Samen met een deskundige en de medewerkers die betrokken zijn bij de bereiding van het voedsel, kan een *hygiëneplan* opgesteld worden om ongewenste toestanden te verbeteren. Wanneer daarna door een nieuw microbiologisch onderzoek wordt aangetoond dat de hygiëne is verbeterd, dan zal dit het personeel stimuleren en motiveren.

Het is raadzaam om het microbiologisch onderzoek geregeld te herhalen, omdat anders de aandacht van het personeel voor de hygiëne weer zal verflauwen. Het gemiddelde klassecijfer dat bij elk onderzoek is berekend, kan dienen als *hygiënescore*. Door de hygiënescores van de verschillende onderzoeken op een mededelingenbord te vermelden, wordt geleidelijk aan een goed overzicht verkregen van het peil van de hygiëne.

8 De mens en zijn gedrag: een bepalende factor bij de hygiënebewaking

In het voorafgaande is de aandacht gevestigd op de verantwoordelijke positie van degenen die zorg dragen voor het bewaken van de hygiëne rond de spijslijn, tevens zijn als oorzaak van veel voedselinfecties en voedselvergiftigingen de *vijf O's* genoemd:

- *onwetendheid,*
- *onverschilligheid,*
- *onhygiënisch werken,*
- *onvoldoende koeling van voedingsmiddelen,*
- *onvoldoende verhitting van voedingsmiddelen.*

Het is de moeite waard deze punten nog eens nader te beschouwen, hierbij kunnen de onderstaande drie aspecten worden onderscheiden.

8.1 KENNIS

Over dit aspect is in de vorige hoofdstukken veel medegedeeld, het een en ander kan als volgt worden samengevat.

Rauwe voedingsmiddelen zijn nagenoeg altijd besmet met micro-organismen, door deze micro-organismen kan een voedselinfectie of een voedselvergiftiging veroorzaakt worden. Het is daarom zeer belangrijk er voor te zorgen dat er *geen vermeerdering* van micro-organismen optreedt. Dit kan door:

- rauwe voedingsmiddelen altijd gekoeld te bewaren.
- rauwe voedingsmiddelen pas een korte tijd voor de bereiding uit de koeling te halen.
- diepvriesproducten tijdig (een dag tevoren) in de koeling of met behulp van een magnetronoven te ontdooien.
- rauw vlees (vooral varkensvlees) en gevogelte (kip) bij de culinaire bereiding goed te verhitten. Gemalen of gehakt vlees, of vlees dat bestaat uit lapjes die om elkaar zijn gewikkeld (zoals rollade, slavinken en blinde vinken) moet ook inwendig goed verhit zijn.

- bereid voedsel warm te houden bij een temperatuur > 65 °C of gekoeld te bewaren bij een temperatuur van 2 à 4 °C.

Daarnaast moet er voor gezorgd worden dat de besmetting *niet over-gebracht wordt* op andere producten, dit kan worden voorkomen door:
- rauwe en bereide voedingsmiddelen strikt gescheiden te behandelen en te bewaren.
- de handen, het keukengerei en de keukenapparatuur die in aanraking zijn gekomen met rauwe voedingsmiddelen, goed te reinigen en te ontsmetten.

Ten slotte dient te worden verhinderd dat er een *nabesmetting* van bereide voedingsmiddelen kan voorkomen, dit betekent dat:
- boven bereid voedsel niet gehoest of geniest mag worden.
- bereid voedsel alleen met schoon keukengerei aangeraakt mag worden.
- bereid voedsel altijd afgedekt moet worden bewaard.
- personen met een huidaandoening (bijvoorbeeld een steenpuist) of met een maag-darmstoornis niet deel mogen nemen aan het voedselverzorgingsproces.

8.2 ATTITUDE

Hygiënisch verantwoord handelen vereist echter aanzienlijk meer dan alleen maar elementaire kennis van de levensmiddelenhygiëne. De houding en de instelling van de leidinggevende die verantwoordelijk is voor het voedselverzorgingsproces, is eveneens bijzonder belangrijk.

Iedere leidinggevende moet zich zoveel als mogelijk is, inspannen om een werksfeer te scheppen die op de medewerkers motiverend werkt zodat *onverschilligheid* verdwijnt. Dit kan door te zorgen voor goede werkfaciliteiten en door het vergroten van de kennis van het personeel zodat ook *onwetendheid* verdwijnt.

Het moet tevens duidelijk zijn, dat bij groepsvoeding de verantwoordelijkheid wordt gedragen om voor een groot aantal mensen een goede voeding, die ook in microbiologisch opzicht veilig is, te bereiden. Vooral diegenen die geen optimale gezondheid bezitten, lopen een verhoogd risico wanneer zij voedsel consumeren dat met pathogene micro-organismen is besmet.

8.3 GEDRAGSPATROON

Uit kennis en attitude volgt een gedragspatroon. Wanneer er te weinig kennis is en de juiste instelling ten opzichte van de keukenhygiëne ontbreekt, is het moeilijk een verbetering van het gedrag te bewerkstelligen.

Het is mogelijk om bijna alle microbiële infecties en vergiftigingen die door voedsel worden overgebracht, te voorkomen. Daarom is het noodzakelijk dat iedereen die in een instelling betrokken is bij de bereiding en de distributie van voedsel, niet alleen beschikt over een goede kennis van de levensmiddelenhygiëne, maar tevens een goed inzicht heeft in hetgeen verantwoord of onverantwoord handelen is. Alleen op deze wijze kan het *onhygiënisch werken* verdwijnen.

Het tonen van slechte of goede resultaten met behulp van bebroede voedingsbodems aan de medewerkers van de voedseldienst, kan helpen om te proberen gezamenlijk de keukenhygiëne op een hoger peil te brengen. Als daarmee een goed resultaat wordt bereikt, dan is dat vaak een extra stimulans om gemotiveerd door te gaan. Een goede motivatie ontstaat niet door autoritaire instructies.

Literatuur

Deze lijst omvat zowel titels die zijn geraadpleegd, als titels die kunnen dienen ter verdere verdieping.

Adams, M.R., & M.O. Moss, *Food Microbiology*. Springer, New York 2000 (2nd edition).

Beumer, R., *Listeria monocytogenes, detection and behaviour in food and in the environment*. Landbouwuniversiteit, Wageningen 1997 (diss.).

Board, R.G., *A Modern Introduction to Food Microbiology*. Blackwell, Oxford 1983.

Bouwer-Hertzberger, S.A., *Food-transmitted Disease of Microbial Origin*. The University of Utrecht, Utrecht 1982 (diss.).

Bouwknegt, M., et al., *Surveillance of zoonotic bacteria in farm animals in the Netherlands*. RIVM, Bilthoven 2004.

Cliver, D.O., et al., *Foodborne Diseases*. Academic Press, San Diego 1990.

Defigueirdo, M.P., & D.F. Splittstoesser, *Food Microbiology, Public Health and Spoilage Aspects*. AVI, Westport (Connecticut) 1976.

Dijk, R., R.R. Beumer, E. de Boer et al., *Microbiologie van voedingsmiddelen*. Keesing Noordervliet, Houten 2003 (3e druk).

Doores, S., *Food Safety. Current Status and Future Needs*. A report from the American Academy of Microbiology, 1998.

Doyle, M.P., et al., *Foodborne Bacterial Pathogens*. Marcel Dekker, New York 1989.

Frazier, W.C., & D.C. Westhoff, *Food Microbiology*. McGraw-Hill, New York 1978 (3rd edition).

Giffel, M.C. te, *Isolation, identification and characterization of Bacillus cereus from the dairy environnement*. Landbouwuniversiteit, Wageningen 1997 (diss.).

Goodhart, R.S., & M.E. Shils, *Modern Nutrition in Health and Disease*. Lea & Febiger, Philadelphia 1983 (6th edition).

Harrewijn, G.A., *Elementaire Microbiologie*. Bohn Stafleu Van Loghum, Houten 1994 (5e druk).

Harrigan, W.F., & R.W.A. Park, *Making Safe Food*. Academic Press, London 1991.

Hautvast, J.G.A.J., et al., *Voedselinfecties*. Advies van de Gezondheidsraad, 's-Gravenhage 2000.

Havelaar, A.H., et al., *Campylobacteriose in Nederland*. RIVM, Bilthoven 2002.

Havelaar, A.H., et al., *Kosten en baten van Campylobacter-bestrijding in Nederland*. RIVM, Bilthoven 2005.

Havelaar, A.H., M.A.S. de Wit & R. van Koningsveld, *Health burden in the Netherlands due to infections with thermophilic Campylobacter species*. RIVM, Bilthoven 2000.

Hayes, P.R., *Food Microbiology and Hygiene*. Elsevier, New York 1992 (2nd edition).

Herschdoerfer, S.M., et al., *Quality Control in the Food Industry*. Academic Press, London 1987 (2nd edition).

Heuvelink, A., *Verocytotoxin-producing Escherichia coli in humans and the food chain*. Katholieke Universiteit Nijmegen, 2000 (diss.).

Hobbs, B.C., & D. Roberts, *Food Poisoning and Food Hygiene*. Arnold, London 1993 (6th edition).

Huisman, J., *Microbiële Voedselvergiftiging en Voedselinfectie*. Stafleu, Alphen aan den Rijn 1980.

ICMSF (International Commission on Microbiological Specifications for Foods), *Microbial Ecology of Foods*, Volume I: *Factors Affecting Life and Death of Micro-organisms*.Academic Press, New York 1980.

ICMSF, *Microbial Ecology of Foods*, Volume II: *Food Commodities*. Academic Press, New York 1980.

ICMSF, *Micro-organisms in Foods*, Volume I: *Their Significance and Methods of Enumeration*. University of Toronto Press, Toronto 1978 (2nd edition).

ICMSF, *Micro-organisms in Foods*, Volume IV: *Application of the Hazard Analysis Critical Control Point (HACCP) System to Ensure Microbiological Safety and Quality*. Blackwell, Oxford 1988.

ICMSF, *Micro-organisms in Foods*, Volume V: *Characteristics of Microbial Pathogens*. Chapmann and Hall, London 1994.

Jacobs-Reitsma, W.F., *Epidemiology of Campylobacter in poultry*. Agricultural University, Wageningen 1994 (diss.).

Jay, J.M., M.J. Loessner & D.A. Golden, *Modern Food Microbiology*. Springer, New York 2005.

Kampelmacher, E.H., et al., *Campylobacter jejuni infecties in Nederland*. Advies van de Gezondheidsraad, 's-Gravenhage 1988.

Koneman, E.W., et al., *Color Atlas and Textbook of Diagnostic Microbiology*. Lippincott, Philadelphia 1997 (5th edition).

Labots, H., et al., *Voedselconservering door straling*. Stichting Bio-Wetenschappen, Leiden 1985.

Lieverse, R., & J.J.E. van Everdingen (red.), *Gekkekoeienziekte. De BSE voorbij?* Belvédère/Medidact, Overveen/Alphen aan den Rijn 2001.

Longree, K., *Quantity Food Sanitation*. John Wiley & Sons, New York 1987 (3rd edition).

Mieras, H., et al., *Microbiële voedselverontreiniging*. Rapport van de Nationale Raad voor Landbouwkundig Onderzoek, 's-Gravenhage 1989.

Minor, T.E., & E.H. Marth, *Staphylococci and their Significance in Foods*. Elsevier/North-Holland, Amsterdam 1976.

Mortimore, S., & C. Wallace, *HACCP, a practical approach*. Chapmann & Hall, London 1994.

Mossel, D.A.A., *Microbiology of Foods*. The University of Utrecht, Utrecht 1982 (3rd edition).

Mossel, D.A.A., et al., *Essentials of the Microbiology of Foods*. John Wiley & Sons, Chichester 1995.

Mossel, D.A.A., & W.F. Jacobs-Reitsma, *Methoden voor het microbiologisch onderzoek van levensmiddelen*. Noordervliet, Zeist 1990 (3e druk).

Müller, G., *Grundlagen der Lebensmittelmikrobiologie*. Steinkopff Verlag, Darmstadt 1983 (5. Auflage).

Müller, G., *Mikrobiologie pflanzlicher Lebensmittel*. Steinkopff Verlag, Darmstadt 1979 (2. Auflage).

Münch, H.D., et al., *Mikrobiologie tierischer Lebensmittel*. Verlag Harri Deutsch, Frankfort/M 1981.

Nickerson, J.T., & A.J. Sinskey, *Microbiology of Foods and Food Processing*. Elsevier/North-Holland, Amsterdam 1977 (3rd edition).

Oosterom, J., *Huishoudelijke en institutionele hygiëne; alles is overal, de mens reguleert*. Inaugurele rede. Landbouwuniversiteit, Wageningen 1996.

Oosterom, J., *Studies on the epidemiology of Campylobacter jejuni*. Erasmus University, Rotterdam 1985 (diss.).

Pederson, C.S., *Microbiology of Food Fermentations*. AVI, Westport (Connecticut) 1978 (2nd edition).

Pelt, W. van, & S.M. Valkenburgh (ed.), *Zoonoses and zoonotic agents in humans, food, animals and feed in the Netherlands 2001*. Keuringsdienst van Waren/RIVM, 's-Gravenhage/Bilthoven 2002.

Pichhardt, K., *Lebensmittelmikrobiologie, Grundlagen für die Praxis*. Springer-Verlag, Berlin 1998 (4. Auflage).

Postmus, E., & H.P. Guldemeester, *Handboek HACCP*. Kluwer, Deventer 1995.

Prusiner, S.B., *Mad Cows, Cannibals and Prions*. NWO-Huygenslezing. NWO, Den Haag 1996.

Rieman, H., & F.L. Bryan, *Foodborn Infections and Intoxications*. Academic Press, London 1979.

Rombouts, F.M., *Microbiële voedselveiligheid in een dynamische samenleving*. Afscheidsrede. Wageningen Universiteit, Wageningen 2001.

Samson, R.A., et al., *Introduction to foodborne Fungi*. Centraal Bureau voor Schimmelcultures, Utrecht 2001 (6th edition).

Sinell, H.J., *Einführung in die Lebensmittelhygiene*. Paul Parey, Berlin 1985 (2. Auflage).

Singleton, P., & D. Sainsbury, *Dictionary of Microbiology*. John Wiley & Sons, Chichester 1978.

Speck, M.L., et al., *Compendium of Methods for the Microbiological Examination of Foods*. APHA, Washington 1984 (2nd edition).

Stasse-Woldhuis, M., et al., *Voedselveiligheid, van teelt tot consument*. Samsom Stafleu, Alphen a/d Rijn 1989.

Stegeman, H., et al., *Sporevormende bacteriën in voedingsmiddelen*. Pudoc, Wageningen 1980.

Symposiumverslag *Campylobacter*. Stichting Effi, Wageningen 1991.

Symposiumverslag *Conserveren van levensmiddelen*. Stichting Effi, Wageningen 1992.

Symposiumverslag *Desinfectie en decontaminatie*. Stichting Effi, Wageningen 1998.

Symposiumverslag *HACCP - Een stap verder*. Stichting Effi, Wageningen 1995.

Symposiumverslag *Indicatoren in de levensmiddelenmicrobiologie*. Stichting Effi, Wageningen 1993.

Symposiumverslag *Microbiële gevaren: voorkomen en preventie*. Stichting Effi, Wageningen 2004.

Symposiumverslag *Microbiologisch onderzoek van levensmiddelen (I)*. Stichting Effi, Wageningen 1997.

Symposiumverslag *Microbiologisch onderzoek van levensmiddelen (II)*. Stichting Effi, Wageningen 1999.

Symposiumverslag *Ontwikkelingen op het gebied van voedselveiligheid*. Stichting Effi, Wageningen 2005.

Symposiumverslag *Overleving en nabesmetting*. Stichting Effi, Wageningen 2001.

Symposiumverslag *Overleving en nabesmetting bij het verduurzamen van levensmiddelen*. Stichting Effi, Wageningen 1997.

Symposiumverslag *Reiniging en desinfectie*. Stichting Effi, Wageningen 1994.

Symposiumverslag *Salmonella*. Stichting Effi, Wageningen 1990.

Symposiumverslag *Toepassingen van snelle methoden in de levensmiddelenmicrobiologie*. Stichting Effi, Wageningen 1990.

Symposiumverslag *Toxinen in de voedselketen*. Stichting Effi, Wageningen 2000.

Symposiumverslag *Veilig voedsel in de keten*. Stichting Effi, Wageningen 2002.

Symposiumverslag *Veiligheid in de voedselketen*. Stichting Effi, Wageningen 1999.

Symposiumverslag *Voedselvergiftigingen en voedselinfecties*. Stichting Effi, Wageningen 2003.

Tuijtelaars, A.C.J., et al., *Food Microbiology and Food Safety into the next Millennium*. Foundation Food Micro'99, Zeist 1999.

Turk, D.C., & I.A. Porter, *A Short Textbook of Medical Microbiology*. Hodder and Stoughton, London 1977 (3rd edition).

Valkenburgh, S.M., et al., *Report on trends and sources of zoonotic agents, the Netherlands 2003*. Voedsel & Warenautoriteit, 's-Gravenhage 2004.

Varnam, A.H., & M.G. Evans, *Foodborne Pathogens, an illustrated Text*. Wolfe, London 1991.

Verburgh, H.A., R.P. Mouton & A.M. Polderman, *Medische Microbiologie*. Bohn Stafleu Van Loghum, Houten 1992 (8e druk).
Waites, W.M., et al., *Foodborne illness*. A Lancet review. Edward Arnold, London 1991.

Tijdschriften

De Ware(n) Chemicus, Nederlands tijdschrift voor levensmiddelen- en non-foodonderzoek[1]. Uitgave van de Voedsel & Warenautoriteit/Keuringsdienst van Waren, 's-Gravenhage.
Food Management, Magazine voor de voedingsmiddelenindustrie. Keesing Noordervliet, Houten.
Infectieziekten Bulletin. Uitgave van het Rijksinstituut voor Volksgezondheid en Milieuhygiëne, Bilthoven.
Nederlands Tijdschrift voor Medische Microbiologie. Uitgave van de Nederlandse Vereniging voor Medische Microbiologie. Van Zuiden Communications, Alphen aan den Rijn.
Nieuwsbrief VoedselVeiligheid. Keesing Noordervliet, Houten.
Service Management, Vakblad voor Bedrijfshuishoudelijke diensten. Samsom Bedrijfsinformatie, Alphen aan den Rijn.
Tijdschrift voor Hygiëne en Infectiepreventie. Uitgave van de Vereniging voor Hygiëne en Infectiepreventie in de Gezondheidszorg. Accompli, Wijchen.
VMT - Voedingsmiddelentechnologie. Keesing Noordervliet, Houten.

---

[1] Dit tijdschrift verschijnt niet meer sinds 2005.

Instanties die voorlichting en advies geven

Deze lijst is opgenomen ten gerieve van de gebruiker. Let wel: de adressen en/of telefoonnummers kunnen na het verschijnen van dit boek gewijzigd zijn.

Bedrijfschap Horeca en Catering
Baron de Coubertinlaan 6
Postbus 121
2700 AC Zoetermeer
Telefoon: 079-368.07.07
www.kenniscentrumhoreca.nl

Centraal Bureau Levensmiddelen (CBL)
Overgoo 13, 1e etage
2266 JZ Leidschendam
Telefoon: 070-317.68.87
www.cbl.nl

College voor de Toelating van Bestrijdingsmiddelen (CTB)
Stadsbrink 5
Postbus 217
6700 AE Wageningen
Telefoon: 0317-47.18.10
www.ctb-agro.nl

Culinair Instituut Nederland
Herculesplein 315
Postbus 85154
3508AA Utrecht
Telefoon: 030-252.16.64
www.opleidingenberoep.nl

Productschap Tuinbouw
Louis Pasteurlaan 6
Postbus 280
2700 AG Zoetermeer
Telefoon: 079-347.07.07
www.tuinbouw.nl

Productschappen Vee, Vlees en Eieren (PVE)
Louis Braillelaan 80
Postbus 460
2700 AL Zoetermeer
Telefoon: 079-368.71.00
www.pve.nl

Productschap Vis
Treubstraat 17
Postbus 72
2280 AB Rijswijk
Telefoon: 070-336.96.00
www.pvis.nl

Productschap Zuivel
Louis Braillelaan 80
Postbus 755
2700 AT Zoetermeer
Telefoon: 079-368.15.00
www.prodzuivel.nl

Stichting Voedingscentrum Nederland
(v/h Voorlichtingsbureau voor de Voeding)
Eisenhouwerlaan 108-110
Postbus 85700
2508 CK Den Haag
Telefoon: 070-306.88.88
www.voedingscentrum.nl

Voedsel & Warenautoriteit (VWA)
(v/h Keuringsdienst van Waren)
Klachtenlijn voor consumenten
Telefoon: 0800-04.88
www.vwa.nl

Voedsel & Warenautoriteit (VWA)
Algemene Directie
Prinses Beatrixlaan 2
Postbus 19506
2500 CM Den Haag
Telefoon: 070-448.48.48
www.vwa.nl

Werkgroep Infectie Preventie (WIP)
Leids Universitair Medisch Centrum
Albinusdreef 2
Postbus 9600
2300 RC Leiden
Telefoon: 071-526.67.56
www.wip.nl

Instanties voor microbiologisch onderzoek

Deze lijst is opgenomen ten gerieve van de gebruiker. Let wel: de adressen en/of telefoonnummers kunnen na het verschijnen van dit boek gewijzigd zijn.

Centraal Bureau voor Schimmelcultures (CBS)
Uppsalalaan 8
Postbus 85167
3508 AD Utrecht
Telefoon: 030-212.26.00
www.cbs.knaw.nl

Centraal Orgaan voor Kwaliteitsaangelegenheden in de Zuivel (COKZ)
Kastanjelaan 7
Postbus 250
3830 AG Leusden
Telefoon: 033-496.56.96
www.cokz.nl

Controlebureau voor Pluimvee, Eieren en Eiproducten (CPE)
Nijverheidsplein 2
Postbus 211
3770 AE Barneveld
Telefoon: 0342-42.55.42
www.cpe.nl

Kwaliteitsbewakingsbureau voor Levensmiddelen (KBBL)
Industrieweg 16
8131 VZ Wijhe
Telefoon: 0570-52.32.34
www.kbbl.nl

Nederlands Instituut voor Zuivelonderzoek (NIZO)
Kernhemseweg 2
Postbus 2
6710 BA Ede
Telefoon: 0318-65.95.11
www.nizo.nl

Rijksinstituut voor Volksgezondheid & Milieu (RIVM)
Antoni van Leeuwenhoeklaan 9
Postbus 1
3720 Bilthoven
Telefoon: 030-274.91.11
www.rivm.nl

Rijkskwaliteitsinstituut voor Land- en Tuinbouwproducten (RIKILT-DLO)
Bornsesteeg 45
Postbus 230
6700 AE Wageningen
Telefoon: 0317-47.54.00
www.rikilt.wur.nl

Streeklaboratorium voor de Volksgezondheid Alkmaar
Medisch Centrum Alkmaar
Wilhelminalaan 12
1815 JD Alkmaar
Telefoon: 072-548.44.44
www.mca.nl

Streeklaboratorium voor de Volksgezondheid Amsterdam
Gemeentelijke Geneeskundige & Gezondheidsdienst
Nieuwe Achtergracht 100
Postbus 2200
1000 CE Amsterdam
Telefoon: 020-555.59.11
www.gezond.amsterdam.nl

Streeklaboratorium voor de Volksgezondheid Arnhem
Wagnerlaan 55
Postbus 9025
6800 EG Arnhem
Telefoon: 026-378.88.80.

Streeklaboratorium voor de Volksgezondheid Den Haag
Ziekenhuis Leyenburg
Leyweg 275
2545 CH Den Haag
Telefoon: 070-359.20.00/359.22.71
www.leyenburg-ziekenhuis.nl

Streeklaboratorium voor de Volksgezondheid Deventer
Dr H.G. Gooszenstraat 1
7415 CL Deventer
Telefoon: 0570-62.36.44

Streeklaboratorium voor de Volksgezondheid Dordrecht
Merwede Ziekenhuis
Albert Schweitzerplaats 25
3318 AT Dordrecht
Telefoon: 078-652.33.33/652.31.64

Streeklaboratorium voor de Volksgezondheid Friesland
Jelsumerstraat 6
Postbus 21020
8900 JA Leeuwarden
Telefoon: 058-293.94.95

Streeklaboratorium voor de Volksgezondheid Goes
Valckeslotlaan 149
Postbus 36
4460 AA Goes
Telefoon: 0113-21.61.52

Streeklaboratorium voor de Volksgezondheid Groningen
Laboratorium voor Infectieziekten
Van Ketwich Verschuurlaan 92
Postbus 30039
9700 RM Groningen
Telefoon: 050-521.51.00
www.infectielab.nl

Streeklaboratorium voor de Volksgezondheid Haarlem
Boerhavelaan 26
2035 RC Haarlem
Telefoon: 023-530.78.00/530.78.30
www.streeklabhaarlem.nl

Streeklaboratorium voor de Volksgezondheid Heerlen
Atrium Medisch Centrum
Henri Dunantstraat 5
Postbus 4446
6401 CX Heerlen
Telefoon: 045-576.78.03
www.atriummc.nl

Streeklaboratorium voor de Volksgezondheid Leiden
Leids Universitair Medisch Centrum
Rijnsburgerweg 10
Postbus 9600
2300 RC Leiden
Telefoon: 081-526.91.11
www.lumc.nl

Streeklaboratorium voor de Volksgezondheid Nieuwegein
St. Antonius Ziekenhuis
Koekoekslaan 1
Postbus 2500
3430 CM Nieuwegein
Telefoon: 030-609.30.30/609.91.11
www.antoniusziekenhuis.nl

Streeklaboratorium voor de Volksgezondheid Nijmegen
Canisius-Wilhelmina Ziekenhuis
Weg door Jonkerbos 100
Postbus 9015
6500 GS Nijmegen
Telefoon: 024-365.75.20

Streeklaboratorium voor de Volksgezondheid Rotterdam
Centraal Bacteriologisch Laboratorium
Schiedamsedijk 95
Postbus 333
3000 AH Rotterdam
Telefoon: 010-433.99.33/433.95.48
www.cwz.nl

Streeklaboratorium voor de Volksgezondheid Tilburg
St. Elisabeth Ziekenhuis
Hilvarenbeekseweg 60
Postbus 747
5000 AS Tilburg
Telefoon: 013-539.13.13/539.26.50
www.elisabeth.nl

Streeklaboratorium voor de Volksgezondheid Twente
Burgemeester Edo Bergsmalaan 1
Postbus 377
7500 AJ Enschede
Telefoon: 053-431.32.63

Streeklaboratorium voor de Volksgezondheid Veldhoven
St. Joseph Ziekenhuis
De Run 6250
Postbus 2
5500 AA Veldhoven
Telefoon: 040-258.81.00

Streeklaboratorium voor de Volksgezondheid Zeeland
Wielingenlaan 2
4535 PA Terneuzen
Telefoon: 0115-68.87.00

TNO-Kwaliteit van Leven
(v/h TNO-Voeding)
Utrechtseweg 48
Postbus 360
3700 AJ Zeist
Telefoon: 030-694.41.44
www.tno.nl

Voedsel & Warenautoriteit (VWA) Regio Noord
Paterswoldseweg 1
Postbus 465
9700 AL Groningen
Telefoon: 050-588.60.00
www.vwa.nl

Voedsel & Warenautoriteit (VWA) Regio Noord-West
Hoogte Kadijk 401
1018 BK Amsterdam
Telefoon: 020-524.46.00
www.vwa.nl

Voedsel & Warenautoriteit (VWA)
Regio Oost
De Stoven 22
Postbus 202
7200 AE Zutphen
Telefoon: 0575-58.81.00
www.vwa.nl

Voedsel & Warenautoriteit (VWA)
Regio Zuid
Montgomerylaan 500
Postbus 2168
5623 LE Eindhoven
Telefoon: 040-291.15.00
www.vwa.nl

Voedsel & Warenautoriteit (VWA)
Regio Zuid-West
Westelijke Parallelweg 4
Postbus 3000
3331 EW Zwijndrecht
Telefoon: 078-611.21.00
www.vwa.nl

Adviesbureaus en laboratoria voor hygiënecontrole

Deze lijst is opgenomen ten gerieve van de gebruiker. Het vermelden van een firma betekent niet dat een waarde-oordeel gegeven wordt over de te verlenen diensten.
Let wel: de adressen en/of telefoonnummers kunnen na het verschijnen van dit boek gewijzigd zijn.

Adviesbureau Van Elst B.V.
De Tinneweide 167
3901 KJ Veenendaal
Telefoon: 0318-51.97.85

Adviesbureau Oosterhout B.V.
Beneluxweg 15
4904 SJ Oosterhout
Telefoon: 0162-45.69.56

Alcontrol Laboratories B.V.
Koenendelseweg 11
5222 BG 's-Hertogenbosch
Telefoon: 073-621.96.45/624.31.31
www.alcontrol.nl

Analytico B.V.
Bergschot 71
4817 PA Breda
Telefoon: 076-573.73.73
www.analytico.nl

Bachevo Laboratorium B.V.
Postbus 7
6900 AA Zevenaar
Telefoon: 0316-39.66.65

Bacteriologisch Controle Station B.V.
Postbus 3003
2220 CA Katwijk
Telefoon 071-402.42.34
www.bcs-onderzoek.nl

Biotest Seralc Nederland
Kruisweg 2
3764 DD Soest
Telefoon: 035-601.03.23

Centrilab B.V.
Postbus 249
3760 AE Soest
Telefoon: 035-601.08.44
www.c-mark.nl

ConCell
Van Rijnsingel 41
5913 AP Venlo
Telefoon: 077-352.21.01

Conex B.V.
Postbus 153
6710 BD Ede
Telefoon: 0318-64.94.44

Controlebureau De Wit
Televisieweg 32
1322 AL Almere
Telefoon: 036-536.74.20
www.bureaudewit.nl

Food Doctors
Obrechtlaan 17
3723 KA Bilthoven
Telefoon: 030-229.02.59
www.fooddocters.com
www.foodmicro.nl

Hyconet
Gasthuisstraat 34a
5171 GG Kaatsheuvel
Telefoon: 0416-56.01.91
www.hyconet.nl

LabCo B.V.
Elbeweg 141
3198 LC Rotterdam-Europoort
Telefoon: 0181-26.23.55
www.labco.nl

Laboratorium Scal
Emmerikstraat 23
Postbus 21
7400 AA Deventer
Telefoon: 0570-50.20.22/63.48.95

Laboratorium Van der Sprong B.V.
Postbus 74
2370 AB Roelofarendsveen
Telefoon: 071-331.38.00
www.sgs.com

MicroSafe B.V.
Niels Bohrweg 11-13
2333 CA Leiden
Telefoon: 071-523.18.86
www.microsafe.nl

Nutrilab B.V.
Postbus 7
4283 ZG Giessen
Telefoon: 0183-44.63.05
www.nutrilab.nl

Omegan
Postbus 94685
1090 GR Amsterdam
Telefoon: 020-597.66.66

Pro Analyse Food Control B.V.
Baljeestraat 12
Postbus 87
8900 AB Leeuwarden
Telefoon: 058-233.59.99

Silliker B.V.
Pascalstraat 25
Postbus 153
6710 BD Ede
Telefoon: 0318-64.94.44
www.silliker.com

Totaal Hygiënekeur
Aamsestraat 90
6662 NK Elst
Telefoon: 0481-37.12.33
www.hygienekeur.nl

Tritium Microbiologie B.V.
Rooijakkersstraat 6
5652 BB Eindhoven
Telefoon: 040-205.16.15
www.tritium-microbiologie.nl

Leveranciers van benodigdheden

Deze lijst is opgenomen ten gerieve van de gebruiker. Het vermelden van een firma betekent niet dat een waardeoordeel gegeven wordt over de producten. Let wel: de adressen en/of telefoonnummers kunnen na het verschijnen van dit boek gewijzigd zijn.

Atal B.V.
Postbus 783
1440 AT Purmerend
Telefoon: 0299-63.06.10
- Elektronische thermometers voor temperatuurmeting in voedingsmiddelen

Bakker & Co B.V.
Gildenweg 3
Postbus 1235
3330 CE Zwijndrecht
Telefoon: 078-610.16.66
www.bakker-co.nl
- Lambrecht thermografen

Becton Dickinson B.V.
Postbus 757
2400 AT Alphen a/d Rijn
Telefoon: 020-582.94.16/582.94.20
www.bd.com
- BD Rodacjes
- Diagnostische systemen

Beun-De Ronde B.V.
Bovenkamp 9
Postbus 137
1390 AC Abcoude
Telefoon: 0294-28.09.80
www.beunderonde.nl
- Laboratoriumapparatuur

BioMérieux B.V.
Boseind 15
Postbus 23
5280 AA Boxtel
Telefoon : 0411-65.48.88
www.biomerieux.com
- API 20 E determinatiesystemen voor Enterobacteriaceae
- API Staph determinatiesysteem voor stafylococcen
- bioMérieux voedingsbodems in poedervorm, gesteriliseerd in flessen of gegoten in petrischalen

Bio-Trading Benelux B.V.
Bozenhoven 102
Postbus 254
3540 AG Mijdrecht
Telefoon: 0297-28.68.48
www.biotrading.com
- Lab M voedingsbodems in poedervorm of gegoten in petrischalen en contactplaatjes
- Diagnostische testkits

Blanken Controls B.V.
Hoofdweg 73
Postbus 3
7370 AA Loenen (Gld)
Telefoon: 055-505.83.00
www.blanken.nl
- Elektronische thermometers voor temperatuurmeting in voedingsmiddelen

Boom B.V.
Rabroekenweg 20
Postbus 37
7940 AA Meppel
Telefoon: 0522-26.87.00
www.boomlab.nl
- Laboratoriumapparatuur en laboratoriumbenodigdheden

Breukhoven B.V.
Essebaan 50-52
Postbus 835
2900 AV Capelle a/d Ijssel
Telefoon: 010-458.42.22
www.breukhoven.nl
- Laboratoriumbenodigdheden
- Memmert stoven
- Microscopen

Brunschwig Chemie B.V.
Hexaanweg 2
Postbus 74213
1070 BE Amsterdam
Telefoon: 020-611.31.33
www.brunschwig.nl
- BBL voedingsbodems en reagentia
- Difco voedingsbodems en reagentia
- BBL Enterotube II determinatie systeem voor Enterobacteriaceae
- BBL Oxy/Fermtube II determinatiesysteem voor Gram-negatieve oxydase-positieve bacteriën

Celsis Lumac B.V.
Ampèrestraat 13
Postbus 31101
6370 AC Landgraaf
Telefoon: 045-569.66.66
www.celcis.com
- Lumac reagentia en Biocounter voor de ATP-detectiemethode
- Lumac CheckMate/SwabMate hygiënecontrôle-systeem volgens de ATP-detectiemethode

Flexchemie B.V.
Westmolendijk 27
2985 XJ Ridderkerk
Telefoon: 0180-42.63.88
www.flexchemie.nl
- Hygicult domelplaatjes

Greiner B.V.
Albert Einsteinweg 16
Postbus 280
2400 AG Alphen a/d Rijn
Telefoon: 01720-42.09.00
www.greinerbioone.com
- Greiner petrischalen en contactplaatjes

Gullimex Instruments B.V.
Hanzestraat 20
Postbus 114
7620 AC Borne (Ov)
Telefoon: 074-266.41.69
www.gullimex.com
• Elektronische thermometers
  voor temperatuurmeting in
  voedingsmiddelen

Harstra Instruments
Giek 11
Postbus 186
3890 AD Zeewolde
Telefoon: 036-522.21.42
www.harstra.nl
• Harstra broedstoven en water-
  baden

Hospidex B.V.
Industrieweg 2
Postbus 77
2420 AB Nieuwkoop
Telefoon: 0172-57.93.07
• Thovadec petrischalen en con-
  tactplaatjes
• Thovadec swabs

Life Technologies B.V.
Paardeweide 3/h
Postbus 3326
4800 DH Breda
Telefoon: 076-544.58.88
• Gibco Bio-Cult voedingsbodems

Medica Europe B.V.
Galliërsweg 20
Postbus 746
5340 AS Oss
Telefoon: 0412-67.13.00
www.medica-europe.nl
• Cefasept reinigend handdesin-
  fectans
• Medicanol handdesinfectans

Merck Eurolab B.V.
Basisweg 34
Postbus 8198
1005 AD Amsterdam
Telefoon: 020-480.84.00
www.merckeurolab.nl
• Merck voedingsbodems en rea-
  gentia

Mettler-Toledo B.V.
Franklinstraat 5
Postbus 6006
4000 HA Tiel
Telefoon 0344-63.81.38
www.mettlertoledo.nl
• Mettler balansen
• Micropipetten

**Nederlandse Alcoholfabriek
(Nedalco) B.V.**
Lelyweg 29
4612 PS Bergen op Zoom
Postbus 6
4000 AA Bergen op Zoom
Telefoon: 0164-21.34.00
www.nedalco.nl
• Nedalco handdesinfectantia

Oxoid B.V.
Pieter Goedkoopweg 38
Postbus 490
2000 AL Haarlem
Telefoon: 023-531.91.73
• Oxoid voedingsbodems en rea-
  gentia
• Diagnostische testkits

Paes Nederland B.V.
Industrieweg 44
Postbus 18
2380 AA Zoeterwoude
Telefoon: 071-545.08.21
www.paes.nl
• Olympus microscopen

Proton Wilten B.V.
Mon Plaisir 23
Postbus 45
4870 AA Etten-Leur
Telefoon : 076-501.69.20
www.wilten.nl
• Laboratoriumapparatuur

Raisio Diagnostics B.V.
(v/h Diffchamb Biocontrol)
Hoofdweg Noord 41
2913 LB Nieuwerkerk a/d Ijssel
Telefoon: 0180-33.39.55
www.raisio.nl
• Biokar voedingsbodems in poe-
  dervorm of gegoten in petri-
  schalen en contactplaatjes
• Diagnostische testkits
• Hygicult dompelplaatjes
• Petrifilm producten
• Sodibox veegdoekjes

Sandio B.V.
Frontstraat 2c
Postbus 540
5400 AM Uden
Telefoon: 0413-25.11.15
www.sanbio.nl
• Tillomed dompelplaatjes
• Diagnostische testkits

**Sanofi Diagnostics
Pasteur B.V.**
Govert van Wijnkade 48
Postbus 97
3140 AB Maassluis
Telefoon: 010-593.13.00/593.13.60
• Instituut Pasteur voedingsbo-
  dems in poedervorm of gesteri-
  liseerd in flessen

Sartorius B.V.
Edisonbaan 22-24
Postbus 1265
3430 BG Nieuwegein
Telefoon: 030-605.30.01
www.sartorius-mechatronics.nl
• Sartorius balansen
• Sartorius membraanfilters

Veip desinfectantia B.V.
Molenvliet 1
Postbus 50
3960 BB Wijk bij Duurstede
Telefoon: 0343-57.22.44
www.veip.nl
• Halamid en Halaquat-forte des-
  infectantia
• Halapur reinigend desinfectans
• Halophor handdesinfectans

Viatris B.V.
Verrijn Stuartweg 60
1112 AX Diemen
Telefoon: 020-519.83.00
www.astamedica.nl
• Betadine-scrub reinigend handdesinfectans

Zeneca-Farma B.V.
Voorn 47
Postbus 4136
2980 GC Ridderkerk
Telefoon: 0180-45.03.50
www.fbg.nl
• Hibisol handdesinfectans
• Hibiscrub reinigend handdesin-
  fectans

Verantwoording der illustraties

Biokar Diagnostics, Beauvais, France: *afbeelding 7-1.*
Ir E. de Boer, Zutphen: *afbeelding 4-5.*
Henri Brands B.V., Oisterwijk: *afbeelding 6-1.*
Drs M.J.M. van den Broek, Enschede: *afbeelding 4-4.*
Diffchamb Biocontrol B.V., Nieuwerkerk a/d IJssel: *afbeelding 7-5.*
M.K. Juchheim & Co GmbH, Fulda: *afbeelding 6-5 (links).*
Laboratoires 3M Santé, France: *afbeelding 7-3, 7-7, 7-8.*
Wilh. Lambrecht GmbH, Göttingen: *afbeelding 6-2.*
A. van Leeuwenhoek, Delft: *afbeelding 2-1.*
J.C.Th. Marius B.V., Nieuwegein: *afbeelding 6-5 (rechts).*
Memmert GmbH, Schwabach: *afbeelding 7-9.*
Miele Nederland B.V., Vianen: *afbeelding 6-8.*
Oxoid Ltd., Basingstoke (UK): *afbeelding: 7-6.*
Prof. Dr D.A.A. Mossel, Utrecht: *afbeelding 2-14, 2-15, 3-1, 4-2 (gewijzigd),*
  4-3, 4-6, 5-1, 5-2, 5-3, 5-4, 5-5.
Drs G.J.A. Ridderbos, Groningen-Helpman: *afbeelding 2-2, 2-9, 2-19, 3-2,*
  7-2, 7-4.
Rijksuniversiteit Groningen/Afd. Electronenmicroscopie: *afbeelding 2-7,*
  2-8, 2-10, 2-12, 2-16, 2-17, 2-18.
Dr R.A. Samson, Centraal Bureau voor Schimmelcultures, Baarn: *afbeel-*
  ding 2-13, 5-6.
TNO-Voeding, Zeist: *afbeelding 7-10, 7-11.*
Uitgeverij Lemma, Utrecht: *afbeelding 6-6, 6-7.*
Unilever Ltd., London: *afbeelding 2-3, 2-4, 2-5, 2-6, 2-11, 4-1.*
B. Versteeg, Den Haag: *afbeelding 6-3, 6-4.*

Register

Indien achter een trefwoord verschillende paginanummers staan, dan geeft een **vetgedrukt** cijfer de belangrijkste verwijzing aan.

Printed in the United States
By Bookmasters